普通高等教育电子信息类系列教材

U0872505

电路分析基础

第2版

王丽娟　石　会　王　渊　编著

机 械 工 业 出 版 社

作为信息类专业的基础课程教材，本书阐述了电路的基本概念、基本定理和线性电路的一般分析方法。分析对象包括直流电阻电路、一阶直流动态电路和正弦稳态电路。主要分析方法有等效电路分析法、线性网络的一般分析法、运用电路定理分析法、三要素法和相量分析法。书中例题和应用实例丰富，难易程度适中。本书还介绍了 Multisim 软件在电路分析中的使用。

本书力求内容编排合理、概念准确、解题思路清晰、文字简练流畅、易读易懂、便于自学。

本书可作为高等院校信息类各专业（电子、通信、自动控制、计算机等）的本科教材或教学参考书，也可作为成人教育、电子技术人员的培训教材，或者作为电子技术爱好者的自学参考书。

图书在版编目（CIP）数据

电路分析基础／王丽娟，石会，王渊编著．—2 版．—北京：机械工业出版社，2022.1（2025.1 重印）
普通高等教育电子信息类系列教材
ISBN 978-7-111-68817-4

Ⅰ．①电…　Ⅱ．①王…　②石…　③王…　Ⅲ．①电路分析-高等学校-教材　Ⅳ．①TM133

中国版本图书馆 CIP 数据核字（2021）第 155968 号

机械工业出版社（北京市百万庄大街 22 号　邮政编码 100037）
策划编辑：李馨馨　　责任编辑：李馨馨
责任校对：张艳霞　　责任印制：邓　博

北京盛通数码印刷有限公司印刷

2025 年 1 月第 2 版・第 3 次印刷
184mm×260mm・15.5 印张・384 千字
标准书号：ISBN 978-7-111-68817-4
定价：69.00 元

电话服务
客服电话：010-88361066
010-88379833
010-68326294

网络服务
机　工　官　网：www.cmpbook.com
机　工　官　博：weibo.com/cmp1952
金　　书　　网：www.golden-book.com
机工教育服务网：www.cmpedu.com

第 2 版前言

本书在对第 1 版教材进行修改与补充时，延续了上一版的写作宗旨，保留了原版本的体系与风格。从读者视角出发，更加注重教材的易读性。加强引导读者去思考问题，准确、深入地理解基本概念，正确、灵活地运用分析方法。根据使用者的反馈意见和编者的教学实践体会，对原版做了以下修订。

1. 在各节最后增加了思考题。通过思考题，引导读者从深度和广度上理解本节所述重要概念与基本分析方法。

2. 对习题做了分类与增补。为了适应不同课时、不同层次读者使用本书，每章习题有基本题与深入题之分。基本题侧重基本概念和分析方法，题目难度小，题型相对简单。深入题的综合性和应用性较强，有益于训练与提高理解能力和分析问题的能力。

3. 对部分章节的编排与论述方法做了较大改动，目的是更易于读者掌握分析方法的脉络，便于自学。比如第 5 章，尝试运用前几章知识和已有的高等数学知识，探寻找出三要素公式与三要素方法，使读者能够在进入三要素分析方法学习时思路清晰，减少被动性和盲目性。考虑到零输入响应和零状态响应在课程体系中的重要性，把这部分内容分出来单独作为一节。单位阶跃函数及应用作为选学内容。

4. 录制了 10 个专题短视频。视频时长多在 20 分钟以内。视频内容包括分析常见错误、讲解学习难点、探究分析方法的思维脉络等，意在辅助读者更好地理解与掌握学习内容。

5. 增加了两个附录，便于读者了解公式的来龙去脉，既知其然，也知其所以然。

6. 为方便教学，完善了与本书相适应的教师用课件。

书中标“＊”号的内容可酌情取舍，不会影响学习内容的连贯性。

本书第 8 章由石会重新编写，第 3 章由王渊修改，其余章节由王丽娟修改。视频由王丽娟编写与录制。由于编者水平有限，书中不妥与错误在所难免，希望读者批评指正，以使本书不断完善。

编者

目　录

第 1 章　电路的基本概念与电量的约束关系

1.1　实际电路与电路模型

什么是电路？什么是电路分析？电路分析课程学什么？弄清这些问题对学习和运用电路知识非常有益。所谓“电路”是指由元器件互连构成的电流通路。电路有实际电路与电路模型之分。图 1-1 是两张实际电路的图片。实际电路是由实际元器件（可购买到的实物）按一定规律组合而成的、具有特定功能的物理装置，其结构不一、用途各异、种类繁多。概括而言，实际电路常用来转换、传输、分配电能，或者用于产生、传送、处理和测量电信号，以及存储信息。图 1-2 是一个阻容耦合放大器的电路模型，图中符号代表不同的理想元件。可见，电路模型是由理想元件互连构成。所谓理想元件是用数学关系定义的抽象元件。比如，用数学关系 $U=RI$ 定义的是一种理想电阻元件。由理想元件构成的电路模型可以是实际电路的一种近似数学表达形式，即一种数学模型，通常用作理论分析。

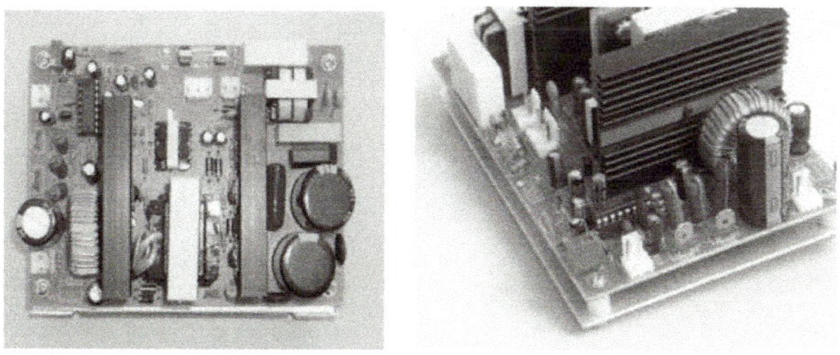

图 1-1　实际电路

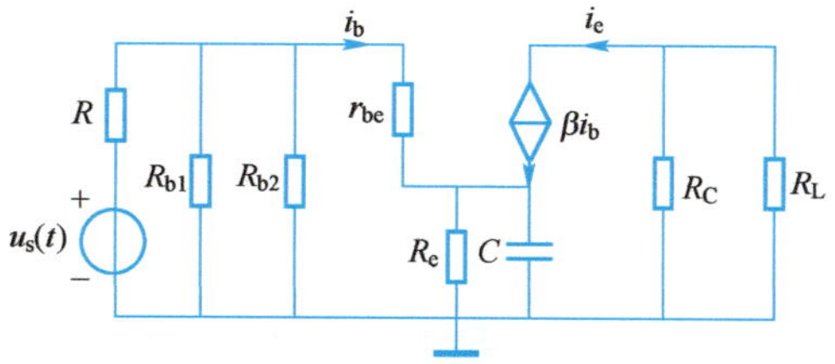

图 1-2　阻容耦合放大器电路模型

电路理论有两大研究方向：一是给定电路，即已知电路结构和元件参数，找出电路输入与输出的关系，这被称为电路分析。二是根据给定的电路输入和输出，构建电路；或者说，设计指定功能的电路，这叫作电路综合。电路分析是电路综合的基础，主要介绍电路理论的基本概念、电路中存在的普遍规律，分析电路的基本方法。

在分析研究实际电路问题时，可以先对实际电路进行抽象，建立反映其主要物理特性的电路模型，也就是先建立一种近似数学模型，然后依据电路理论及方法，借助数学工具去分析研究电路模型，找出解决实际电路问题的方案。那么，如何把实际电路抽象为电路模型呢？常见做法是：保持实际电路中元器件之间的互连结构不变，仅把实际电子元器件用其对应的元器件模型替代，便可得到实际电路的电路模型。例如，图 1-3a 和图 1-3b 分别为手电筒的实际电路示意图和电路模型。手电筒由干电池、灯泡和滑动开关连接而成，观察这两个图可见，干电池的元件模型由一个理想电压源和一个理想电阻元件组合构成；灯泡的元件模型是一个理想电阻元件；滑动开关则用无接触时间、无损耗的理想开关替代。在保持三个实际元件连接关系不变的情况下，用元件模型去替换实际元件，便得到手电筒的电路模型(见图1-3b)。把实际电路抽象为电路模型的过程被称为“建立模型”简称“建模”。建模问题不是本课程的学习内容。

需要特别强调，本课程的分析对象不是实际电路，而是电路模型，更准确地说是集总电路模型。什么是“集总电路”？当实际电路的物理尺寸远小于在电路上正常工作的信号波长时，称之为集总电路。怎么才算“远小于”呢？理论上说，与信号波长相比，实际电路的尺寸可以忽略不计。在这种情况下，能够把实际元器件与电路近似为一个“点”来进行分析。从定量上看，信号波长至少要大于电路尺寸的10倍。例如，在手电筒电路上工作的直流波长是无限的，相比之下，手电筒的尺寸可忽略不计。手电筒电路属于集总电路，图1-3b是集总电路模型。又如，我国电力系统使用的频率为50 Hz，其波长为6000 km（$\lambda=C/f$，$C=3\times10^8$ m/s），终端电力设备都可看作集总电路。再如，10 GHz超高频信号的波长是3 cm，尺寸大于0.3 cm的通信电路就不是集总电路，分析这类电路不能用本书介绍的集总电路的概念和方法，而要用电磁理论。今后书中所述“电路模型”都指“集总电路模型”。

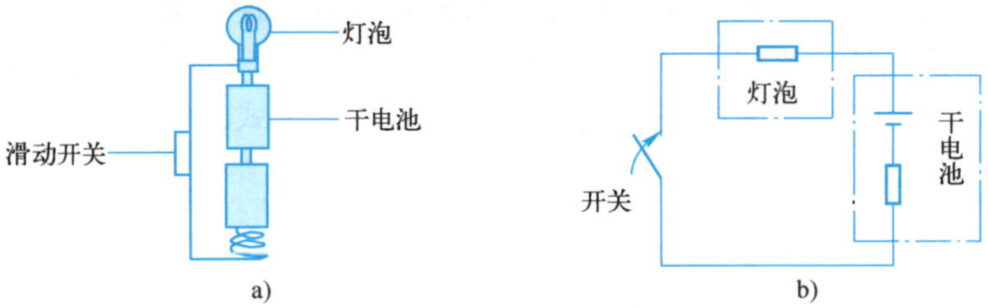

图1-3 手电筒电路

a）手电筒的实际电路示意图 b）手电筒的电路模型

1.2 常用电量及参考方向

电量是描述电路或元件性能的物理量，可分为基本电量与复合电量。基本电量包括电流、电压、电荷和磁链。复合电量由基本电量组合构成，有功率和能量，它们通常都是时间的函数。在分析集总电路时，最常用的是电流、电压和功率。

1.2.1 电压及参考方向

我们知道电荷有正负之分（通常称负电荷为电子），当通过某种外力把物体中的正电荷与负电荷分离开时，在正、负电荷之间便产生了电压。电压不仅有大小而且有极性（或称方向）。

在物理学中，把单位正电荷从一点移到另一点所需的能量定义为这两点之间的电压，简称电压，一般记作$u(t)$。这句文字定义用数学语言表述为：

$$u(t)=\frac{\mathrm{d}w(t)}{\mathrm{d}q(t)} \tag{1-1}$$

式中，$w(t)$表示能量，单位是焦耳，符号是 J；$q(t)$是被移动的正电荷的电量，单位是库［仑］，符号是 C；电压$u(t)$的单位是伏［特］，符号是 V。在微电子系统中，电压值通常比较小，多用毫伏（mV）、微伏（μV）等单位；在电力系统中，使用的电压大，常用千伏（kV）单位。它们之间的换算关系如下：

$$1\ \text{kV} = 10^3\ \text{V} = 10^6\ \text{mV} = 10^9\ \mu\text{V}$$

单位正电荷在移动过程中既可能失去能量，也可能获得能量。若是失去能量，则移动的起点是电压正极性，用符号“+”表示，移动的终点是电压负极性，用符号“-”表示。如果正电荷在移动过程中获得能量，则起点为负极性，终点为正极性。

我们把大小或极性随时间变化的电压称为交变（AC）电压，常用小写字母$u(t)$表示。我们日常生活用的正弦交流电是交变电压的典型例子，波形如图 1-4 所示。当电压值变号时，意味电压极性发生了改变。如果电压值是常数，表明电压的大小和极性不随时间变化，称其为直流（DC）电压，习惯用大写字母 U 表示。比如 1.5 V 干电池，其波形如图 1-5 所示。

一般而言，利用物理知识直观地判断任意电路中电压的真实方向（极性）比较困难，尤其是结构复杂的电路，以及方向随时间不断变化的交变电压的瞬时极性。为了解决这个难题，引入一个重要的概念 —— 参考方向。

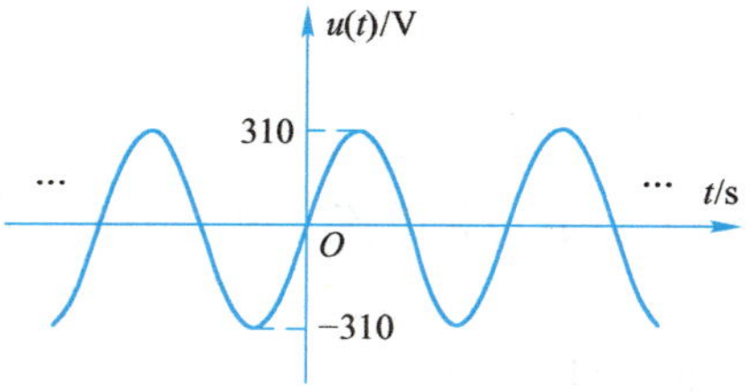

图 1-4　正弦交流电压

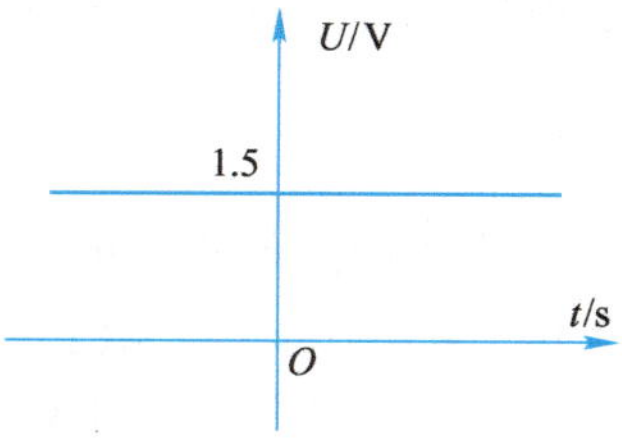

图 1-5　1.5 V 直流电压

在导体中，电压的极性只有两种可能的选择。在分析某个未知电压之前，先任意假设一种极性，假设的极性可能与真实极性一致，也可能相反，我们把假设的电压极性称为“参考方向”，或“参考极性”。电压的参考方向有两种表示方法：一种用符号“+”“-”表示，如图 1-6a 所示；另一种用下标表示，如图 1-6b 所示。下标表示方法规定：正极性点写在前，负极性点写在后。比如，u_{ab}是假设 a 端为高电位，b 端为低电位。在假定参考方向的前提条件下，若获得 t 时刻的电压值$u(t)>0$，则说明 t 时刻电压的真实极性与参考极性一致；反之，若 t 时刻的电压值 $u(t)<0$，则说明该时刻电压的真实极性与参考极性相反。

图 1-6　电压参考方向的表示方法

例 1-1　在图 1-7 所示参考方向下，测得直流电压 $U_1=2$ V，$U_2=-3$ V，$U_3=4$ V，请确定各电压的真实极性。

解： $U_1>0$，$U_3>0$，所以电压 U_1 和 U_3 的真实极性与参考方向相同。$U_2<0$，故 U_2 的实际极性与参考方向相反。

利用数字万用表既能测量电压的大小，又能确定电压的真实极性。比如，测量直流电压时，先把数字万用表的选择开关放在测量直流电压的位置，再把表跨接在待测元件或电路两端，如图 1-8 所示。图中Ⓥ是电压表的电路符号，“+” 表示万用表的正表笔，接电路的 a 端，“-” 为万用表的负表笔，接电路的 b 端，这意味着设定的电压参考方向是 a 端 “+”，b 端 “-”。如果数字万用表显示的是正值，说明待测电压的真实正极性在正表笔端；若显示的是负值，则待测电压的真实正极性在万用表的负表笔端。

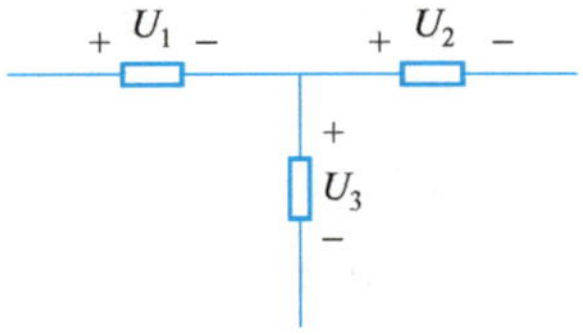

图 1-7 例 1-1

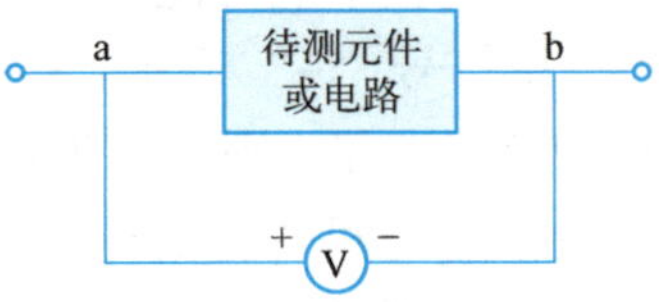

图 1-8 测量电压

注意： 电压的真实方向要根据假设的参考方向和电压值的正负来判断，这两个条件缺一不可。今后的电路分析都与参考方向有关，要养成假设参考方向的好习惯。

1.2.2 电流及参考方向

电流由电荷定向运动形成。与电压类似，在导体中流动的电流既有大小，也有方向。电流的大小等于单位时间内通过导体横截面的电荷量，用数学关系定义为

$$i(t)=\frac{\mathrm{d}q(t)}{\mathrm{d}t} \tag{1-2}$$

式中，$q(t)$是被移动正电荷的电量，单位是库仑（C）；$i(t)$是电流，单位是安［培］，符号为 A，常用单位还有毫安（mA）、微安（μA）、千安（kA）。它们之间的换算关系为

$$1\ \mathrm{kA}=10^3\ \mathrm{A}=10^6\ \mathrm{mA}=10^9\ \mu\mathrm{A}$$

习惯上，把正电荷的运动方向规定为电流方向，电流的真实方向是从电压的正极流向负极。大小和方向随时间变化的电流称为交变电流，用小写字母 $i(t)$ 表示；大小和方向不随时间变化的电流称为直流电流，常用大写字母 I 表示。

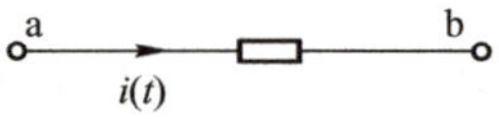

图 1-9 电流参考方向的表示方法

引入电流的参考方向会给电路分析带来诸多便利。通常，求解电流的第一步是先任意假设一个电流的流向，它不一定是电流的真实流向，我们称之为电流的参考方向，用箭头表示，如图 1-9 所示。然后根据假定的参考方向分析计算电流，若得到的电流值为正，即 $i(t)>0$，则表示 t 时刻电流的真实方向与参考方向一致；反之，若 $i(t)<0$，则说明 t 时刻电流的真实方向与参考方向相反。

例 1-2 在图 1-10a 中，已知 1 A 电流的真实方向是由 a 端流向 b 端，请表示这个电流。

解： 有两种表示方法：

(1) 设电流为 I_1，参考方向与真实方向一致，如图 1-10b 所示，有 $I_1=1\ \mathrm{A}$

(2) 设电流为 I_2，参考方向与真实方向相反，如图 1-10c 所示，有 $I_2=-1\ \mathrm{A}$

可见，$I_1=-I_2$，参考方向相反，电流值差一个负号。一般而言，若选择电量的参考方向相反，则结果相差一个负号。

测量直流电流时，把数字万用表的选择开关放在直流电流的位置，再把表串接在待测支路中，如图 1-11 所示，图中符号Ⓐ代表电流表。

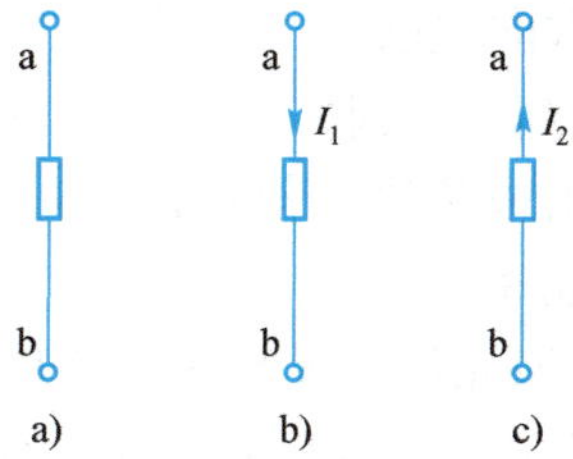

图 1-10　例 1-2

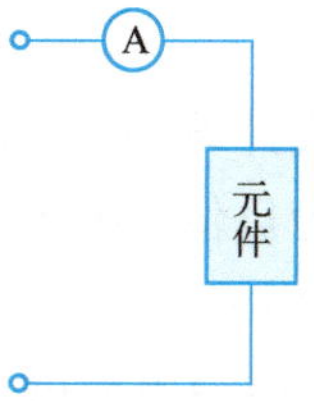

图 1-11　测量电流

1.2.3　电压和电流的关联参考方向

一个元件或一段电路两端电压的参考极性和流过其电流的参考方向可任意选择，没有相互制约的关系。无论如何选择，电压与电流参考方向只有两种可能的组合，如图 1-12 所示。在图 1-12a 中，设电流从电压参考方向的“+”极流入，称这种组合为电压与电流参考方向关联。在关联参考方向下，允许只标出一个电量的参考方向，另一个电量的参考方向可省略不标。图 1-12b 中，设电流从电压参考方向的“-”极流入，把这种组合称为电压与电流参考方向非关联。关联与非关联的概念非常重要，后续学习的公式和分析方法都与之密切相关。

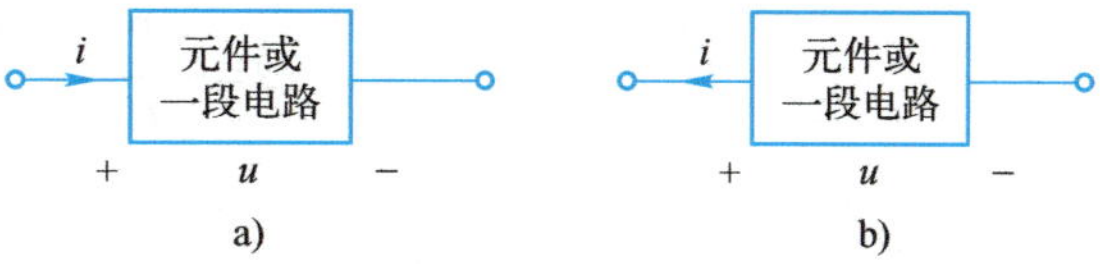

图 1-12　电压与电流参考方向的两种组合

a）参考方向关联　b）参考方向非关联

1.2.4　功率

你可能对瓦（W）这个单位不陌生，它是功率大小的度量单位。例如电冰箱，瓦数越大，消耗的电能越多。功率与能量密不可分，功率表示单位时间里吸收或释放的能量。在物理学中，把功率定义为能量的变化速率，它们之间的数学关系为

$$p(t)=\frac{\mathrm{d}w(t)}{\mathrm{d}t}$$

式中，$p(t)$是 t 时刻的功率，称为瞬时功率，单位是瓦［特］，符号为 W。在电路中，用以上定义式计算功率不方便，上式又可另写为

$$p(t)=\frac{\mathrm{d}w(t)}{\mathrm{d}t}=\frac{\mathrm{d}w(t)}{\mathrm{d}q(t)}\times\frac{\mathrm{d}q(t)}{\mathrm{d}t}$$

把式（1-1）和式（1-2）代入，得到功率的实用计算式：

$$p(t)=u(t)\times i(t)\quad（关联参考方向）\tag{1-3}$$

式（1-3）的含义是：如果已知某段电路（或元件）两端的电压和流过它的电流，则电压与电流的乘积是该段电路（或元件）的功率。需要强调，功率的计算式与参考方向有关。当电压与电流参考方向关联时，用式（1-3）计算功率；当电压与电流参考方向非关联时，用下面的公式计算功率：

$$p(t)=-u(t)\times i(t)\quad（非关联参考方向）\tag{1-4}$$

当电压、电流均为直流时，功率值不随时间变化，称为直流功率，用大写字母 P 表示，即

$$P=\begin{cases}UI & \text{参考方向关联}\\ -UI & \text{参考方向非关联}\end{cases} \tag{1-5}$$

无论用哪个公式计算功率，都有可能出现正值或负值。若 $p(t)$ 为正值，则说明该段电路吸收功率；若 $p(t)$ 为负值，则表明该段电路产生功率。

例 1-3 计算图 1-13 中元件的功率，并指出该元件是吸收功率还是产生功率。

解： 图示直流电压与电流的参考方向关联，用式 $P=UI$ 计算功率，有

$$P=UI=3\times(-2)\,\text{W}=-6\ \text{W}$$

功率值为负，说明该元件产生 6 W 功率。

例 1-4 图 1-14 中元件 A 吸收 20 W 功率，求流过元件 A 的电流 I。

解： 由题意知，吸收功率 $P=20$ W，直流电压 $U=-4$ V，且电压与电流参考方向非关联，用式 $P=-UI$ 计算功率，有

$$I=-\frac{P}{U}=-\frac{20}{-4}\text{A}=5\ \text{A}$$

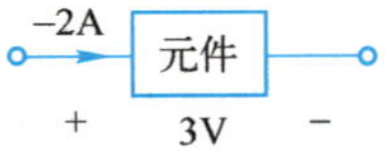

图 1-13 例 1-3

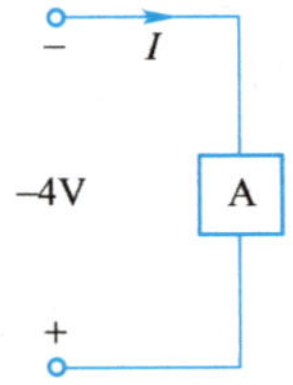

图 1-14 例 1-4

许多实际应用都需要计算功率或能量。比如，考虑能量的转换效率问题、功率的最大传输问题、安全使用设备和元器件等问题。由于功率比较容易测量，所以使用较多。

思考题

1.2-1 假如在例 1-1 的电路图中未标电压参考方向，仅给出了电压值，你能否确定电压的真实极性？为什么？

1.2-2 判断图 1-15a、b 中电流参考方向的标注方式是否正确，为什么？

1.2-3 判断以下解题方法是否正确，请说明理由。

已知某元件的电压 U 与电流 I 参考方向非关联，元件产生功率 8 kW，测得元件两端电压 $U=-400$ V，求流过该元件的电流。

解： 利用功率计算式 $P=-UI$，有

$$I=-\frac{P}{U}=-\frac{8\times10^3}{-400}\text{A}=20\ \text{A}$$

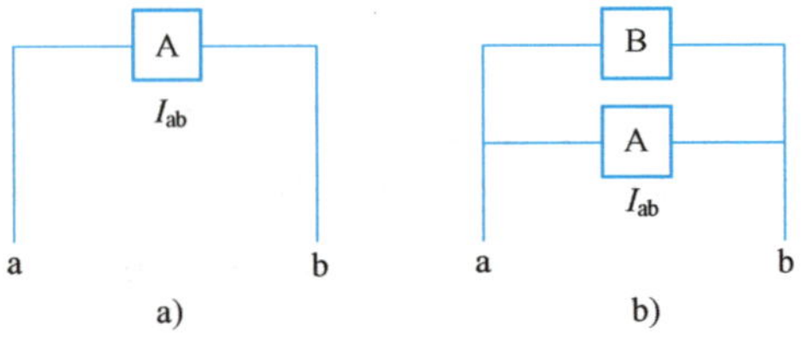

图 1-15 思考题 1.2-2

参考方向

1.3 电流、电压的约束关系

电路中的电流和电压必须遵循一定的规则，不能随意取值。在集总电路中，电流和电压受两类关系的约束。一类与电路的结构有关，叫作基尔霍夫定律，该定律由德国物理学家古斯塔夫·罗伯特·基尔霍夫于 1847 年提出；另一类与元件的特性有关，称为元件的电压电流关系。为了准确、简洁地表述定律，先介绍几个常用的电路术语。

1.3.1 常用电路术语

支路：一段没有分支的电路。在图 1-16 所示电路中，共有 6 条支路：bad、bc、cd、be、ce 和 ed。其中在元件 1 与元件 2 的连接点 a 处没有分支，所以，这两个元件在同一支路上。在支路中流动的电流被称为支路电流；支路两端的电压被称为支路电压。

串联：当流过两个元件的电流是同一个支路电流时，认为这两个元件串联。比如图 1-16 所示电路中，元件 1 和元件 2 为串联。

结点：指 3 条或 3 条以上支路的连接点。图 1-16 所示电路有 b、c、d、e 共 4 个结点。这里需要对本书电路图中结点的表示方法做个说明：在连接 3 条支路的结点上通常无需加“·”（见图 1-19），除非强调才会加“·”（见图 1-16）。但是，连接 4 条以及 4 条以上支路的结点上必须加“·”，如本章习题中图 1-56a 所示；若无“·”，表示支路交叠，不是结点，如第 2 章习题中图 2-58 所示。

并联：若两个元件的端电压是同一个电压，则这两个元件为并联。在图 1-17 所示电路中，元件 2 与元件 3 两端是同一电压，故为并联。请读者分析图 1-16 所示电路中是否存在并联元件。

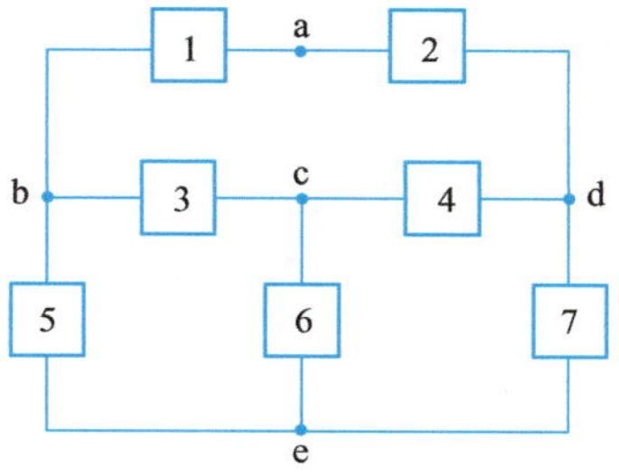

图 1-16 电路术语用图 1

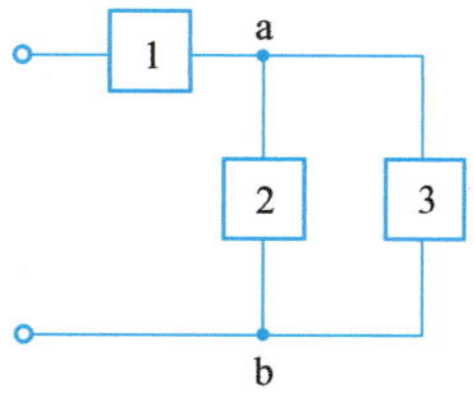

图 1-17 电路术语用图 2

回路：指由若干条支路构成的闭合路径。或说，从电路某个结点出发，依次经过若干支路和结点各一次后，又回到出发结点，这样一个闭合路径就是回路。例如，图 1-16 中 badcb、badceb、bcdeb 等都是回路，该电路共有 7 个回路。请读者找出其余 4 个回路。

网孔：指内部不含支路的回路。例如，图 1-16 所示电路中，回路 bcdeb，由于内部含 ce 支路，故不是网孔。在 7 个回路中，只有 3 个回路属于网孔，分别是 bceb、badcb 和 cdec。

网络：习惯上，把结构复杂的电路称为网络。

1.3.2 基尔霍夫电流定律

基尔霍夫定律包括电流定律和电压定律，前者揭示了集总电路中支路电流遵从的客观规律，后者揭示的是集总电路中支路电压遵从的客观规律。

基尔霍夫电流定律（KCL）：在任何时刻，流入电路任一结点的支路电流之和等于流出该结点的支路电流之和。定律的数学形式之一为

$$\sum i_{入}(t)=\sum i_{出}(t) \tag{1-6}$$

KCL 反映了电荷守恒规则。说明在任何时刻，结点处电荷的进、出数量平衡，没有电荷的积累。式（1-6）的另一种形式为

$$\sum i_{入}(t)-\sum i_{出}(t)=0$$

或者

$$\sum i_{出}(t)-\sum i_{入}(t)=0$$

在方程中，若流入结点的电流取“+”号（或者取“-”号），则流出结点的电流取“-”号（或者取“+”号），流入与流出结点的电流之和恒等于零。KCL 又可表述为：在任何时刻，与任一结点相连的所有支路电流的代数和等于零，即

$$\sum i(t)=0 \tag{1-7}$$

注意：KCL 方程与电流的参考方向有关。图 1-18a 所示结点，既没指定各支路电流名称，也没标电流参考方向，若要列写该结点电流方程，首先要假设各支路电流变量及参考方向，如图 1-18b 所示，然后才能根据图 1-18b 列出以下方程：

$$i_1+i_2-i_3=0$$

或者

$$i_3-i_1-i_2=0$$

把一个结点遵循的 KCL 推广到包含若干结点的闭合曲面，便有下述广义结点电流定律：在任何时刻，与任一闭合曲面相连的所有支路电流的代数和等于零。比如，把图 1-19 用虚线画的闭合面视为一个广义结点，其内含 3 个结点。在图示电流参考方向下，该广义结点的电流方程为

$$i_1-i_2+i_3=0$$

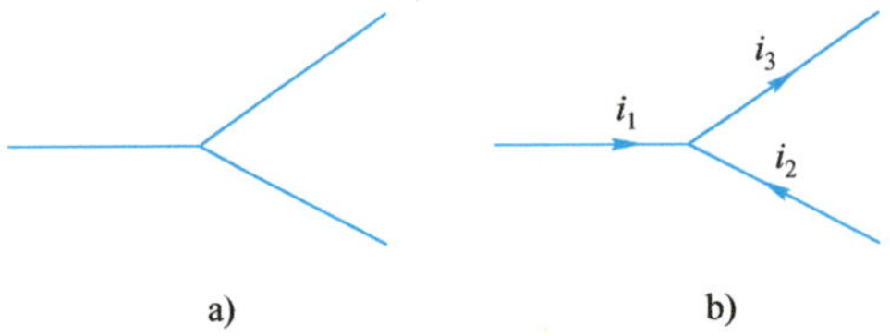

图 1-18 电路中的一个结点

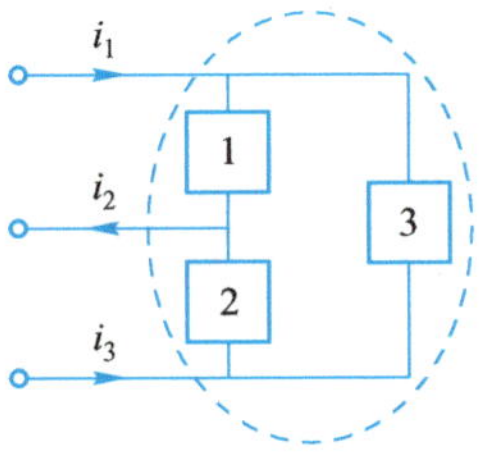

图 1-19 广义 KCL 的应用

例 1-5 在图 1-20a 所示电路中，已知 $I_1=3\text{ A}$，$I_2=-4\text{ A}$，$I_3=1\text{ A}$，求电流 I。

解：方法一：利用结点电流定律。

设图 1-20a 中两条未标的支路电流分别为 I_4 和 I_5，如图 1-20b 所示。不难看出，求 I 需知 I_4，欲知 I_4 又要先求出 I_5。所以采取以下求解步骤：第一步，根据结点 c 的 KCL 方程，先求出 I_5；第二步，列写结点 b 的 KCL 方程，再求 I_4；最后，由结点 a 的 KCL 方程，求出 I。

按照以上分析，首先列结点 c 的 KCL 方程：

$$I_5+I_3=I_2$$

解得

$$I_5=I_2-I_3=-4\text{ A}-1\text{ A}=-5\text{ A}$$

列结点 b 的 KCL 方程，并解得

$$I_4=I_5+I_1=-5\text{ A}+3\text{ A}=-2\text{ A}$$

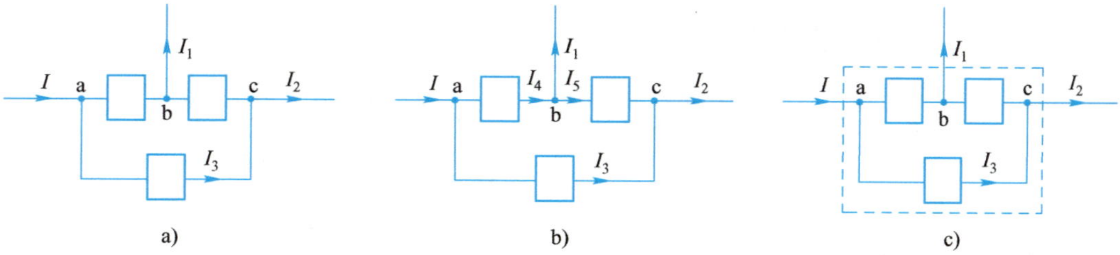

图 1-20　例 1-5

列结点 a 的 KCL 方程，并解得　　$I=I_4+I_3=-2\text{ A}+1\text{ A}=-1\text{ A}$

方法二：利用广义结点电流定律。

取封闭面如图 1-20c 虚线框所示，列该封闭面的 KCL 方程，有

$$I=I_1+I_2=-4\text{ A}+3\text{ A}=-1\text{ A}$$

1.3.3　基尔霍夫电压定律

基尔霍夫电压定律（KVL）：在任何时刻，沿回路绕行一周，构成该回路的所有支路电压（或电压）的代数和等于零。数学表达式为

$$\sum u(t)=0 \tag{1-8}$$

式（1-8）也称为回路电压方程。该电压定律反映了能量守恒规律，表示单位正电荷沿回路绕行一周回到起点，电场对它做的功是零。

同样，KVL 方程与电压的参考极性有关。在列回路电压方程之前，若支路电压（或元件两端电压）没标注，要先标注电量名以及设参考方向，然后选择回路绕行方向（顺时针或逆时针），才能列写电压方程。在方程中，如果电压降方向与绕行方向一致的电压取“+”，那么，电压降方向与绕行方向相反的电压就取“-”。反之也成立。例如，图 1-21 所示回路由 4 条支路构成，各支路电压已标注并设定参考方向，用带箭头的顺时针实线表示回路的绕行方向，若取电压降方向与绕行方向一致的电压为“+”，则回路电压方程为

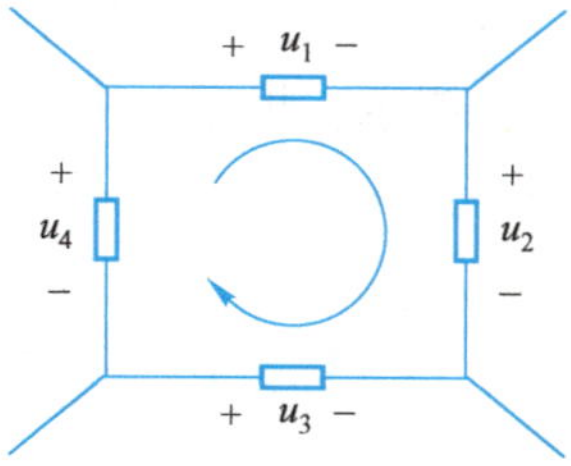

图 1-21　列 KVL 方程

$$u_1+u_2-u_3-u_4=0$$

若取沿绕行方向电压升为“+”，则回路电压方程为

$$-u_1-u_2+u_3+u_4=0$$

可见，两式只差一个负号。

进一步说，构成回路的支路可以是虚拟支路。例如图 1-22 中 ab 两点间没有一条物理支路，但存在电压 u_{ab}。假设 ab 间有一条虚拟支路，这条虚拟支路的电压是电压 u_{ab}，列写图中虚线所示回路的 KVL 方程，有

$$u_{ab}=u_1+u_2$$

例 1-6　电路如图 1-23 所示，已知 $U_1=2\text{ V}$，$U_2=3\text{ V}$，$U_3=10\text{ V}$，$U_4=-2\text{ V}$，求电压 U_5 和 U_{ab}。

解：（1）求 U_5

选图中实线所示回路，沿逆时针方向绕行，有

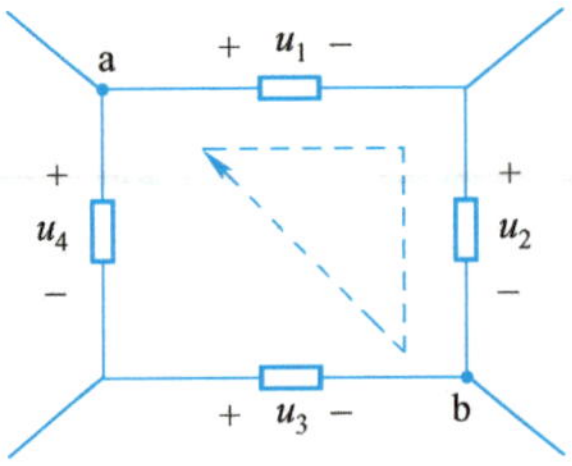

图 1-22 列广义 KVL 方程

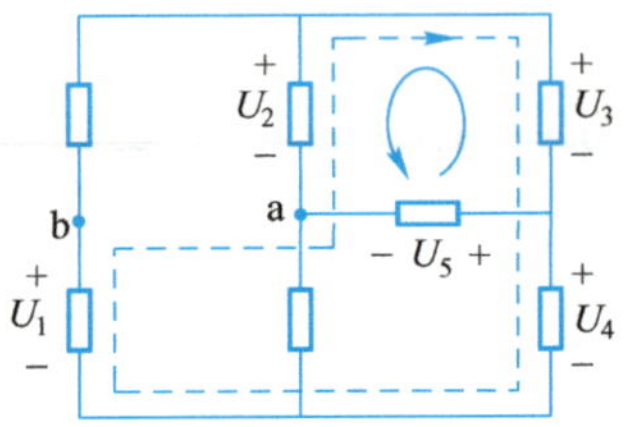

图 1-23 例 1-6 电路

$$-U_3+U_2-U_5=0$$

解得

$$U_5=U_2-U_3=-7\ \text{V}$$

（2）求 U_{ab}

选图中虚线所示回路及顺时针绕行方向，有

$$U_3+U_4-U_1-U_{ab}-U_2=0$$

解得

$$U_{ab}=U_3+U_4-U_1-U_2=3\ \text{V}$$

思考题

1.3-1 某接收机连接天线与接收机的馈线是 2 m 长，若接收到的是频率为 100 MHz 的正弦电磁波，问：分析馈线能否用两类约束关系？

1.3-2 对于某个结点而言，与之相连的支路电流参考方向不能均设为流入结点，否则只有流入结点的电流，没有流出结点的电流。你同意这个观点吗？为什么？

1.3-3 请推导例 1-5 中图 1-20c 所示封闭面的 KCL 方程。

（提示：根据方法一的 3 个结点电流方程可推出方法二的广义结点电流方程。）

1.4 元件的电压电流关系

按照元件对外连接端子的数目可把元件分为二端元件和多端元件。顾名思义，有两个对外连接端子的是二端元件，有两个以上对外连接端子的是多端元件。例如，把有 4 个对外连接端子的元件称为四端元件。如果在任何时刻，元件一个端子的流入电流总等于另一个端子的流出电流，既元件的两个端子电流大小相同、方向相反，就把这两个端子称为一端口，这类二端元件又称为一端口元件（或单口元件）。单口元件只需要标出一个端子的电流，如图 1-24 所示。同样，若一个四端元件两两端子满足端口条件，则称其为二端口元件，如图 1-25 所示。图中 1，2 端子为一端口，3，4 端子为一端口。

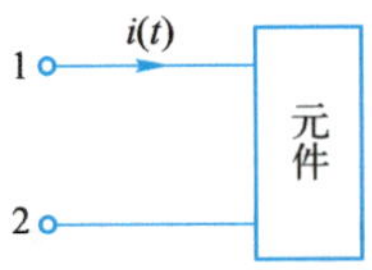

图 1-24 一端口元件

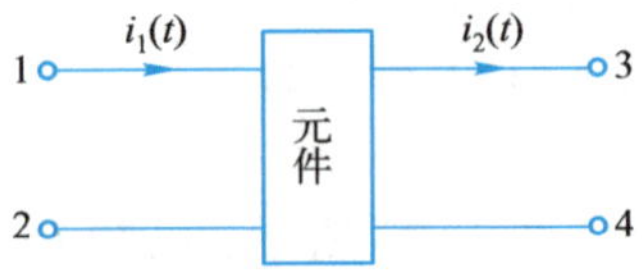

图 1-25 二端口元件

半个多世纪以来，尽管新型电子元器件层出不穷，类型剧增，但理论上定义的理想元件没有变化，已有理想元件仍能满足构建各类电路模型的需要。理想元件的作用类似化学中的元素，物理学中的基本粒子，生物学中的细胞，是构成电路模型的最基本元件。理想元件的端口电压和电流不能随意取值，而是受元件电压电流关系（VCR）的约束。定义元件类型的端口电压电流关系有两种常见形式：特性曲线和数学表达式。本节侧重学习电阻、独立源和受控源的电压电流关系。以下把理想元件简称为元件。

1.4.1　电阻

电阻具有阻碍电流流动的物理特性。在理论上，把有如下数学关系的一端口元件定义为电阻：在任何时刻，电压 $u(t)$ 与电流 $i(t)$ 之间的关系能用 $u \sim i$ 平面上一条曲线来描述的一端口元件被称为电阻。$u \sim i$ 平面上的曲线称为电压-电流曲线。根据不同的电压-电流曲线，电阻被分为 4 类：线性时不变电阻、线性时变电阻、非线性时不变电阻和非线性时变电阻。这里只介绍最基本的线性时不变电阻的电压-电流关系和分析方法。以下如无特殊说明，“电阻”一词都指“线性时不变电阻”。

电阻 R 的电路符号如图 1-26 所示。在图示电压与电流关联参考方向下，线性时不变电阻的电压电流曲线是一条不随时间变化的、过原点的斜线，如图 1-27 所示。该斜线方程为

$$u(t)=\tan\theta i(t) \qquad (1-9)$$

其中斜线的斜率 $\tan\theta=R$ 为电阻。代入式（1-9）得

$$u(t)=Ri(t) \quad （关联参考方向） \qquad (1-10)$$

式（1-10）就是著名的欧姆定律，也称为电阻的电压电流关系（VCR）。由式（1-10）可见，电阻电流与电阻电压成正比关系。由于电阻值 R 是常数，不随电压与电流大小变化，故电阻是线性的；同时阻值 R 也不随时间变化，故电阻也具有时不变性，综合而言，称其为线性时不变电阻。电阻的单位是欧姆（Ω），简称欧。电阻值反映电阻阻碍电流流动的能力，电阻值大则说明阻碍电流流动的阻力大；反之，则小。

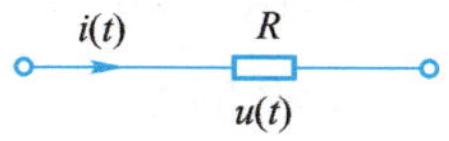

图 1-26　电阻的电路符号

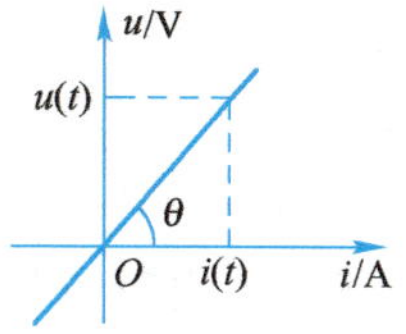

图 1-27　电阻的电压-电流曲线

如果电压与电流的参考方向非关联，如图 1-28 所示，则电阻的电压电流关系式为

$$u(t)=-Ri(t) \quad （非关联参考方向） \qquad (1-11)$$

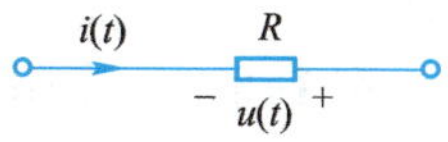

图 1-28　非关联参考方向

衡量电阻导通电流能力的另一个常用参数是电导，定义为电阻的倒数，记作

$$G=\frac{1}{R} \qquad (1-12)$$

电阻小，则电导大，说明电阻元件阻碍电流的阻力小，导通电流的能力强。电导的单位是西门子（S）。电阻元件的电压电流关系又可表示为

$$i=\begin{cases}Gu & 参考方向关联\\ -Gu & 参考方向非关联\end{cases} \tag{1-13}$$

在直流电路中，习惯用大写字母表示

$$U=\begin{cases}RI & 参考方向关联\\ -RI & 参考方向非关联\end{cases} \tag{1-14}$$

或者

$$I=\begin{cases}GU & 参考方向关联\\ -GU & 参考方向非关联\end{cases} \tag{1-15}$$

例 1-7 求图 1-29 所示电路中的电阻值 R。

解：已知 $U=-20\ \text{V}$，$I=2\ \text{A}$，在图示电压与电流非关联参考方向下，用式 $U=-RI$ 计算，有

$$R=-\frac{U}{I}=-\frac{-20}{2}\ \Omega=10\ \Omega$$

电阻与电导的取值范围都在 $0\sim\infty$。当 $R=0(G=\infty)$时，电阻相当于一根无损耗的导线，如图 1-30 所示，我们把这种电路情况称为短路。根据欧姆定律 $u=Ri=0$ 可知，短路时，电压 u 为零，但支路电流 i 通常存在。当 $R=\infty$ $(G=0)$时，称为开路，用图 1-31 表示。开路时，支路电流为零，电压通常存在。

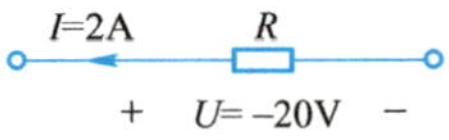

图 1-29 例 1-7 图

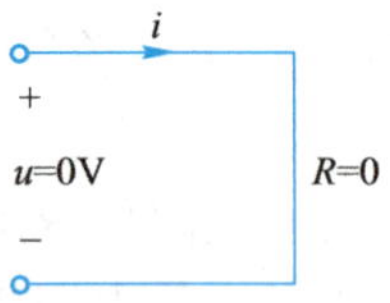

图 1-30 短路

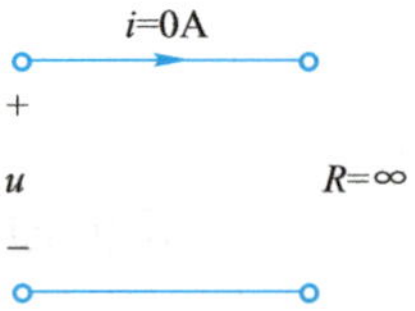

图 1-31 开路

若电压与电流参考方向关联，把欧姆定律代入功率计算式（1-3），得电阻的功率计算式为

$$p(t)=u(t)\times i(t)=Ri^2(t)=Gu^2(t) \tag{1-16}$$

无论电压与电流参考方向是否关联，计算电阻功率都用式（1-16）。在电压与电流参考方向非关联的情况下，请读者自行推导式（1-16）。习惯上把 $p(t)>0$ 的电阻功率称为消耗功率。

市场上出售的电阻除了标明电阻值外，还标出了允许电阻使用的最大功率，最大功率也称为额定功率。如果使用时，电阻实际消耗功率超过了标定的额定功率，会因温度过高，烧毁元件。

例 1-8 一个阻值为 100 Ω、额定功率为 1 W 的碳膜电阻用于直流电路，问：使用时，电流、电压不得超过多大值？

解：根据电阻的功率计算式 $P=RI^2=\dfrac{U^2}{R}$，得

$$|I|=\sqrt{\frac{P}{R}}=\sqrt{\frac{1}{100}}\ \text{A}=0.1\ \text{A}$$

$$|U|=\sqrt{PR}=\sqrt{1\times 100}\ \text{V}=10\ \text{V}$$

使用时，电流不能超过 0.1 A，电压不能超过 10 V，否则电阻会损坏。

1.4.2　独立源

在电路中，独立源担负向电路提供能量或信号的任务。独立源有独立电压源（简称电压源）和独立电流源（简称电流源）之分。

1. 电压源

在任何时刻，如果一端口元件的端口电压 $u(t)$ 按自身规律变化，与流过的电流 $i(t)$ 无关，则该一端口元件为电压源。

电压源的图形符号如图 1-32 所示。把电压源接入电路后，就有电流流过电压源，如图 1-33 所示。流过电压源的电流大小和方向随外接电路变化，但电压源 ab 端口的输出电压 $u(t)$ 不受电流 $i(t)$ 的影响，也就是说，无论电流 $i(t)$ 大小、方向怎么变化，电压源 ab 端口的输出电压 $u(t)$ 始终按其自身固有的规律 $u_s(t)$ 变化。正是因为这一特点，称其为独立电压源。

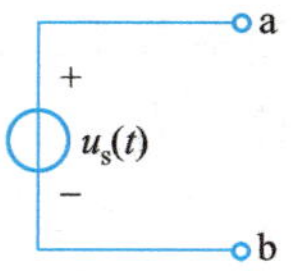

图 1-32　电压源的图形符号

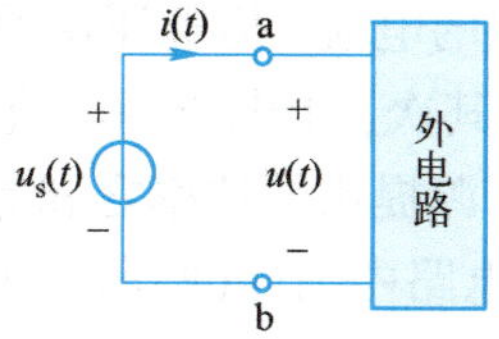

图 1-33　电压源外接电路示意图

电压源电压与电流的数学关系式为

$$\begin{cases} u(t)=u_s(t) \\ i(t)=\text{任意值} \end{cases} \tag{1-17}$$

通常，称电压随时间变化的电压源为时变电压源，用 $u_s(t)$ 表示。电压不随时间变化的恒定电压源被称为直流电压源，常用大写字母 U_s 表示。直流电压源有两种常见电路符号，如图 1-34a 所示。图 1-34b 是直流电压源（$U_s>0$）的电压电流曲线图。

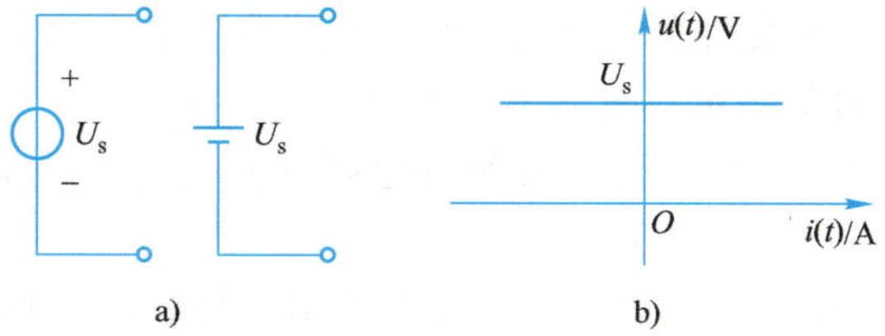

图 1-34　直流电压源的电路符号与电压电流曲线
a）电路符号　b）电压电流曲线

例 1-9　电路如图 1-35 所示。图中电阻是可变电阻，求 $R=6\ \Omega$ 和 $R=2\ \Omega$ 两种情况下的电流 I、电压 U 和元件的功率。

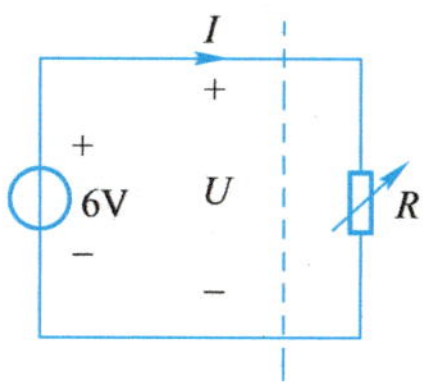

图 1-35　例 1-9 电路

分析：由电压源的电压电流关系式（1-17）可知，电压源的电压与电流之间没有约束关系，所以，不可能根据式（1-17）求出电流 I，电流 I 必须根据电压源的外接电路求得。本题电压源的外接电路是电阻，故由电阻的电压电流关系求电流 I。

解：对电阻而言，电压与电流的参考方向关联（往虚线右边看），

用欧姆定律 $U=RI$。

（1）当 $R=6\ \Omega$ 时，电阻两端电压 $U=6\ \text{V}$，

回路电流为
$$I=\frac{U}{R}=\frac{6}{6}\ \text{A}=1\ \text{A}$$

电阻的功率为
$$P=UI=6\times1\ \text{W}=6\ \text{W}$$

电压源的功率为
$$P=-U_sI=-6\times1\ \text{W}=-6\ \text{W}$$

（2）当 $R=2\ \Omega$ 时，电阻两端电压 $U=6\ \text{V}$，

回路电流为
$$I=\frac{U}{R}=\frac{6}{2}\ \text{A}=3\ \text{A}$$

电阻的功率为
$$P=UI=6\times3\ \text{W}=18\ \text{W}$$

电压源的功率为
$$P=-U_sI=-6\times3\ \text{W}=-18\ \text{W}$$

由此例可验证，流过电压源的电流与外电路有关，改变外电路（元件参数或电路结构），可改变流过电压源的电流，但电压源的输出电压与流过的电流，或者说与外接电阻无关，始终保持6V不变。其次，求电压源电流要从外电路的电压电流关系着手。再则，电路中电阻消耗的功率与电压源提供的功率之和等于零，遵守能量守恒规律，有

电路中消耗(吸收)功率之和=电路中提供(产生)功率之和

2. 电流源

电流源的电路符号如图1-36所示。电流源的特点与电压源类似，定义为：

在任何时刻，如果一端口元件的电流 $i_s(t)$ 按自身规律变化，与元件两端电压 $u(t)$ 无关，则称该一端口元件为电流源。电流源电压电流关系式为

$$\begin{cases}i(t)=i_s(t)\\u(t)=\text{任意值}\end{cases}\tag{1-18}$$

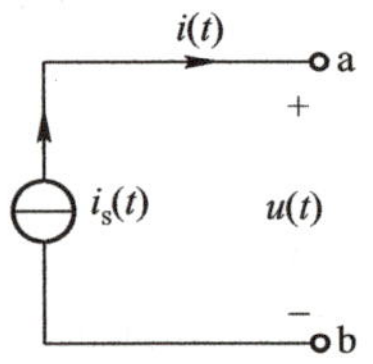

图1-36　电流源的电路符号

电流源具有如下特点。

1）电流源的电流 $i_s(t)$ 不受外接电路的影响，与其端口电压 $u(t)$ 的大小、方向无关（见图1-37），完全由电流源自身确定，故其全称为独立电流源。

2）电流源端口电压由其自身电流 $i_s(t)$ 和外电路共同决定。通常，根据外接电路的电压电流关系求电流源电压。

不随时间变化的电流源称为直流电流源，用 I_s 表示，电路符号如图1-38a所示。图1-38b是 $I_s>0$ 的直流电流源电压电流曲线。

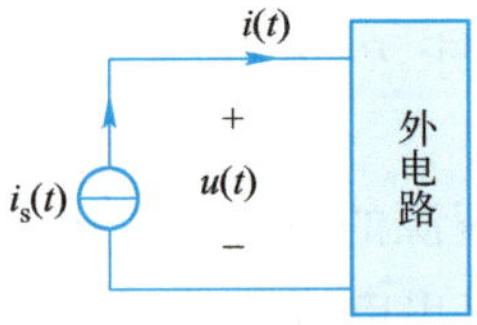

图1-37　电流源外接电路示意图

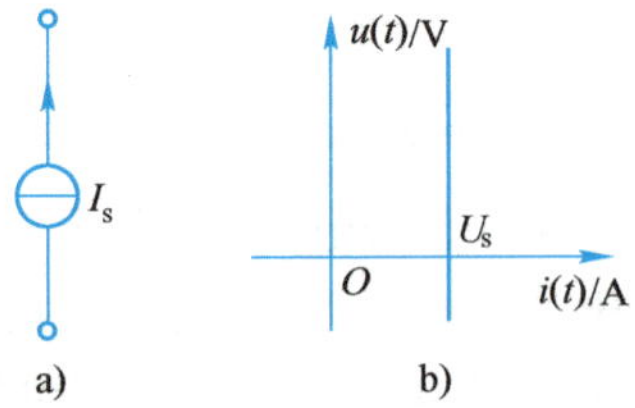

图1-38　直流电流源的电路符号与电压电流曲线
a）电路符号　b）电压电流曲线

例 1-10　电路如图 1-39a 所示。试求：

(1) 电阻两端的电压。

(2) 电流源的功率，并指出是提供功率还是吸收功率。

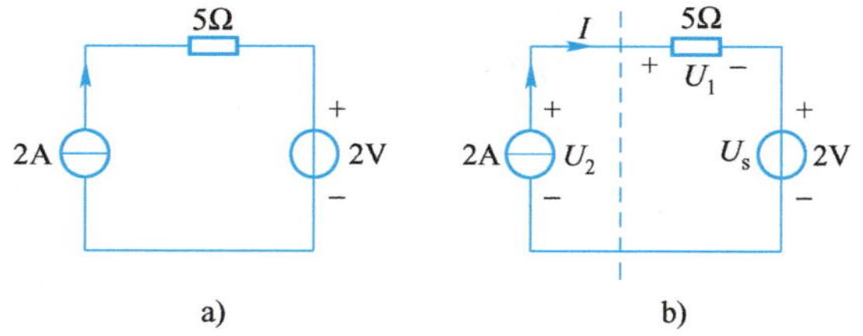

图 1-39　例 1-10

解：(1) 图中 3 个元件串联，设回路电流为 I，电阻两端电压为 U_1，如图 1-39b 所示。回路电流等于电流源电流，有 $I=2\ \text{A}$，故电阻电压为

$$U_1=RI=5\times2\ \text{V}=10\ \text{V}$$

(2) 设电流源两端电压为 U_2，如图 1-39b 所示。虚线右边为电流源的外接电路，列回路的 KVL 方程，得

$$U_2=U_1+U_s=10\ \text{V}+2\ \text{V}=12\ \text{V}$$

电流源的功率为

$$P_I=-U_2I=-12\times2\ \text{W}=-24\ \text{W}$$

负功率值说明电流源产生功率，或说提供功率。

1.4.3　受控源

在电路理论中，受控源出现较晚。受控源是从电子管、晶体管等电子器件中抽象出来的理想元件，是一种与独立源不同的电源。两类电源的主要区别在于：

1) 独立源是一端口元件，而受控源是二端口元件。

2) 独立源的输出不受外电路影响，仅按自身固有规律变化，是电路能源或信号的真正本源；而受控源的输出受电路中某处电量的控制，随控制电量而变化，不是能量或信号的真正生成者。

根据受控量和控制量的不同，有以下 4 种类型的受控源。

(1) 电压控制电压源（VCVS）

这是一种电压源，电路符号如图 1-40a 所示。输出电压 μu_1 受电路某处电压 u_1 的控制，u_1 是控制量。元件端口的电压电流关系为

$$\begin{cases}u_2(t)=\mu u_1(t)\\ i_1(t)=0\end{cases}$$

(2) 电流控制电压源（CCVS）

电路符号如图 1-40b 所示，属于电压源，输出电压为 ri_1。与 VCVS 不同的是，CCVS 输出电压的控制量是电路某处电流 i_1。元件端口的电压电流关系为

$$\begin{cases}u_2(t)=ri_1(t)\\ u_1(t)=0\end{cases}$$

(3) 电压控制电流源（VCCS）

这是一种电流源，电路符号如图1-40c所示。输出电流 gu_1 受电路某处电压 u_1 的控制，元件端口的电压电流关系为

$$\begin{cases} i_2(t)=gu_1(t) \\ i_1(t)=0 \end{cases}$$

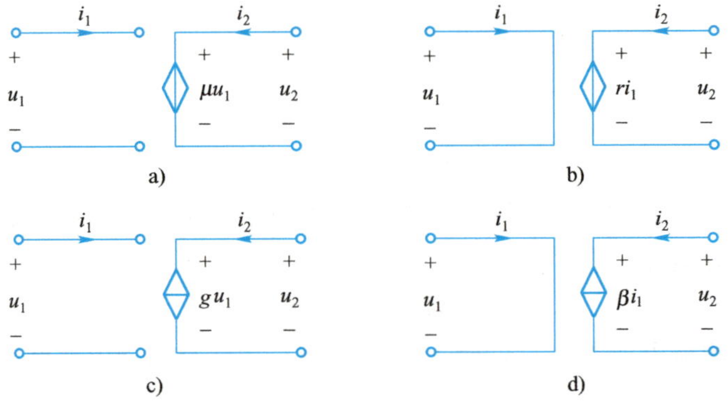

图1-40 受控源的4种形式

a）电压控制电压源 b）电流控制电压源 c）电压控制电流源 d）电流控制电流源

(4) 电流控制电流源（CCVS）

电路符号如图1-40d所示，属于电流源，输出电流为 βi_1。与VCCS不同的是，输出电流的控制量不是电压而是电路某处电流 i_1。元件端口的电压电流关系为

$$\begin{cases} i_2(t)=\beta i_1(t) \\ u_1(t)=0 \end{cases}$$

为了区别于独立源，受控源用菱形符号表示。式中 μ、r、g、β 是控制系数，当控制系数是常数时，受控源是线性时不变元件。

例1-11 电路如图1-41所示，求以下几种情况的电流 I_x。(1) $U_s=6\text{ V}$；(2) $U_s=-6\text{ V}$；(3) $U_s=0\text{ V}$。

思路： 先求出控制量 I_1，才能知道电流控制电压源的输出电压 $4I_1$，进而才能求 I_x。

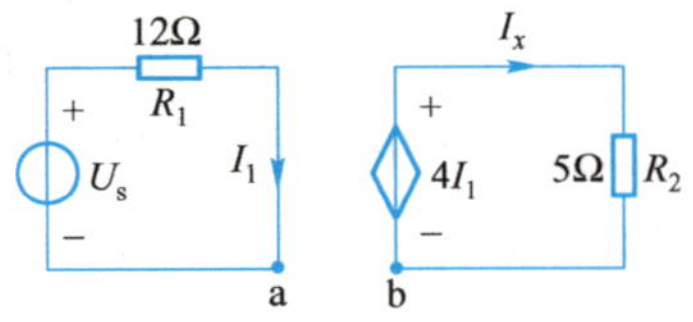

图1-41 例1-11电路

解： (1) 当 $U_s=6\text{ V}$ 时，根据欧姆定律知

$$I_1=\frac{U_s}{R_1}=\frac{6}{12}\text{ A}=0.5\text{ A}$$

电流控制电压源的输出电压为 $4I_1=2\text{ V}$。利用欧姆定律得

$$I_x=\frac{4I_1}{R_2}=\frac{2}{5}\text{ A}=0.4\text{ A}$$

(2) 同理，当 $U_s=-6\text{ V}$ 时，

$$I_1=\frac{U_s}{R_1}=\frac{-6}{12}\text{ A}=-0.5\text{ A}$$

受控源的输出电压为 $4I_1=-2\text{ V}$，得

$$I_x=\frac{4I_1}{R_2}=\frac{-2}{5}\ \text{A}=-0.4\ \text{A}$$

（3）当 $U_s=0$ V 时，$I_1=\dfrac{U_s}{R_1}=0$ A，受控源的输出电压为 $4I_1=0$ V，则 $I_x=0$ A。

观察分析结果可见，控制量 I_1 的大小和方向控制着受控源的输出电压 $4I_1$ 的大小和方向。如果电路中没有独立源 U_s，则控制量 I_1 为零，受控源也就无输出。所以，独立源才是电路中能量和信号的真正“源泉”，没有了独立源，受控源便成为无本之源。在后面的学习中将看到，在有些分析方法中，两类电源要区别对待。

思考题

1.4-1　在集总电路中，二端元件都是一端口元件。你认为这个说法对吗？为什么？

1.4-2　把图 1-41 所示电路的 a、b 两点连接起来，请运用学过的知识判断：这时的电流 I_x 会与例 1-11 一样吗？为什么？

两类约束关系的适用条件

1.5　电路分析与应用实例

1.5.1　用两类约束条件分析简单电路

基尔霍夫定律和元件的电压电流关系是各种电路分析方法的基本依据。本小节将以单回路、单结点偶电路为例，学习怎样运用这两类约束条件分析电路。

例 1-12　图 1-42a 是一个单回路电路，求电阻 R_1 的功率和电压 U_{ab}。

分析： 单回路电路中所有元件流过的是同一个电流，故元件都串联。若知道了回路电流，电路中各元件电压和功率都能求出，所以，回路电流是关键电量。要先设法求出回路电流，再通过回路电流求其他电量。

解： 设回路电流 I 如图 1-42b 所示，各电阻的电压与电流参考方向关联。沿顺时针绕行方向列回路电压方程，电压降取“+”，电压升取“-”，有

$$U_1+U_{s2}+U_2-U_{s1}=0 \tag{1-19}$$

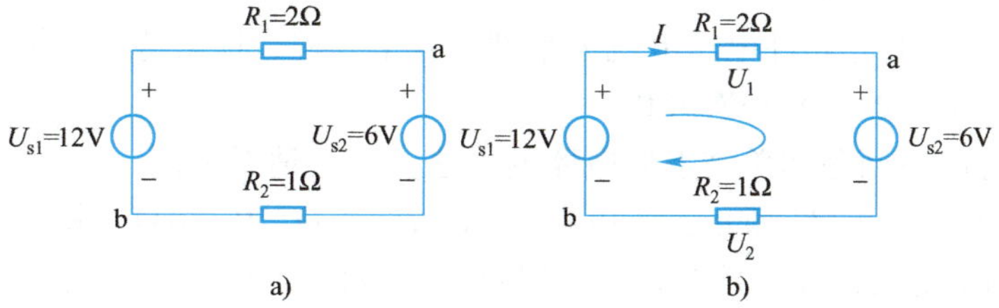

图 1-42　例 1-12

把电阻的电压电流关系 $U_1=R_1I$、$U_2=R_2I$ 和元件参数 $R_1=2\,\Omega$、$R_2=1\,\Omega$、$U_{s1}=12$ V、$U_{s2}=6$ V 代入式（1-19），有

$$2I+6+I-12=0$$

解得　$I=2\ \text{A}$

电阻 R_1 的功率为　$P_R=I^2R_1=2^2\times2\ \text{W}=8\ \text{W}$

根据广义回路电压方程，得　$U_{ab}=U_{s2}+R_2I=(6+1\times2)\ \text{V}=8\ \text{V}$

例 1-13　图 1-43a 所示电路被称为单结点偶电路，已知 $R_1=3\ \Omega$，$R_2=2\ \Omega$，$I_{s1}=7\ \text{A}$，$I_{s2}=2\ \text{A}$，求图中电流 I 和电流源 I_{s2} 的功率。

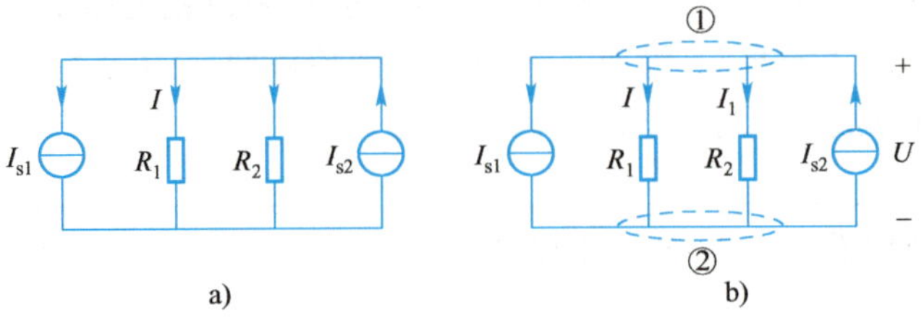

图 1-43　例 1-13

分析：由图 1-43b 可见，电路中各元件的一个端子都接结点①，另一个端子同接结点②，4 个元件的电压相同，故为并联。如果知道两结点间的电压，则所有支路电流和元件的功率都能求出，因此，从求结点间电压入手。

解：设两结点之间电压 U 和 R_2 支路电流 I_1 如图 1-43b 所示。列结点①的 KCL 方程，流出结点取"+"，流入结点取"-"，有

$$I_{s1}+I+I_1-I_{s2}=0$$

把电阻的电压电流关系 $I=\dfrac{U}{R_1}$、$I_1=\dfrac{U}{R_2}$ 和元件参数代入，有

$$7+\frac{U}{3}+\frac{U}{2}-2=0$$

解得　$U=-6\ \text{V}$

电流 I 为　$I=\dfrac{U}{R_1}=\dfrac{-6}{3}\ \text{A}=-2\ \text{A}$

电流源 I_{s2} 的功率为　$P=-I_{s2}U=-2\times(-6)\ \text{W}=12\ \text{W}$（吸收功率）

归纳以上两例，分析不含受控源电路的要点如下。

1）凡是方程中出现的、在电路图中未标出的电压或电流都要标出位置和参考方向，否则无法确定方程中电量的正负号。

2）根据 KCL、KVL 和元件电压电流关系列出若干方程，保留待求电量，消去其他电量，获得并求解含待求电量的一元一次方程。

分析含受控源的单回路和单结点偶电路的方法类似，请看下例。

例 1-14　电路如图 1-44 所示，已知 $U_s=4\text{V}$，$R_1=2\Omega$，$R_2=6\Omega$，求电压 U。

解：回路电流 I 是受控源的控制量，取回路绕行方向与 I 的方向一致，列 KVL 方程，并直接代入电阻的电压电流关系，有

$$-4I+R_2I+R_1I-U_s=0$$

代入元件参数，有　$-4I+6I+2I-4=0$

解得　$I=1\ \text{A}$

则　$U=R_2I=6\ \text{V}$

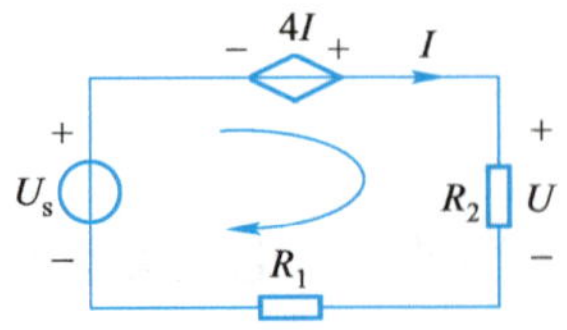

图 1-44　例 1-14

1.5.2　支路电流法

1.5.1 小节是用支路电流方法分析简单单回路电路的一个实例。支路电流法是直接利用两类约束条件分析电路的一种通用方法，可用于分析任何结构的电路。该方法以支路电流为中间变量，无论求解目标是电路中的哪个电量，都要先求支路电流。首先，根据 KVL、KCL 和元件的电压电流关系，列、解与支路电流数目相等的独立方程组，求出支路电流，然后再利用支路电流去求目标电量。

例 1-15　电路如图 1-45a 所示，已知 $U_{s1}=U_{s2}=10\text{V}$，$U_{s3}=8\text{V}$，$R_1=2\Omega$，$R_2=R_3=R_4=1\Omega$，求电阻 R_4 消耗的功率。

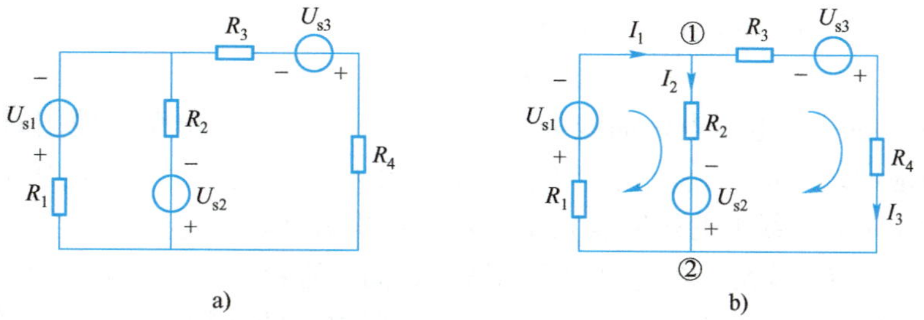

图 1-45　例 1-15 电路

分析：图 1-45a 所示电路共 3 条支路，因此求支路电流需要列 3 个独立的三元一次方程；设支路电流如图 1-45b 所示。在 3 个支路电流中，只有支路电流 I_3 与电阻 R_4 的功率有关，故解方程组只需求出 I_3，再利用 I_3 求目标电量 $I_3^2R_4$。

解：列图 1-45b 结点①的电流方程为

$$I_1-I_2-I_3=0 \tag{1-20}$$

一般来说，如果电路中有 n 个结点，独立结点电流方程的数目是 $n-1$ 个。该题电路有两个结点，只能列出一个独立结点电流方程。另外两个方程列网孔电压方程。取顺时针绕行方向，电压降取“+”，电压升取“-”，有

左网孔电压方程　$$R_2I_2-U_{s2}+R_1I_1+U_{s1}=0$$

代入参数整理得　$$I_2+2I_1=0 \tag{1-21}$$

右网孔电压方程　$$R_3I_3-U_{s3}+R_4I_3+U_{s2}-R_2I_2=0$$

代入参数整理得　$$2I_3-I_2=-2 \tag{1-22}$$

联立以上 3 个方程，消去 I_1 和 I_2，求电流 I_3。

式（1-20）+式（1-21），消去 I_2，得　$$3I_1-I_3=0 \tag{1-23}$$

式（1-21）+式（1-22），消去 I_2，得　$$I_3+I_1=-1 \tag{1-24}$$

式（1-24）×3 - 式（1-23），消去 I_1，求得　$$I_3=-\frac{3}{4}\text{A}$$

电阻 R_4 消耗的功率为　$$P=I_3^2R_4=\left(-\frac{3}{4}\right)^2\times 1\ \text{W}=\frac{9}{16}\text{W}$$

从以上例子可见，结构简单的电路比结构复杂的电路易求。那么，能否把例 1-15 的电路先转换为一个简单的单回路电路后再求 I_3 呢？或者说把支路法的待求电量数由 3 个减到 2 个甚至 1 个，从而减少方程数和运算量呢？对于这些问题将在后续两章进行详细讨论。

1.5.3　实际电源的电路模型

本小节将通过介绍实际电源的电路模型，帮助读者加深了解理想元件存在的现实意义。理论上，实际电源有两种近似电路模型，串联结构的实际电压源模型和并联结构的实际电流源模型。

1. 实际电压源模型

实际电源，如发电机、蓄电池等，它们的端口输出电压不像理想电压源那样与流过的电流无关，而会随电流变化。当流过实际电源的电流增大时，输出电压会减小。这种端口电压电流特性可以用一个理想电压源和一个电阻串联来描述，如图1-46所示。在图示参考方向下，列回路电压方程，得ab端口的电压电流关系为

$$U=U_s-R_sI \tag{1-25}$$

式（1-25）对应的端口电压电流曲线如图1-47所示。当实际电源未使用时，ab端口开路（称为空载，对应曲线上的开路点），$I=0$，电源内阻R_s上无电压，输出电压$U=U_s$最大。当ab端口短路时（对应曲线上的短路点），$U=0$，实际电源无输出电压，U_s全部加在内阻R_s两端，电源电流$I=U_s/R_s$最大。在这两种极端情况之间，随着电源电流I的增加，电源内阻R_s上的电压增大，致使电源输出电压U减小，这与实际电源的外特性相似。注意，理论上能把电源短路，但在实际使用时，电源不能短路，因短路电流大，会烧毁电源。

实际电源的内阻越小，越接近理想电压源。

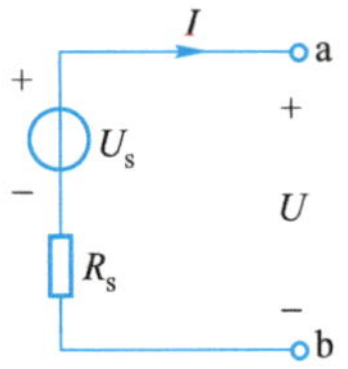

图1-46　实际电压源模型

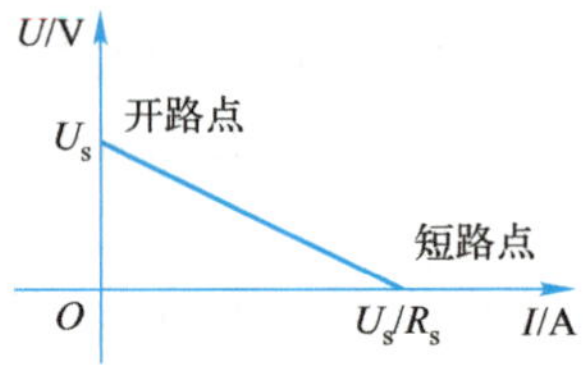

图1-47　实际电压源的电压电流曲线

例1-16　在图1-48a所示的参考方向下，已知ab端口的电压电流关系为$U=4I-6$，请画出对应的电路模型。

解：一端口电路N的端口电压电流关系式的结构与式（1-25）相同，所以电路模型为实际电压源。对比式$U=U_s-R_sI$和$U=4I-6$可知，电压源大小为6 V，b前“-”号说明电压源U_s的参考方向与端口电压U相反，串联电阻R_s是4 Ω。电路模型如图1-48b所示。

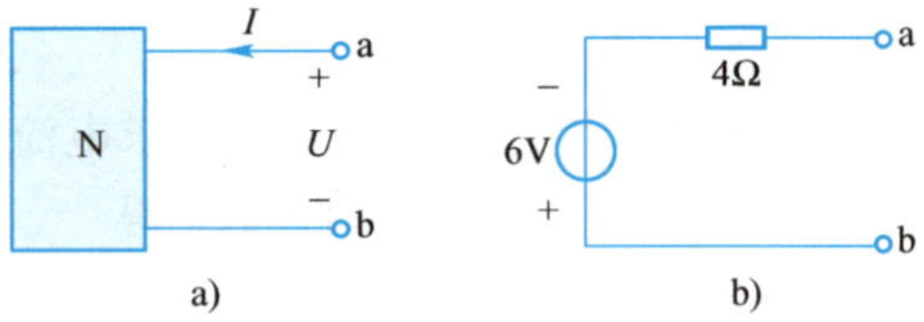

图1-48　例1-16

2. 实际电流源模型

一个实际电源，比如光电池，其端口电压电流特性与理想电流源相差较大。光电池的输出电流与端口电压有关，端口电压越大，输出电流就越小。这样的外特性不能简单地用一个理想电流源来描述，如果在理想电流源两端并联一个电阻就能得到与实际电源相似的端口电特性，实际电流源模型如图1-49所示。在图示参考方向下，列结点电流方程，得到如下端

口电压电流关系式为

$$I=I_s-\frac{U}{R_s} \tag{1-26}$$

式（1-26）对应的电压电流关系曲线如图 1-50 所示。由图可见，当 ab 端口短路时（对应曲线上的短路点），实际电流源的输出电流 I 最大，为理想电流源电流 I_s；当 ab 端口开路时，即电源空载，对应曲线上的开路点，实际电流源输出电流 I 为零。在这两种极端情况之间，实际电流源的输出电流总小于电流 I_s。端口电压 U 越大，实际电源内阻分流越大，电源输出电流 I 越小。

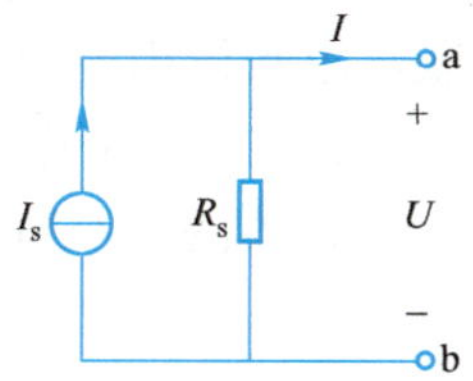

图 1-49　实际电流源模型

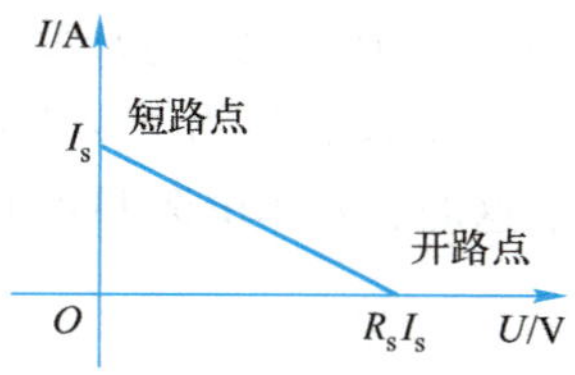

图 1-50　实际电流源的电压电流曲线

对于实际电流源而言，内阻 R_s 越大，越接近理想电流源。

1.5.4　晶体管的电路模型

晶体管是集成电路中必不可少的元件，将电流放大是其功能之一。晶体管有 NPN 型和 PNP 型，电路符号如图 1-51 所示。因它有三个对外引脚，所以俗称三极管。三个引脚分别被称为基极 B、发射极 E 和集电极 C。晶体管可构成二端口元件，图 1-52a 是共射极连接形式。BE 端口接输入信号，作为输入端口；CE 为输出端口，输出经晶体管的放大信号。在图 1-52a所示参考方向下，由广义 KCL 可知，三个引脚电流有如下关系：

$$I_E=I_B+I_C \tag{1-27}$$

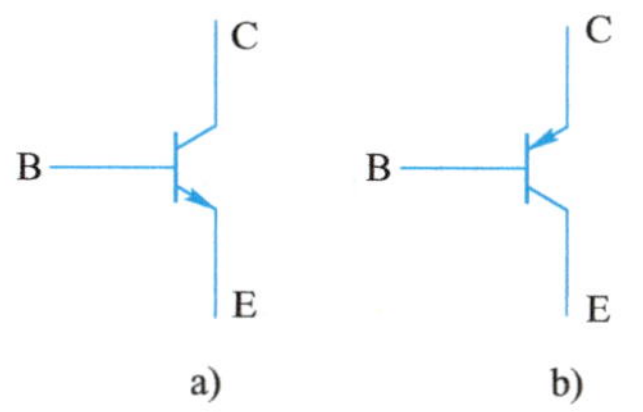

图 1-51　晶体管的电路符号
a) NPN 型　b) PNP 型

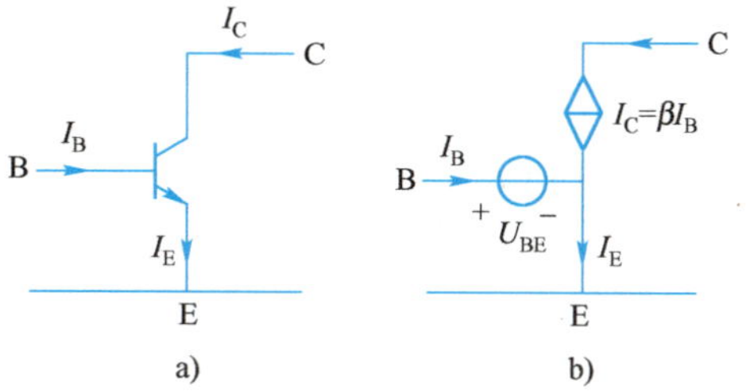

图 1-52　共发射极电路及电路模型

当晶体管工作在放大区时，集电极电流 I_C 与基极电流 I_B 之间存在以下关系：

$$I_C=\beta I_B \tag{1-28}$$

式中，β 是共射极电流放大倍数，通常取值在几十至一百多之间。β 越大，晶体管的电流放大功能力越强。工作在放大区的共射极晶体管可用图 1-52b 所示电路作为其电路模型，式（1-28）的电流关系用电流控制电流源表示。基极 B 与发射极 E 之间的电压 U_{BE}用电压源近似。U_{BE}值与晶体管的材料有关，一般硅管 U_{BE}是 0.7 V，锗管 U_{BE}是 0.3 V。

1.5.5 安全用电知识

电对人体造成的伤害是否致命主要取决于电流大小和电流通过人体的部位。当人体通过50 Hz正弦电流超过30 mA，或者是持续3 s的500 mA直流电流，或者持续0.3 s的1.3 A直流电流，都会导致心跳停止，造成致命伤害。当电流流经心脏、脊椎、中枢神经等要害部位时，会使这些部位的肌肉突然收缩，破坏心跳信号，造成流向大脑的氧化血液暂停，几分钟内就会造成死亡。通常认为，从左手至右脚的电流路径最危险，从一只手到另一只手的路径也很危险。

为什么常见的警示牌都写着“高压危险”？学过欧姆定律就容易明白，通过人体的电流大小与触电电压成正比，电压高则电流大。另外，人体电阻由皮肤电阻和体内电阻组成，在常规情况下，皮肤电阻为10~100 kΩ，当电压较高时，皮肤会被击穿，皮肤被击穿后的电阻接近于零，这时，人体电阻只有体内电阻，电阻减小了，电流增大。人体的最小电阻为800~1000 Ω。

1.6 习题

一、基本题

1. 已知：$U_1=1$ V，$U_2=-3$ V，$U_3=8$ V，$U_4=-4$ V，$U_5=7$ V，$U_6=-3$ V，$I_1=2$ A，$I_2=1$ A，$I_3=-3$ A，各电压、电流的参考方向如图1-53所示。

(1) 请标出各支路电流的真实方向和元件两端电压的真实极性。

(2) 指出哪些元件的电压与电流参考方向关联。

(3) 求出各元件的功率并指出是吸收功率还是产生功率。

2. 图1-54所示电路有A、B两个元件，在图示参考方向下，请判断哪个元件的电压与电流参考方向非关联。

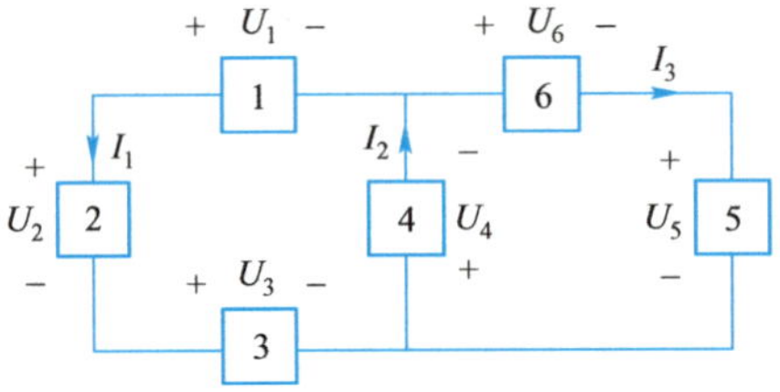

图1-53 题1图

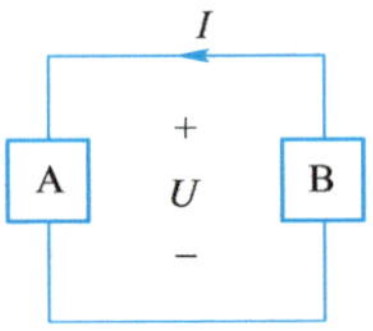

图1-54 题2图

3. 在图1-55中：

(1) 用电压表Ⓥ测得元件1两端的电压为5 V，已知元件1吸收功率10 W，求电流I。

(2) 用电流表Ⓐ测得流过元件2的电流是4 A，已知元件2产生功率36 W，求电压U。

(3) 元件3吸收功率15 W，求电流I。

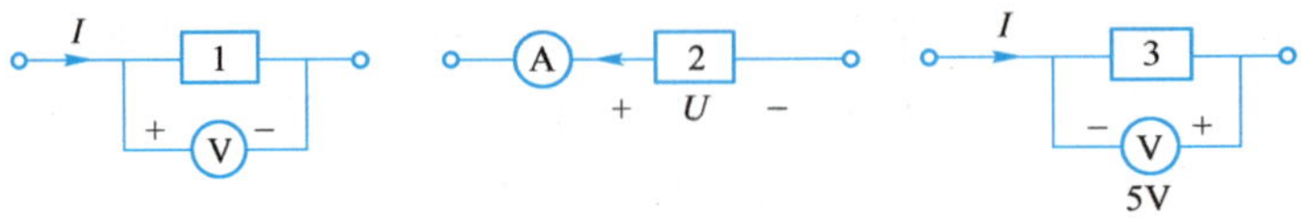

图1-55 题3图

4. 求图 1-56 所示各电路中的未知电流 I_1、I_2 和 I_3。

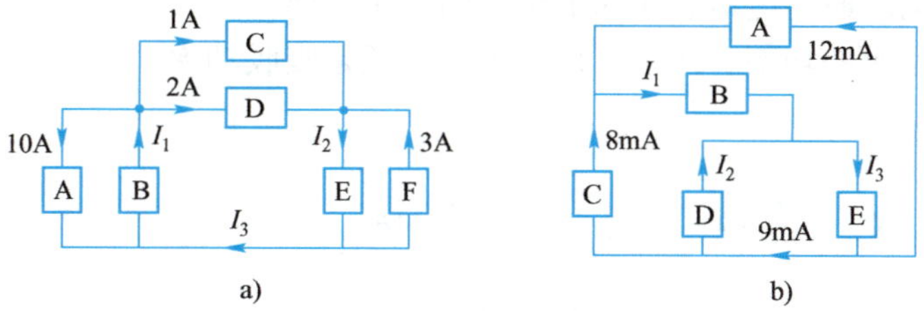

图 1-56　题 4 图

5. 分别求图 1-57 所示各电路的电压 U_1、U_2 和 U_3。

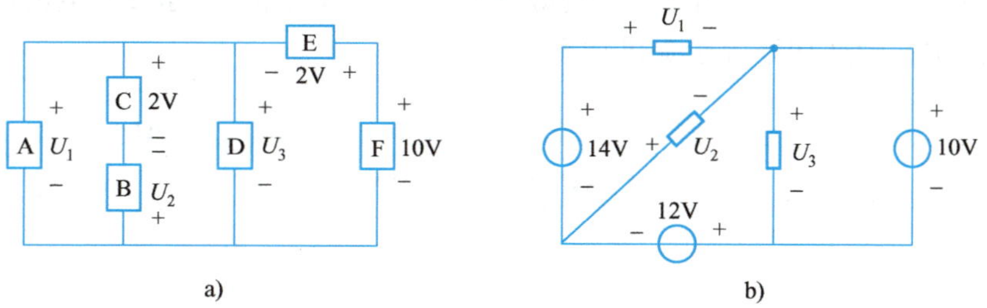

图 1-57　题 5 图

6. 电路如图 1-58 所示，已知 $I_1=-5$ A，$I_2=1$ A，$I_6=2$ A，求 I_4。

7. 求图 1-59 所示各电路的电压 U。

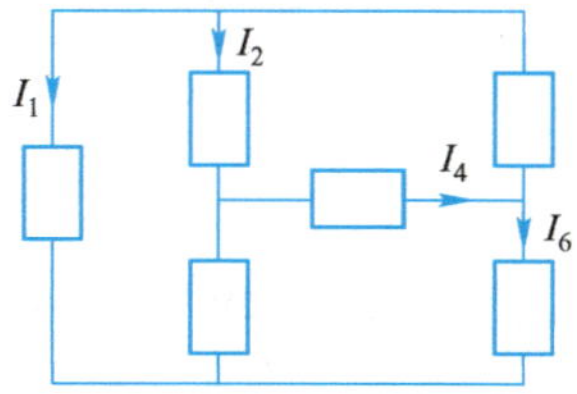

图 1-58　题 6 图

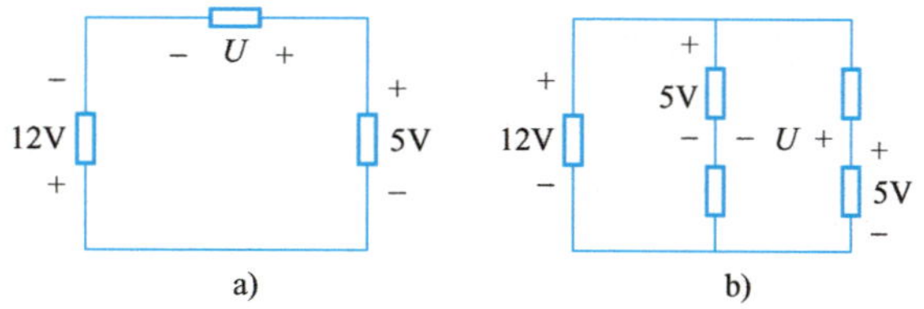

图 1-59　题 7 图

8. 求图 1-60 中各个电阻元件上标出的未知量。

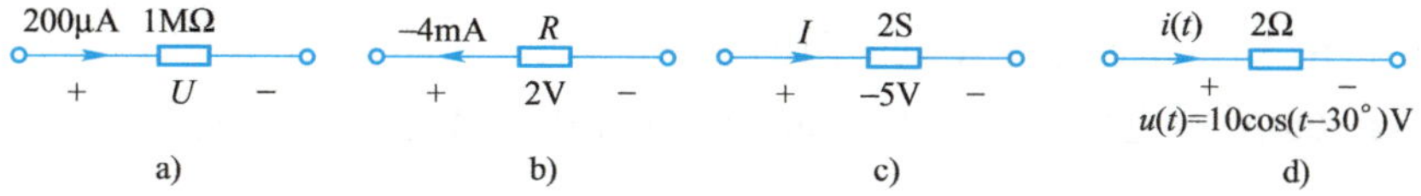

图 1-60　题 8 图

9. 选择题：一个额定功率为 2 W，阻值为 80 kΩ 的电阻允许的最大电流为________。

A）160 kA　　B）40 kA　　C）5 mA　　D）25 μA

10. 求图 1-61 中各电压源的功率，并指出是产生功率还是吸收功率。

11. 图 1-62 中电压源产生功率 24 W，求流过电压源的电流，并标出电流的实际方向。

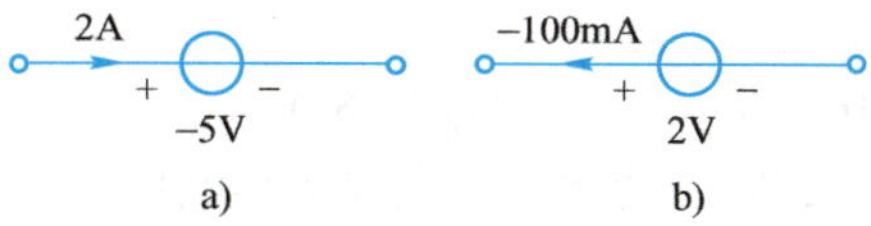

图 1-61　题 10 图

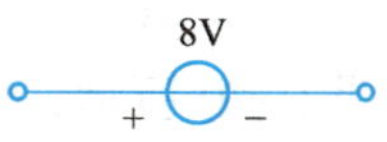

图 1-62　题 11 图

12. 电路如图 1-63 所示，在 8 V 电压源外接三种不同电路的情况下，求：

(1) 流过 8 V 电压源的电流，并标出电流的真实方向。

(2) 求 8 V 电压源的功率，并指出是产生功率还是吸收功率。

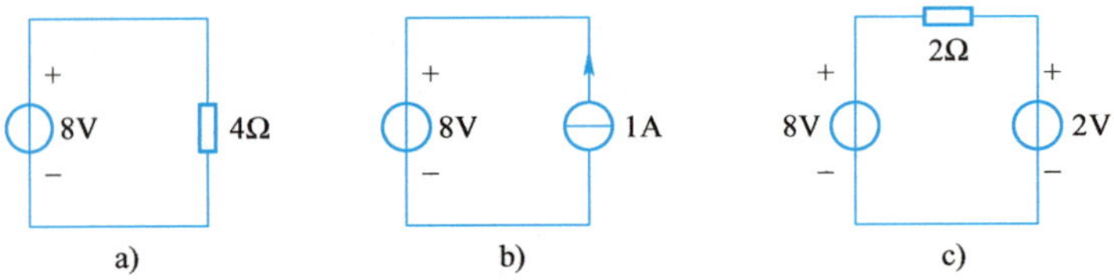

图 1-63 题 12 图

13. 电路如图 1-64 所示，当 2 A 电流源外接三种不同电路时，求 2 A 电流源的端口电压 U，并验证电路中的消耗功率等于提供功率。

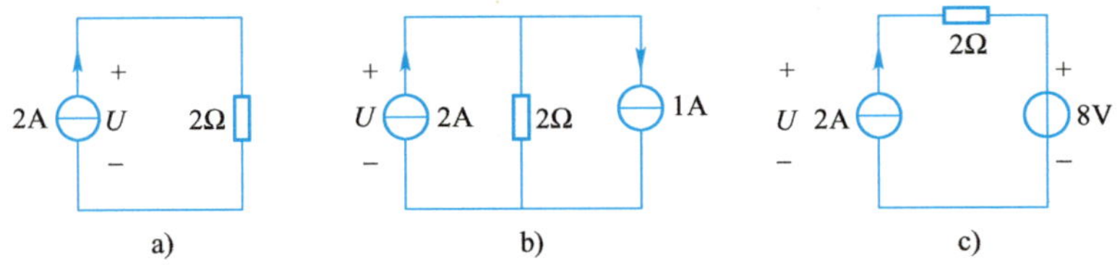

图 1-64 题 13 图

14. 在图 1-65 所示电路中，方框内为一理想电源，当 $R=1\ \Omega$ 时，$U_{ab}=7\ V$，求：

(1) 若方框内是电流源，当 $R=2\ \Omega$ 时，U_{ab}为多少？

(2) 若方框内是电压源，当 $R=1/2\ \Omega$ 时，I_{ab}是多少？

15. 求图 1-66 所示各电路中的端口电压 U_{ab}和端口功率 P_{ab}。

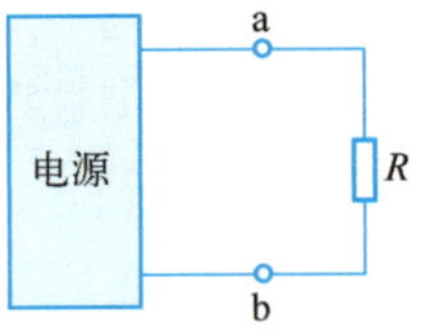

图 1-65 题 14 图

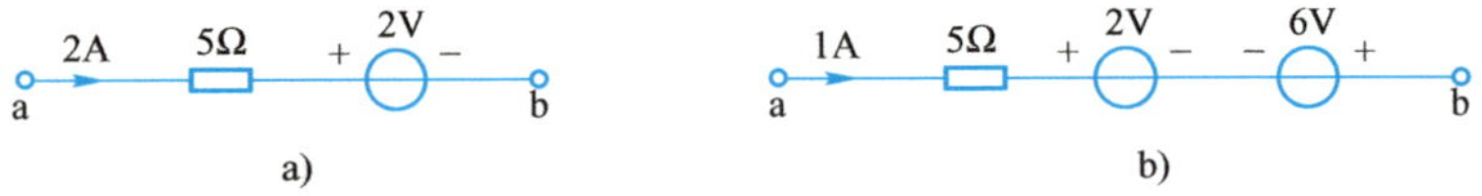

图 1-66 题 15 图

16. 求图 1-67 所示电路中 1 A 电流源的功率。

17. 在图 1-68 所示电路中，已知 5 mA 电流源产生 10 mW 功率，求流过元件 A 的电流 I_A。

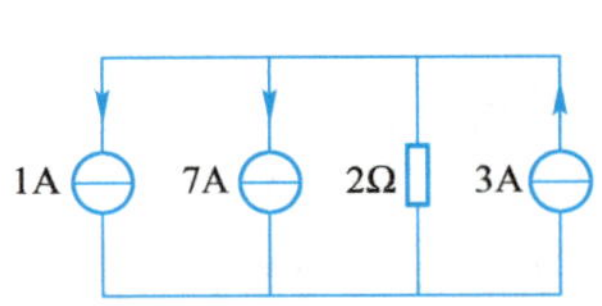

图 1-67 题 16 图

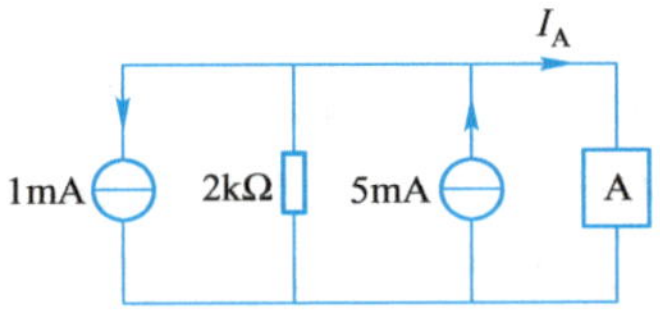

图 1-68 题 17 图

18. 选择题：图 1-69 所示电路中的电流 I 为________。

A) −0.8 A　　B) −0.2 A　　C) 0.2 A　　D) 0.8 A

19. 电路如图 1-70 所示，已知 8 Ω 电阻消耗 2 W 的功率，求电流 I 和电压 U。

20. 在图 1-71 所示参考方向下，电路 N 的端口电压电流关系为 $U=10-5I$，其中，电压单位是 V，电流单位是 A。请画出与端口电压电流关系对应的实际电压源电路模型和实际电流源电路模型。

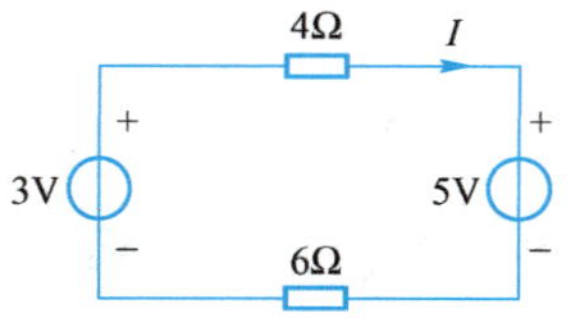

图 1-69　题 18 图

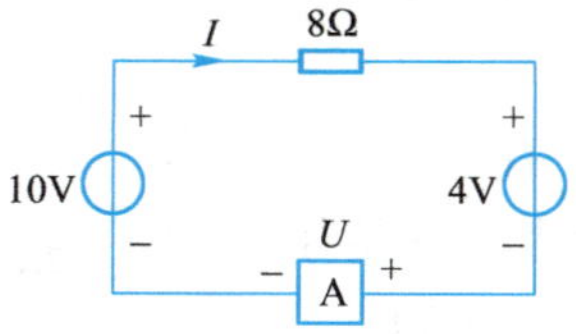

图 1-70　题 19 图

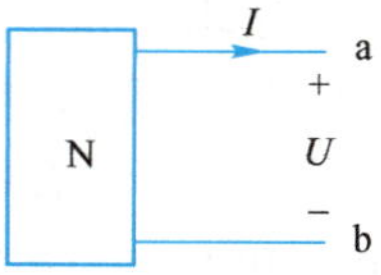

图 1-71　题 20 图

21. 求图 1-72 所示电路中的电阻 R。

22. 求图 1-73 所示电路中的电流 I。

23. 求图 1-74 所示电路中的电压 U。

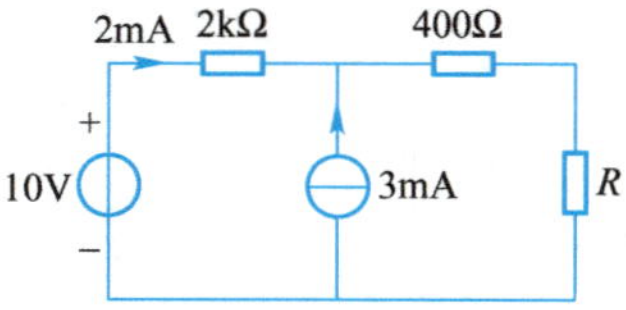

图 1-72　题 21 图

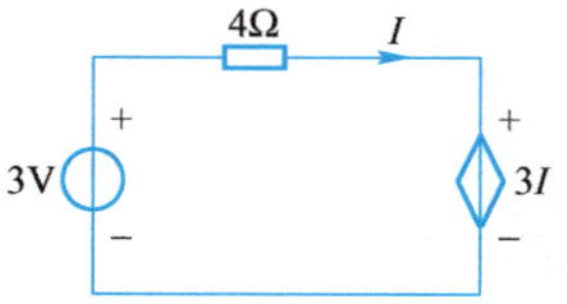

图 1-73　题 22 图

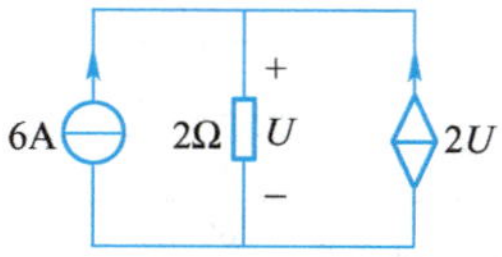

图 1-74　题 23 图

24. 求图 1-75 所示电路中的电压源电压 U_s 和受控源的功率。

25. 求图 1-76 所示复杂电路的电流 I。

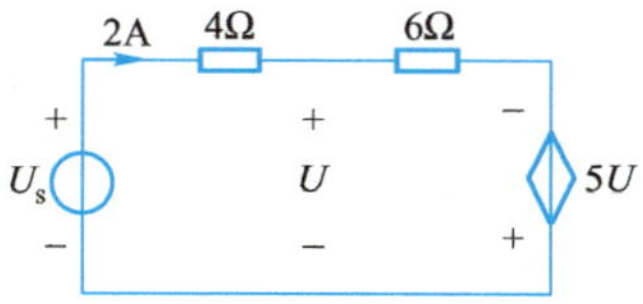

图 1-75　题 24 图

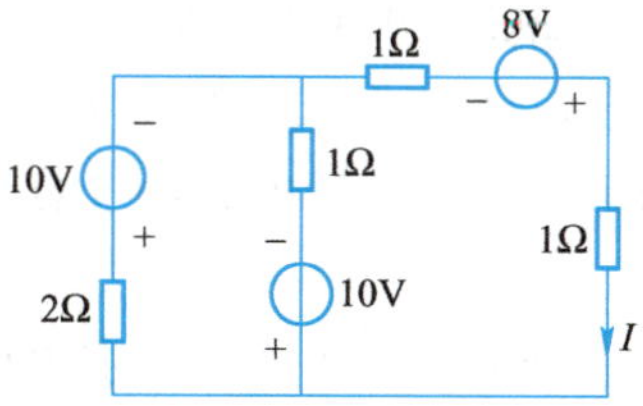

图 1-76　题 25 图

26. 某办公室配有 4 盏额定功率为 40 W、额定电压为 220 V 的荧光灯，一个功率为 2650 W 的空调，假定平均每天使用 8 h（小时），每月 22 个工作日，请计算该办公室每月消耗多少电能（单位：kW · h）。

27. 一个 220 V、40 W 灯泡的电阻值是多少？允许通过的最大电流是多少？

28. 当轿车的电池没电时，可以通过与其他轿车电池连接来充电。电池的正端连接在一起，负端连接在一起，如图 1-77 所示。若测得电流 i 为 30 A，试判断哪辆车没电了？

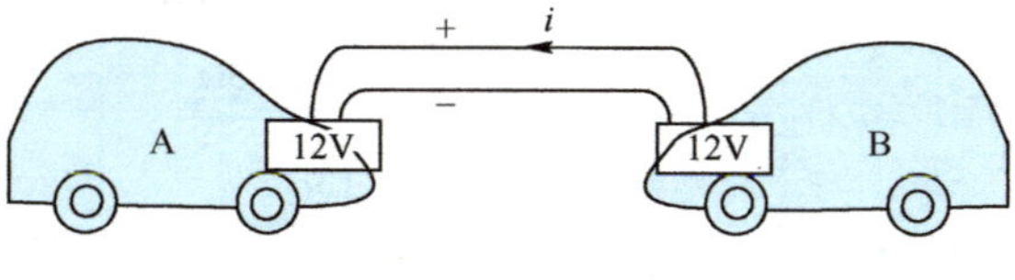

图 1-77　题 28 图

二、深入题

29. 电路如图 1-78 所示，已知 $I_2=2$ A，请用最简单的方法求 I_1 和 I_3。

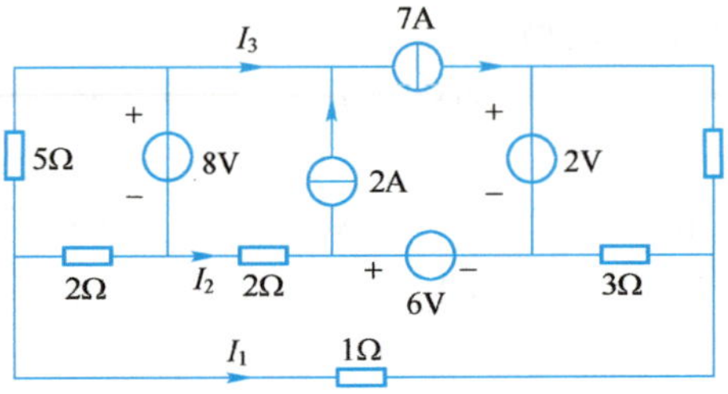

图 1-78 题 29 图

30. 假设你是电气工程师，有工人告诉你图 1-79 所示电路没有通过功率检查，并给了你接线图中电压和电流的测试数据，见表题 30。

(1) 请判断工人的报告是否正确？请解释理由。

(2) 如果工人报告正确，请指出数据中的错误。

表题 30

元 件	电压/V	电流/A
a	46.16	6.00
b	14.16	4.72
c	-30.00	-6.40
d	22.00	1.28
e	33.60	-1.68
f	66.00	-0.40
g	2.56	1.28
h	-0.40	0.40

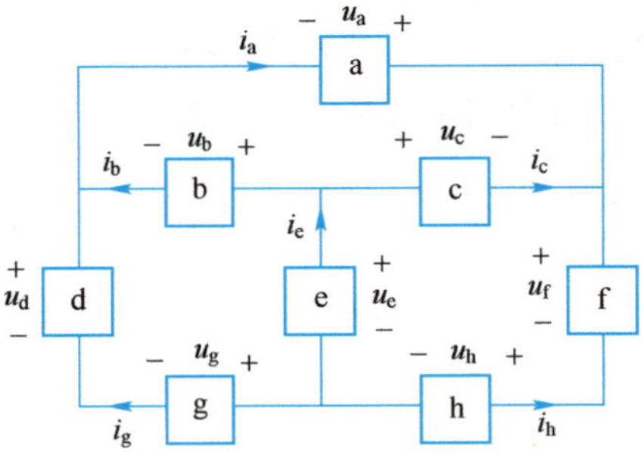

图 1-79 题 30 图

31. 图 1-80a 为一实际元件，测得其端口电压电流曲线如图 1-80b 所示。

(1) 请判断这是什么元件？

(2) 请画出电路模型并标出元件参数。

图 1-80 题 31 图

32. 求图 1-81 所示电路中 5 Ω 电阻消耗的功率。

33. 电路如图 1-82 所示，求电压 U_0。

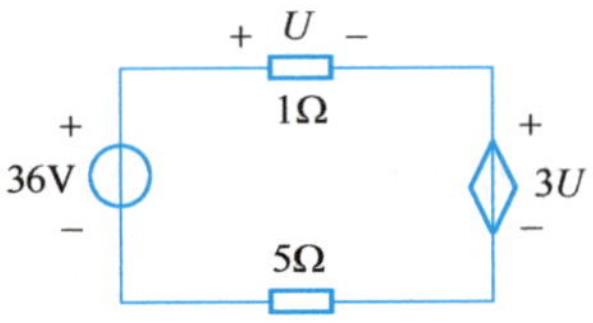

图 1-81 题 32 图

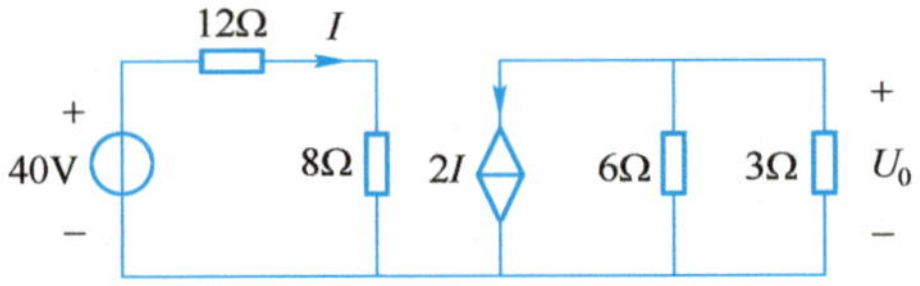

图 1-82 题 33 图

34. 求图 1-83 所示电路中的电流 I。

35. 请用支路电流法求图 1-84 所示电路中的电压 U。做完该题后有何感想？

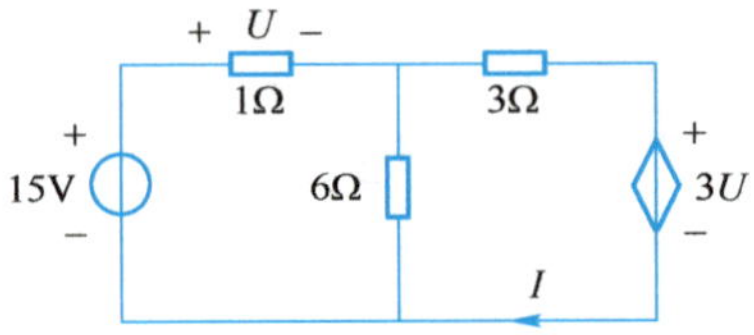

图 1-83 题 34 图

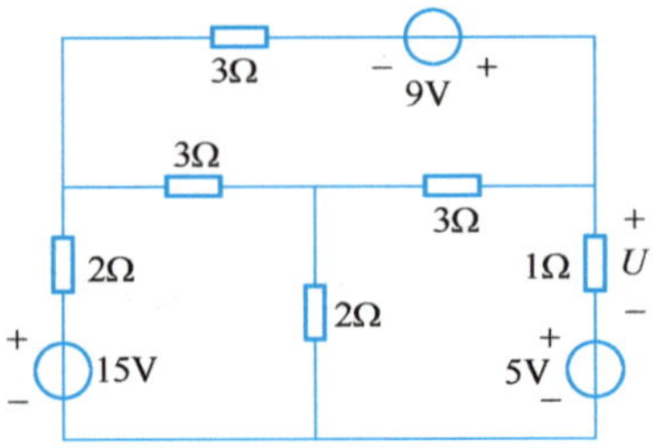

图 1-84 题 35 图

第 2 章　单口电路的等效分析法

阅读过第 1 章 1.5 节你会感受到，分析结构简单的单回路或单结点偶电路比分析结构复杂的多回路多结点电路容易。由此你可能会想，要是能把多回路多结点电路简化为单网孔或单结点偶电路，那么，分析复杂电路的问题就会变得容易。本章就来讨论简化复杂电路的问题。首先，解决复杂电路能否化简，介绍等效电路的概念和等效分析法的思路；然后，解决复杂电路怎么化简，具体讨论各类复杂电路的等效化简方法。

2.1　等效电路与等效分析法

探究等效分析法的形成

两个内部结构、元件参数不同的一端口（或称单口）电路，如果它们的端口电压电流关系相同（或说外特性相同），则说这两个电路互为等效电路。等效电路的物理含义可以用图 2-1 说明。当电路 A 与电路 B 的端口电压电流关系式 $u=f_1(i)$（或者 $i=f_2(u)$，或者 $f(i,u)=0$）完全相同时，从 ab 端口看这两个电路是一样的，没有区别。因此，对于接入 ab 端口的外电路而言，无论接哪一个电路，对其作用都完全一样，故把电路 A 和电路 B 视为等效电路。

图 2-1　电路 A 与电路 B 互为等效电路

单口电路 A 外接一电阻，如图 2-2a 所示，要求计算电阻两端的电压（或者流过电阻的电流，或者电阻的功率）。试想：如果单口电路 B 是单口电路 A 的等效电路，且电路 B 的结构比电路 A 要简单得多，用电路 B 替换电路 A，根据图 2-2b 电路计算的电阻电压 u 会与原图 2-2a 电路一样吗？

图 2-2　等效电路替换示意图

回答是肯定的。两个端口电压与电流关系相同的等效电路对外接电路的作用是相同的，所以两者相互代替时，不影响外接电路的工作状态，这就是等效法的分析依据。等效分析法的解题步骤可用图 2-3 来说明。第一步，把电路 N 分解为两个单口电路。如何分解呢？把待求电量所在的支路划分出来，作为一个单口电路；剩下的电路 N_1 作为另一个单口电路，如图 2-3a所示。第二步，寻找结构比电路 N_1 简单的等效电路 N_2。第三步，用电路 N_2 替换电路 N_1。这样，原电路 N 就化简为图 2-3b 所示的电路。通常，原电路 N 可化简为单网孔或单结点偶电路结构。最后，根据图 2-3b，把待求支路电量求出。等效分析法常用于求一条支路的问题。

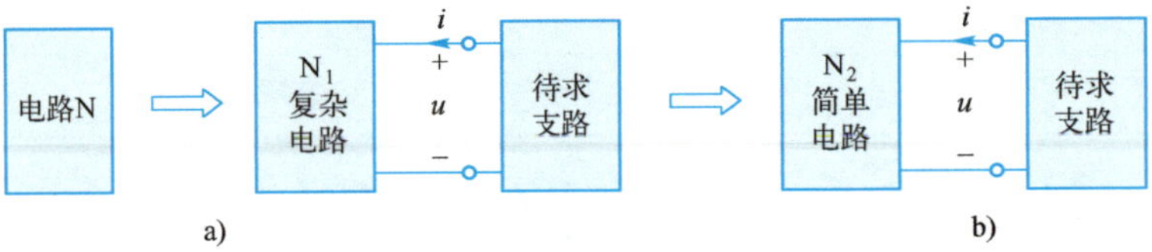

图 2-3　等效分析法示意图

以下重点讨论等效分析法的第二步，等效化简复杂电路的方法。根据等效电路的概念，化简电路一般从端口电压电流关系入手，先求出复杂电路的端口电压电流关系式，再找有同样电压电流关系且结构最简单的等效电路。

2.2　单口电阻电路的等效化简

“电阻电路”指由电阻元件构成的电路。通过这节的学习，将会知道单口复杂电阻电路的最简等效电路是什么，并学会等效化简复杂单口电阻电路的方法。

2.2.1　串联电阻的等效化简与分压公式

由 n 个电阻串联构成的单口电路如图 2-4a 所示，其最简等效电路是一个电阻，如图 2-4b 所示，等效电阻的阻值为

$$R_{eq}=R_1+R_2+\cdots+R_n=\sum_{k=1}^{n}R_k \tag{2-1}$$

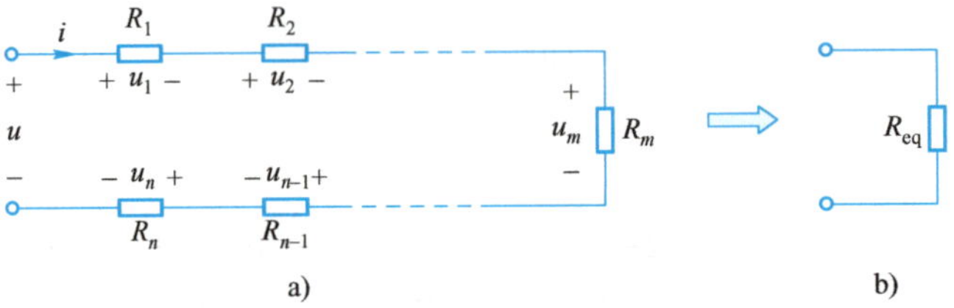

图 2-4　n 个电阻串联及其等效电路

推导：设图 2-4a 所示电路的端口电流与所有电压的参考方向关联。回路电压方程为

$$u=u_1+u_2+\cdots+u_n=\sum_{k=1}^{n}u_k$$

把 n 个电阻的电压电流关系 $u_k=R_k i$，$k=1,2,\cdots,n$ 代入以上电压方程，得

$$u=\sum_{k=1}^{n}R_k i=\left(\sum_{k=1}^{n}R_k\right)i\quad 或者\quad i=\frac{u}{\sum_{k=1}^{n}R_k} \tag{2-2}$$

由式（2-2）可见，端口电压电流关系的形式同欧姆定律 $u=Ri$，与一个阻值为 $\sum_{k=1}^{n}R_k$ 的电阻端口电压电流关系式相同，故有结论：n 个电阻串联可等效化简为一个阻值为 $R_{eq}=\sum_{k=1}^{n}R_k$ 的电阻。

在图 2-4a 所示的电压参考方向下，第 m 个串联电阻 R_m 两端的电压 u_m 为

$$u_m = R_m i = R_m \frac{u}{\sum_{k=1}^{n} R_k} = \frac{R_m}{R_1 + R_2 + \cdots + R_n} u \tag{2-3}$$

式（2-3）为分压公式的一般形式。由此式可知，在串联结构中，电阻电压的大小与电阻值成正比。阻值大，则电阻上的分压大；阻值小，则电阻上的分压小。当两个电阻串联时，在图 2-5 所示参考方向下，分压公式为

$$u_1 = \frac{R_1}{R_1+R_2} u \tag{2-4}$$

$$u_2 = \frac{R_2}{R_1+R_2} u \tag{2-5}$$

注意，分压公式前也可能取“-”号，正负号的取值与电压参考方向有关。

电压表是应用分压原理的一个实例。模拟电压表的核心部件是一个指示电流大小的表头，如图 2-6 所示。表头性能取决于表头内阻 R_g 和满度电流 I_g 两个参数。所谓满度电流是指当通过表头的电流达到 I_g 时，表头指针指示最大，即满刻度。这就是说，I_g 是表头可以直接测量的最大电流，大于 I_g 的电流不能用表头直接测量，否则表头将被损毁。表头可直接测量的最大电压是 $R_g \times I_g$。通常，磁电式表头内阻 R_g 为几千欧，满度电流 I_g 多在几百微安以下，它能直接测量的最大电压只有几百毫伏，这显然不能满足实际需要。扩大表头的电压测量范围（量程）可通过在表头支路中串联电阻 R_s 实现，如图 2-7 所示。这个串联电阻起分压与限流作用，保证在规定的电压范围内，通过表头的电流不会超过满度电流 I_g。

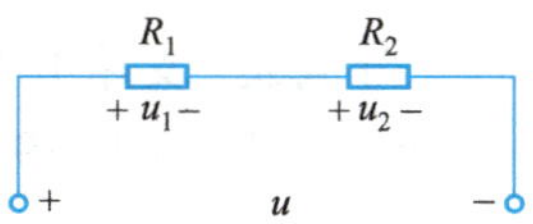

图 2-5　两个电阻串联

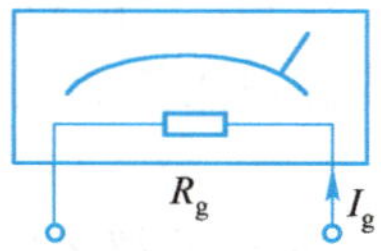

图 2-6　表头示意图

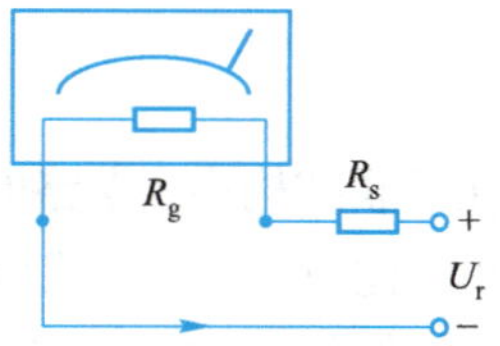

图 2-7　电压表的结构

2.2.2　并联电阻的等效化简与分流公式

由 n 个电阻并联构成的单口电路如图 2-8a 所示，其最简等效电路是一个电导，等效电导值为

$$G_{eq} = G_1 + G_2 + \cdots + G_n = \sum_{k=1}^{n} G_k \tag{2-6a}$$

或者表示为

$$G_{eq} = \frac{1}{R_{eq}} = \frac{1}{R_1} + \frac{1}{R_2} + \cdots + \frac{1}{R_n} = \sum_{k=1}^{n} \frac{1}{R_k} \tag{2-6b}$$

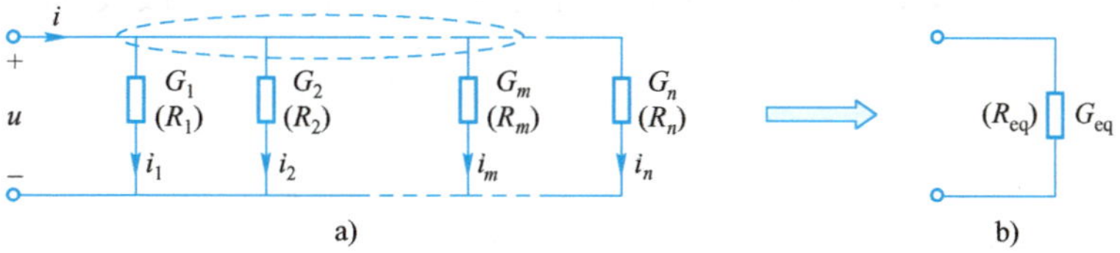

图 2-8　n 个电阻并联及等效电路

推导： 在图 2-8a 所示电流、电压的参考方向下，结点电流方程为

$$i=i_1+i_2+\cdots+i_n=\sum_{k=1}^{n}i_k$$

把各电阻的电压电流关系 $i_k=\dfrac{1}{R_k}u=G_ku$，$k=1,2,\cdots,n$ 代入以上电流方程，得

$$i=\sum_{k=1}^{n}\frac{1}{R_k}u=\left(\sum_{k=1}^{n}G_k\right)u \quad 或者 \quad u=\frac{i}{\sum\limits_{k=1}^{n}G_k} \tag{2-7}$$

端口电压电流关系与一个值为 $\sum\limits_{k=1}^{n}G_k$ 的电导相同，故有结论：n 个电导并联可等效化简为一个值为 $G_{eq}=\sum\limits_{k=1}^{n}G_k$ 的电导。

在图 2-8a 所示的电流参考方向下，第 m 条支路的电流 i_m 为

$$i_m=G_mu=\frac{G_m}{\sum\limits_{k=1}^{n}G_k}i \tag{2-8}$$

式（2-8）是分流公式的一般形式。当两个电阻并联时，在图 2-9 所示的电流参考方向下，分流公式为

$$i_1=\frac{G_1}{G_1+G_2}i=\frac{R_2}{R_1+R_2}i \tag{2-9a}$$

$$i_2=\frac{G_2}{G_1+G_2}i=\frac{R_1}{R_1+R_2}i \tag{2-9b}$$

在并联结构中，支路电流的大小与支路电阻值成反比，支路电阻小，分流大，支路电阻大，分流小。注意，分流公式前也可能取“-”号，公式与参考方向有关。比如，若改变图 2-9 中电流 i 的参考方向，则式（2-9a）和式（2-9b）前都要加“-”号。

两个电阻并联的等效电阻值可由式（2-6）推出，有

$$R=\frac{1}{G}=\frac{1}{G_1+G_2}=\frac{1}{\dfrac{1}{R_1}+\dfrac{1}{R_2}}=\frac{R_1R_2}{R_1+R_2}=R_1//R_2 \tag{2-10}$$

由式（2-10）不难看出，电阻越并越小，并联等效电阻值 R 小于最小的支路电阻值。特殊地，若某条并联支路短路，则并联等效阻值为零。

模拟电流表是利用分流原理来扩大表头测量范围的一个应用实例，如图 2-10 所示。由于表头只能直接测量微安级电流，所以，若待测电流大于表头的满度电流 I_g，就需要通过与表头并联电阻 R_p 的分流来扩大量程。电阻值 R_p 要根据电流表允许测量的最大电流值来选择。

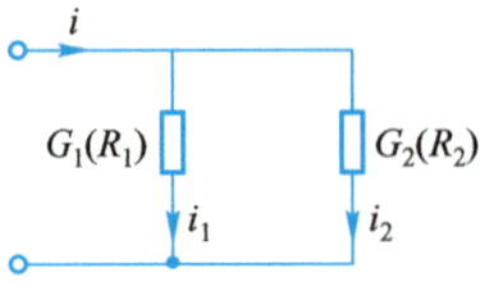

图 2-9 两个电阻并联

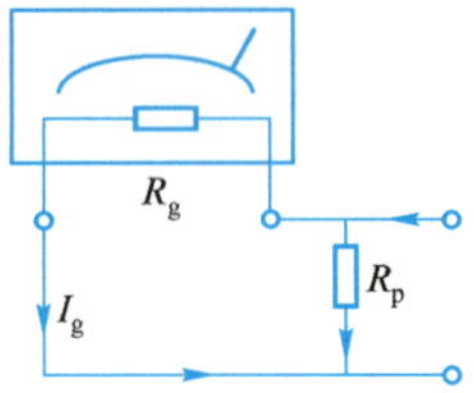

图 2-10 电流表结构图

2.2.3 串并混联电阻电路的等效化简

在化简串并混联电阻电路时，可直接利用已有的电阻串并联等效结论，不需要从寻找端口电压电流关系开始一步步做起。化简电路的关键是正确判别元件之间的互联关系，是串联、并联还是其他连接形式。元件串联的电特征是电流为同一个电流，元件并联的电特征为元件两端是同一电压。此外，同一电路结构有许多画法，若从某一画法中分辨不清元件的连接关系，改变画法能使连接关系一目了然。

例 2-1 电路如图 2-11a 所示，求 ab 端口的最简等效电路。

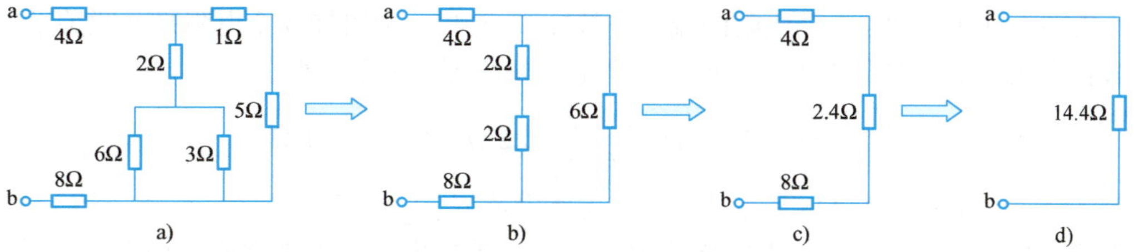

图 2-11 例 2-1 电路

解： 第一步，把 6 Ω 与 3 Ω 并联电阻等效化简为一个阻值为 $\frac{6\times3}{6+3}\ \Omega=2\ \Omega$ 的电阻，1 Ω 与 5 Ω串联电阻等效为一个阻值为 1 Ω+5 Ω=6 Ω 的电阻，图 2-11a 等效化简为图 2-11b。

第二步，进一步化简图 2-11b 所示电路。图中，两个 2 Ω 电阻串联后与 6 Ω 电阻并联，等效电阻为 $\frac{(2+2)\times6}{(2+2)+6}\ \Omega=2.4\ \Omega$，电路化简为图 2-11c。

第三步，合并图 2-11c 中的三个串联电阻，得

$$R_{ab}=(4+2.4+8)\ \Omega=14.4\ \Omega$$

ab 端口等效为一个阻值 14.4 Ω 的电阻，最简等效电路如图 2-11d 所示。

例 2-2 求图 2-12a 所示电路的端口等效电阻 R_{ab}。

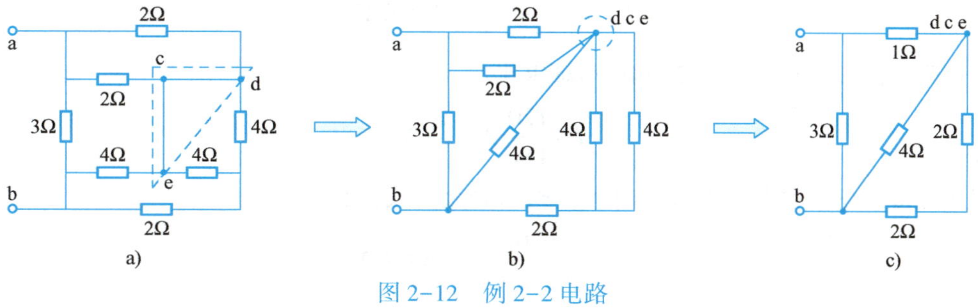

图 2-12 例 2-2 电路

解： 在图 2-12a 所示电路中，d、c、e 三点等电位，合为一点，把图 2-12a 改画为图 2-12b，从图 2-12b 容易看清电阻之间的互联关系。合并图 2-12b 中的并联电阻支路，得到简化电路图 2-12c。根据图 2-12c 得

$$R_{ab}=[(2+2)//4+1]//3\ \Omega=\frac{\left[\frac{(2+2)\times4}{(2+2)+4}+1\right]\times3}{\frac{(2+2)\times4}{(2+2)+4}+1+3}\ \Omega=1.5\ \Omega$$

例 2-3 求图 2-13a 所示电路的端口等效电阻 R_{ab}。

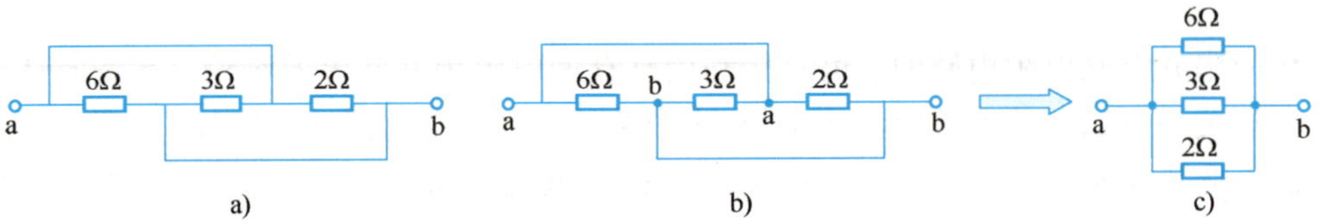

图 2-13 例 2-3 电路

分析：为了有效地识别本题中电阻的互联关系，采用标注结点的辅助办法，如图 2-13b 所示。由图 2-13b 可见，3 个电阻两端分别接 a、b 端口，故可知 3 个电阻是并联关系。

解：另画原电路如图 2-13c 所示，根据电阻并联等效关系式得

$$R_{ab}=6//3//2\ \Omega=\left[\frac{6\times3}{6+3}\right]//2\ \Omega=2//2\ \Omega=1\ \Omega$$

例 2-4 电路如图 2-14a 所示，求三条支路电流 I_1、I_2 和 I。

思路：以 ab 端口为界面，把电路分为左右两个单口电路。先求虚线框内电阻电路在 ab 端口的等效电阻，把原电路化简为图 2-14b 所示单回路电路，求出电流 I。再回到原电路图 2-14a，利用分流公式求 I_1 和 I_2。

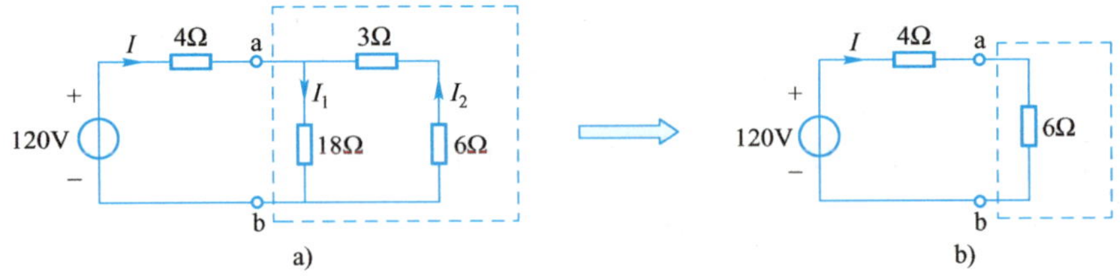

图 2-14 例 2-4 电路

解：图 2-14a 虚线框内电阻电路在 ab 端口的等效电阻为

$$R_{ab}=\frac{(3+6)\times18}{(3+6)+18}\ \Omega=6\ \Omega$$

原电路化简为图 2-14b，由图 2-14b 不难求出

$$I=\frac{120}{4+6}\ \mathrm{A}=12\ \mathrm{A}$$

回到图 2-14a，在图示电流参考方向下，利用分流公式，求得

$$I_1=\frac{3+6}{3+6+18}\times12\ \mathrm{A}=4\ \mathrm{A}$$

$$I_2=-\frac{18}{3+6+18}\times12\ \mathrm{A}=-8\ \mathrm{A}$$

例 2-5 图 2-15a 所示电路是一个分压器。$R=1\ \mathrm{k}\Omega$ 是一个有三个端子的可变电阻，通过滑动触头 C 的位置，把电阻 R 分为 R_1 和 R_2 两部分，等效电路图如图 2-15b 所示。当触头 C 移到位置 A 时，$R_1=0\ \Omega$，输出电压 $U_0=0\ \mathrm{V}$。当触头 C 移到位置 B 时，$R_1=1\ \mathrm{k}\Omega$ 最大，输出电压 $U_0=U_s$。因此，该分压器可提供 $0\sim U_s$ 范围内的电压。已知 $U_s=18\ \mathrm{V}$，

（1）若空载（指负载电阻 R_L 未接入）输出电压 $U_0=7.2\ \mathrm{V}$，求 R_1 和 R_2 的阻值。

（2）在 CA 端口接上 $R_L=1.2\ \text{k}\Omega$ 负载后，求输出电压 U_0。

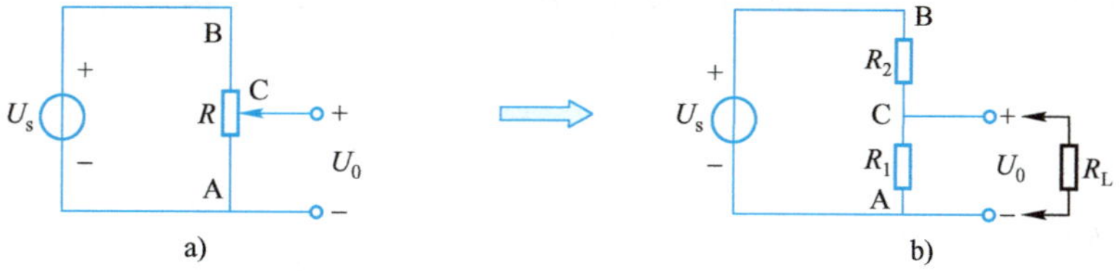

图 2-15　例 2-5 电路

解：（1）由题意知　　$R=R_1+R_2=1000\ \Omega$

空载时，R_1 与 R_2 串联，U_0 与 U_s 呈分压关系，有 $U_0=\dfrac{R_1}{R_1+R_2}U_s$，代入已知数据 U_0 和 U_s，有

$$R_1+R_2=\frac{18}{7.2}R_1$$

联立以上两式，解得 $R_1=400\ \Omega$，$R_2=600\ \Omega$。

（2）接入负载电阻 R_L 后，CA 端口的等效电阻为

$$R_{CA}=\frac{R_1R_L}{R_1+R_L}=\frac{400\times1200}{400+1200}\ \Omega=300\ \Omega$$

利用分压公式得　　$$U_0=\frac{R_{CA}}{R_{CA}+R_2}U_s=\frac{300}{300+600}\times18\ \text{V}=6\ \text{V}$$

由分析结果可见，接上负载后的输出电压 6 V 比空载输出电压 7.2 V 小。类似的情况会在测量电压时出现，如图 2-16 所示。若 R_1 两端的实际电压为 U_0，在 R_1 两端接上一个电压表测量该电压，假如电压表的内阻为 R_L，接入电压表后的等效电路如图 2-16b 所示。不难推知，电压表的测试值 U_0' 会比真实电压值 U_0 小，存在测试误差。误差值与电压表的内阻 R_L 有关，若电压表的内阻 R_L 小，则测量误差大，若内阻 R_L 大，则测量误差小。只有当 $R_L=\infty$ 时，才没有测量误差。所以，电压表内阻越大测量精度越高。

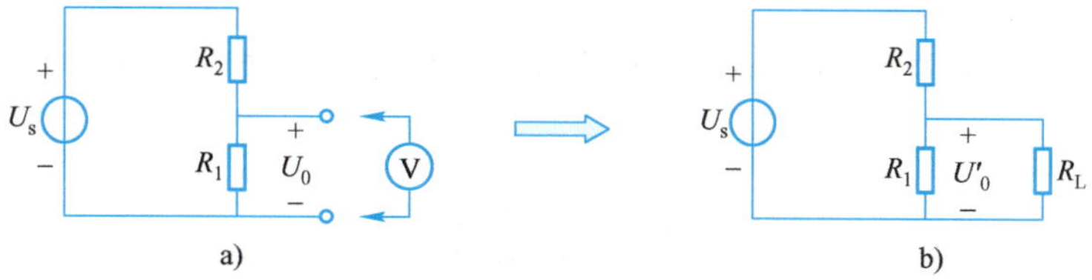

图 2-16　测量电压 U_0 的电路

2.2.4　电阻三角形联结与星形联结的等效变换

元件除了串、并联结外，还有非并非串联结形式，如图 2-17 所示。图中 5 个电阻为桥式结构。若求该电路 ab 端口的等效电阻，不能直接运用电阻串并联等效化简公式，但可以从等效的定义出发，找端口电压电流关系解决问题。若想利用电阻串并联等效化简公式，要先对电路进行三角形（△）—星形（Y）的等效变换，把电阻间的非串并联结等效变换成串并联结。图中电阻之间有两种非串并联结形式：△联结与Y联结，分别如图 2-18a 与图 2-18b 所

示。两种联结的共同特点是三个电阻电压及电流都各不相同。在图 2-17 中，R_1、R_2 与 R_5 三个电阻之间，或者 R_3、R_4 与 R_5 之间是Y联结。R_1、R_3 与 R_5 之间，或者 R_2、R_4 与 R_5 之间呈△联结。

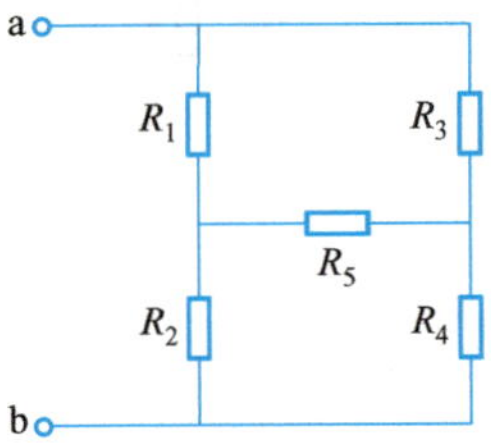

图 2-17 桥式电阻电路

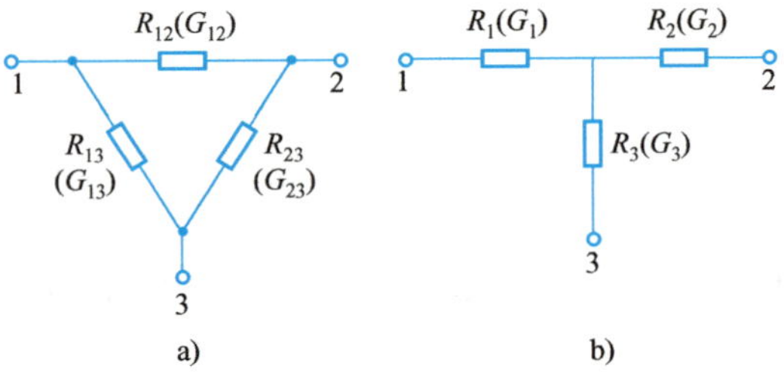

图 2-18 △与Y电路

a）△电路 b）Y电路

把△联结等效变换为Y联结就是已知电阻 R_{12}、R_{13}、R_{23}，求电阻 R_1、R_2、R_3 的问题。根据端口电压电流关系相同的等效概念，可推出以下公式：

$$\begin{cases} R_1=\dfrac{R_{12}R_{13}}{R_{12}+R_{13}+R_{23}} \\ R_2=\dfrac{R_{12}R_{23}}{R_{12}+R_{13}+R_{23}} \\ R_3=\dfrac{R_{13}R_{23}}{R_{12}+R_{13}+R_{23}} \end{cases} \tag{2-11}$$

式（2-11）可概括为

$$R_k=\frac{\text{接 } k \text{ 端子的两电阻乘积}}{\text{三个电阻之和}}, \quad k=1,2,3 \tag{2-12}$$

特殊地，当 $R_{12}=R_{13}=R_{23}=R_{\triangle}$ 时，$R_1=R_2=R_3=\dfrac{1}{3}R_{\triangle}$。

把Y联结等效变换为△联结是已知电导 G_1、G_2、G_3，求电导 G_{12}、G_{13}、G_{23} 的问题，可用下面的公式：

$$\begin{cases} G_{12}=\dfrac{G_1G_2}{G_1+G_2+G_3} \\ G_{13}=\dfrac{G_1G_3}{G_1+G_2+G_3} \\ G_{23}=\dfrac{G_2G_3}{G_1+G_2+G_3} \end{cases} \tag{2-13}$$

把式（2-13）概括为

$$G_{mn}=\frac{\text{接 } m \text{ 端子的电导乘接 } n \text{ 端子的电导}}{\text{三个电导之和}}, \quad k=1,2,3 \tag{2-14}$$

特殊地，当 $R_1=R_2=R_3=R_{Y}$ 时，$R_{12}=R_{13}=R_{23}=3R_{Y}$。式（2-11）和式（2-13）两组等效变换式的推导见附录 A。

例 2-6　电路如图 2-19a 所示，求 ab 端口的等效电阻 R_{ab}。

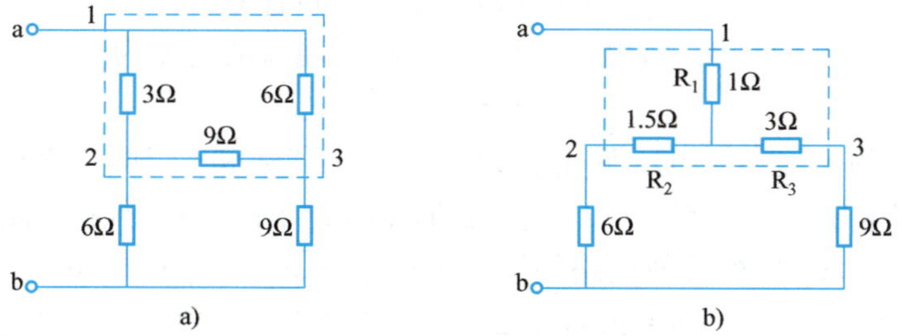

图 2-19　例 2-6 电路

解：把图 2-19a 虚线内的△联结等效变换为图 2-19b 虚线内的Y联结，根据式（2-11）有

$$R_1=\frac{3\times6}{3+9+6}\ \Omega=1\ \Omega$$

$$R_2=\frac{3\times9}{3+9+6}\ \Omega=1.5\ \Omega$$

$$R_3=\frac{9\times6}{3+9+6}\ \Omega=3\ \Omega$$

由图 2-19b 可见，经等效变换后，电阻之间呈串并联结形式，利用串并联等效化简公式，得

$$R_{ab}=\left[1+\frac{(1.5+6)(3+9)}{1.5+6+3+9}\right]\Omega=5.62\ \Omega$$

思考题

2.2-1　请根据等效电路的概念，推导两个电阻并联的等效电阻值计算式，即式（2-10）。

2.2-2　若只改变图 2-5 中电压 u_1 的参考方向，u 和 u_2 的参考方向不变，请写出分压公式。

2.2-3　若只改变图 2-5 中电压 u 的参考方向，u_1 和 u_2 的参考方向不变，请写出分压公式。

2.2-4　请归纳电流参考方向与分流公式，即式（2-9a）、式（2-9b）前取“±”号的关系。

2.3　含独立源电路的等效化简

2.3.1　电压源的等效化简

在日常生活与工作中，许多电子装置的电源由若干节电池首尾相连构成，用以提高供电电压，这种连接叫作电源串联。图 2-20a 是两个电压源串联电路，根据回路电压方程得该电路 ab 端口的电压为

$$u_{ab}(t)=u_{s1}(t)-u_{s2}(t)=\text{固有值}$$

或者

$$u_{ba}(t)=u_{s2}(t)-u_{s1}(t)=\text{固有值}$$

由电压源的电压电流关系可知，该电压源串联电路 ab 端口的电流为

$$i(t)=\text{任意值}$$

ab 端口电压是两个固有值电压源 $u_{s1}(t)$ 与 $u_{s2}(t)$ 的代数和，仍旧是固有值电压，而 ab 端口电流是流过理想电压源的电流 $i(t)$，为任意值。因此，图 2-20a 所示电路 ab 端口呈现理想电压源的电压电流关系，根据等效电路的概念可得出以下结论：两个电压源串联等效为一个电压源。等效电路形式为图 2-20b 或者图 2-20c，两种等效电路仅是电压极性的差别。

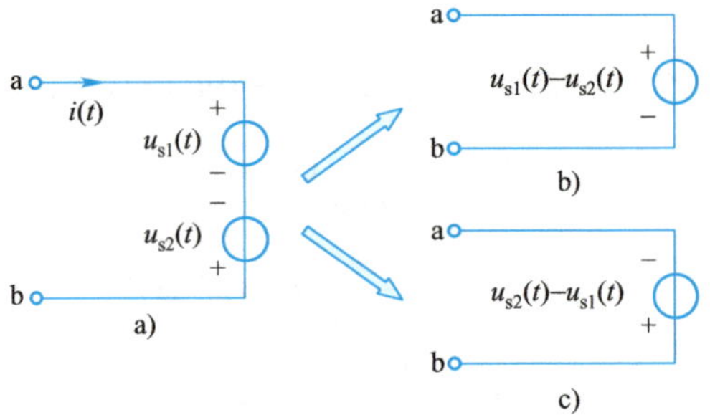

图 2-20 电压源串联及等效化简电路

一般而言，n 个电压源串联可等效为一个电压源，该电压源的大小等于 n 个电压源的代数和，其参考极性与代数和中取“+”号的电压源一致。

例 2-7 电路如图 2-21a 所示，求 ab 端口的最简等效电路。

解：图中三个电压源串联，等效为一个大小为 $(6+3-4)\,\mathrm{V}=5\ \mathrm{V}$ 的电压源，极性与求和式中取“+”号的 6 V（或说 3 V）电压源一致。两个串联电阻等效成一个阻值为 $(4+3)\,\Omega=7\,\Omega$ 的电阻，最简等效电路如图 2-21b 所示。

电压源并联有条件限制，第一，电压值要相同；第二，要同极性相联。图 2-22 是两个 12 V电压源并联的正确接法。两个同值电压源并联，每个电压源提供的电流之和等于端口电流，通过并联电压源可提高输出功率。请读者考虑：为什么电压值不同的电压源不能并联？电压值相同的电压源不能反极性并联？

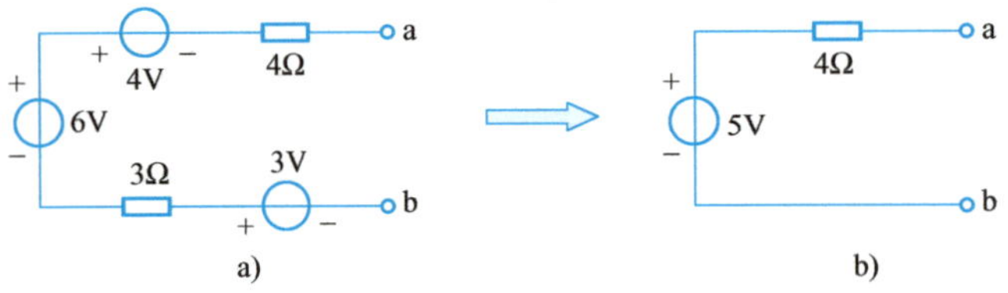

图 2-21 例 2-7

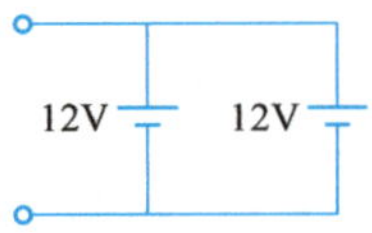

图 2-22 电压源并联

例 2-8 图 2-23 是两个不同值的实际电压源并联，电源内阻都很小，求：空载时，电源中流动的电流 I 及电源的功率。

解：电路空载时，即端口断开，4 个元件串联，是单回路电路，有

$$I=\frac{12-6}{2\times0.05}\ \mathrm{A}=60\ \mathrm{A}$$

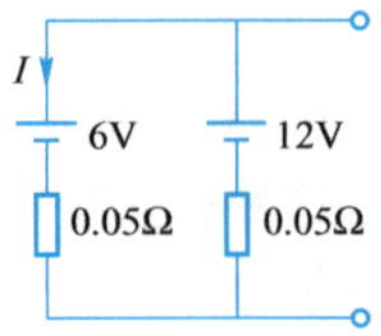

图 2-23 例 2-8 电路

两个电压源的功率分别为

$$P_{6\,\text{V}}=6\times60\ \text{W}=360\ \text{W}$$

$$P_{12\,\text{V}}=-12\times60\ \text{W}=-720\ \text{W}$$

由分析结果可知，实际电源的内阻很小，如果不同值的实际电源并联，空载时，将有一个大电流流过电源，会导致电源功率过大，烧毁电源。

2.3.2 电流源的等效化简

两个电流源并联的电路模型如图 2-24a 所示，ab 端口电压电流关系为

$$i(t)=i_{s1}(t)-i_{s2}(t)=\text{固有值}$$

$$u(t)=\text{任意值}$$

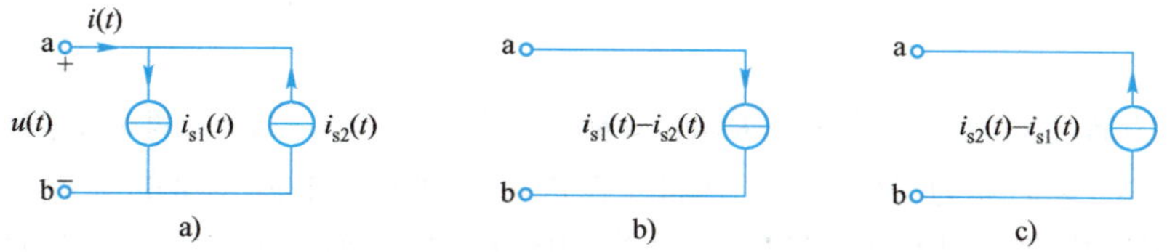

图 2-24　电流源并联及等效化简电路

由于端口呈现电流源的电压电流关系，所以，两个电流源并联可等效为一个电流源，等效电路有两种形式，如图 2-24b 和图 2-24c 所示。两种等效电路的差别是电流方向不同。

通常，n 个电流源并联可用一个电流源等效，该电流源的大小等于 n 个电流源的代数和，其参考方向与代数和中取“+”号的电流源一致。

电流源不能随意串联，只能把大小相同的电流源按同一流向串联，如图 2-25 所示。

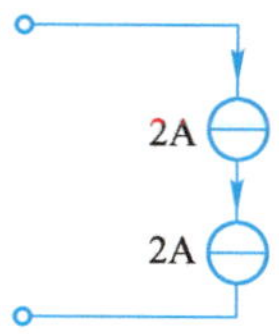

图 2-25　电流源串联

例 2-9　电路如图 2-26a 所示，求其等效电路。

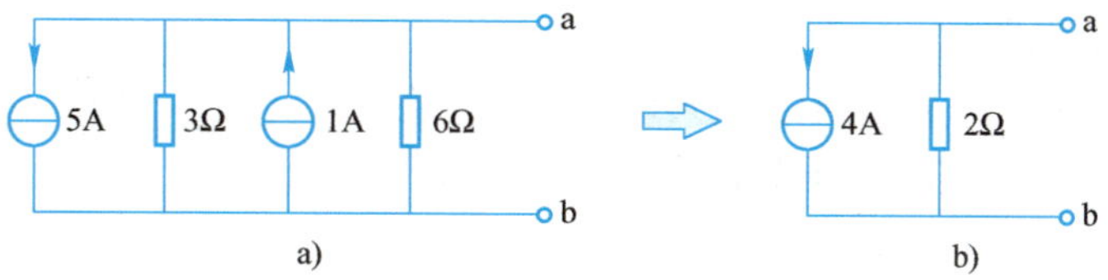

图 2-26　例 2-9 电路

解： 把两个不同方向的并联电流源合并为一个电流源，该电流源的大小为（5−1）A=4 A，方向与 5 A 电流源一致。两个并联电阻合并为一个$\dfrac{3\times6}{3+6}\ \Omega=2\ \Omega$ 的电阻。简化的等效电路如图 2-26b 所示。

2.3.3 两种实际电源模型的等效变换

如 1.5.3 节所述，描述一个实际电源有两种电路模型，实际电压源模型和实际电流源模型。理论上，这两种实际电源模型之间能够进行等效变换。

实际电源模型之间的等效变换有两种情况，如图 2-27 所示。一种是把实际电压源等效

变换为实际电流源，即已知实际电压源的参数 u_s、R_u，求实际电流源的参数 i_s、R_i；另一种是把实际电流源等效变换为实际电压源，即已知参数 i_s、R_i，求参数 u_s、R_u。在图 2-27a 和图 2-27b所示电路端口 u、i 参考方向相同的情况下，图 2-27a 的端口电压电流关系为

$$u=u_s-R_u i$$

图 2-27b 的端口电压电流关系为 $$u=R_i i_s-R_i i$$

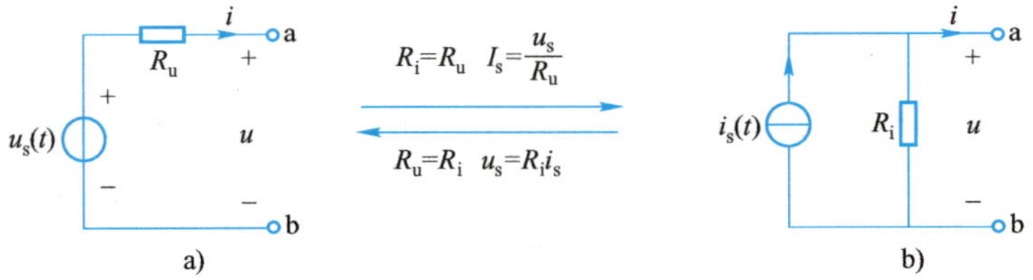

图 2-27 两种实际电源模型的等效变换

比较两个方程不难看到，当 $R_u=R_i$，$u_s=R_i i_s$（或 $i_s=u_s/R_i$）时，两个电路的端口电压电流关系相同，这时它们互为等效电路。因此，在进行两种实际电源模型的等效变换时，存在如下等效变换关系：电源内阻不变，有 $R_u=R_i$；当把图 2-27a 等效变换成图 2-27b 时，电流源 i_s 的大小等于图 2-27a 电路 ab 端口的短路电流 $i_s=u_s/R_u$，i_s 的方向指向 u_s 正极，如图 2-28 所示。在把图 2-27b 变换为图 2-27a时，电压 u_s 的大小是图 2-27b 电路 ab 端口的开路电压 $u_s=R_i i_s$，电压 u_s 的极性与开路电压一致，如图 2-29 所示。

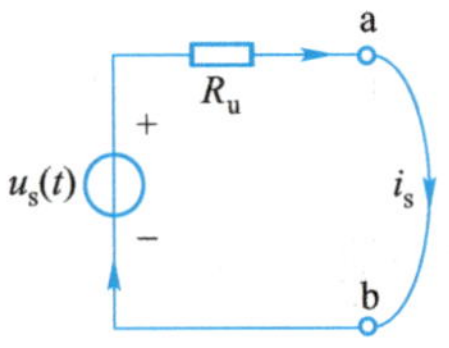

图 2-28 i_s 是 ab 端口的短路电流

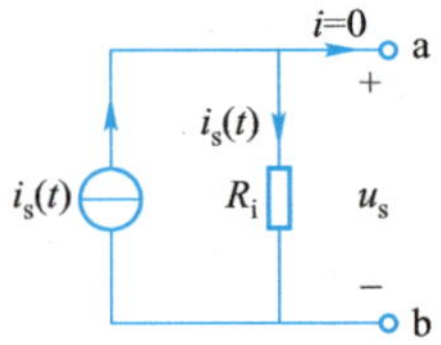

图 2-29 u_s 是 ab 端口的开路电压

利用两种实际电源模型之间的等效变换，以及电阻的等效化简和电源的等效化简，能够有效化简复杂的含源电路。

例 2-10 电路如图 2-30 所示，求其最简等效电路。

解：第一步，把 32 V 实际电压源转换为实际电流源，如图 2-31a 所示。

第二步，合并图 2-31a 中的两个实际电流源，电路简化为图 2-31b。

第三步，把图 2-31b 中的实际电流源转换为实际电压源，再合并串联的 3 Ω 电阻与 1 Ω 电阻，电路简化为图 2-31c 所示的实际电压源。

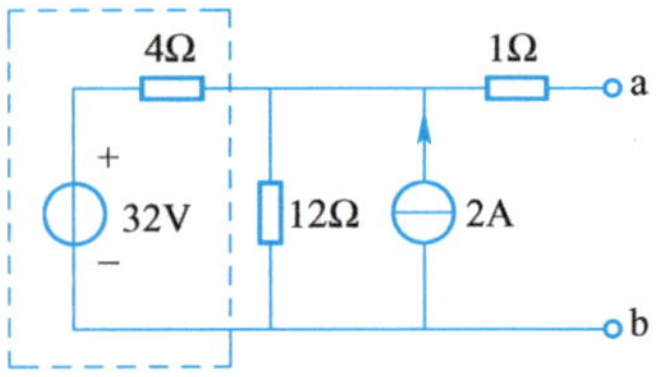

图 2-30 例 2-10 电路

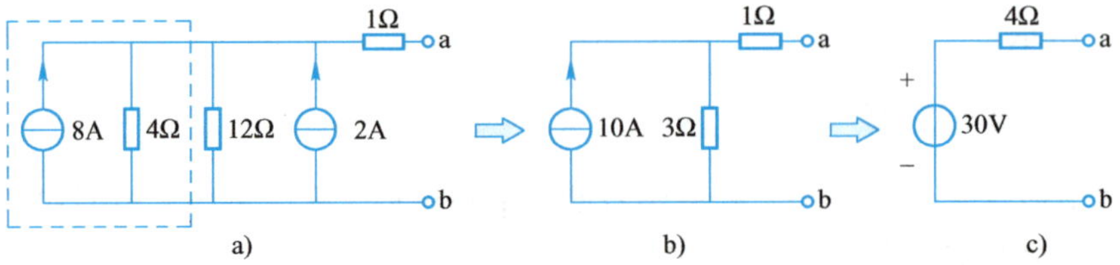

图 2-31 例 2-10 电路的化简过程

例 2-11　电路如图 2-32a 所示，求 8 Ω 支路电流 I。

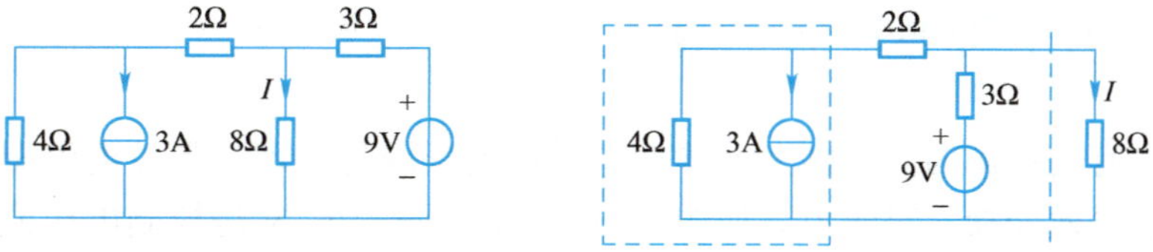

a)　b)

图 2-32　例 2-11 电路

思路：为了便于分析，改变电路画法，对调并联的 8 Ω 电阻支路与 9 V 实际电压源支路，如图 2-32b 所示。以虚线为界，把电路划分为两个单口电路，虚线右边的 8 Ω 支路为一个单口电路，虚线左边为一个复杂单口电路。先化简虚线左边的含源电路，再根据等效化简电路求 8 Ω 支路的电流 I。

解：电路化简过程如图 2-33 所示。

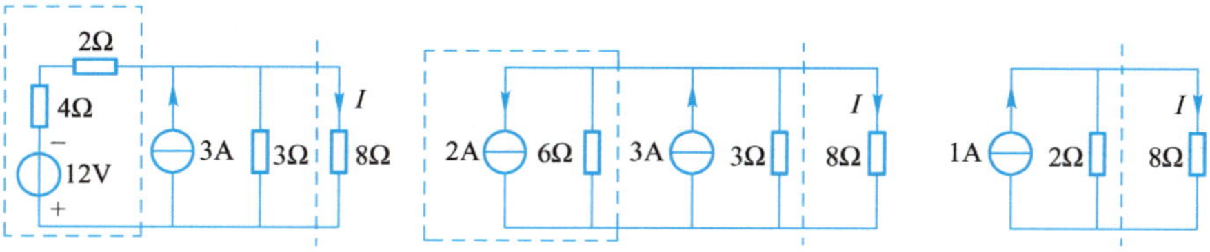

a)　b)　c)

图 2-33　例 2-11 电路的化简过程

首先，把图 2-32b 虚线内的 3 A 实际电流源变换成实际电压源，9 V 实际电压源变换为实际电流源，变换后的电路如图 2-33a 所示。

然后，合并图 2-33a 中 2 Ω 与 4 Ω 串联电阻，再把 12 V 实际电压源变换为 2 A 的实际电流源，如图 2-33b 所示。

最后，把图 2-33b 左边两个实际电流源合并为一个，电路化简为图 2-33c 所示的单结点偶电路。根据图 2-33c，利用分流公式求得

$$I=\frac{2}{2+8}\times 1\ \text{A}=0.2\ \text{A}$$

从以上两个例题可知，通常含源单口电路的最简等效电路是实际电源。

思考题

2.3-1　请解释：为什么电流值不同的电流源不能串联，电流值相同的电流源不能反向串联。

2.3-2　(1) 请等效化简图 2-34 所示的两个电路。

(2) 若把图 2-34 中的电阻换成任意一端口电路，等效化简电路与 (1) 小题相同吗？

2.3-3　理想电压源与理想电流源之间能进行等效变换吗？为什么？

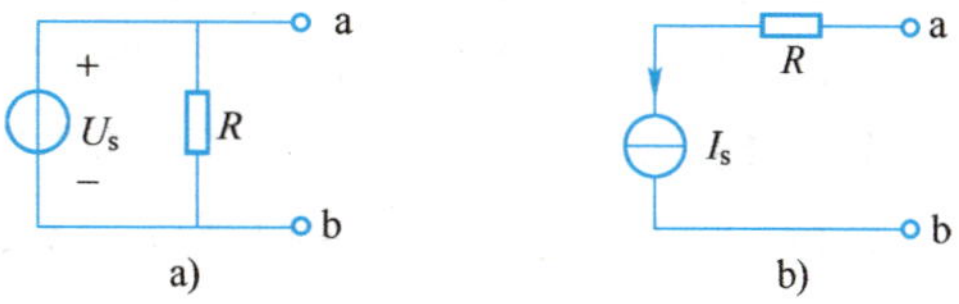

a)　b)

图 2-34　思考题 2.3-2 电路

2.4 含受控源电路的等效化简

当电路中含有受控源时，原则上，非理想受控电压源与非理想受控电流源之间可以像实际电源一样进行等效变换，变换关系如图 2-35 所示。图中 x、y 是控制电压或电流，α、β 是比例系数，α 与 β 为常数的受控源是线性时不变元件。化简含受控源的电路时，要把等效变换与求端口电压电流关系结合在一起使用。一般先用等效变换法最大限度地化简电路，直到再化简下去就会丢失控制电量为止。然后，再通过求端口电压电流关系找到最简等效电路。下面通过例题学习含受控源电路的等效化简方法。

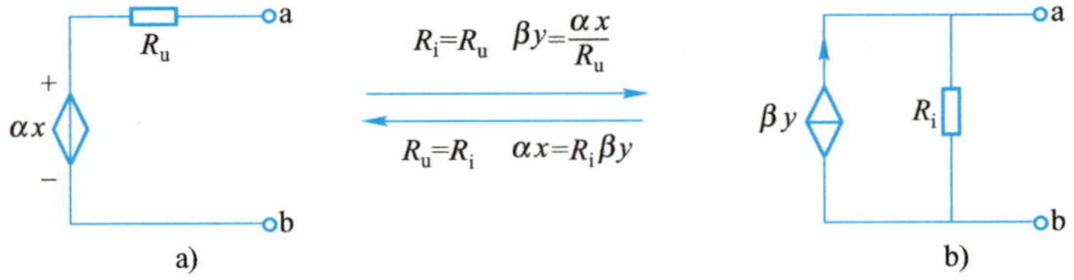

图 2-35 两种受控电源模型的等效变换

例 2-12 电路如图 2-36a 所示，求 ab 端口的最简等效电路。

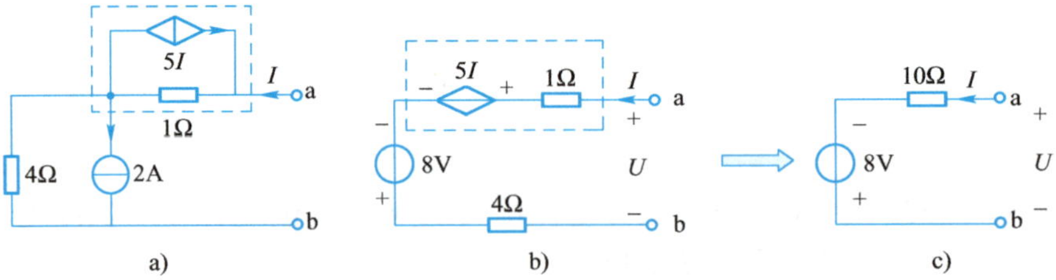

图 2-36 例 2-12 电路及化简过程

解： 利用电源的等效变换，把图 2-36a 中的实际电流源分别等效变换为实际电压源，电路转换为单网孔结构，如图 2-36b 所示。在图 2-36b 中，受控电压源与独立电压源不能合并，这时，要通过求端口电压电流关系进一步化简电路。设端口电压 U 的参考方向如图 2-36b 所示，列回路电压方程，有

$$U=I+5I-8+4I=10I-8$$

可见，上式为实际电源的端口电压电流关系，因此，该电路最终等效化简为一个实际电源（实际电压源或实际电流源）。根据端口电压电流关系和端口电压与电流的参考方向，得到如图 2-36c 所示的实际电压源等效电路。

在本题中，受控电流源的控制电量是端口电流 I，因此，对电路进行等效变换时，不会消除控制量 I。如果控制量不是端口电量会出现什么问题？又该怎样处理呢？请看下面这道例题。

例 2-13 求图 2-37a 所示电路的最简等效电路。

分析： 题中受控电压源的控制量 i_1 不是端口电流，试想，若合并两个并联电阻，3 Ω 支路消失，一旦 3 Ω 支路不存在，控制量 i_1 将丢失，受控源便成了“无源之水，无本之木”，电路将无法再化简下去。所以，不能合并两个电阻支路，只有通过求端口电压电流关系化简电路。

解： 设端口电压、各支路电流的参考方向如图 2-37b 所示。

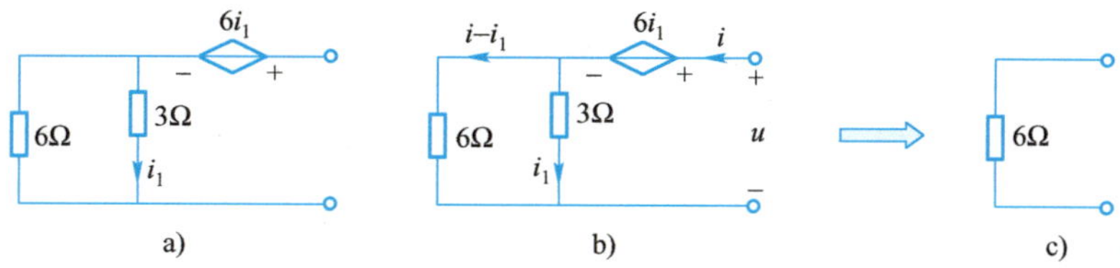

图 2-37　例 2-13 电路

左边网孔电压方程为　　$6(i-i_1)=3i_1$

整理得　　$6i=9i_1$　　(2-15)

右边网孔电压方程为　　$u=6i_1+3i_1=9i_1$　　(2-16)

把式（2-15）代入式（2-16），消去 i_1，得端口电压电流关系

$$u=6i$$

这是电阻元件的电压电流关系，故原电路等效为一个 6 Ω 的电阻，如图 2-37c 所示。

例 2-14　电路如图 2-38a 所示，求电压 U。

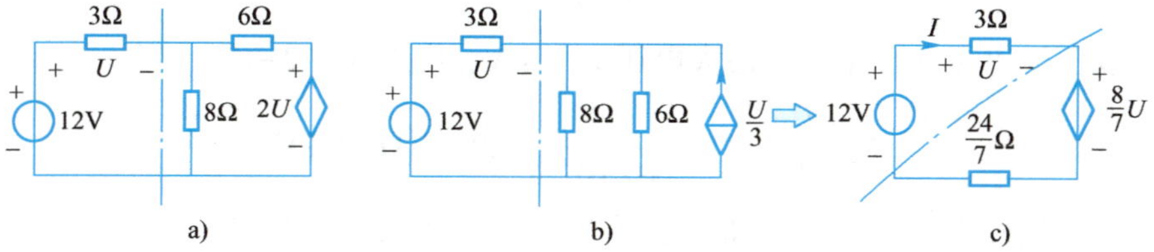

图 2-38　例 2-14 电路

思路：从虚线处把电路一分为二，先化简虚线右边的单口电路，然后根据简化电路列方程，求电压 U。

解：显而易见，在化简虚线右边单口电路时，不会消除控制量 U，所以，可大胆地对右边电路做等效变换，化简过程如图 2-38b 与图 2-38c 所示。列图 2-38c 的回路电压方程为

$$U+\frac{8}{7}U+\frac{24}{7}I-12=0$$

把 3 Ω 电阻的电压电流关系 $I=\frac{U}{3}$ 代入上式，消去 I，解得

$$U=3.65\ \text{V}$$

思考题

2.4-1　受控源与独立源的区别是什么？在等效化简含受控源电路时，受控源与独立源的处理方法有何异同？

2.4-2　问：在本节例 2-12 中，

（1）图 2-36b 中的 $5I$ 电流控制电压源能等效为电阻吗？

（2）如果认为可以，电阻值是多大？

（3）把受控源等效为电阻后，再怎样进一步化简电路？

（4）正确回答了以上问题后，你从中得到什么启示？等效化简含受控源电路还有其他方法吗？

2.5 应用

2.5.1 电压表

利用电阻串联结构设计不同量程的电压表。设计要求：用内阻 $R_g=2\ \text{k}\Omega$，满度电流 $I_g=100\ \mu\text{A}$ 的表头，设计一个能测量 0~1 V、0~5 V 和 0~50 V 三种量程的电压表。

该表头能直接测量的最大电压为 $2\ \text{k}\Omega\times100\ \mu\text{A}=0.2\ \text{V}$，因此，需要串联分压电阻来扩大表头量程。选择串联分压电阻 R_s 的方法如下：首先确定电压表可以测量的最大电压 U_r（任何仪表都有使用范围的限制，一旦超过限制，仪表将损坏）。当被测电压值等于 U_r 时，表头电流达满度电流 I_g，如图 2-39 所示。这时，回路电压为

$$U_r=(R_g+R_s)I_g$$

则串联分压电阻 R_s 为

$$R_s=\frac{U_r}{I_g}-R_g \tag{2-17}$$

（1）当电压量程为 0~1 V 时，最大电压 $U_r=1$ V，代入式（2-17），得

$$R_s=\frac{U_r}{I_g}-R_g=\frac{1\ \text{V}}{100\times10^{-6}\text{A}}-2\times10^3\Omega=8\ \text{k}\Omega$$

（2）当电压量程为 0~5 V 时，最大电压 $U_r=5$ V，代入式（2-17），得

$$R_s=\frac{U_r}{I_g}-R_g=\left(\frac{5}{100\times10^{-6}}-2\times10^3\right)\Omega=48\ \text{k}\Omega$$

（3）当电压量程为 0~50 V 时，最大电压 $U_r=50$ V，代入式（2-17），得

$$R_s=\frac{U_r}{I_g}-R_g=\left(\frac{50}{100\times10^{-6}}-2\times10^3\right)\Omega=498\ \text{k}\Omega$$

该电压表的原理结构如图 2-40 所示。根据不同的待测量电压，通过转换开关切换至不同的电压量程。

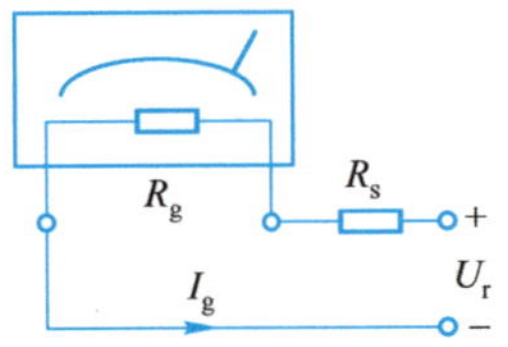

图 2-39 电压表的结构

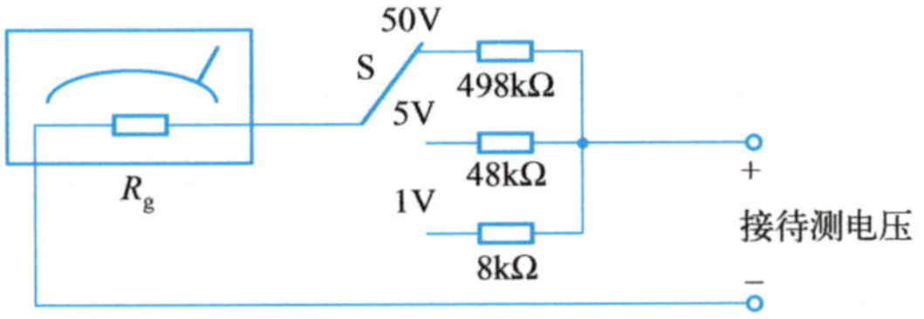

图 2-40 多量程电压表结构图

2.5.2 电流表

利用电阻并联结构设计不同量程的电流表。设计要求：用内阻 $R_g=2\ \text{k}\Omega$，满度电流 $I_g=100\ \mu\text{A}$ 的表头，设计一个能测量 0~10 mA 和 0~1 A 两种量程的电流表。

该表头只能直接测量 100 μA 电流，不能满足要求，需要通过并联分流电阻 R_p 来扩大表头的量程，电路结构如图 2-41 所示。选择 R_p 的方法如下：先确定电流表允许测量的最大电

流 I_r；当电流达到 I_r 时，通过表头的电流为满度电流 I_g，这时，图 2-41 所示电路的结点电流方程为

$$I_r=I_p+I_g=\frac{R_gI_g}{R_p}+I_g$$

整理得分流电阻计算式为

$$R_p=\frac{R_gI_g}{I_r-I_g} \tag{2-18}$$

（1）当量程为 0~10 mA 时，取 $I_r=10$ mA，代入式（2-18），得

$$R_p=\frac{R_gI_g}{I_r-I_g}=\frac{2\times10^3\times100\times10^{-6}}{10\times10^{-3}-100\times10^{-6}}\Omega=\frac{0.2}{9.9\times10^{-3}}\Omega=20.2\ \Omega$$

（2）当量程为 0~1 A 时，取 $I_r=1$ A，代入式（2-18），得

$$R_p=\frac{R_gI_g}{I_r-I_g}=\frac{0.2}{1-100\times10^{-6}}\Omega=\frac{0.2}{0.9999}\Omega=0.2\ \Omega$$

该电流表的结构如图 2-42 所示。通过转换开关切换至不同的电流量程。

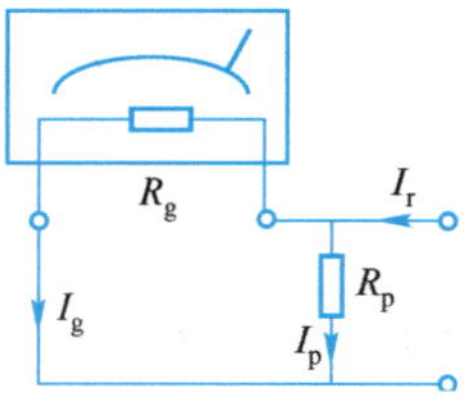

图 2-41　电流表结构图

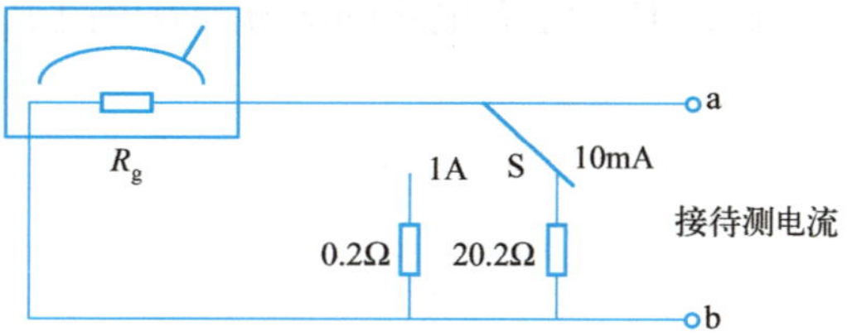

图 2-42　多量程电流表结构图

2.5.3　惠斯通电桥

桥路结构在测试仪表中很常见，图 2-43 所示结构被称为惠斯通电桥，用来测量电阻值。用欧姆表测量电阻值的精度不如使用惠斯通电桥的测量精度高。图中，R_x 为待测电阻，R_1 和 R_3 是已知电阻，R_2 为可调电阻，Ⓐ为电流表。电桥电路有两种状态：平衡状态与非平衡状态。当电流表支路电流为 0 时，电桥平衡；反之，电桥非平衡。测量电阻时，电桥要工作在平衡状态。

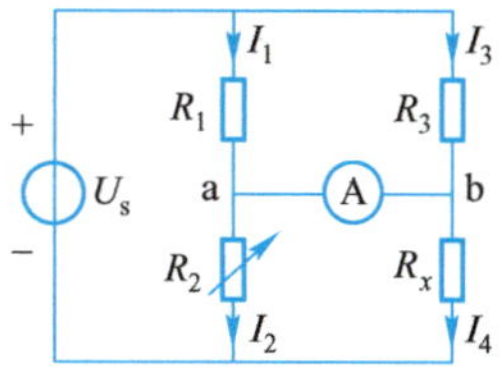

图 2-43　惠斯通电桥

接入待测电阻 R_x 后，调节可变电阻 R_2，使电流表的指示电流为 0，电桥达平衡状态。这时，$I_1=I_2$，$I_3=I_4$。若电流表用电阻 R_s 等效，则 $u_{ab}=R_s\times0=0$ V，a、b 两点等电位，有

$$R_1I_1=R_3I_3 \tag{2-19}$$

$$R_2I_1=R_xI_3 \tag{2-20}$$

用式（2-20）除以式（2-19），得

$$\frac{R_2}{R_1}=\frac{R_x}{R_3}\quad 或\quad \frac{R_3}{R_1}=\frac{R_x}{R_2} \tag{2-21}$$

待测电阻值为

$$R_x=\frac{R_3}{R_1}R_2 \tag{2-22}$$

在式（2-22）中，比值 R_3/R_1、阻值 R_2 都已知，因而可算出阻值 R_x。

2.6　习题

一、基本题

1. 求图 2-44 中各电路 ab 端口的等效电阻。

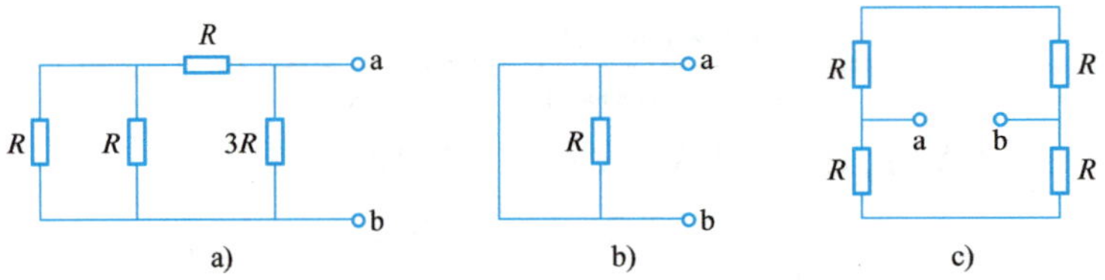

图 2-44　题 1 图

2. 求图 2-45 所示各电路的端口等效电阻 R_{ab}。

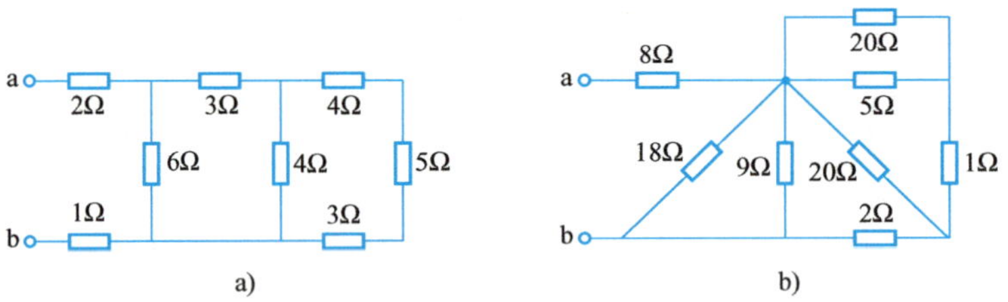

图 2-45　题 2 图

3. 求图 2-46 中各电路 ab 端口的等效电阻。

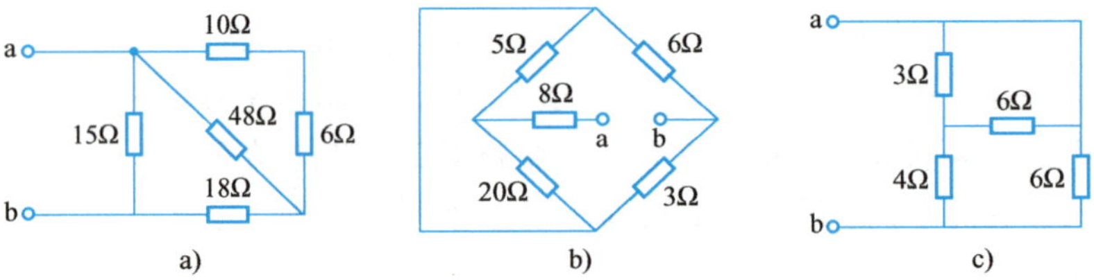

图 2-46　题 3 图

4. 电路如图 2-47 所示，求图中标出的各支路电流。

5. 求图 2-48 所示电路中的电压 U_1 和 U_2。

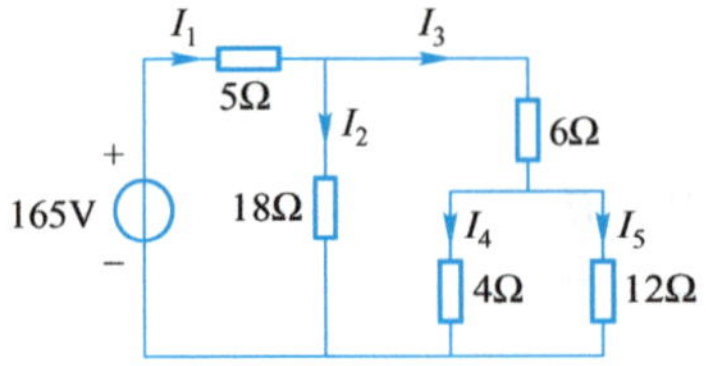

图 2-47　题 4 图

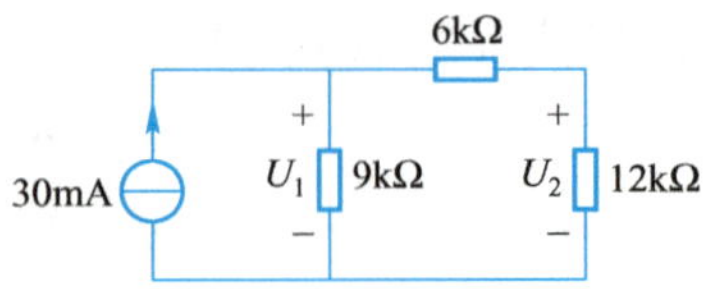

图 2-48　题 5 图

6. 电路如图 2-49 所示，求电压 U。

7. 图 2-50 所示电路为电压测量电路。求以下三种情况下电压表的读数 U_0。

（1）用内阻为 1.2 kΩ 的电压表测量。

（2）用内阻为 3.6 kΩ 的电压表测量。

（3）用理想电压表测量，即电压表内阻为∞。

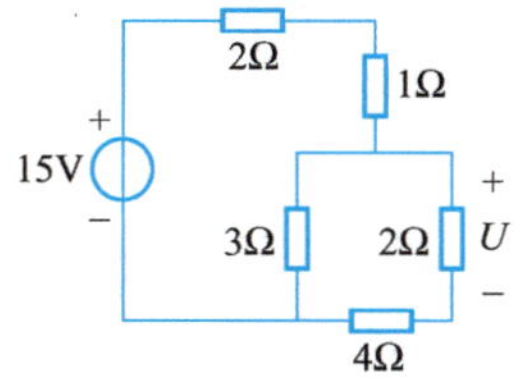

图 2-49　题 6 图

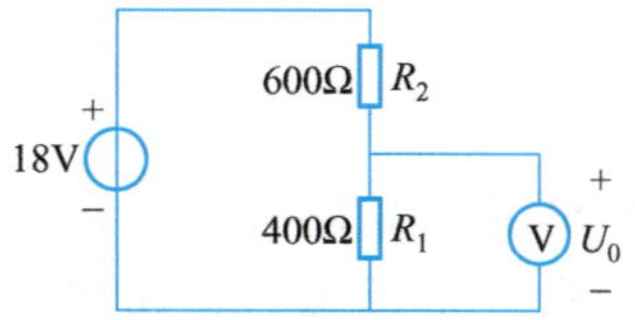

图 2-50　题 7 图

8. 电路如图 2-51 所示，求 24 V 电压源的输出功率。

9. 电路如图 2-52 所示，求电压 U 和电流 I。

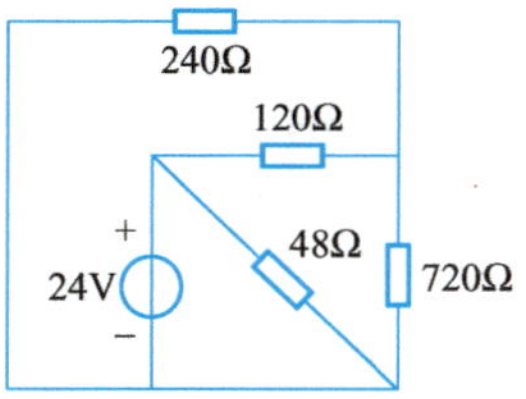

图 2-51　题 8 图

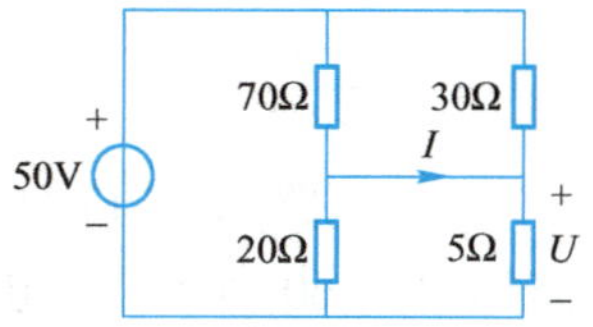

图 2-52　题 9 图

10. 判断图 2-53 中哪个电路的 $u_{ab}=7$ V。（　　）

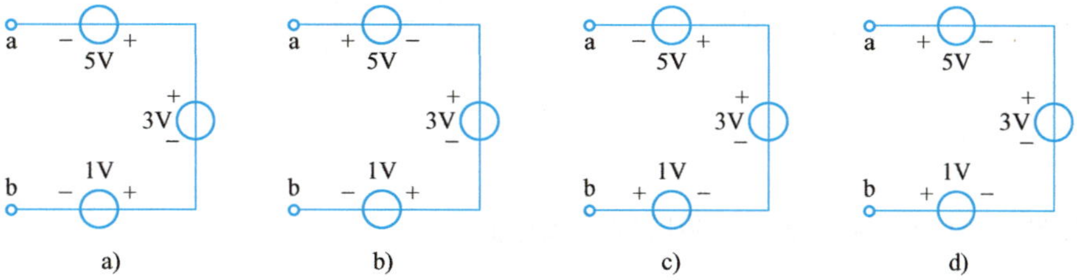

图 2-53　题 10 图

11. 求图 2-54 所示各电路 ab 端口的最简等效电路。

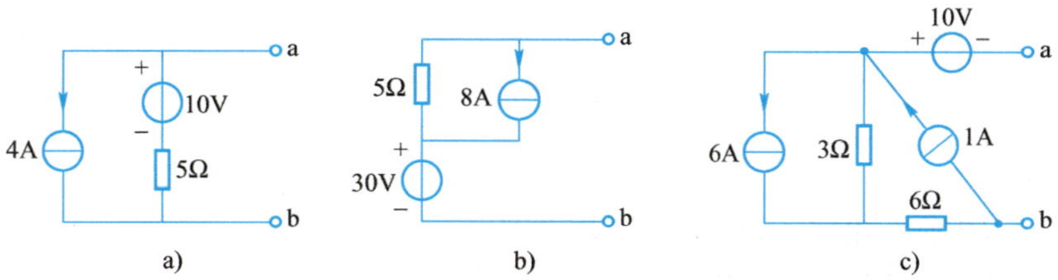

图 2-54　题 11 图

12. 电路如图 2-55 所示，求电压 U。

13. 电路如图 2-56 所示，求电流 I。

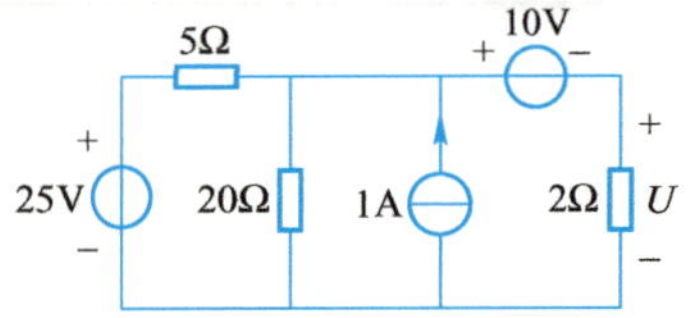

图 2-55 题 12 图

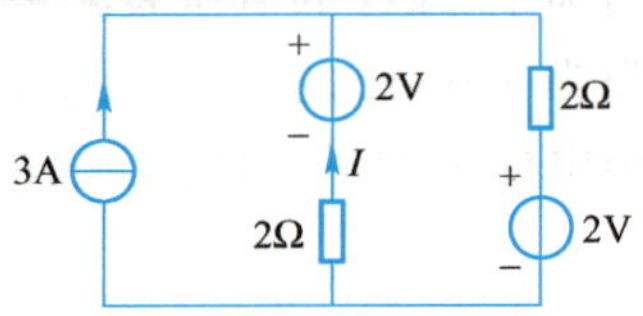

图 2-56 题 13 图

14. 求图 2-57 所示电路中的电流 I。

15. 电路如图 2-58 所示，求 ab 端口的等效电阻。

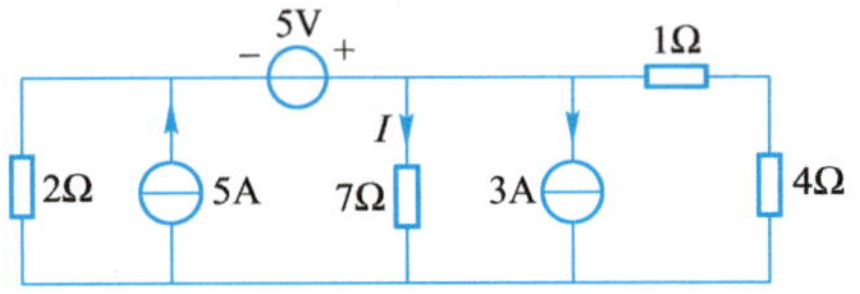

图 2-57 题 14 图

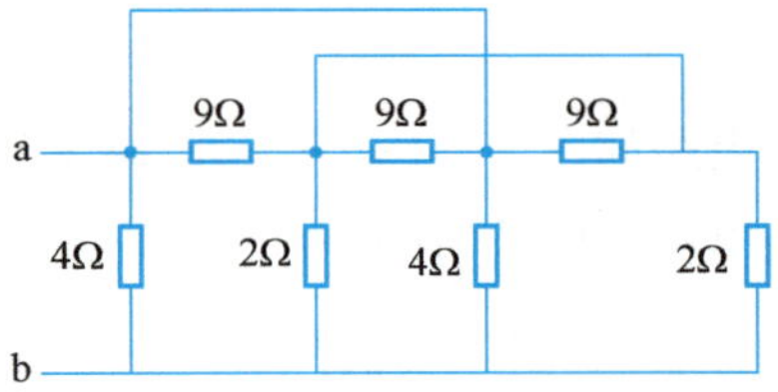

图 2-58 题 15 图

16. 求图 2-59 所示电路 ab 端口的等效电阻。

17. 电桥电路如图 2-60 所示，当电桥平衡时，求电阻值 R_x。

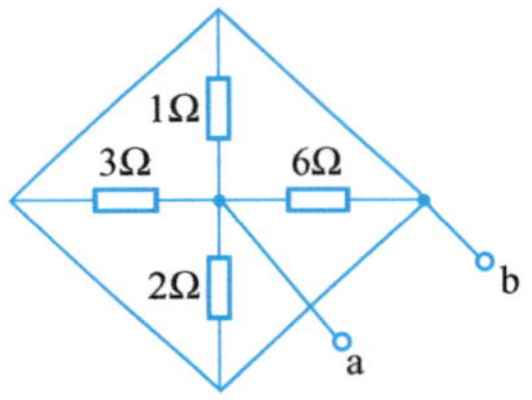

图 2-59 题 16 图

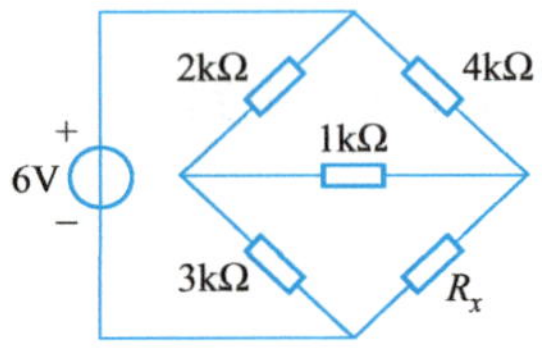

图 2-60 题 17 图

18. 求图 2-61 所示各电路 ab 端口的等效电路。

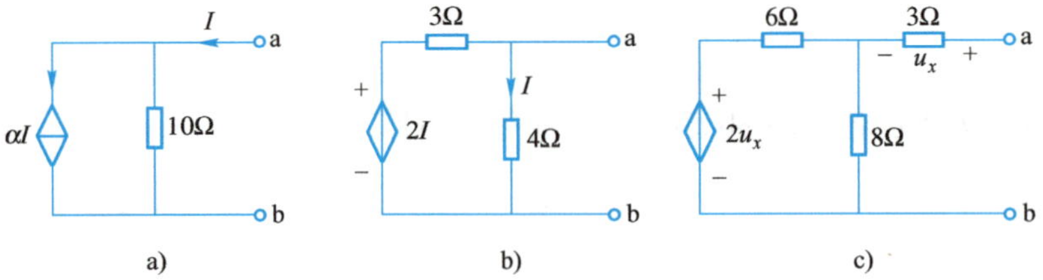

图 2-61 题 18 图

19. 求图 2-62 所示电路 ab 端口的等效电路。

20. 电路如图 2-63 所示，求电流 I。

21. 电路如图 2-64 所示，求端口等效电路。

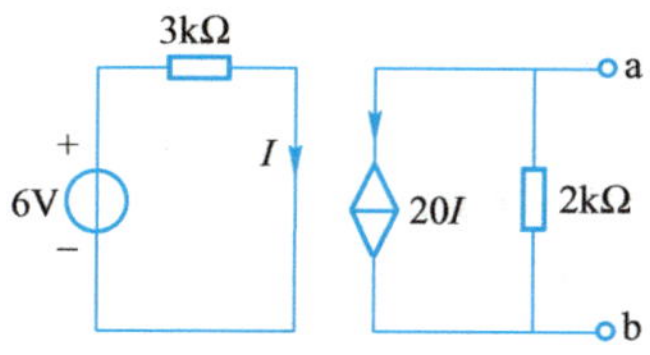

图 2-62　题 19 图

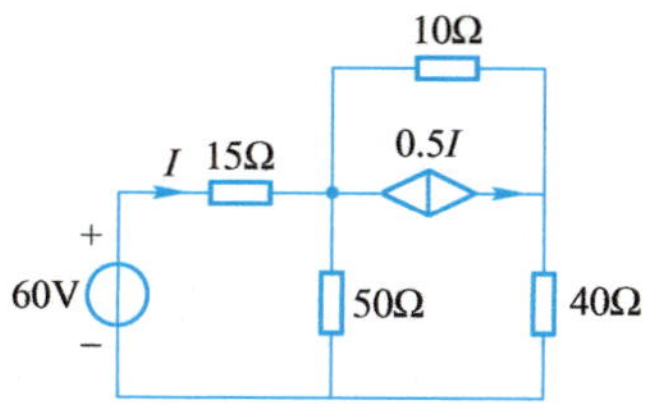

图 2-63　题 20 图

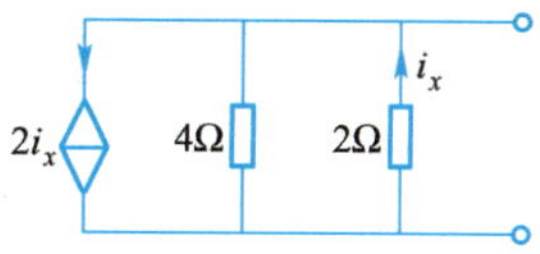

图 2-64　题 21 图

22. 用满刻度电流 $I_g=50\ \mu A$，内阻 $R_0=1\ k\Omega$ 的表头设计有三个量程的电压表，结构如图 2-65 所示。

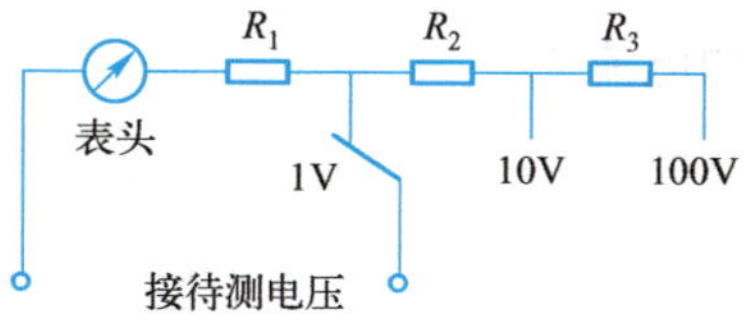

图 2-65　题 22 图

二、深入题

23. 一个 $R\sim 2R$ 的电阻排如图 2-66 所示，图中用它和一个电压源构成了一个分压器，输出电压 $U_0=6$ V。请找出产生 3 V、4 V、8 V 和 9 V 输出电压的连接方式（电压源位置可变，各引脚间、引脚对地可短路、开路）。

24. 图 2-67 为一分压电路，其空载电压为 150 V，与分压电路相连的最小负载电阻 R_{Lmin} = 60 kΩ，当负载 R_L 增加时，不允许输出电压 U_0 降至 100 V 以下。

（1）确定 R_1 和 R_2。

（2）若可选用电阻的额定功率是 1/16 W、1/8 W、1/4 W、1 W 和 2 W，你选用哪种额定功率的电阻？

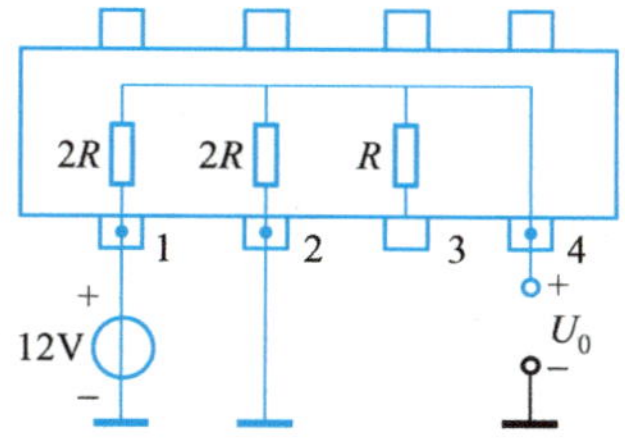

图 2-66　题 23 图

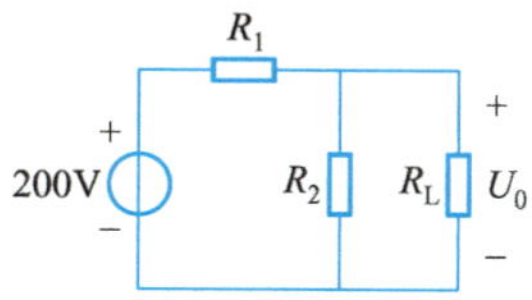

图 2-67　题 24 图

25. 在实际应用中，当需要多个不同值的供电电压时，可利用分压电路满足这一需要，电路结构如图 2-68 所示。请按以下要求选择分压电阻 R_1、R_2和 R_3。

（1）在分压电路空载时，24 V 电源提供给分压电路 36 W 的功率。

（2）相对于参考点，三个电压分别为 $U_1=12$ V，$U_2=$ 6 V，$U_3=-12$ V。

26. 电路如图 2-69 所示，求电压 U。

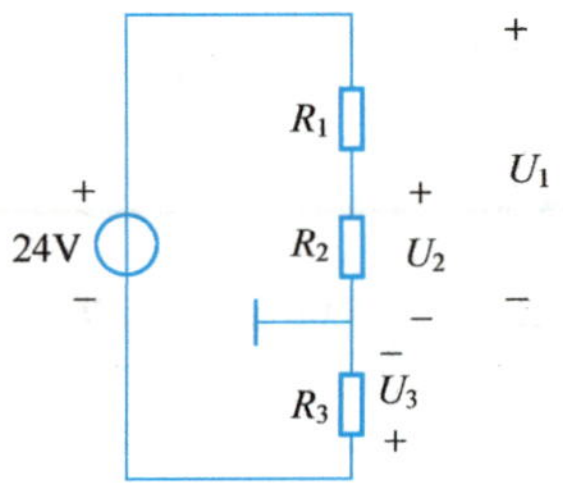

图 2-68 题 25 图

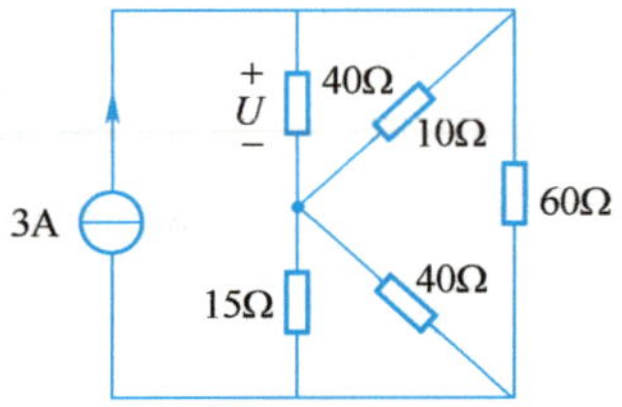

图 2-69 题 26 图

27. 图 2-70 所示为一晶体管放大电路，已知 $u_{be}=0.6$ V，$i_c=50i_b$。在 $u_{ce}=4$ V 的工作状态下，试选择电阻值 R。

28. 求图 2-71 所示电路中的电流 I。

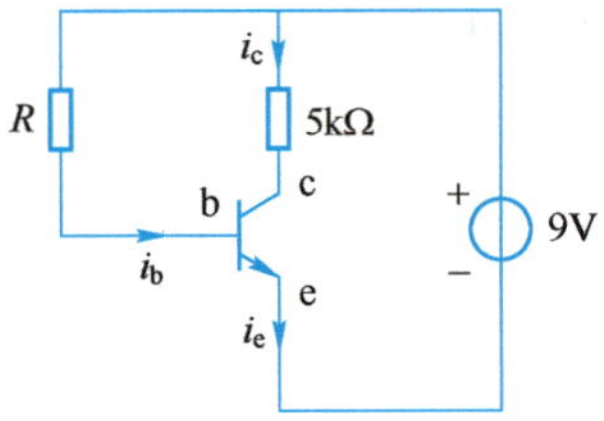

图 2-70 题 27 图

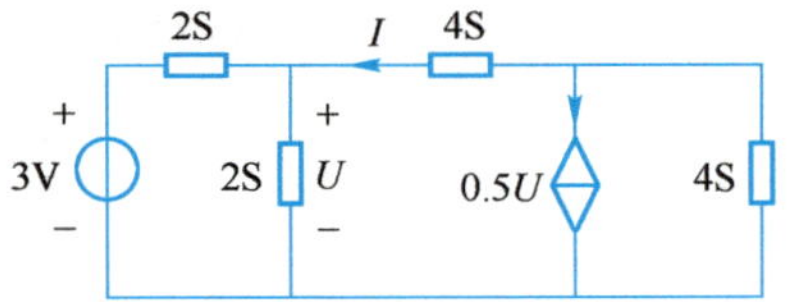

图 2-71 题 28 图

第 3 章　线性电路的一般分析方法

3.1　线性电路一般分析法概述

一般分析法适用于任何线性电路，尤其是结构复杂的大规模电路。它不探求针对不同电路结构的解题技巧，而是寻求普遍适用的分析方法。由于它采用规范的、程序化的解题步骤，所以便于编程，利用计算机完成电路分析。

一般分析法远不止一种，常见的有支路法、网孔法、回路法、结点法和割集法。无论哪种方法、求什么电量（电流、电压或功率），思路都一样。首先，要选择一组至少具有完备性的辅助电路变量。所谓完备性，是指电路中的任何其他电量都能无一遗漏地由该组辅助变量求出。然后按照规范的步骤和统一的格式列写求这些辅助电路变量的方程组，并解之。最后，再通过这组解出的辅助电路变量去求任何其他电量。各种方法的区别仅在于所选择的辅助电路变量不同。支路法是选择所有的支路电流（请看 1.5.2 节的例 1-15）或者全部支路电压为一组完备的辅助电量。支路法的优点是辅助电量的物理意义明确，可直接测量，缺点是辅助电量数目较多，列解方程的工作量较大（手工计算时尤显突出）。改进方法就是减少辅助电量的数目，使辅助电路变量不仅具有完备性，而且具有独立性。独立性保证这组辅助变量之间不能相互表示，因而数目最少。网孔法、回路法、结点法和割集法都是选择完备且独立的一组电量作为辅助变量的分析方法。

可以论证，一个有 b 条支路、n 个结点的电路，具有完备独立的电压变量是 $n-1$ 个；具有完备独立的电流变量有 $b-(n-1)$ 个。本章首先详细介绍结点法和网孔法，然后简要地介绍回路法，重点放在建立与电路变量个数相等且又相互独立的方程组上。

3.2　结点电压法

3.2.1　结点电压与结点电压方程

在电路中，任选一个结点为参考结点，用符号“⊥”表示，把其他各结点与参考结点之间的电压称为该结点的结点电压，或者称为结点电位。比如，图 3-1 所示电路有 4 个结点，若选结点④为参考结点，根据结点电压的定义，结点④的结点电压为零，其余三个结点的结点电压未知，分别设为 u_1、u_2和 u_3。显然，在有 n 个结点的电路中，有 $n-1$ 个未知的结点电压。结点电压的参考极性可以任意假设。当设参考结点为“-”极性，非参考结点为“+”极性时，可以省略标注结点电压的参考方向。

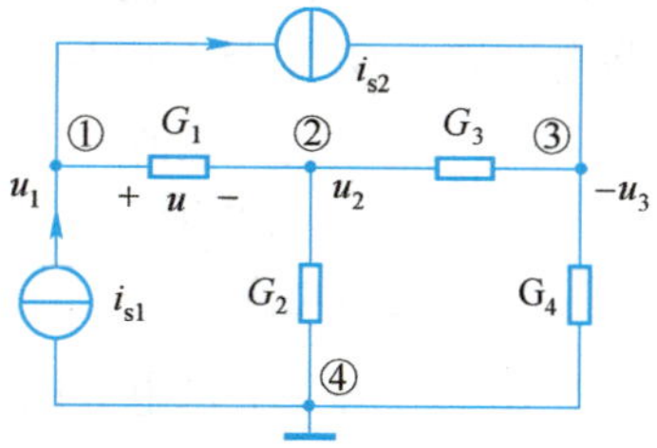

图 3-1　结点电压示意图

比如，图3-1中结点电压 u_1 和 u_2 的参考极性都省略未标，就属于这种情况。

假如已知图3-1所示电路中的三个结点电压 u_1、u_2、u_3，能否通过这三个结点电压求出所有支路电压？换句话说，图中6条支路电压都能用结点电压表示吗？请你略作思考后再往下看。答案是肯定的。结点电压与支路电压的关系与支路在电路中的位置有关。如果支路接在两个非参考结点之间，则支路电压等于两结点电压的代数和。比如，图3-1中的 G_1、G_3 和电流源 i_{s2} 支路都属于这类支路。其中 G_1 支路电压 u 在图示参考方向下，与结点电压的关系为 $u=u_1-u_2$。另一类支路是接在结点与参考结点之间，比如，图3-1中的 i_{s1}、G_2 和 G_4 三条支路则属于这种情况。如果这类支路电压的参考方向与结点电压一致，则结点电压等于支路电压；反之，若参考方向相反，则支路电压等于负的结点电压。可见，所有支路电压都能通过结点电压求出。当已知全部支路电压时，由支路电压可无一遗漏地求出电路中的任何电量，所以有这样的结论：已知结点电压能够求出任何电路电量，故结点电压是一组完备的辅助电路变量。

结点电压法是这样的方法：选择结点电压为一组辅助变量，先列、解结点电压方程组，求出结点电压；再利用已知的结点电压求其他电路电量的方法被称为结点电压法，简称结点法。

结点电压不受KVL的约束，因此，建立结点电压方程只能通过KCL和元件的电压电流关系来完成。下面以图3-2所示电路为例，找出结点电压方程的一般格式。

图3-2所示电路有4个结点，选择结点④为参考结点，设其为“-”极性，3个未知结点电压分别为 u_1、u_2和 u_3。要得到结点电压的唯一解，需要列写3个独立的结点电压方程。

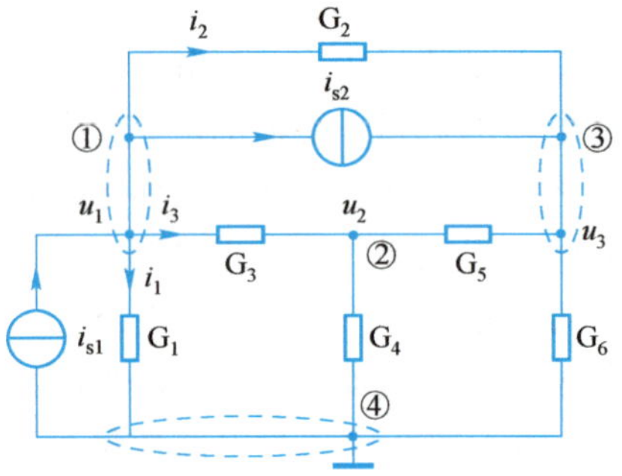

图3-2 结点电压法示意图

在图3-2所示电流参考方向下，结点①的电流方程为

$$i_{s1}-i_1-i_3-i_2-i_{s2}=0$$

把电阻元件的电压电流关系代入上式，有

$$i_{s1}-G_1u_1-G_3(u_1-u_2)-G_2(u_1-u_3)-i_{s2}=0$$

整理得 $$(G_1+G_3+G_2)u_1-G_3u_2-G_2u_3=i_{s1}-i_{s2} \qquad (3-1)$$

式（3-1）蕴含着结点电压方程的一般规律，请你略做观察后再往下看。

为了叙述方便，引入“自电导”与“互电导”两个名词：把与某个结点相连的所有支路电导之和称为该结点的自电导，比如，在图3-2中，与结点①相连的支路电导分别为 G_1、G_3 和 G_2，所以，结点①的自电导为 $G_1+G_3+G_2$。把连接两个非参考结点的支路电导称为互电导。在图3-2中，G_3 支路连接非参考结点①与结点②，所以，支路电导 G_3 是互电导。同样，支路电导 G_2、G_5 也是互电导。由式（3-1）这一特例可见，结点电压方程有如下格式：

$$\underbrace{\pm\boxed{\text{自电导}}\times\boxed{\text{本结点的结点电压}}}_{\pm\text{自电导电流项}}\ \pm\ \underbrace{\sum\boxed{\text{互电导}}\times\boxed{\text{相邻结点的结点电压}}}_{\sum\text{互电导电流项}} = \underbrace{\boxed{\text{与本结点相连的所有电流源的代数和}}}_{\sum\text{电流源}} \qquad (3-2)$$

等式左边由一个自电导电流项和多个互电导电流项组成。互电导电流项个数等于与该结点相邻的结点数。在图3-2中，结点①有两个相邻结点，所以，式（3-1）中有两个互电导电流项。等式左边各项的结构为“电导×结点电压”。等式右边是与本结点相连的所有电流源电流的代数和。对式（3-2）中各项的“±”号选取做以下几点说明。

1）自电导电流项前“±”号选取与本结点电压的参考方向有关。若设本结点处为结点电压的“+”极性，则自电导电流项前取“+”。反之，若设本结点处是结点电压的“-”极性，则自电导电流项取“-”。如在图（3-2）中，u_1 的“+”极性设在结点①，所以，式（3-1）中的（G_1+ G_3+ G_2）u_1 项取“+”号。

2）互电导电流项的“±”号选取与相邻结点电压的参考方向有关。若相邻结点为结点电压参考方向的“+”极性，互电导电流项取“-”。反之，则取“+”。比如，在图（3-2）中，结点②处是 u_2的“+”极性，所以，式（3-1）中的互电导电流项 G_3u_2 取“-”。

3）在等式右边电流源的代数和中，流入结点的电流源取“+”。反之，流出取“-”。

了解结点电压方程的规律后，可以跳过前述列 KCL 方程、代入元件电压电流关系、整理方程等一系列中间步骤，直接按式（3-2）的格式列出结点电压方程。图 3-2 所示电路的另外两个结点电压方程分别如下。

结点②的电流方程为
$$(G_3+G_4+G_5)u_2-G_3u_1-G_5u_3=0 \tag{3-3}$$
结点③的电流方程为
$$(G_2+G_5+G_6)u_3-G_2u_1-G_5u_2=i_{s2} \tag{3-4}$$
式（3-2）、式（3-3）、式（3-4）为图 3-2 所示电路的 3 个独立结点电压方程组，解这组方程可获得 u_1、u_2、u_3 的唯一解。

例 3-1　电路如图 3-3a 所示，求：电流源功率和电流 I。

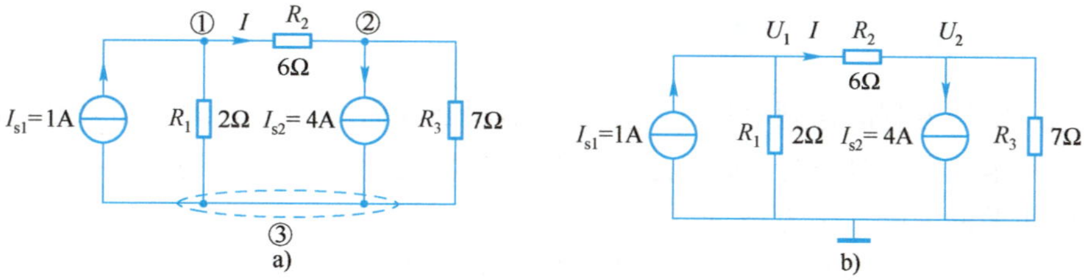

图 3-3　例 3-1 电路

分析：本题求三条支路的电量，如果用等效变换法，要做三个不同端口的三次等效，运算量较大。若用支路电流法，要列解 3 个方程。选择结点分析法最简便，只要列解两个方程。

解：第一步：选择结点③为参考结点，设结点电压及参考方向，如图 3-3b 所示。

第二步：按式（3-2）的格式，列写图 3-3b 所示的结点电压方程。

结点①的电流解是
$$\left(\frac{1}{R_1}+\frac{1}{R_2}\right)U_1-\frac{1}{R_2}U_2=I_{s1}$$
代入元件参数，整理得
$$4U_1-U_2=6 \tag{3-5}$$
结点②的电流解是
$$\left(\frac{1}{R_3}+\frac{1}{R_2}\right)U_2-\frac{1}{R_2}U_1=-I_{s2}$$
代入元件参数，整理得
$$-7U_1+13U_2=-168 \tag{3-6}$$
第三步：解方程，求结点电压 U_1 和 U_2。

式（3-5）×13+式（3-6），得　$U_1=-2\text{ V}$

把 U_1 值代入式（3-5），得　$U_2=-14\text{ V}$

第四步：根据已知结点电压，求题目指定的电量。

1 A 电流源的功率为 $P_{1A}=-I_{s1}\times U_1=-1\times(-2)\,W=2\,W$（吸收功率）

4 A 电流源的功率为 $P_{4A}=I_{s2}\times U_2=4\times(-14)\,W=-56\,W$（提供功率）

支路电流 I 为
$$I=\frac{U_1-U_2}{R_2}=\frac{-2-(-14)}{6}A=2\,A$$

用结点电压法分析电路的步骤概括如下。

1）选取并在电路中标出参考结点及结点电压的参考方向。为避免麻烦，一般均设参考结点为“-”极性，其他各结点电压为“+”极性。在此情况下，自电导电流项取“+”，互电导电流项都取“-”。

2）找出各结点的自电导与互电导，按式（3-2）的格式列写所需的结点电压方程组。

3）解方程组，求出结点电压。

4）利用已知的结点电压，再求其他感兴趣的电量。

最后让我们重新审视一下图3-2和图3-3所示电路的组成特点。这两个电路仅由电阻和电流源组成，没有其他类型的元件。因此，式（3-2）背后的物理含义是：与本结点相连的所有电阻支路电流的代数和等于与本结点相连的所有电流源电流的代数和。如果电路中有电压源和受控源，该怎么处理？又该怎样利用式（3-2）？在以下几小节，将进一步讨论各种情况下的列方程问题。

3.2.2 含电压源电路的结点分析

列写结点电压方程时遇到电压源，要根据不同情况做不同的处理。如果是实际电压源，先转换成实际电流源再列方程；如果是电压源，不能转换为电流源，分以下两种情况处理。

（1）电压源的一端接参考结点

在此情况下，电压源另一端所接的结点电压是已知的，其值等于电压源电压。因而，电路的未知结点电压数减少，需要列写的方程数也随之减少。

例3-2 请列出图3-4a所示电路的结点电压方程。

解： 第一步，把 U_{s2} 实际电压源转换为实际电流源（熟练后这步可省略）。选择参考结点并标注各结点电压，如图3-4b所示。为减少结点电压的数目，把参考结点选在结点④，则结点①的结点电压 $U_1=U_{s1}$，是已知结点电压。未知结点电压只剩两个，仅需列两个结点电压方程。

第二步，按照式（3-2）的格式，列图3-4b的结点电压方程。

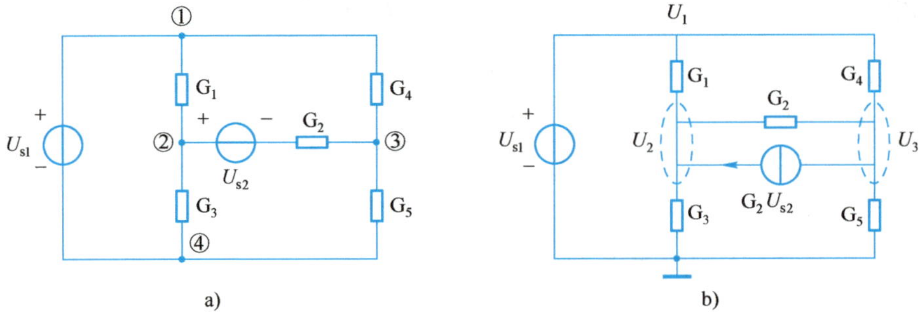

图3-4 例3-2电路

结点②的电流方程为　$(G_1+G_2+G_3)U_2-G_1U_{s1}-G_2U_3=G_2U_{s2}$

结点③的电流方程为　$(G_4+G_2+G_5)U_3-G_4U_{s1}-G_2U_2=-G_2U_{s2}$

（2）电压源跨接在非参考结点之间

如图 3-5 所示电路中电压源 u_{s2}。由前述知识我们知道，流过理想电压源 u_{s2} 的电流是不确定的，所以，在应用 KCL 列方程之前，必须先设 u_{s2} 支路电流，列写方程时，把未知的 u_{s2} 支路电流作为电流源处理。在这种情况下，未知电量数目增加，方程数也要相应地增加。除了列结点的 KCL 方程外，还需要补充方程；通常补充电压源电压与结点电压的关系式。

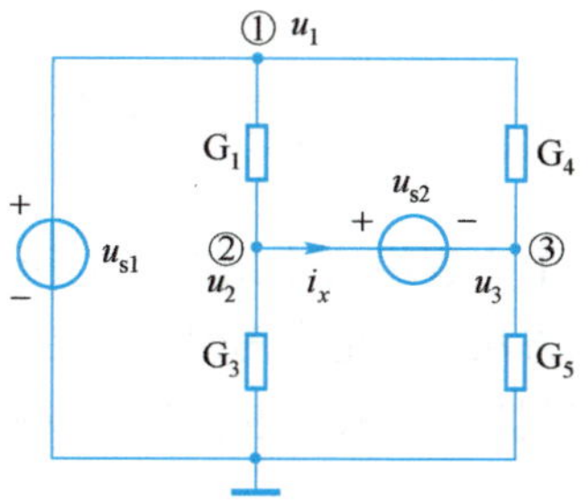

图 3-5　含电压源的电路示例

例 3-3　列出图 3-5 所示电路的结点电压方程。

解： 设 u_{s2} 电压源支路的电流为 i_x，如图 3-5 所示。结点①的电压已知，$u_1=u_{s1}$，不列该结点方程。结点②和结点③的 KCL 方程分别如下。

结点②为　$(G_1+G_3)u_2-G_1u_{s1}=-i_x$

结点③为　$(G_4+G_5)u_3-G_4u_{s1}=i_x$

以上两个方程中有 3 个未知数，无法得到唯一解，需要增加一个独立方程。补充电压源 u_{s2} 与结点电压 u_1、u_2 的关系式：

$$u_2-u_3=u_{s2}$$

3.2.3　含受控源电路的结点分析

在一般分析法中，受控源的处理方法与独立源相同。列结点电压方程时，受控源依照独立源的方法处理。唯一与独立源不同的是，当受控源的控制量不是结点电压时，未知电量数目会增加，这时未知电量除结点电压外，还有控制量。因此，仅列结点的 KCL 方程是不够的，还要补充方程，一般是补充控制量与结点电压的关系式。

例 3-4　电路如图 3-6a 所示，请列出所需要的结点电压方程。

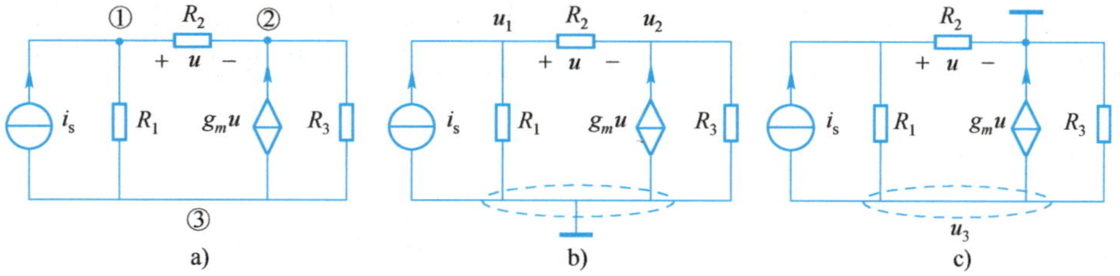

图 3-6　例 3-4 电路

分析： 你可能会不假思索地把参考结点选在结点③。用结点法时，特别对于有受控源和电压源的电路，不可忽视参考结点的选择。参考结点的位置直接影响到列、解方程的数目。下面采用两种不同的参考结点选择方案，帮助你了解参考结点的位置对未知电量数目的影响，以及如何建立含受控源电路的结点电压方程。

解： 方法一：把参考结点选在结点③，如图 3-6b 所示。这时，未知电量除了两个结点电压外，还有一个控制量 u，需要列三个独立方程。

结点①为
$$\left(\frac{1}{R_1}+\frac{1}{R_2}\right)u_1-\frac{1}{R_2}u_2=i_s$$

结点②为
$$\left(\frac{1}{R_3}+\frac{1}{R_2}\right)u_2-\frac{1}{R_2}u_1=g_m u$$

补充结点电压与控制量 u 的关系式：
$$u_1-u_2=u$$

解以上方程组可求出结点电压和控制电压。

方法二：把参考结点选在结点②，如图 3-6c 所示。这时结点①的结点电压就是受控源的控制量 u，未知电量数目没有增加，只需要列两个独立方程。

结点①为
$$\left(\frac{1}{R_1}+\frac{1}{R_2}\right)u-\frac{1}{R_1}u_3=i_s$$

结点③为
$$\left(\frac{1}{R_3}+\frac{1}{R_1}\right)u_3-\frac{1}{R_1}u=-i_s-g_m u$$

合并 u 项，整理得
$$\left(\frac{1}{R_3}+\frac{1}{R_1}\right)u_3+\left(g_m-\frac{1}{R_1}\right)u=-i_s$$

可见，通过认真审题，合理地选择参考结点可以减少未知量的数目，进而减少方程数量和解方程的运算量。

例 3-5 电路如图 3-7a 所示，求两个电源的功率。

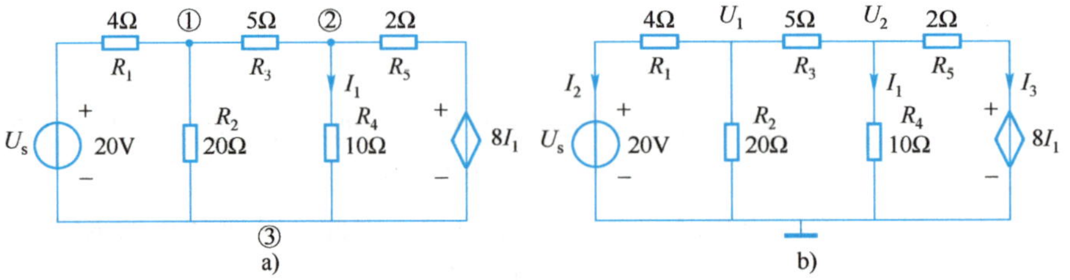

图 3-7 例 3-5 电路

解： 采用结点分析法。参考结点选在结点③，设结点电压和流过电压源的电流，如图 3-7b 所示。两个未知结点电压加一个未知控制量，共三个待求电量，需要列三个独立方程。

第一步：列方程。

结点①为
$$\left(\frac{1}{R_1}+\frac{1}{R_2}+\frac{1}{R_3}\right)U_1-\frac{1}{R_3}U_2=\frac{U_s}{R_1} \quad (3-7)$$

结点②为
$$\left(\frac{1}{R_5}+\frac{1}{R_4}+\frac{1}{R_3}\right)U_2-\frac{1}{R_3}U_1=\frac{8I_1}{R_5} \quad (3-8)$$

补充控制量 I_1 与结点电压的关系式：
$$U_2=R_4I_1 \quad (3-9)$$

第二步：解方程。

把元件参数代入以上 3 个式子，式（3-9）代入式（3-8），消去 I_1，得
$$U_1=2U_2 \quad (3-10)$$

把式（3-10）代入式（3-7），消去 U_1，求得

$$U_2=6.25\ \text{V}$$

再把 U_2 值代入式（3-9）和式（3-10），求得

$$I_1=0.625\ \text{A}$$

$$U_1=12.5\ \text{V}$$

第三步：求电源的功率。

根据已知的 U_1、U_2 和 I_1 值，计算

$$I_2=\frac{U_1-U_s}{R_1}=\frac{12.5-20}{4}\text{A}=-1.875\ \text{A}$$

$$I_3=\frac{U_2-8I_1}{R_5}=\frac{6.25-8\times0.625}{2}\text{A}=0.625\ \text{A}$$

20 V 电压源的功率为 $P=U_s\times I_2=20\times(-1.875)\text{W}=-37.5\ \text{W}$

受控源的功率为 $P=I_3\times 8I_1=0.625\times8\times0.625\text{W}=3.125\ \text{W}$

思考题

3.2-1 在本节例 3-2 中，只有两个未知结点。

（1）列写结点的 KCL 方程，为什么选择结点②和结点③，不选择结点①和结点③，或者是结点①和结点②？

（2）若把例 3-2 的参考结点选在结点①，请列出所需的结点电压方程。

3.2-2 电路如图 3-8 所示，请判断以下哪个方程是正确的。

（1）$\left(\frac{1}{R_0}+\frac{1}{R_1}+\frac{1}{R_2}+\frac{1}{R_s}\right)U=-I_s-\frac{U_s}{R_s}$

（2）$\left(\frac{1}{R_0}+\frac{1}{R_1}+\frac{1}{R_2}+\frac{1}{R_s}\right)U=-I_s+\frac{U_s}{R_s}$

（3）$\left(\frac{1}{R_0}+\frac{1}{R_1+R_2}+\frac{1}{R_s}\right)U=-I_s+\frac{U_s}{R_s}$

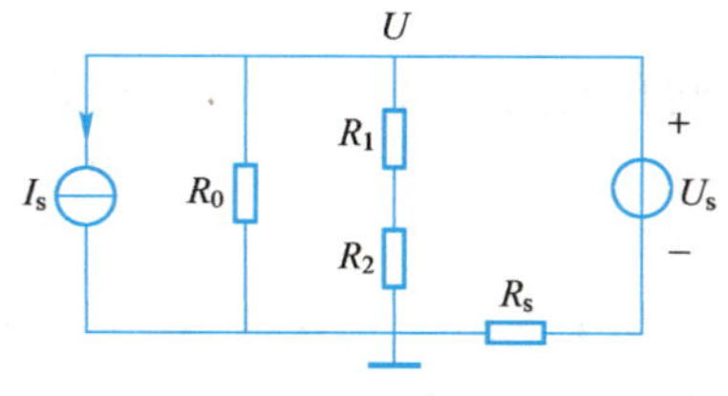

图 3-8 题 3.2-2 图

3.3 网孔电流法

3.3.1 网孔电流及网孔电流方程

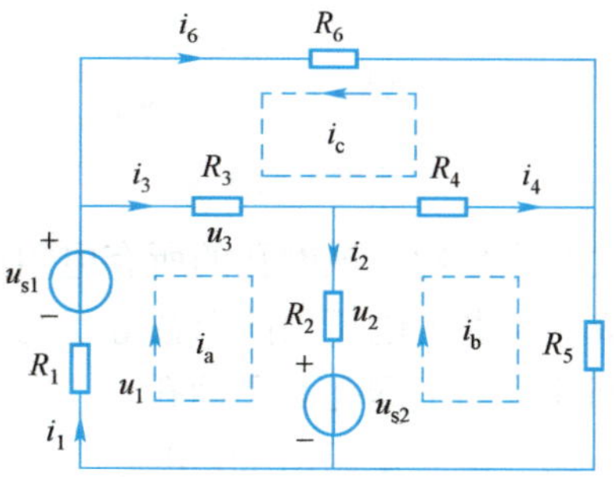

图 3-9 网孔法示意图

网孔电流是一种假设在构成网孔的各条支路上流动的电流。图 3-9 所示电路有三个网孔，设三个网孔电流分别为 i_a、i_b 和 i_c。网孔电流的参考方向可任意假设，图中用虚线表示。例如，规定网孔电流 i_a 只在 R_3 支路、实际电压源支路 U_{s2} 和 U_{s1} 这三条支路顺时针循环流动。

选择网孔电流作为一组独立完备的辅助电路变量，通过列、解网孔电流方程组，求出网孔电流，再利用已知的网孔电流求其他电路电量的方法被称为网孔电流法，简称网孔法。

从相互关系上看，只要能由网孔电流求出所有支路电流，就可以求出任何一个电路电量。网孔电流与支路电流的关系与支路在电路中的位置有关。两个相邻网孔共同拥有的支路被称为共用支路。例如，图3-9中的R_3、R_4和u_{s2}三条支路都是共用支路。共用支路电流等于两相邻网孔电流的代数和。在图示参考方向下，这三条支路电流与网孔电流的关系分别为：$i_3=i_a+i_c$，$i_2=i_a-i_b$，$i_4=i_b+i_c$。每个网孔都有一条自己单独拥有的支路，称之为独享支路。例如，图3-9中网孔c、网孔b和网孔a的独享支路分别为：R_6、R_5和u_{s1}支路。独享支路电流的大小为网孔电流。例如，网孔a的独享支路u_{s1}的支路电流$i_1=i_a$，网孔c的独享支路R_6的支路电流$i_6=-i_c$。

网孔电流的个数等于网孔数，有$b-(n-1)$个。在图3-9所示电路中，支路数$b=6$，结点数$n=4$，则网孔电流数目为$6-(4-1)=3$。要使$b-(n-1)$个未知网孔电流有唯一解，必须建立$b-(n-1)$个独立的网孔电流方程。以下着重讨论列写网孔电流方程的方法，找出网孔电流方程的一般格式，以便快速列写网孔电流方程。

由网孔电流的含义可知，网孔电流在结点一进一出，自动满足KCL，所以，不能通过结点的KCL方程建立网孔电流之间的约束关系，网孔电流方程要根据KVL和元件的电压电流关系建立。

在图3-9所示电路中，左下方网孔a的KVL方程为

$$u_3+u_2+u_{s2}+u_1-u_{s1}=0$$

把电阻的电压电流关系代入上式，有

$$R_3i_3+R_2i_2+u_{s2}+R_1i_1-u_{s1}=0$$

用网孔电流表示支路电流，得到

$$R_3(i_a+i_c)+R_2(i_a-i_b)+u_{s2}+R_1i_a-u_{s1}=0$$

整理得

$$(R_3+R_2+R_1)i_a-R_2i_b+R_3i_c=u_{s1}-u_{s2} \tag{3-11}$$

为了下面叙述方便，引入“自电阻”与“互电阻”的概念。把构成某个网孔的所有支路电阻之和称为该网孔的自电阻。如在图3-9中，网孔a的自电阻是$R_3+R_2+R_1$。网孔b的自电阻为$R_4+R_5+R_2$。互电阻是共用支路上的电阻。例如，图3-9中R_2是网孔a与网孔b公用支路上的电阻，故是互电阻。又如，支路R_3是网孔a与网孔c的互电阻。由式（3-11）可见，网孔电流方程有如下格式：

$$\underbrace{\boxed{\text{自电阻}}\times\boxed{\begin{matrix}\text{本网孔的}\\ \text{网孔电流}\end{matrix}}}_{\text{自电阻电压项}}\ \underbrace{\pm}_{\pm}\ \underbrace{\sum\boxed{\text{互电阻}}\times\boxed{\begin{matrix}\text{相邻网孔的}\\ \text{网孔电流}\end{matrix}}}_{\sum\text{互电阻电压项}}\ \underbrace{=}_{=}\ \underbrace{\boxed{\begin{matrix}\text{本网孔中所有}\\ \text{电压源电压的代数和}\end{matrix}}}_{\sum\text{电压源}} \tag{3-12}$$

等式左边是构成该网孔的所有电阻电压的代数和，由一个自电阻电压项和多个互电阻电压项组成。互电阻电压项的个数等于与该网孔相邻的网孔数。例如，在图3-9中，与网孔a相邻的网孔分别是网孔b和网孔c，所以，式（3-11）中互电阻电压有两项。等式左边电阻电压项的构成是“电阻×网孔电流”。式中各项“±”号的选取遵循如下规则。

1）自电阻电压项取“+”号。因为默认了电压降方向与网孔电流方向一致。

2）互电阻电压项是相邻网孔电流在互电阻上产生的电压。若流过互电阻的两个网孔电流参考方向相反，则互电阻电压项取“-”。例如，在图3-9中，流经R_2的网孔电流i_a与i_b

方向相反，所以，式（3-11）中的 $R_2 i_b$ 项取“-”。若流过互电阻的两网孔电流方向一致，则对应的互电阻电压项取“+”，如式（3-11）中的 $R_3 i_c$ 项。

3）在等式右边电压源的代数和中，沿网孔电流绕行方向，若电压源是电位升，则该电压源取“+”号，如式（3-11）中的 u_{s1}。反之，若是电位降，则取“-”号，如式（3-11）中的 u_{s2}。

在列网孔电流方程时，可跳过以上一系列步骤，直接按式（3-12）列写。图 3-9 所示电路的另外两个网孔电流方程分别如下

右下方网孔 b 为
$$(R_2+R_4+R_5)i_b-R_2 i_a+R_4 i_c=u_{s2} \tag{3-13}$$
网孔 c 为
$$(R_3+R_4+R_6)i_c+R_3 i_a+R_4 i_b=0 \tag{3-14}$$
联立式（3-11）、式（3-13）和式（3-14），可解出网孔电流 i_a、i_b、i_c。

例 3-6　电路如图 3-10a 所示，求电流 I_g 和电压源提供的功率。

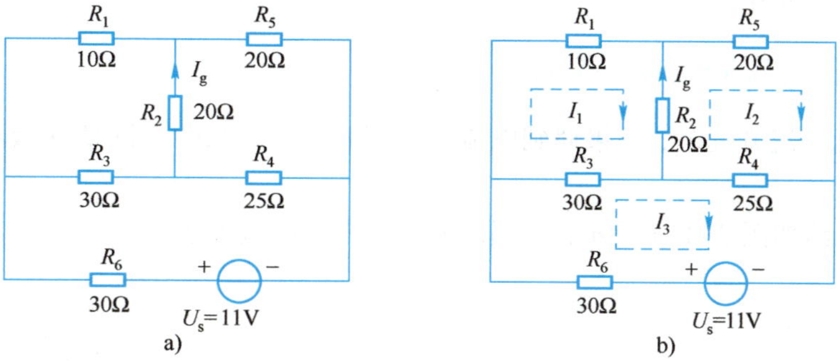

图 3-10　例 3-6 电路

解：选择网孔法。

第一步：设网孔电流及网孔电流的参考方向，如图 3-10b 所示。

第二步：列写网孔电流方程。

电路图左上方网孔 1 为
$$(R_1+R_2+R_3)I_1-R_2 I_2-R_3 I_3=0$$
电路图右上方网孔 2 为
$$(R_2+R_4+R_5)I_2-R_2 I_1-R_4 I_3=0$$
网孔 3 为
$$(R_3+R_4+R_6)I_3-R_3 I_1-R_4 I_2=U_s$$
代入参数，整理得
$$6I_1-2I_2-3I_3=0 \tag{3-15}$$
$$-4I_1+13I_2-5I_3=0 \tag{3-16}$$
$$-30I_1-25I_2+85I_3=11 \tag{3-17}$$

第三步：用消元法求三个网孔电流。

式（3-15）×2+式（3-16）×3，消去 I_1，得
$$35I_2-21I_3=0 \tag{3-18}$$
式（3-15）×5+式（3-17），消去 I_1，得
$$-35I_2+70I_3=11 \tag{3-19}$$
式（3-18）+式（3-19），得
$$I_3=\frac{11}{49}\text{A}=0.224\ \text{A}$$
把 I_3 代入式（3-18），得
$$I_2=\frac{21}{35}\times I_3=0.135\ \text{A}$$
把 I_3 与 I_2 代入式（3-15），得
$$I_1=\frac{2}{6}I_2+\frac{3}{6}I_3=0.157\ \text{A}$$

第四步：利用网孔电流求 I_g 和电压源的功率。

$$I_g=I_2-I_1=(0.135-0.157)\text{ A}=-0.022\text{ A}$$

$$P_u=-U_s\times I_3=-11\times0.224\text{W}=-2.46\text{ W}(\text{提供功率})$$

用网孔电流法分析电路的步骤概括如下。

1）选取网孔电流并在电路中标出参考方向。为避免互电阻电压项“+”“-”取值的复杂性，一般设网孔电流都顺时针或都逆时针绕行。在这种情况下，流经互电阻的两个网孔电流为反方向，互电阻电压项都取“-”号。

2）找出各网孔的互电阻和自电阻，按式（3-12）的格式列写所需的网孔电流方程组。

3）解方程组，求出网孔电流。

4）利用已知的网孔电流，再求其他所需的电量。

以上只讨论了由电压源和电阻构成的电路，下面将把列写网孔电流方程的讨论扩展到含电流源和受控源电路中去。

3.3.2 含电流源电路的网孔分析

在列写网孔电流方程时，如果遇到电流源，要根据电流源的不同情况做不同的处理，下面举例说明。

例 3-7 电路如图 3-11a 所示，请列出所需的网孔电流方程。

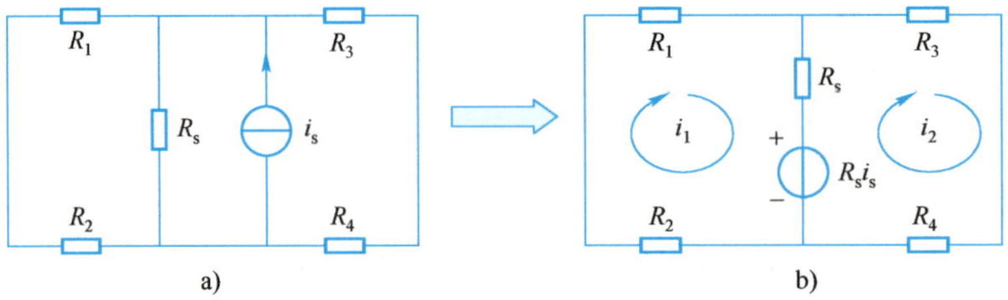

图 3-11 例 3-7 电路

解： 题中出现了实际电流源，先把它转换为实际电压源，并设网孔电流都顺时针流动，如图 3-11b 所示。图 3-11b 中两个网孔电流方程分别如下。

左网孔 1 为 $$(R_1+R_s+R_2)i_1-R_si_2=-R_si_s$$

右网孔 2 为 $$(R_3+R_4+R_s)i_2-R_si_1=R_si_s$$

例 3-8 电路如图 3-12 所示，请列出所需的网孔电流方程。

分析： 理想电流源支路是网孔 3 独享支路，在图示网孔电流参考方向下，网孔电流 i_3 等于已知电流源电流 i_s。在此情况下，电路只有两个未知网孔电流，故只需列两个网孔电流方程。

解： 网孔 3 为 $i_3=i_s$

网孔 1 为 $(R_1+R_2+R_s)i_1-R_2i_s-R_3i_2=-u_s$

网孔 2 为 $(R_3+R_4+R_5)i_2-R_3i_1-R_4i_s=u_s$

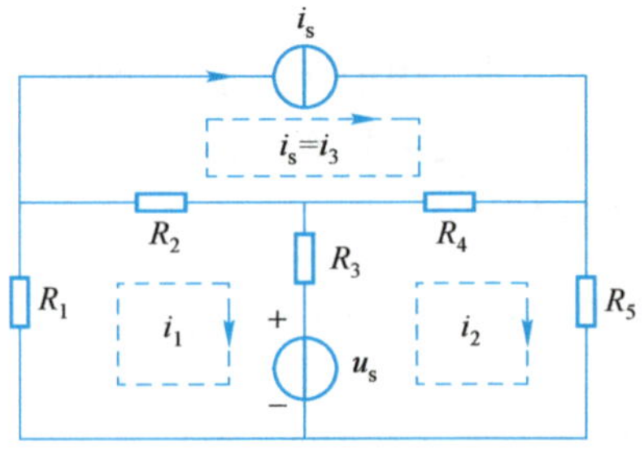

图 3-12 例 3-8 电路

通过联立以上两式可求出未知网孔电流 i_1、i_2。

例 3-9　电路如图 3-13a 所示，请列出所需的网孔电流方程。

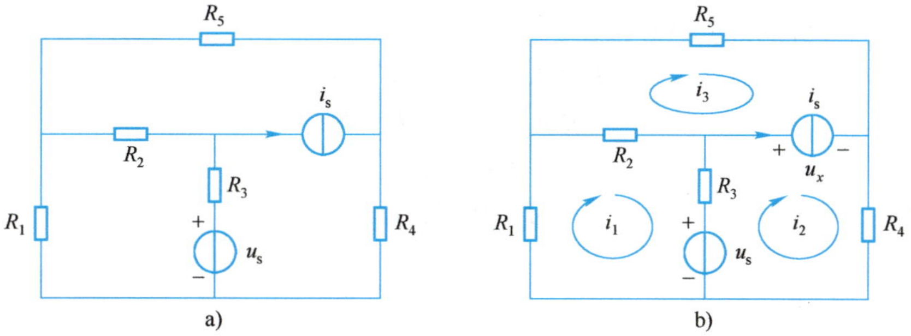

图 3-13　例 3-9 电路

分析：题中理想电流源出现在共用支路上，它既不能转换为电压源，又不能作为网孔电流。由于理想电流源两端电压是未知的，所以，在根据 KVL 列写方程前，要先设定理想电流源两端电压。列写方程时，把设定的电流源电压作为电压源处理。

解：设网孔电流、电流源电压 u_x 如图 3-13b 所示。三个网孔电流方程分别如下。

网孔 1 为　$$(R_1+R_2+R_3)i_1-R_2i_3-R_3i_2=-u_s$$

网孔 2 为　$$(R_3+R_4)i_2-R_3i_1=u_s-u_x$$

网孔 3 为　$$(R_2+R_5)i_3-R_2i_1=u_x$$

在以上 3 个独立方程中有 4 个未知量，要得到唯一解，还需补充一个独立方程。增加电流源电流与网孔电流的关系式：

$$i_2-i_3=i_s$$

联立以上 4 个独立方程，可解出式中 4 个未知电量。

电流源的处理方法归纳如下：若出现实际电流源，先将其等效变换为实际电压源，再列网孔电流方程。若理想电流源出现在独享支路上，可把该电流源电流作为网孔电流，进而减少未知网孔电流数和网孔电流方程数。已知网孔电流的网孔 KVL 方程不用列写。如果理想电流源在共用支路上，设电流源电压为未知电路变量。因待求电路变量数目增加，除了列写网孔电流方程外，还要补充电流源电流与网孔电流关系的辅助方程。

例 3-10　电路如图 3-14a 所示，求电阻 R_2 和电压源 U_s 的功率。

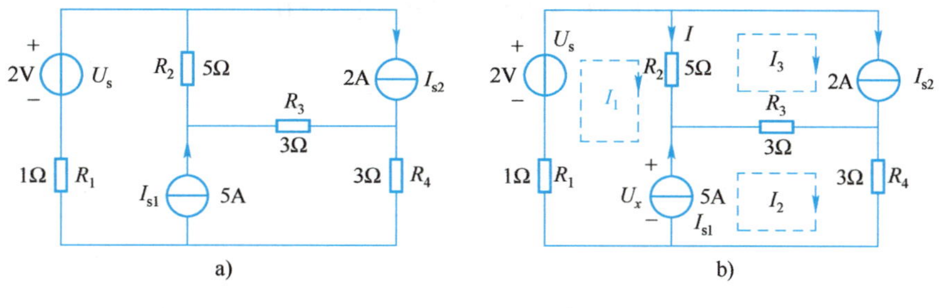

图 3-14　例 3-10 电路

思路： 设网孔电流和电流源 I_{s1} 两端电压 U_x，如图 3-14b 所示。图中网孔电流 $I_3=I_{s2}$，只有 I_1、I_2 和 U_x 三个未知电量。列 3 个独立方程求出网孔电流 I_1，再通过 I_1 求电压源的功率和 R_2 电阻的电流 I。最后，由 I 求 R_2 消耗的功率。

解： 第一步：列网孔的 KVL 方程。

网孔 1 为 $$(R_1+R_2)I_1-R_2I_{s2}=U_s-U_x$$

网孔 2 为 $$(R_3+R_4)I_2-R_3I_{s2}=U_x$$

补充方程 $$I_2-I_1=I_{s1}$$

代入参数，得 $$6I_1-10=2-U_x \tag{3-20}$$

$$6I_2-6=U_x \tag{3-21}$$

$$I_2-I_1=5 \tag{3-22}$$

第二步：解以上三元一次方程组，求电流 I_1。

用式（3-20）+式（3-21），消去 U_x，得 $$I_1+I_2=3 \tag{3-23}$$

用式（3-23）-式（3-22），得 $$I_1=-1\ \text{A}$$

第三步：求题目指定的电量。

流过 R_2 的电流为 $$I=I_1-I_{s2}=-3\ \text{A}$$

R_2 的功率为 $$P=R_2I^2=5\times(-3)^2\ \text{W}=45\ \text{W}$$

U_s 的功率为 $$P=-U_sI_1=-2\times(-1)\ \text{W}=2\ \text{W}$$

3.3.3 含受控源电路的网孔分析

受控源的处理方法与独立源相似，分以下三种情况。

1）把不在共用支路上的受控电流源的电流作为网孔电流。

2）若受控电流源在共用支路上，设其端电压为未知量，再列方程。

3）对于实际受控电流源，在不丢失控制量的条件下，将其转换为实际受控电压源。

要注意的是，当受控源的控制量不是网孔电流时，未知电量的数目要增加，等于未知网孔电流加上未知控制量。因此，除了列网孔的 KVL 方程外，还需要补充方程，一般补充控制量与网孔电流的关系式。

例 3-11 请列出图 3-15a 所示电路的网孔电流方程。

解： 把实际受控电流源转换为实际受控电压源，并设网孔电流，如图 3-15b 所示。

左网孔的 KVL 方程为 $$(R_1+R_2)\ i-R_2\ i_1=u_s$$

右网孔的 KVL 方程为 $$(R_2+R_3+R_4)i_1-R_2\ i=-2R_3i$$

整理上式得 $$(R_2+R_3+R_4)i_1+(2R_3-R_2)i=0$$

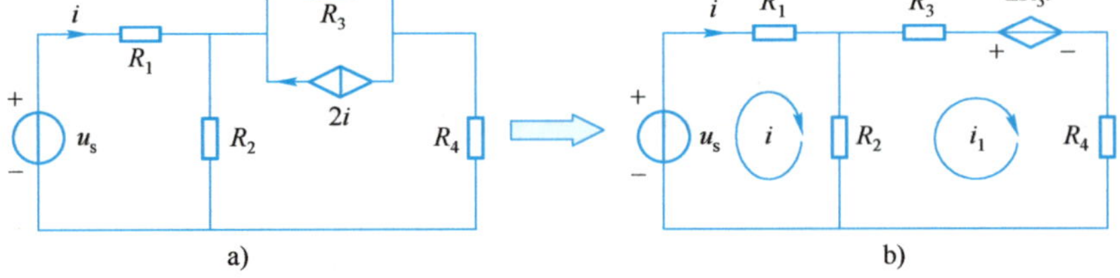

图 3-15 例 3-11 电路

在这个例子中，受控源的控制量 i 正好是左网孔的网孔电流，所以，未知电量数目与网孔数目相等，故不用补充方程。

例 3-12 请列出图 3-16 所示电路的网孔电流方程。

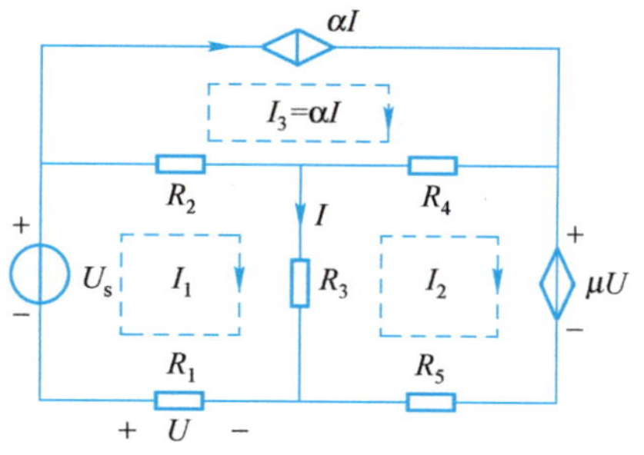

图 3-16 例 3-12 电路

分析：把在非共用支路上的受控电流源 αI 作为网孔 3 的网孔电流，待求网孔电流减少一个。由于两个受控源的控制量 I、U 都不是网孔电流，所以，未知电量除了两个网孔电流 I_1 和 I_2 外，还有两个控制量 I 和 U，需要列 4 个独立方程。

解：设网孔电流如图 3-16 所示。

网孔 1 为 $$(R_2+R_3+R_1)I_1-R_3I_2-R_2\alpha I=U_s$$

网孔 2 为 $$(R_4+R_5+R_3)I_2-R_3I_1-R_4\alpha I=-\mu U$$

注意，不要列网孔 3 的方程。补充两个控制量与网孔电流的关系式：

$$I=I_1-I_2$$

$$U=-R_1I_1$$

联立以上 4 个式子，可解出 I_1、I_2、I 和 U。

思考题

3.3-1 在本节例 3-8 中，列 KVL 方程求网孔电流 i_1 和 i_2，为什么选择网孔 1 和网孔 2，不选择网孔 3 和网孔 1，或者网孔 3 和网孔 2?

含受控源电路的一般分析法视频

3.4 网孔法与结点法的比较

当我们掌握了多种电路分析方法后，在分析具体电路问题时，可能会不知道该选用哪种方法才好。要做出恰当的选择，首先要了解各种方法以及分析对象的特点，然后再综合考虑，做出取舍。一般可从以下三个方面考虑。

1. 电路结构

网孔电流法只适用于分析平面电路，结点电压法则无此限制，其应用范围更广泛。所谓平面电路，是指能够画在平面上，且所有支路都不交叠的一类电路。有时电路在某种平面画法中有支路交叠，比如，图 3-17a 所示电路画法有一条交叠支路，但它是平面电路，改变电路画法（见图 3-17b），则无交叠支路。图 1-18 所示电路无论怎么画平面图，总会有两条支路交叠，所以是非平面电路。

此外，需考虑电路中网孔与结点的数目。若网孔数多于结点数，一般选结点法更合适，因为结点法联立的方程数会少，运算量小。反之，若结点数多于网孔数，选网孔法会更好。其次，看电路中是串联元件多还是并联元件多。当串联元件多时，可能选网孔法较好，反之，选结点法较好。

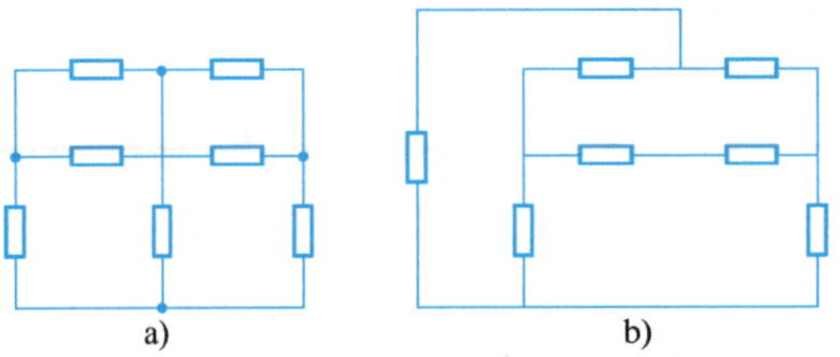

图 3-17 平面电路

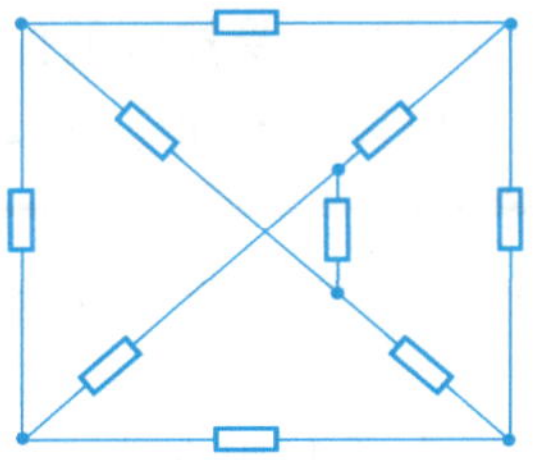

图 3-18 非平面电路

2. 元件类型

网孔法善于处理电压源，结点法则喜欢电流源，所以，在选择方法时，要尽可能地充分利用各种方法的长处。若电路中电压源多，或非共用支路上的电流源多，选网孔法较好；若电路中电流源多，或连接参考结点的电压源多，一般选结点法更合适。

3. 需要求解的电量

选择方法还要从求解的电量类型去考虑。如果需要求解的是若干支路电压，最好选结点法。若是需要求解若干支路电流，就可以选择网孔法。

在选择方法时，要综合考虑以上各种因素，使方程数目最少。

例 3-13 电路如图 3-19a 所示，请选择一种方程数少的方法求电压 U。

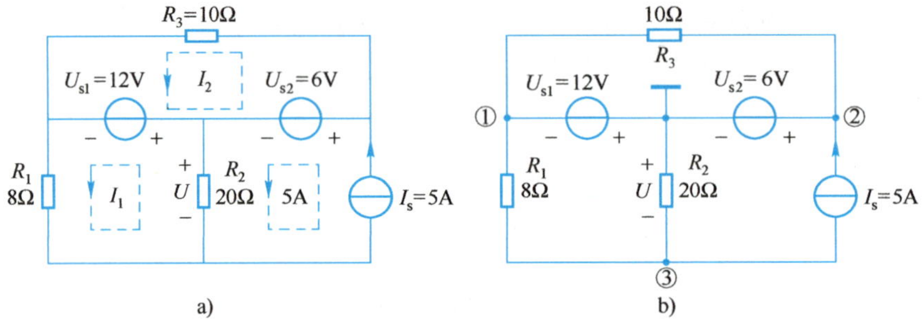

图 3-19 例 3-13 电路

分析：若选择网孔法，5 A 电流源作为网孔电流，只有两个未知网孔电流。因网孔 1 与网孔 2 之间无互电阻，所以只要列网孔 1 的 KVL 方程就可求出电流 I_1。然后根据欧姆定律 $U=R_2\times(I_s-I_1)$，求出电压 U。

如果选择结点法，把参考结点选在图 3-19b 所示位置，则结点①和结点②都是已知电压，结点③电压为 $-U$，只要列结点③的 KCL 方程，便可直接求出电压 U。相比之下，选用结点法。

解：图 3-19b 中结点③的 KCL 方程为

$$-\left(\frac{1}{R_1}+\frac{1}{R_2}\right)U-\frac{1}{R_1}(-U_{s1})=-I_s$$

代入参数，解得

$$U=37.14\ \text{V}$$

*3.5 回路电流法

我们知道，网孔电流法擅长处理非共用支路上的电流源，它把非共用支路上的电流源作为网孔电流，简化了电路分析。但当电流源出现在共用支路时，网孔法要增加未知的电流源电压，待求电量数目增多。如果能把共用支路上的电流源也作为网孔电流，就能简化电路分析。虽然网孔电流法无法做到，但回路电流法能实现。回路电流法处理各种电流源比网孔电流法灵活，因而列解方程组的数目可以比网孔法少。

顾名思义，回路电流法是选择一组回路电流作为电路变量。请注意，回路包括网孔，故网孔电流法是回路电流法的一种特殊情况，回路电流法要比网孔电流法的应用更广泛。

回路电流法分析电路的关键是合理选择回路。在选择回路时，注意掌握以下原则。

1）如果电路有 b 条支路，n 个结点，要选择 $b-(n-1)$ 个回路和回路电流。

2）在选择 $b-(n-1)$ 个回路时，必须使每个回路都有一条不与其他回路共用的支路，即一条独享支路。这条独享支路的电流就是该回路的回路电流。

3）尽可能把理想电流源支路选作独享支路，这就把理想电流源电流选作了回路电流，减少了列解方程的数量。

4）尽可能把受控源的控制量支路选作独享支路，以减少未知量和补充方程。

5）尽可能把题目指定求解电量所在的支路选作独享支路，从而减少转换计算量。

下面通过两个例子大致介绍一下回路电流法。

例 3-14 用回路电流法再做例 3-9，并对比网孔法和回路法。

图 3-20a 是网孔法的分析用图。用网孔分析法时，共 4 个未知电量，3 个网孔电流和 1 个电流源电压 u_x，需要列解 4 个方程。

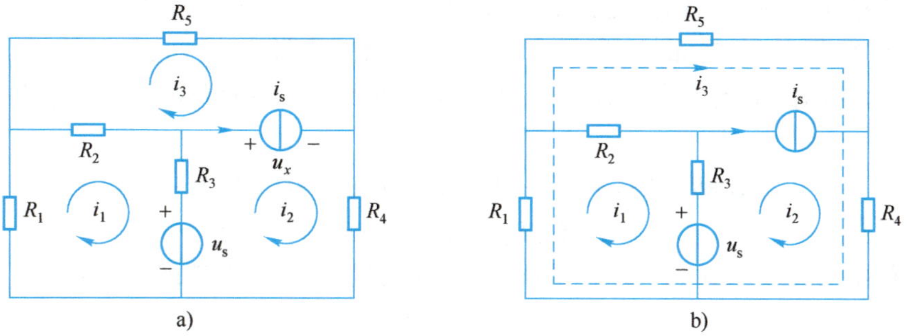

图 3-20 例 3-14 电路

解： 该题电路有 6 条支路，4 个结点，要选出 $b-(n-1)=6-(4-1)=3$ 个回路及回路电流。回路及回路电流的选取如图 3-20b 所示。与图 3-20a 网孔法比较，仅回路 3 的选取不同，回路 3 沿虚线绕行。不难看到，电流源支路是回路 2 的独享支路，所以，回路 2 电流已知，是电流源电流，$i_2=i_s$。因此，只需列回路 1 和回路 3 的 KVL 方程，求 i_1 和 i_3 两个回路电流。

回路 1 的 KVL 方程为 $R_2i_1+R_3(i_1-i_2)+u_s+R_1(i_1+i_3)=0$

把 $i_2=i_s$ 代入上式，整理得 $(R_1+R_3+R_2)i_1-R_3i_s+R_1i_3=-u_s$ (3-24)

在式（3-24）中，$R_1+R_3+R_2$ 是回路 1 的自电阻，R_3 是回路 1 与回路 2 的互电阻，R_1 是回路 1 与回路 3 的互电阻。可见，回路电流方程有类似于网孔电流方程的格式：

$$\boxed{\text{回路自电阻}} \times \boxed{\begin{array}{c}\text{本回路的}\\ \text{回路电流}\end{array}} \pm \sum \boxed{\text{互电阻}} \times \boxed{\begin{array}{c}\text{相邻回路的}\\ \text{回路电流}\end{array}} = \boxed{\begin{array}{c}\text{本回路中所有}\\ \text{电压源电压的代数和}\end{array}} \tag{3-25}$$

按照以上格式，直接列写回路 3 的 KVL 方程，有

$$(R_1+R_5+R_4)i_3+R_4i_s+R_1i_1=0 \tag{3-26}$$

联立解式（3-24）和式（3-26），可求出回路电流 i_1 和 i_2。

以上用回路法分析只需列解两个方程。通过合理选择回路，把理想独立电流源作为回路电流，不仅减少了一个未知的回路电流，而且避开了未知的电流源电压，削减了网孔法中的两个待求电量。

例 3-15 用回路电流法重做例 3-12。

图 3-21a 是用网孔分析法的示意图。用网孔法分析时，列写了 4 个方程。

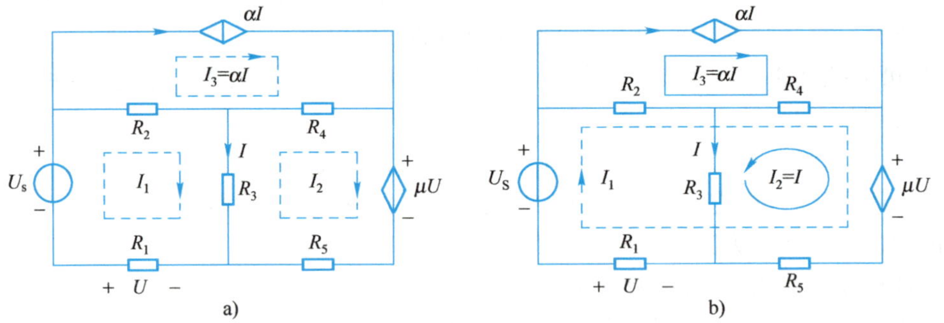

图 3-21 例 3-15 电路

解： 该电路完备独立的回路电流有 6-(4-1)= 3 个。选取回路如图 3-21b 所示。把受控电流源 αI 支路及控制量 I 所在支路分别选作回路 3 与回路 2 的独享支路。在图 3-21b 所示的回路电流参考方向下，列回路 1 和回路 2 的回路电流方程，并代入 $I_3=\alpha I$，$I_2=I$，有

回路 1 $$(R_2+R_4+R_5+R_1)I_1-(R_2+R_4)\alpha I-(R_4+R_5)I=U_s-\mu U$$

回路 2 $$(R_4+R_5+R_3)I+R_4\alpha I-(R_4+R_5)I_1=+\mu U$$

以上两个方程中有 3 个未知数，还需要补充一个控制量与回路电流的关系式：

$$U=-R_1I_1$$

选用回路法只需列解 3 个方程，比网孔法少一个方程。

3.6 习题

一、基本题

1. 电路如图 3-22 所示，请列出所需的结点电压方程。
2. 电路如图 3-23 所示，请用结点电压法求出电压 U_a 与 U_b。

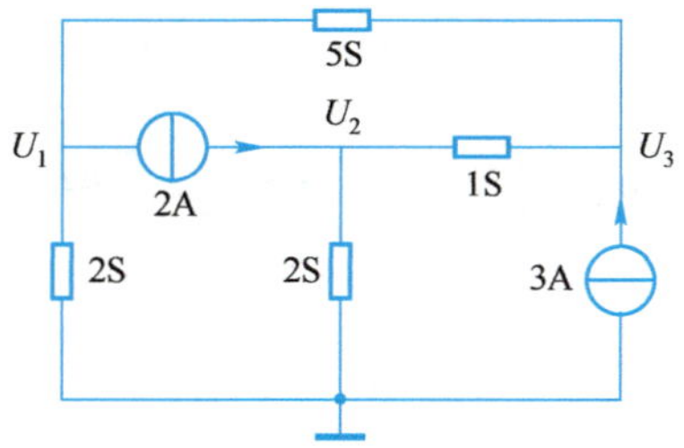

图 3-22　题 1 图

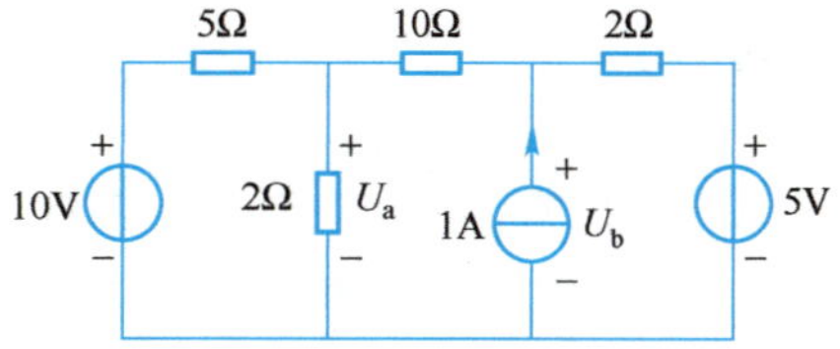

图 3-23　题 2 图

3. 电路如图 3-24 所示，请列出所需的结点电压方程。
4. 电路如图 3-25 所示，请用结点电压法求电压 U 和电流 I。

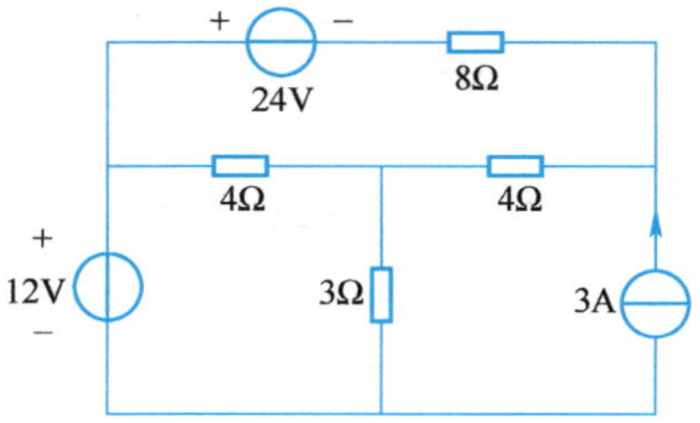

图 3-24　题 3 图

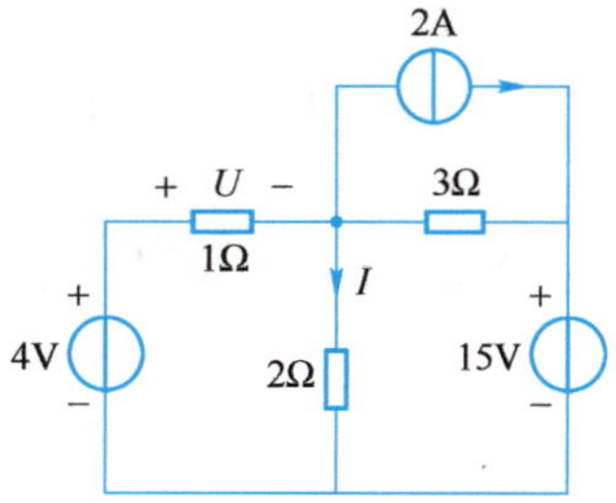

图 3-25　题 4 图

5. 请列出图 3-26 所示电路的结点电压方程。

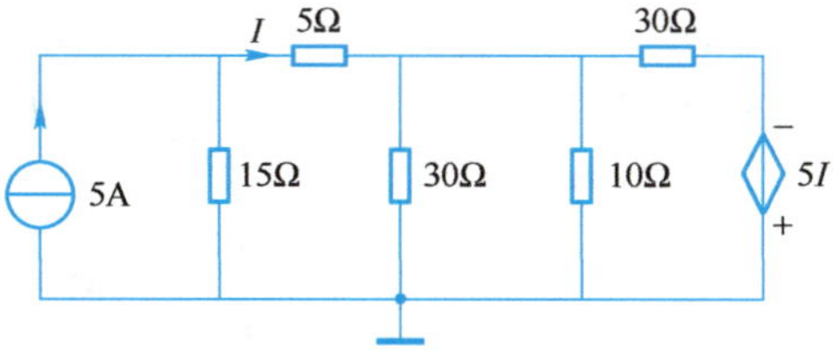

图 3-26　题 5 图

6. 请列出图 3-27 所示各个电路的网孔电流方程。

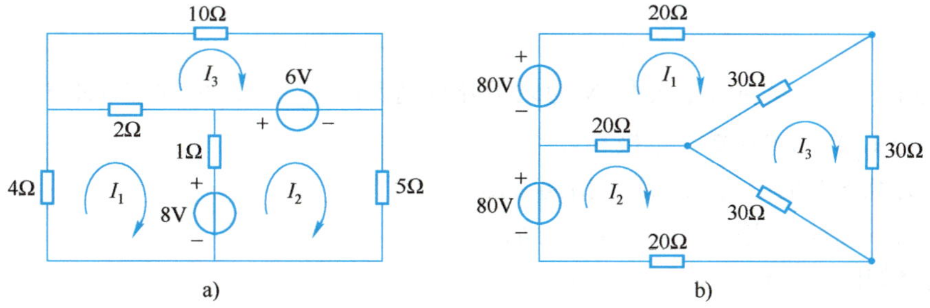

图 3-27　题 6 图

7. 电路如图 3-28 所示，试用网孔法求 3 个电压源的功率。
8. 电路如图 3-29 所示，试用网孔法求流过 6 Ω 电阻的电流。

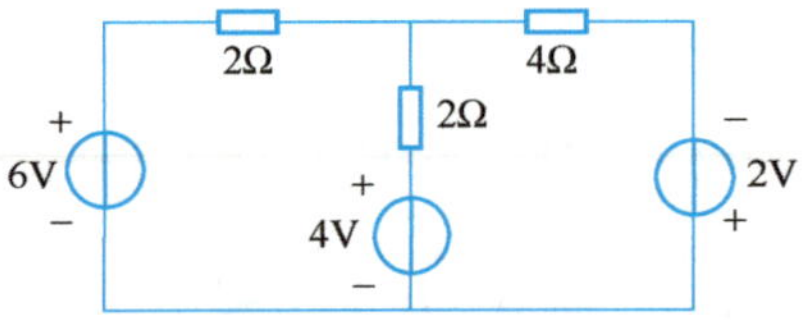

图 3-28 题 7 图

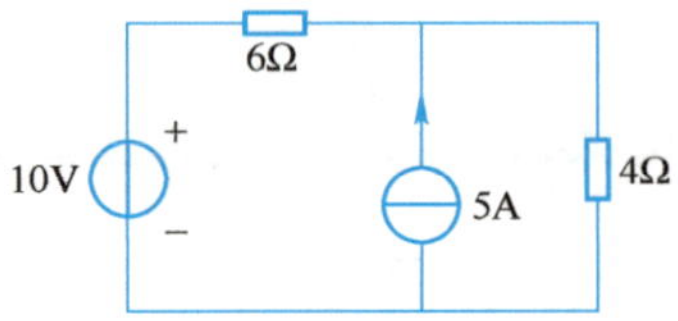

图 3-29 题 8 图

9. 电路如图 3-30 所示，请列出所需的网孔电流方程。

10. 电路如图 3-31 所示，用网孔法求出各个支路电流。

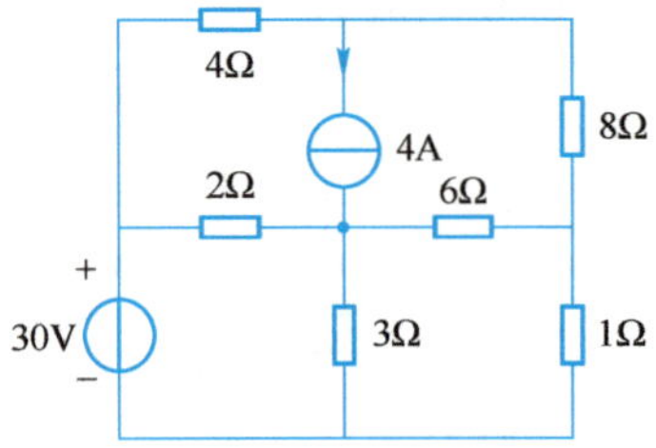

图 3-30 题 9 图

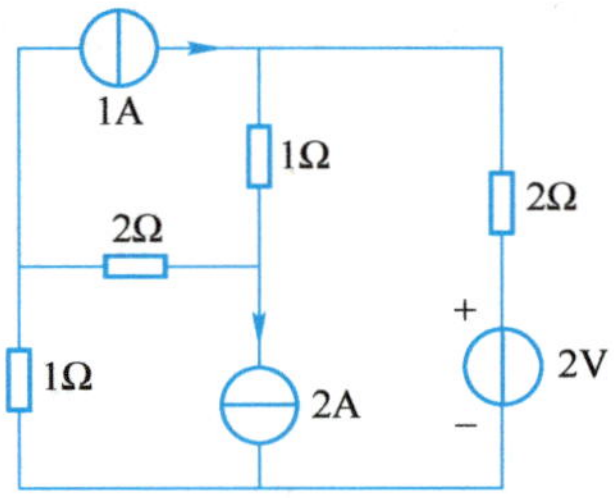

图 3-31 题 10 图

11. 用网孔电流分析法求图 3-32 所示电路中的电流 I_x。

12. 电路如图 3-33 所示，请列出所需的网孔电流方程。

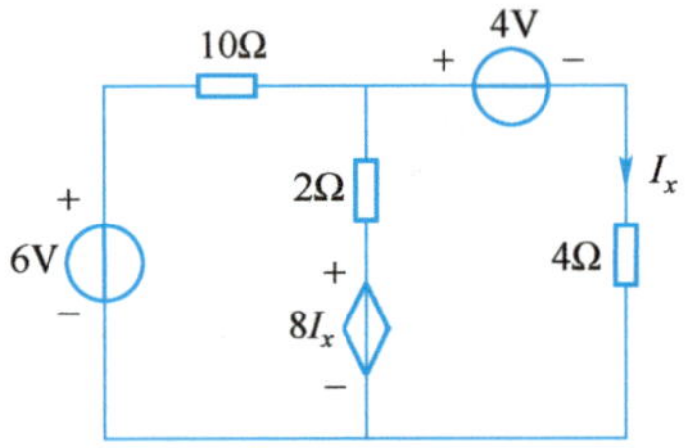

图 3-32 题 11 图

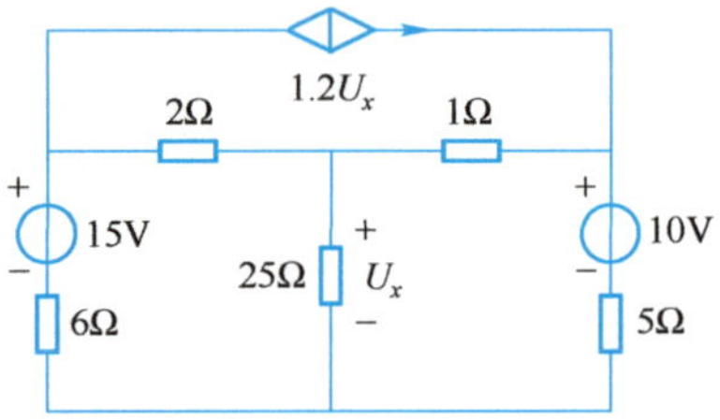

图 3-33 题 12 图

二、深入题

13. 电路如图 3-34 所示，元件 N 为以下几种情况时，试用最少的方程求 U_x。

(1) N 为 12 V 的电压源，正极在 a 端。

(2) N 为 0.5 A 的电流源，箭头指向 b 端。

(3) N 为 $6U_x$ 受控电压源，正极在 a 端。

14. 电路如图 3-35 所示，

(1) 若求电流 i_b 和电压 u_b，选择结点电压法还是网孔电流法？请说明理由。

(2) 请用选择的方法列出所需的方程。

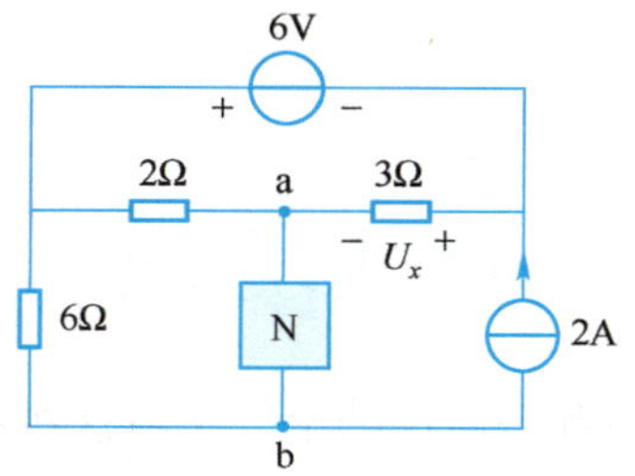

图 3-34　题 13 图

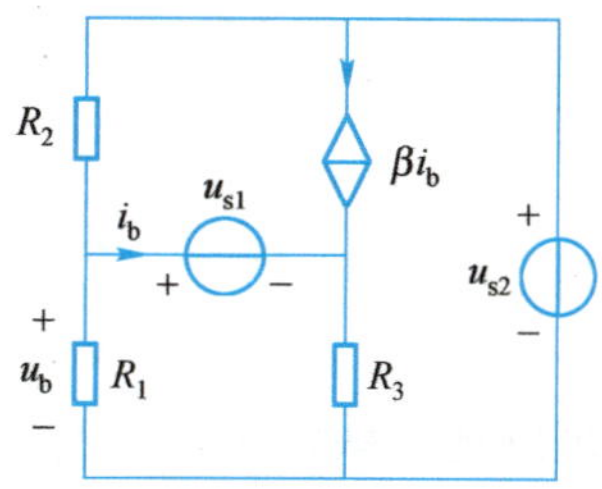

图 3-35　题 14 图

15. 电路如图 3-36a 所示，图 3-36b 是负载端口的电压电流曲线。求：负载和电源的功率。

（1）请从学过的分析方法中推荐两种方法，并说明理由。

（2）用推荐的方法计算。

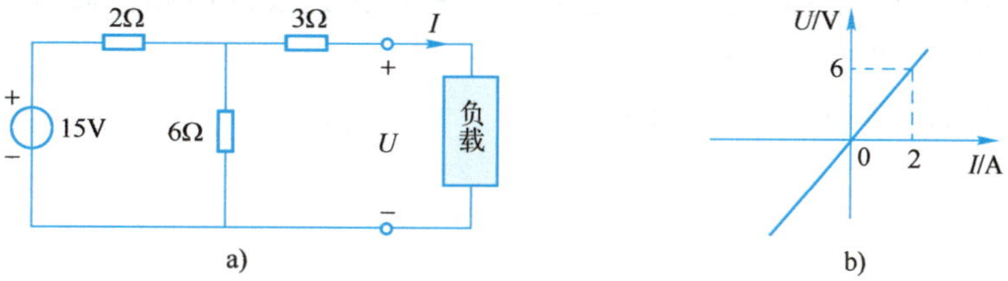

图 3-36　题 15 图

16. 电路如图 3-37 所示，求电路中所有电阻的功率。

17. 请选用一个列解方程数最少的方法求图 3-38 所示电路中的 U。

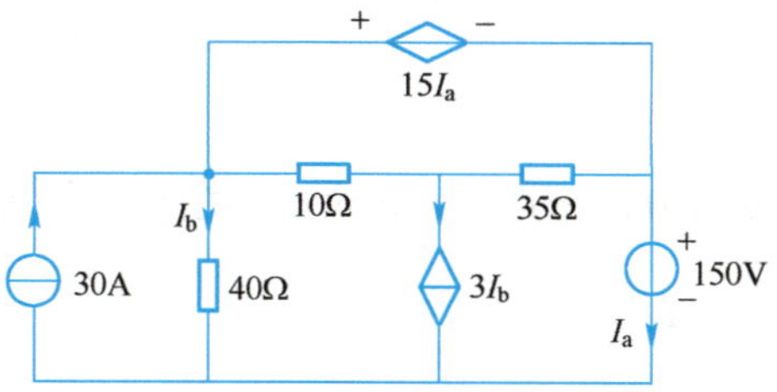

图 3-37　题 16 图

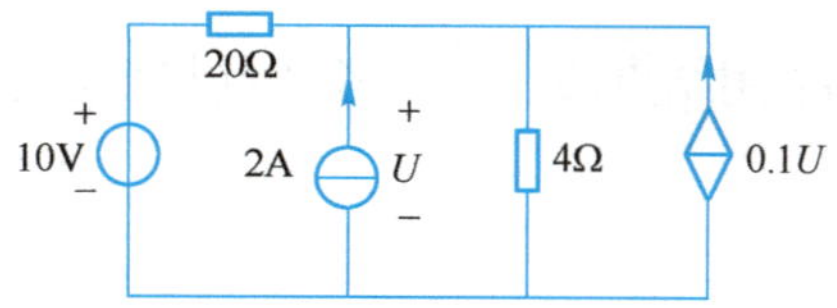

图 3-38　题 17 图

18. 请用回路法再求题 10 的各支路电流。

第 4 章　线性电路的常用定理

线性电路定理阐述了线性电路具有的基本性质和一般性结论。学习这些定理不仅是为了认识线性电路，更重要的是能够把这些定理作为分析电路的工具，来有效解决工程实践中的问题。本章将学习的几个常用线性电路定理有：叠加定理、戴维南定理、诺顿定理、最大功率传输定理和对偶性。

4.1　线性电路

在讨论各常用线性电路定理之前，必须先了解什么是线性电路，通过分析下面这个例子，由表及里，建立线性电路的概念。

例 4-1　电路如图 4-1a 所示，求电流 I。

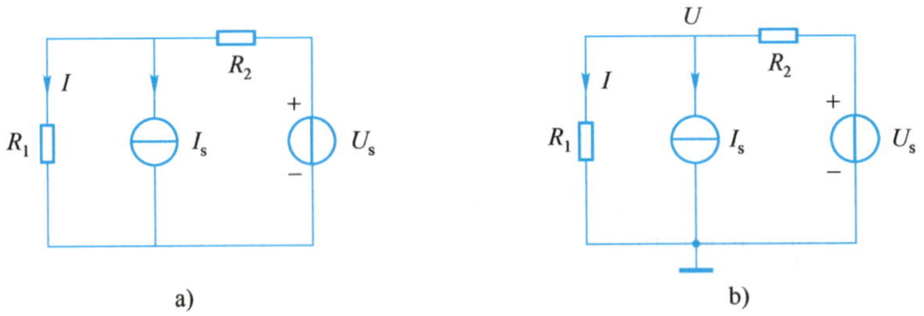

图 4-1　例 4-1 电路

解：用结点法。设参考结点与结点电压 U 的参考方向如图 4-1b 所示。结点电压方程为

$$\left(\frac{1}{R_1}+\frac{1}{R_2}\right)U=\frac{U_s}{R_2}-I_s$$

整理得

$$U=\frac{R_1}{R_2+R_1}U_s-\frac{R_1R_2}{R_1+R_2}I_s$$

电流为

$$I=\frac{U}{R_1}=\frac{1}{R_1+R_2}U_s-\frac{R_2}{R_1+R_2}I_s \tag{4-1}$$

式（4-1）给出了电流 I 与独立源之间的关系。从中不难看出，如果 $U_s=0\text{ V}$，$I_s=0\text{ A}$，电路中没有独立源，就没有电流 I。独立源是产生电流 I 的原因，电流 I 是独立源作用的结果，所以，式（4-1）揭示了电路中存在的因果关系，同时隐含着两个基本性质。其一，如果令电流源$I_s=0$，即断开图 4-1a 中的电流源，保留电压源，如图 4-2a 所示。在电压源 U_s 单独作用下，流过电阻 R_1 的电流 $I'=U_s/(R_1+R_2)$，这就是式（4-1）中的第一项。若令电压源 $U_s=0$，把图 4-1a 中的电压源短路，保留电流源，如图 4-2b 所示电路。在电流源 I_s 的单独作用下，流过 R_1 的电流 $I''=I_sR_2/(R_1+R_2)$，为式（4-1）中的第二项。可见，在两个独立源共同作用下产生的电流 I 是每个独立源单独作用时产生电流的代数和，这就是叠加性。其二，

若令$k_1=1/(R_1+R_2)$，又可把 U_s 与 I'之间的因果关系表示为 $I'=k_1U_s$。显然，当电压源 U_s 变化 a 倍时，电流I'跟着变化 a 倍，有 $k_1aU_s=aI'$。同样，若令 $k_2=R_2/(R_1+R_2)$，则 I_s 与 I''之间的因果关系为 $I''=k_2I_s$。如果电流源 I_s 变化 b 倍，电流 I''也要相应变化 b 倍，这说明因与果之间存在着比例性。在例 4-1 中，I 与 U_s、I_s 之间的关系又可用 $I=k_1U_s+k_2I_s$ 的形式描述，式中系数 k_1 和 k_2 为常数，与电路结构、元件参数和输入输出位置有关。

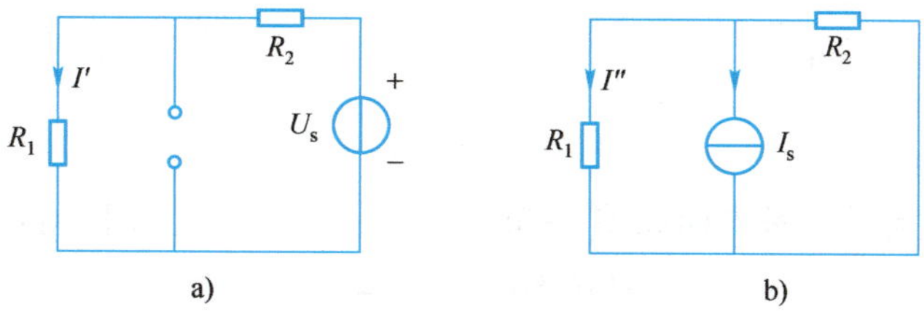

图 4-2 分析图 4-1 电路的线性性质

a) U_s 单独作用 b) I_s 单独作用

以上分析阐述了三个非常重要基本概念，现归纳如下。

1. 叠加性（又称为可加性）

多个输入（也称为激励，指独立源）共同作用下产生的输出（也称为响应，指电路中的电压或电流）是每个输入单独作用时产生输出的代数和。

若用符号 $e(t)\to r(t)$表示在激励 $e(t)$作用下产生的响应 $r(t)$，则叠加性可用符号叙述为

若有
$$e_1(t)\longrightarrow r_1(t)$$
$$e_2(t)\longrightarrow r_2(t)$$
则有
$$e_1(t)+e_2(t)\longrightarrow r_1(t)+r_2(t)$$

2. 比例性（又称为齐次性）

当激励变化 k 倍时，响应也同样变化 k 倍。用符号叙述为

若有
$$e(t)\longrightarrow r(t)$$
则有
$$ke(t)\longrightarrow kr(t)$$

3. 线性电路

同时具有叠加性和比例性的电路是线性电路。用符号叙述为

若有
$$e_1(t)\longrightarrow r_1(t)$$
$$e_2(t)\longrightarrow r_2(t)$$
则有
$$k_1e_1(t)+k_2e_2(t)\longrightarrow k_1r_1(t)+k_2r_2(t)$$

由线性电阻、线性受控源和独立源组成的电路是线性电路，称为线性含源电阻电路。

例 4-2 电路如图 4-3a 所示，求电流 I_5。

分析：若采用等效法，要先求出电流源端口的等效电阻与电压，再从左往右逐步推出 I_5，这样做计算量较大。这是一个线性含源电阻电路。利用线性电路的比例性能使分析简单化，分析思路如下：如图 4-3b 所示，假设 $I_5'=1\ \text{A}$，从右向左推，得出对应的电流源 I_s'。I_s' 不是题中给出的电流源 I_s，然后求电流源的比例系数 $k=I_s/I_s'$。再根据比例性，激励变化了 k 倍，

为 $I_s=kI'_s$，响应同样要变化 k 倍，为 $I_5=kI'_5=k$。

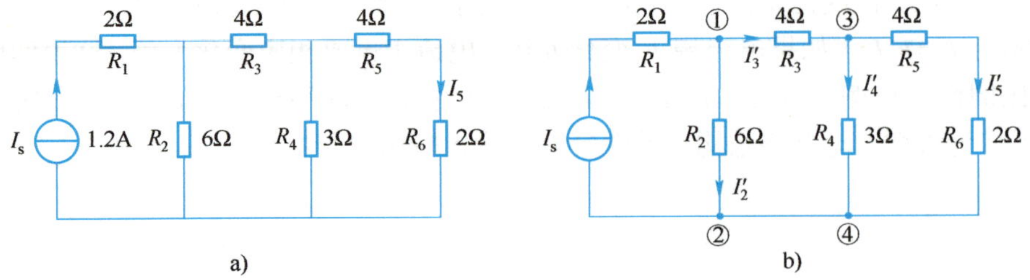

图 4-3　例 4-2 电路

解：设各支路电流及参考方向如图 4-3b 所示，令 $I'_5=1$ A，由图可推知

$$U'_{34}=(R_5+R_6)I'_5=(2+4)\ \text{A}=6\ \text{A}$$

$$I'_4=\frac{U'_{34}}{R_4}=\frac{6}{3}\text{A}=2\ \text{A}$$

$$I'_3=I'_4+I'_5=(2+1)\text{A}=3\ \text{A}$$

$$U'_{12}=R_3I'_3+U'_{34}=(4\times3+6)\text{V}=18\ \text{V}$$

$$I'_2=\frac{U'_{12}}{R_2}=\frac{18}{6}\text{A}=3\ \text{A}$$

$$I'_s=I'_2+I'_3=(3+3)\text{A}=6\ \text{A}$$

电流源的变化系数为
$$k=\frac{I_s}{I'_s}=\frac{1.2}{6}=0.2$$

则
$$I_5=kI'_5=k=0.2\ \text{A}$$

例 4-3　图 4-4 中的网络 N 是不含独立源的线性电阻网络，已测出如下一组数据：当 $U_s=1$ V，$I_s=1$ A 时，$U=0$ V；当 $U_s=10$ V，$I_s=2$ A 时，$U=4$ V。若 $U_s=15$ V，$I_s=-5$ A，求 U。

解：由题意知，这是有两个独立源的线性电阻网络，故两个激励 I_s 和 U_s 与响应 U 之间存在以下线性关系：

$$U=k_1U_s+k_2I_s$$

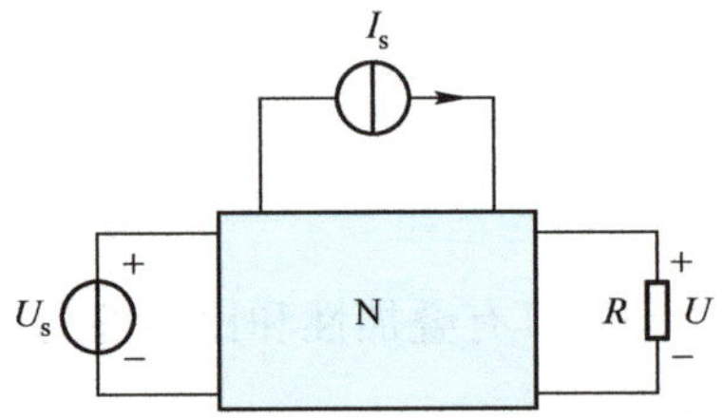

图 4-4　例 4-3 电路

把已测出的两组数据代入上式，有

$$0=k_1+k_2$$
$$4=10k_1+2k_2$$

联立以上两个方程，解得

$$k_1=0.5$$
$$k_2=-0.5$$

则激励与响应的线性方程为

$$U=0.5(U_s-I_s)$$

当 $U_s=15$ V，$I_s=-5$ A 时，有

$$U=0.5\times[15-(-5)]\text{V}=10\ \text{V}$$

思考题

4.1-1　“线性电路具有叠加性，反之，具有叠加性的电路一定是线性电路。”你同意这个观点吗？请说明理由。

4.1-2　如果把本节例 4-2 改为求电阻 R_6的功率，以下利用比例性的求解方法是错误的，请你找出错误的原因，并给予更正。

解： 令 $I'_5=1\ \mathrm{A}$，对应电阻 R_6的功率为

$$P'=R_6(I'_5)^2=2\ \mathrm{W}$$

求比例系数 k 的方法与例 4-2 相同，这里直接引用，求得 $I'_s=6\ \mathrm{A}$，$k=0.2$。

当激励为 $I_s=1.2\ \mathrm{A}$ 时，电阻 R_6的功率为

$$P=kP'=0.4\ \mathrm{W}$$

4.2　叠加定理

叠加定理阐述了线性电路的叠加性，它是许多线性电路分析方法的理论基础，应给予足够的重视。

叠加定理：任何具有唯一解的线性电路，其响应等于每个独立源单独作用时产生响应的代数和。

对叠加定理做以下诠释。

1）独立源与受控源是两种完全不同的电源。电路中如果没有独立源，就没有响应，即支路电流和各处的电压，也就没有受控源的控制量。当受控源的控制量不存在时，受控源也就不存在了。从因果关系上看，受控源不是产生电路响应的“因”，电路的“因”是独立源。所以，在应用叠加定理时，独立源与受控源要区别对待，受控源不能像独立源一样单独作用，不能作为电路的激励源。

2）定理告诉我们，线性电路中各独立源产生的响应是互不影响的，因此，分析多个独立源共同作用下的电路响应，可以采用化整为零的方法。先分别求单个独立源作用下产生的部分响应，再把这些部分响应叠加起来。当某个独立源单独作用时，其他独立源都要置零，即独立电压源短路，独立电流源开路，受控源保留不变。

3）响应指的是电压或电流，不包括功率。换句话说，叠加法仅限于计算电压、电流，不能用于计算功率。因为功率是电压（或电流）的二次函数，与激励是非线性关系。

例 4-4　电路如图 4-5a 所示，求流过电压源的电流 I 和电压源的功率。

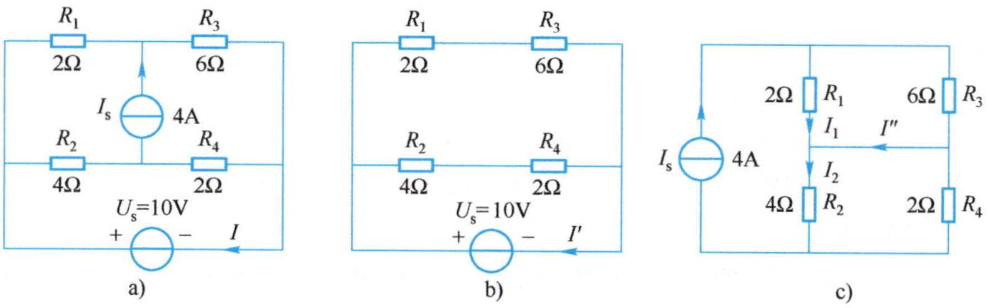

图 4-5　例 4-4 电路

解：运用叠加定理分析。

(1) 求10 V电压源单独作用时产生的电流

在电压源单独作用时，独立电流源置零，即断开电流源，如图4-5b所示。这时，电路元件之间呈串并联结构，可求得

$$I'=\frac{U_s}{(R_1+R_3)//(R_2+R_4)}=\frac{10}{\frac{(2+6)\times(4+2)}{(2+6)+(4+2)}}\text{A}=\frac{35}{12}\text{ A}$$

(2) 求4 A电流源单独作用时产生的电流

当电流源单独作用时，独立电压源置零，即电压源短路，如图4-5c所示。利用分流公式可求得

$$I_1=\frac{R_3}{R_1+R_3}I_s=\frac{6}{2+6}\times4\text{A}=3\text{ A}$$

$$I_2\ \frac{R_4}{R_2+R_4}I_s=\frac{2}{4+2}\times4\text{A}=\frac{4}{3}\text{ A}$$

$$I''=I_2-I_1=\left(\frac{4}{3}-3\right)\text{A}=-\frac{5}{3}\text{ A}$$

(3) 求叠加电流

$$I=I'+I''=\left(\frac{35}{12}-\frac{5}{3}\right)\text{A}=1.25\text{ A}$$

(4) 计算电压源的功率

$$P_V=-U_sI=-10\times1.25\text{ W}=-12.5\text{ W}$$

归纳解题思路与要点如下。

1) 原电路是非串、非并的桥路结构。运用叠加定理时，在某个独立源单独作用，另一个独立源被置零的情况下，电路便呈现为简单的串并联结构，比原电路要容易分析得多。可见，本例是用多次简单电路的分析去替代一次复杂电路的分析。

2) 求功率的方法是先用叠加定理求出流过电压源的总电流 I，再用 U_sI 求功率。采用以下叠加法求功率是错误的。

电压源单独作用时，电压源的功率为

$$P'_V=-U_sI'=-\frac{350}{12}\text{W}=-29.17\text{ W}$$

电流源单独作用时，电压源的功率为

$$P''_V=-U_s\times I''=-0\times\left(-\frac{5}{3}\right)\text{ W}=0\text{ W}$$

叠加功率为

$$P=P''_V+P'_V=P'_V=-29.17\text{ W}\neq P_V$$

切记：不能用叠加定理求功率。

例4-5 电路如图4-6a所示，请用叠加定理求电流 I_1。

提示：注意以下受控源的处理方法，以及不同参考方向电量的叠加。

解：(1) 10 V电压源单独作用

5 A电流源被断开，受控电压源保留，电路如图4-6b所示，有 $I'=I'_1$。列回路电压方程

$$(R_1+R_2)I'_1+2I'_1=U_s$$

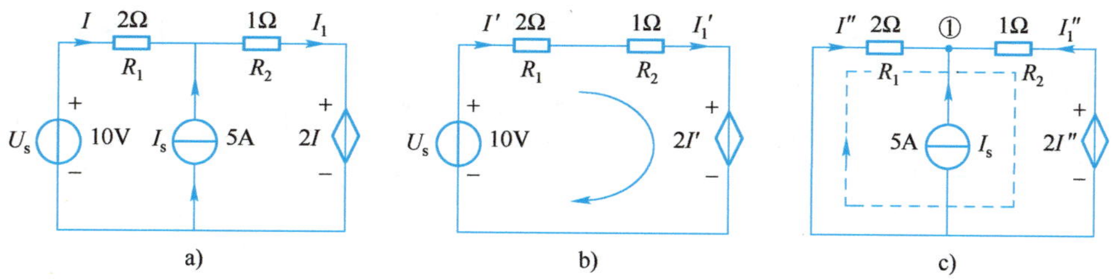

图 4-6　例 4-5 电路

代入参数，解得

$$I_1'=2\ \text{A}$$

（2）5 A 电流源单独作用

10 V 电压源被短路，受控电压源保留，电路如图 4-6c 所示。列图中虚线所示回路电压方程

$$R_1I''-R_2I_1''+2I''=0$$

结点①的电流方程为

$$I_1''+I_s+I''=0$$

代入参数，有

$$4I''-I_1''=0$$

$$I_1''+I''=-5$$

联立以上两个方程，消去 I''，解得

$$I_1''=-4\ \text{A}$$

（3）叠加

$$I_1=I_1'-I_1''=[2-(-4)]\ \text{A}=6\ \text{A}$$

思考题

4.2-1　证明元件的功率不等于各独立源单独作用时在该元件上产生的功率之和。

4.2-2　请用其他方法再求解例 4-4。

运用叠加定理的注意事项

4.3　戴维南定理

观察与归纳第 2 章关于等效化简电路的一系列举例可见：由电阻、独立源组成的单口电路，以及由电阻、独立源、受控源组成的单口电路，能够等效化简为一个实际电源，即实际电压源或者实际电流源。纯电阻电路或者由电阻和受控源组成的单口电路可等效化简为一个电阻。戴维南定理揭示了在这些客观事实中存在的一般性规律。

戴维南定理：具有唯一解的线性单口含源电阻电路 N（见图 4-7a），它对外电路的作用可用一个实际电压源等效（见图 4-7b）。电压源电压 u_{oc} 等于电路 N 的端口开路电压（见图 4-7c）；串联电阻 R_0 等于电路 N 中所有独立源置零时，ab 端口的等效电阻（见图 4-7d）。

戴维南定理提供了一种化简含源电阻电路的方法。定理首先陈述了这样一个结论：在一般情况下，由线性电阻、线性受控源和独立源组成的线性单口电路，都可化简为一个独立电压源与一个电阻串联的电路形式，我们把这种形式也叫作戴维南等效电路。这就是说，不同单口含源电阻电路的最简等效电路形式都一样，区别仅是元件参数不同。因此，找最简等效电路的工作就归结为求元件参数 u_{oc} 和 R_0。随后，定理给出了一种求这两个元件参数的方法。

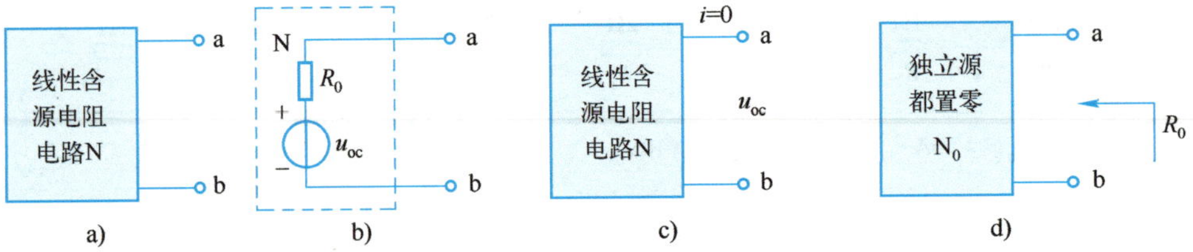

图 4-7 戴维南定理的示意图

确定独立电压源 u_{oc} 的方法如下。

断开电路 N 的 ab 端口外接电路，此时，ab 端口电压被称为开路电压，记为 u_{oc}，该电压就是端口等效的实际电压源电压。

确定电阻 R_0 的方法如下。

移去电路 N 的 ab 端口外接电路，把电路 N 内部的独立电压源短路，独立电流源断开，受控源保留。然后求 ab 端口的等效电阻 R_0。

在阅读以下例题时，请注意解题步骤和不同电源的处理方法。

例 4-6 电路如图 4-8a 所示，请用戴维南定理求端口的最简等效电路。

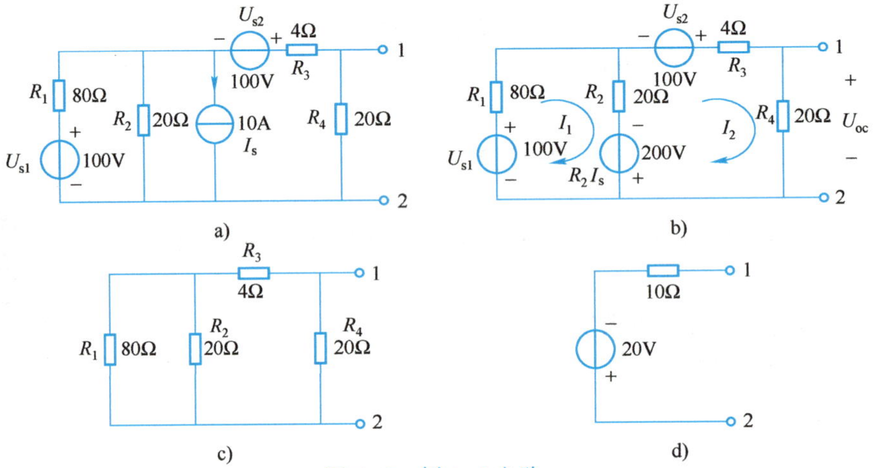

图 4-8 例 4-6 电路

a）原电路 b）求 U_{oc} 电路 c）求 R_0 电路 d）原电路的等效电路

解： 第一步：求 12 端口的开路电压 U_{oc}。

思路： 把 I_s 电流源与电阻 R_2 构成的实际电流源等效变换成实际电压源，如图 4-8b 所示。当 12 端口开路时，元件 U_{s2}、R_3 与 R_4 串联。设网孔电流、端口开路电压的参考方向如图 4-8b 所示。列网孔电流方程，求出 I_2。电阻 R_4 上的电压就是开路电压 $U_{oc}=R_4I_2$。

网孔 1 的 KVL 方程为 $(R_1+R_2)I_1-R_2I_2=U_{s1}+R_2I_s$

网孔 2 的 KVL 方程为 $-R_2I_1+(R_2+R_3+R_4)I_2=U_{s2}-R_2I_s$

代入参数，整理得

$$5I_1-I_2=15 \tag{4-2}$$

$$-5I_1+11I_2=-25 \tag{4-3}$$

式（4-2）+式（4-3），消去电流 I_1，解得

$$I_2=-1\ \text{A}$$

则开路电压为 $U_{oc}=R_4I_2=20\times(-1)\ \text{V}=-20\ \text{V}$

第二步：求端口的等效电阻 R_0。

把图 4-8a 中的电压源短路，电流源断开，得到图 4-8c 所示的纯电阻电路。利用电阻串并联化简公式，求得端口等效电阻为

$$R_0=(R_1/\!/R_2+R_3)/\!/R_4=\left(\frac{80\times20}{80+20}+4\right)/\!/20\ \Omega=10\ \Omega$$

第三步：画戴维南等效电路。

画等效电路时，请注意电压源的方向。若 $U_{oc}>0$，电压源的极性与开路电压的参考极性一致；若 $U_{oc}<0$，则相反。本题为第二种情况，电压源的极性与图 4-8b 所设端口开路电压的参考极性相反，戴维南等效电路如图 4-8d 所示。

读者可用已学过的其他等效化简电路的方法验证以上分析结果。

例 4-7　运用戴维南定理再求例 4-4 的电流 I。

分析：求一条支路的电量常使用等效化简法。先把图 4-9a 虚线左边的单口电路化简为一个实际电压源，再根据简化电路求 I。由于虚线左端电路元件非串并结构，因此不能用第 2 章学习的串并联等效变换法化简电路，但能用戴维南定理进行化简。

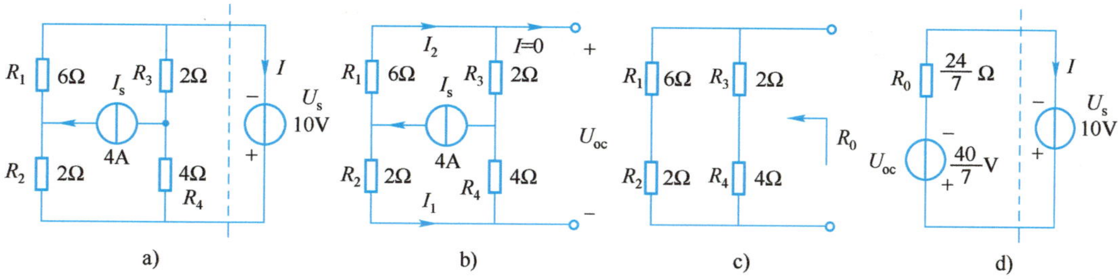

图 4-9　例 4-7 电路

a）原电路　b）求 U_{oc}　c）求 R_0　d）等效电路

解：化简图 4-9a 虚线左边的单口电路。

第一步：求戴维南等效电路的开路电压 U_{oc}。

断开图 4-9a 中待求的 10 V 电压源支路，如图 4-9b 所示。当端口电流 $I=0$ A 时，流过电阻 R_1 与 R_3 的是同一个电流，故这两个电阻串联。同理，电阻 R_2 与 R_4 串联。设支路电流 I_2、I_1 以及开路电压 U_{oc}的参考方向如图 4-9b 所示。利用分流公式，得

$$I_2=\frac{R_2+R_4}{R_2+R_4+R_1+R_3}I_s=\frac{2+4}{2+4+6+2}\times4\ \text{A}=\frac{12}{7}\ \text{A}$$

$$I_1=I_s-I_2=\left(4-\frac{12}{7}\right)\ \text{A}=\frac{16}{7}\ \text{A}$$

所以

$$U_{oc}=R_3I_2-R_4I_1=\frac{2\times12-4\times16}{7}\text{V}=-\frac{40}{7}\ \text{V}$$

第二步：求端口的等效电阻 R_0。

移去图 4-9a 中的 U_s 电压源支路，断开 I_s 电流源，电路如图 4-9c 所示。注意，这时端口不是开路状态。利用电阻串并联化简公式可得

$$R_0=(R_1+R_2)/\!/(R_3+R_4)=\frac{(2+6)\times(4+2)}{(2+6)+(4+2)}\ \Omega=\frac{24}{7}\ \Omega$$

第三步：画等效电路，如图 4-9d 所示。

第四步：求电流 I。

根据图 4-9d 求得 $$I=\frac{U_s-U_{oc}}{R_0}=\frac{10-\frac{40}{7}}{\frac{24}{7}}\ \text{A}=\frac{30}{24}\ \text{A}=1.25\ \text{A}$$

例 4-8 电路如图 4-10a 所示，用戴维南定理求电阻 R_3 消耗的功率。

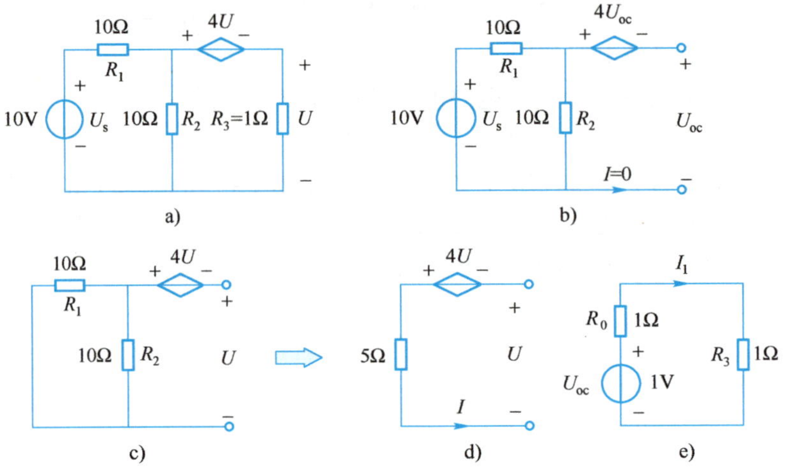

图 4-10 例 4-8 电路

a) 原电路 b) 求 U_{oc} c) 求 R_0 d) 图 c 的等效电路 e) 化简电路

解：

(1) 求开路电压 U_{oc}

断开图 4-10a 中待求电阻 R_3 支路，设端口开路电压 U_{oc}，如图 4-10b 所示。在端口开路状态下，端口电流 $I=0$ A，两个电阻与 10 V 电压源构成串联回路，有

$$U_{oc}=-4U_{oc}+\frac{R_2}{R_1+R_2}U_s$$

代入参数，解得 $$U_{oc}=\frac{1}{5}\times\frac{10}{10+10}\times10\ \text{V}=1\ \text{V}$$

(2) 求等效电阻 R_0

移去图 4-10a 中待求电阻 R_3 支路，10 V 电压源短路，受控电压源保留在电路中，如图 4-10c 所示。把图 4-10c 化简为图 4-10d，设图 4-10d 端口电流 I 与端口电压 U 参考方向关联。列图 4-10d 的 KVL 方程，有

$$U=-4U+5I$$

解得 $$R_0=\frac{U}{I}=1\ \Omega$$

根据以上求出的两个参数，画出简化电路，如图 4-10e 所示。

(3) 求电阻 R_3 的功率

图 4-10e 所示电路的回路电流为 $$I_1=\frac{U_{oc}}{R_0+R_3}=\frac{1}{1+1}\ \text{A}=0.5\ \text{A}$$

电阻 R_3 的功率为

$$P=R_3I_1^2=0.25\ \text{W}$$

应用戴维南定理分析电路应注意如下问题。

1）求开路电压时，原电路中的所有电源，无论是独立源还是受控源都保留。

2）求电阻 R_0 时，独立源与受控源的处理方法不一样。独立源要全部置零，受控源却要保留在电路中。因为等效 R_0 值与独立源无关，但受控源具有电阻性，对 R_0 值有贡献。

3）受控源的控制量随电路状态变化，而控制量又控制受控源的输出，因而在不同的电路状态下，受控源会有不同的输出值。

在实际应用中，可通过测量获取参数 U_{oc} 和 R_0。测量开路电压 U_{oc} 的电路如图 4-11 所示。断开电路 N 的 ab 端口，把电压表跨接在 ab 两端，电压表的读数便是电路 N 的端口开路电压 U_{oc}。测量等效电阻 R_0 的电路如图 4-12 所示。在电路 N 的 ab 端口接一电阻，图 4-12b 是图 4-12a 的等效电路。分别测出流过外接电阻的电流 I_N 和电阻两端的电压 U_N，图 4-12b 的KVL 方程为

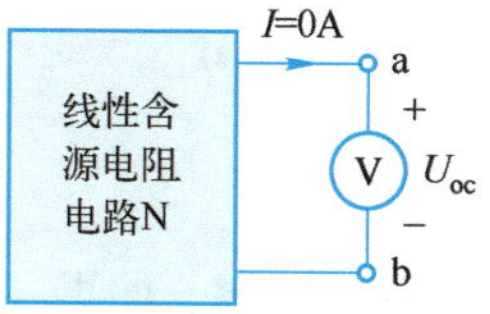

图 4-11　测量 U_{oc}

$$U_{oc}=R_0I_N+U_N$$

得

$$R_0=\frac{U_{oc}-U_N}{I_N}$$

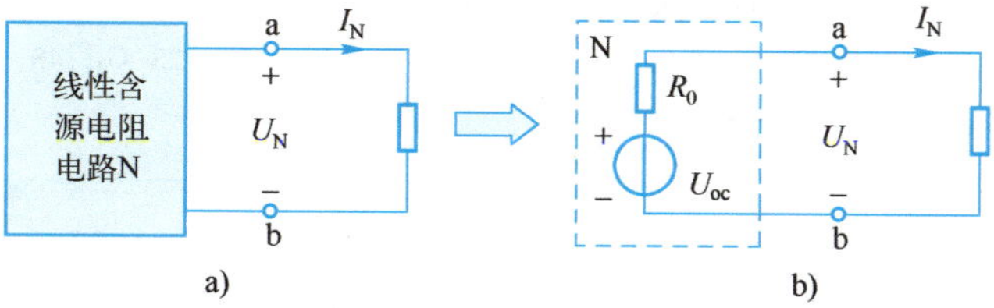

图 4-12　测量 R_0 的电路

法国电报工程师戴维南（M. Leon Thevenin，1857—1926）于 1883 年发表了等效电压源定理的论文后，定理受到了广泛的关注和推广应用，以后就以他的名字命名了该定理。戴维南定理不仅能用于直流电路（独立源是直流电源）分析，而且能用于交流电路分析，我们将在第 6 章了解到这一点。

思考题

4.3-1　请判断以下说法的正确性，并说明理由。

（1）如果戴维南等效电路的开路电压等于零，说明原电路是纯电阻电路。

（2）一端口有源电路内所有电阻与受控源消耗的功率之和等于该电路戴维南等效电阻 R_0 消耗的功率。

含受控源电路的戴维南等效视频

4.4　诺顿定理

戴维南定理出现 43 年后，也就是 1926 年，在贝尔电话实验室工作的美国工程师诺顿（E. L. Norton）针对交流电路提出了诺顿定理。而在同年同月，德国的梅耶（H. F. Mayer）

针对直流电路也发表了同样定理的论文，但当时未被人们所知。

诺顿定理的陈述：具有唯一解的线性单口含源电阻电路 N（见图 4-13a），它对外电路的作用可用一个实际电流源来等效（见图 4-13b）。电流源的电流 i_{sc} 等于电路 N 的端口短路电流（见图 4-13c）；并联电阻 R_0 等于电路 N 中所有独立源置零时端口的等效电阻（见图 4-13d）。

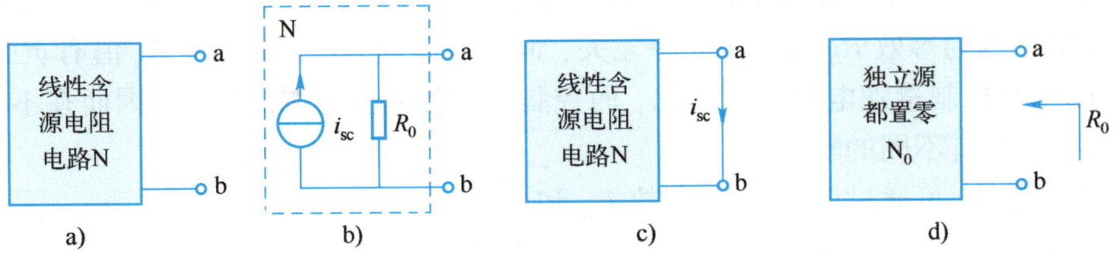

图 4-13 诺顿定理的示意图

不难理解，如果一个线性单口含源电路能等效为实际电压源，那么利用电源的等效变换，该电路也一定能等效为实际电流源，即存在诺顿等效电路。由定理可知，求诺顿等效电路内阻 R_0 的方法与前述戴维南定理一样。

例 4-9 请用诺顿定理求图 4-14a 所示电路中的电流 I。

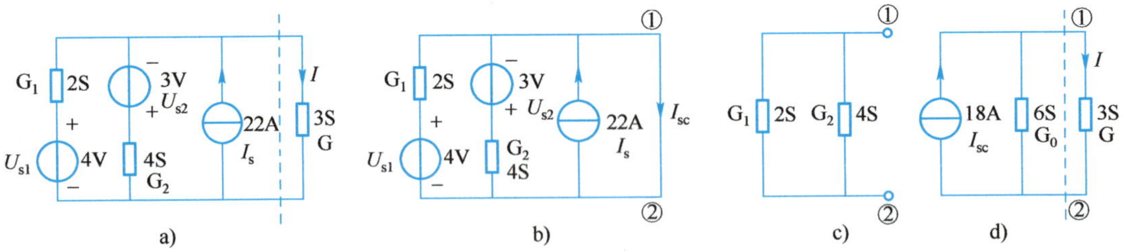

图 4-14 例 4-9 电路

a）原电路 b）求 I_{sc} c）求 G_0 d）等效电路

解：首先利用诺顿定理化简虚线左边的单口电路。

第一步：求短路电流 I_{sc}。

把待求的 G 支路换成短路线，并设短路电流 I_{sc} 如图 4-14b 所示。图 4-14b 的结点电流方程为

$$I_{sc}=G_1U_{s1}-G_2U_{s2}+I_s=(4\times2-3\times4+22)\,\mathrm{A}=18\ \mathrm{A}$$

第二步：求等效电阻。

移去待求的 G 支路，电压源短路，电流源断开，电路如图 4-14c 所示。端口的等效电导为

$$G_0=G_1+G_2=(2+4)\,\mathrm{S}=6\mathrm{S}$$

第三步：画诺顿等效电路。

如图 4-14d 所示。画等效电路时，要注意电流源的电流方向。在图 4-14b 的短路线上，I_{sc} 从①流向②，要得到这样一个外部电流流向，电流源内部的电流就要从②向①流，与外电路电流相反，因此，图 4-14d 中等效电流源的电流流向是从②流向①。

最后，根据图 4-14d 所示的等效化简电路求电流 I。

利用分流公式可求得

$$I=\frac{G}{G+G_0}I_{sc}=\frac{3}{6+3}\times 18\ \text{A}=6\ \text{A}$$

例 4-10　电路如图 4-15a 所示，求 ab 端口的诺顿等效电路。

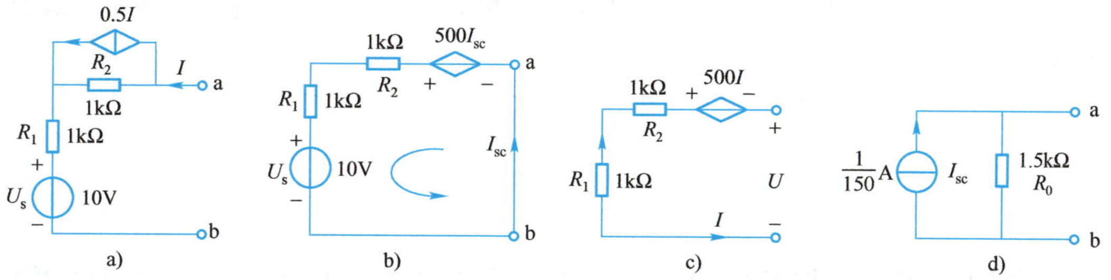

图 4-15　例 4-10 电路

a）原电路　b）求 I_{sc}　c）求 R_0　d）诺顿等效电路

解：（1）求 ab 端口的短路电流 I_{sc}

把图 4-15a 中的受控电流源等效变换为受控电压源；ab 端口短路，如图 4-15b 所示。在图示 I_{sc} 参考方向下，回路电压方程为

$$-500I_{sc}+(R_1+R_2)I_{sc}+U_s=0$$

代入参数，整理求得

$$I_{sc}=-\frac{10}{-500+(1000+1000)}\ \text{A}=-\frac{1}{150}\ \text{A}$$

（2）求 R_0

将图 4-15a 中的电压源短路，受控源保留；同时把受控电流源等效为受控电压源，如图 4-15c 所示。设端口电压 U、端口电流 I 参考方向关联，如图 4-15c 所示；列回路电压方程，有

$$U=-500I+(R_1+R_2)I=-500I+2000I=1500I$$

则

$$R_0=\frac{U}{I}=1500\ \Omega=1.5\ \text{k}\Omega$$

根据参数 I_{sc} 和 R_0 与图 4-15b 所示 I_{sc} 的参考方向，画诺顿等效电路如图 4-15d 所示。注意，在图 4-15b 中，短路线上 I_{sc} 从 b 流向 a，等效电流源的电流流向则从 a 流向 b，但因 I_{sc} 是负值，所以反向，仍是从 b 流向 a。

有些读者可能会有这样的疑问：既然实际电压源和实际电流源可以等效互换，那么，戴维南定理与诺顿定理中的一个就是多余的？其实不然，这两个定理是完全独立的，不能相互替代。在特殊情况下，若等效电阻 $R_0=0$，电路只能等效为理想电压源，理想电压源与理想电流源之间不能等效变换，也就是说，其戴维南等效电路存在，诺顿等效电路不存在。同理，如果等效电阻 $R_0=\infty$，电路等效为理想电流源，其诺顿等效电路存在，而戴维南等效电路不存在。

当 $0<R_0<\infty$ 时，单口电路的戴维南等效电路与诺顿电路都存在，等效电阻 R_0 可以通过开路电压 U_{oc} 与短路电流 I_{sc} 计算。在图 4-16 所示参考方向下，三者的关系为

$$R_0=\frac{U_{oc}}{I_{sc}} \tag{4-4}$$

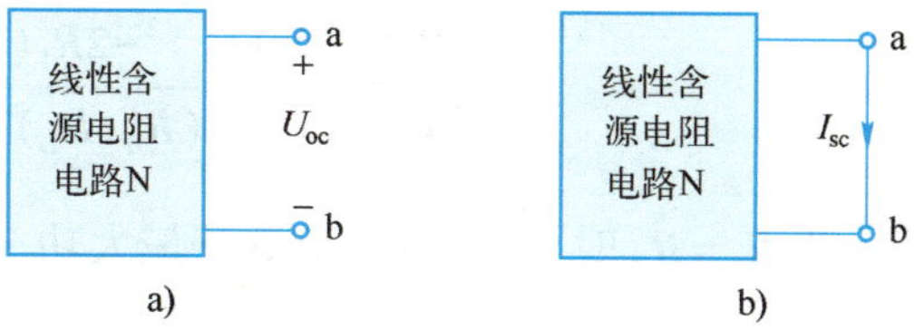

图 4-16　用式 $R_0=U_{oc}/I_{sc}$ 的参考方向示意图

思考题

4.4-1 请证明式（4-4）。

4.4-2 式（4-4）与参考方向有关吗？如果改变图4-16a开路电压的极性，即a端为“-”极性，b端为“+”极性，式（4-4）需要修正吗？如果认为需要修正，请给出修正式。

4.5 最大功率传输定理

在许多实际应用中，比如通信领域，由于发射系统的发射功率有限，同时信号在传输中又存在损耗，所以，如何使接收端获取最大功率是人们特别关注的一个问题。这类问题可以用图4-17a来概括。通常，前端电路已定，不能改变，负载R_L可以变动。如果前端电路是线性含源电阻电路，可用一个实际电压源等效，这就把分析图4-17a的最大功率传输问题转换为分析图4-17b的问题，归结为：在给定参数U_{oc}和R_0的条件下，负载R_L取何值时能从前端电路获取最大功率？最大功率是多少？

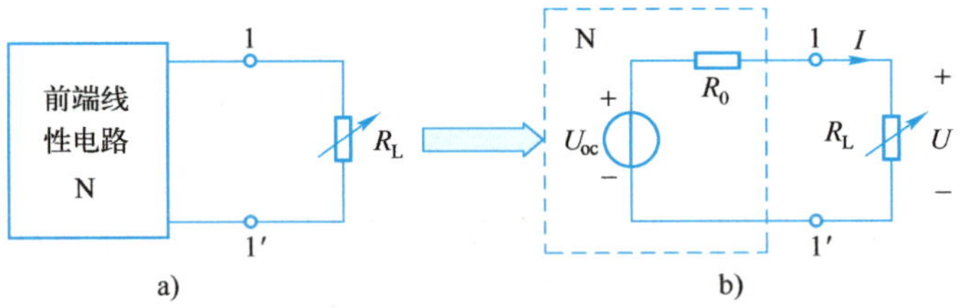

图4-17 最大功率传输定理示意图

最大功率传输定理：当负载电阻满足$R_L=R_0$时，负载R_L能获得最大功率，最大功率为

$$P_{Lmax}=\frac{U_{oc}^2}{4R_0} \tag{4-5}$$

最大功率传输定理的证明：在图4-17b所示电路中，回路电流为

$$I=\frac{U_{oc}}{R_0+R_L} \tag{4-6}$$

负载R_L的功率为

$$P_L=I^2R_L=\frac{U_{oc}^2}{(R_0+R_L)^2}R_L \tag{4-7}$$

P_L最大时，$\frac{dP_L}{dR_L}=0$，有

$$\frac{dP_L}{dR_L}=\frac{(R_0+R_L)^2-2R_L(R_0+R_L)}{(R_0+R_L)^4}U_{oc}^2=\frac{R_0-R_L}{(R_0+R_L)^3}U_{oc}^2 \tag{4-8}$$

可见，当$R_L=R_0$时，$\frac{dP_L}{dR_L}=0$，负载获最大功率。把$R_L=R_0$代入式（4-7），便得到最大功率计算式（4-5）。

分析最大功率传输问题的思路如下：首先，从负载处把电路分为两部分。然后把前端电路等效为实际电压源，即求出戴维南等效电路的参数 U_{oc} 和 R_0。再依据最大功率传输定理，确定负载电阻 R_L 的值和计算负载获取的最大功率 P_{Lmax}。

通常把 $R_L=R_0$ 的电路状态称为最大功率匹配。从图 4-17b 不难推断，在最大功率匹配的条件下，负载 R_L 只能获取等效电源 U_{oc} 提供的一半功率，U_{oc} 提供的另一半功率则被等效内阻 R_0 消耗。

例 4-11　电路如图 4-18a 所示，求：

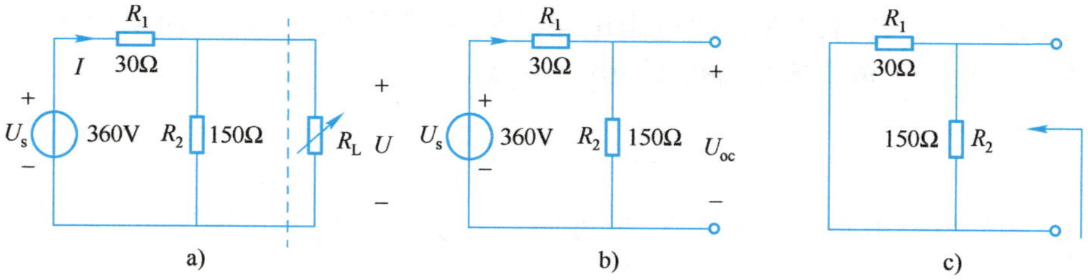

图 4-18　例 4-11 电路

a）原电路　b）求 U_{oc}　c）求 R_0

（1）R_L 为何值时能从电路获得最大功率？最大功率是多少？

（2）当 R_L 获最大功率时，360 V 电压源提供的功率是多少？

（3）在最大功率匹配时，电路的功率传递效率 $\eta=\dfrac{负载功率}{输入功率}\%$是多少？

解：（1）化简图 4-18a 虚线左边的电路。断开负载支路，得到如图 4-18b 所示电路。利用分压公式，得

$$U_{oc}=\frac{R_2}{R_1+R_2}U_s=\frac{150}{150+30}\times360\ \text{V}=300\ \text{V}$$

移去图 4-18a 中负载支路，电压源短路，如图 4-18c 所示，R_0 为

$$R_0=R_1/\!/R_2=\frac{30\times150}{30+150}\ \Omega=25\ \Omega$$

等效化简电路如图 4-19 所示。当 $R_0=R_L=25\ \Omega$ 时，R_L 能获最大功率，最大功率为

$$P_{Lmax}=\frac{U_{oc}^2}{4R_0}=\frac{300^2}{4\times25}\ \text{W}=900\ \text{W}$$

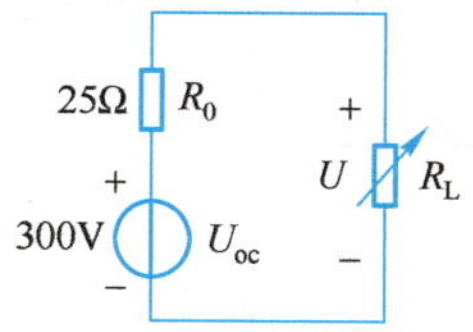

图 4-19　例 4-11 的等效电路

（2）当 $R_L=25\ \Omega$ 时，由图 4-19 可知，R_L 两端电压为

$$U=\frac{1}{2}U_{oc}=150\ \text{V}$$

在最大功率匹配的情况下，原电路图 4-18a 中的电流 I 为

$$I=\frac{U_s-U}{R_1}=\frac{360-150}{30}\text{A}=7\ \text{A}$$

360 V 电压源的功率为

$$P_s=-U_sI=-360\times7\ \text{W}=-2520\ \text{W}$$

(3) 在最大功率匹配情况下，电路的功率传输效率为

$$\eta=\frac{P_{\mathrm{Lmax}}}{P_{\mathrm{s}}}\%=\frac{900}{2520}\%=35.71\%$$

可见，在最大功率匹配的情况下，电路的功率传输效率并不高。

思考题

4.5-1 请判断以下说法的正确性。“在最大功率传输的情况下，当负载 R_L 获得最大功率时，电源 U_{oc} 产生的功率也最大。”

4.5-2 请证明：若将线性含源电阻电路等效为诺顿电路，最大功率功率传输定理为：当负载 $R_L=R_0$ 时，负载能获得最大功率，最大功率为

$$P_{\mathrm{Lmax}}=\frac{1}{4}R_0I_{\mathrm{sc}}^2$$

4.5-3 假如前端电路的等效内阻 R_0 可调，负载电阻 R_L 不可调，问：R_0 取何值时，R_L 能获最大功率？最大功率是多少？

4.6 对偶性

我们把前面讨论过的某些关系式呈现在表 4-1 中，请读者观察后，尝试找出其中存在的规律。

表 4-1 部分公式对照表

项 目	对比关系		项 目
欧姆定律形式一	$u(t)=\pm Ri(t)$	$i(t)=\pm Gu(t)$	欧姆定律形式二
电压源的电压电流关系	u_s = 固有值 i = 任意值	i_s = 固有值 u = 任意值	电流源的电压电流关系
实际电压源的电压电流关系	$u=\pm u_s\pm R_si$	$i=\pm i_s\pm G_su$	实际电流源的电压电流关系
KVL	$\sum u_k(t)=0$	$\sum i_k(t)=0$	KCL
分压公式	$u_1=\pm\frac{R_1}{R_1+R_2}u$ $u_2=\pm\frac{R_2}{R_1+R_2}u$	$i_1=\pm\frac{G_1}{G_1+G_2}i$ $i_2=\pm\frac{G_2}{G_1+G_2}i$	分流公式

不难发现，若把第二列各关系式中的 u 换成 i，R 换成 G，i 换成 u，就得到第三列的各关系式。反之，若把第三列的各式做同样对换，便得到第二列各关系式。我们把这种对应关系称为对偶性。其中，电压与电流、电阻与电导被称为对偶元素。对偶元素除了电量、元件参数外，还可以是电路结构、定律等。电路中的对偶元素还有：电压源 u_s 与电流源 i_s，开路与短路，串联与并联，网孔与结点等。如果电路中某一电路定理、公式或表达式成立，把其中的元素用它的对偶元素置换所得到的表述也成立，这就是对偶性。

对偶性是电路的一个普遍性质，了解对偶性有助于理解电路的概念和分析方法，帮助记忆各种关系式，并且根据对偶性探索新的规律。电路中还有许多对偶元素和关系，请读者在后续的学习中留意观察与总结。

4.7　习题

一、基本题

1. 电路如图 4-20 所示。(1) 计算电流 I；(2) 若把电压源改为 10 V，电流 I 是多少？

2. 电路如图 4-21 所示。(1) 求电压 U；(2) 若电流源减至 1 μA，电压 U 是多少？

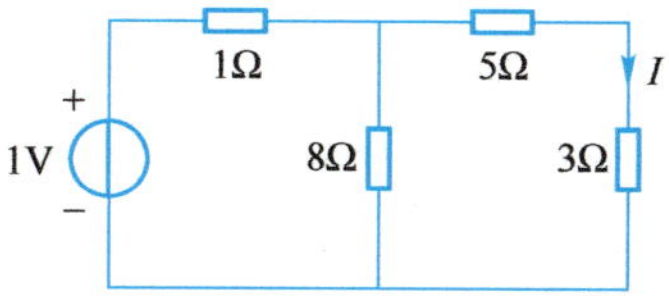

图 4-20　题 1 图

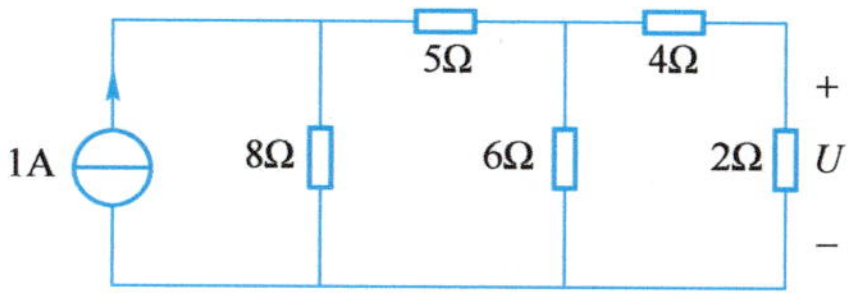

图 4-21　题 2 图

3. 试用叠加定理求图 4-22 所示各电路中的电压 U。

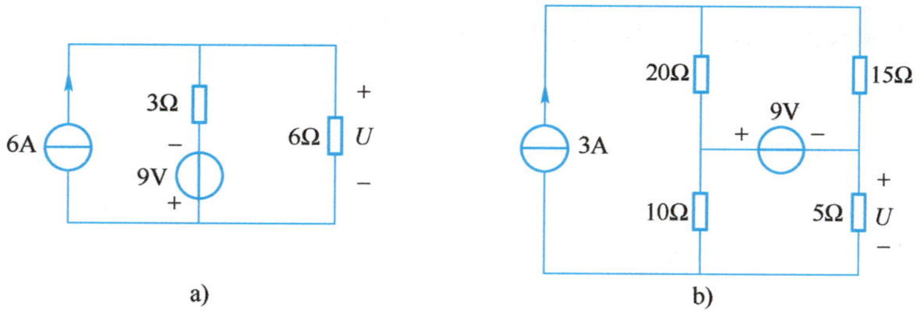

图 4-22　题 3 图

4. 在图 4-23 所示电路中，已知在未接 10 mA 电流源时，支路电流 $I_0=1.5$ mA，请用叠加定理求：10 mA 电流源接入 ab 端后的 I_0 值。

5. 电路如图 4-24 所示，N 是线性无源电路，已知：当 $U_s=1$ V，$I_s=2$ A 时，$U_0=0$ V；当 $U_s=2$ V，$I_s=5$ A 时，$U_0=-2$ V。求：当 $U_s=2$ V，$I_s=2$ A 时，U_0 为多少？

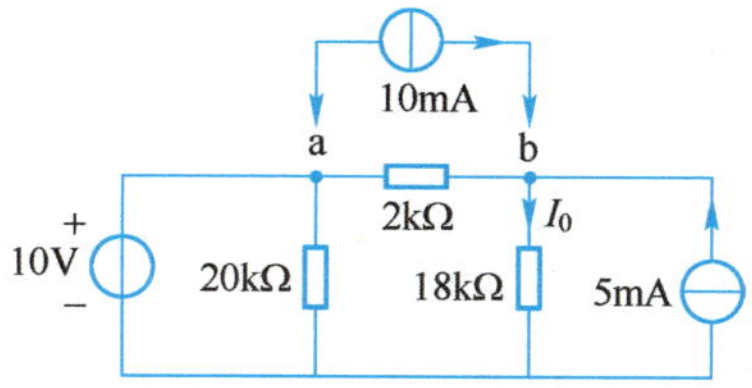

图 4-23　题 4 图

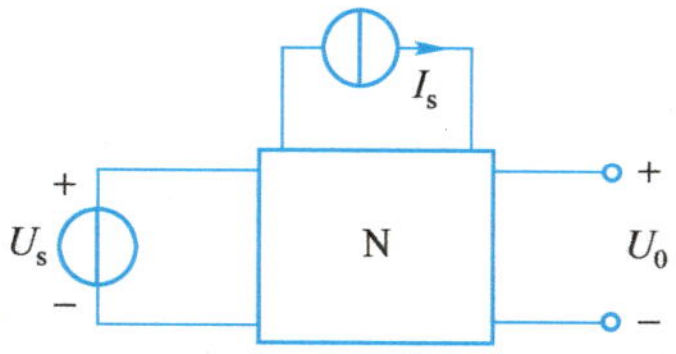

图 4-24　题 5 图

6. 在图 4-25 中，电路 N 是含源线性电阻电路，已知：当 $U_s=0$ V 时，$I=4$ mA；当 $U_s=10$ V 时，$I=-2$ mA。求：当 $U_s=-15$ V，I 为多少？

7. 电路如图 4-26 所示，已知：当 3 A 电流源单独作用时，向网络提供 54 W 功率，且 $U_2=12$ V；当 2 A 电流源单独作用时，向网络提供 28 W 功率，且 $U_3=8$ V。求：两个电流源同时作用时，各电流源的功率。

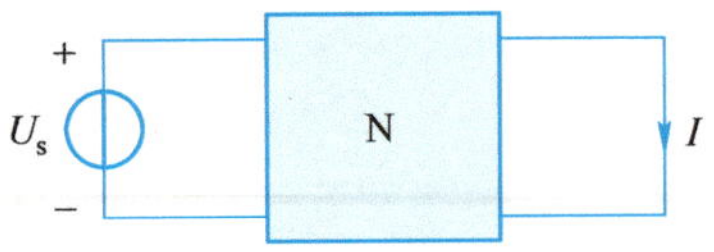

图 4-25 题 6 图

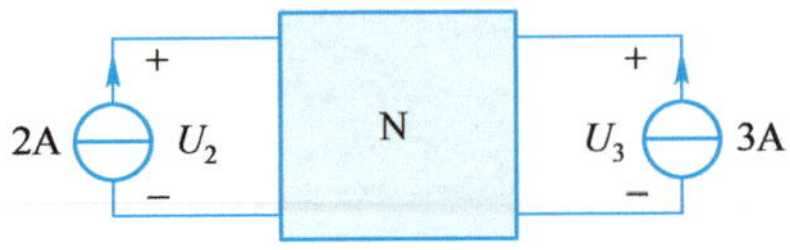

图 4-26 题 7 图

8. 电路如图 4-27b 所示，请把图 4-27a 表格中的空白电流数据补全。

I_1(A)	I_2(A)	I_3(A)
1	0	2
	0	−4
0	2	6
0		−3
0.5		4
	1	−2

a)

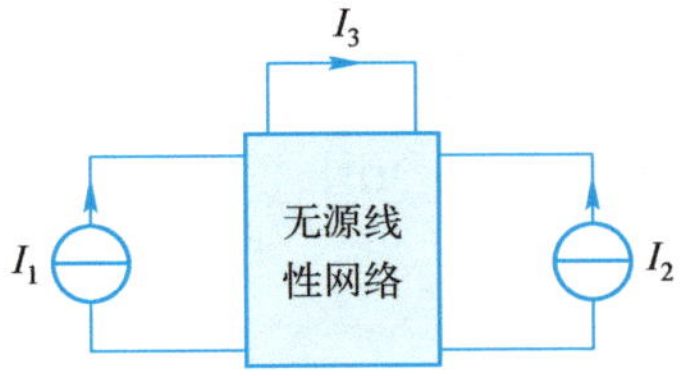

b)

图 4-27 题 8 图

9. 试用叠加定理求图 4-28 所示电路中的电压 U。

10. 电路如图 4-29 所示，求 ab 端口的戴维南等效电路。

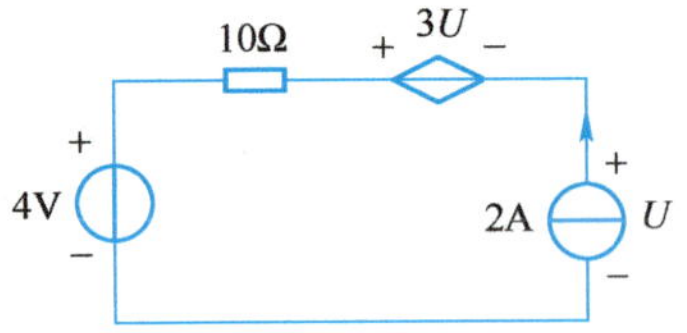

图 4-28 题 9 图

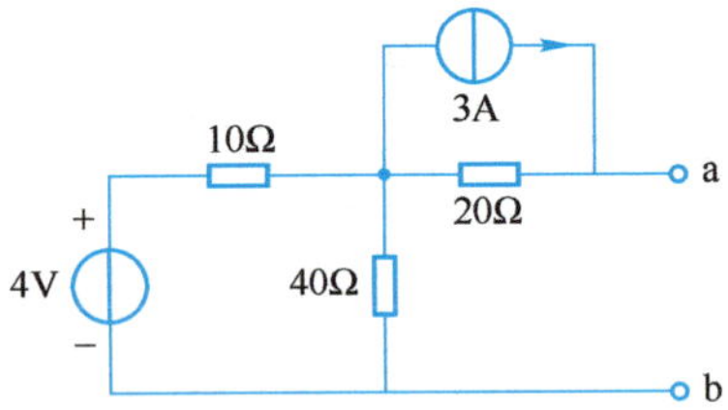

图 4-29 题 10 图

11. 试求图 4-30 所示各电路的戴维南等效电路。

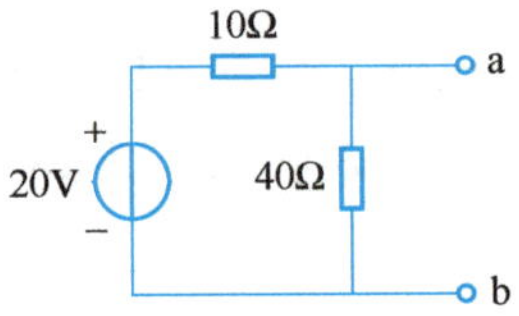

a)

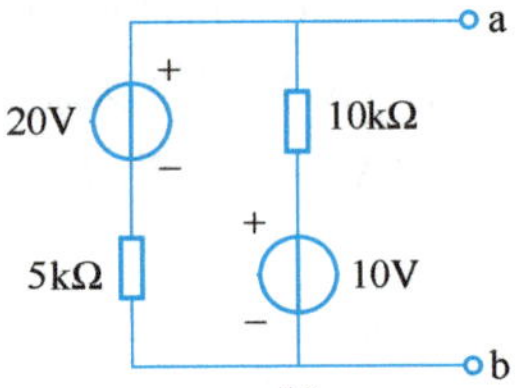

b)

图 4-30 题 11 图

12. 电路如图 4-31 所示，求 ab 端口的戴维南等效电路。

13. 试用戴维南定理求图 4-32 所示电路中的电流 I。

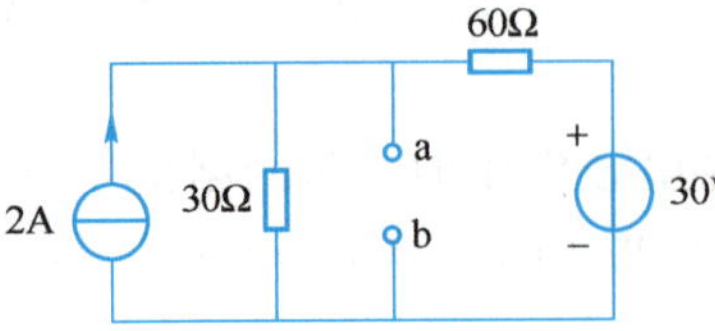

图 4-31 题 12 图

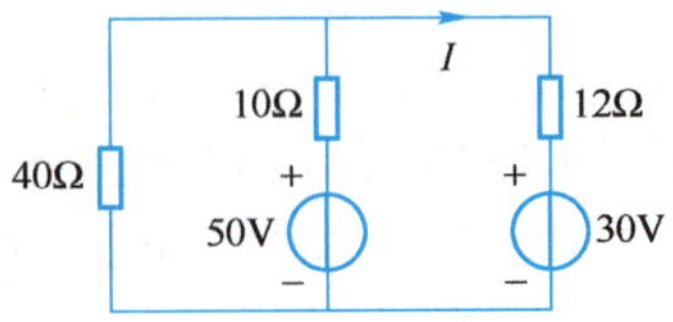

图 4-32 题 13 图

14. 求图 4-33 所示电路的戴维南等效电路。

15. 电路如图 4-34 所示，试用诺顿定理求电压 U_0。

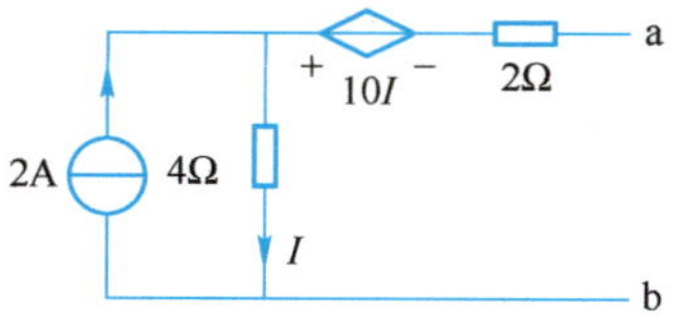

图 4-33　题 14 图

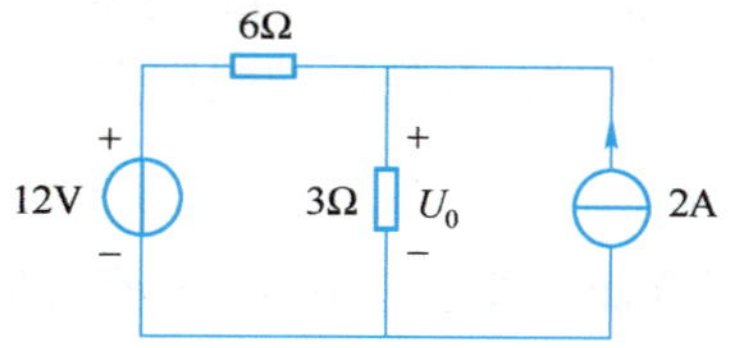

图 4-34　题 15 图

16. 试用诺顿定理求图 4-35 所示电路中的电流 I。

17. 试用诺顿定理求图 4-36 所示电路中的电流 I。

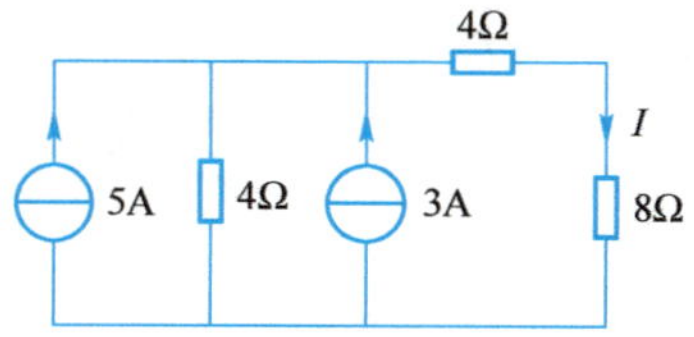

图 4-35　题 16 图

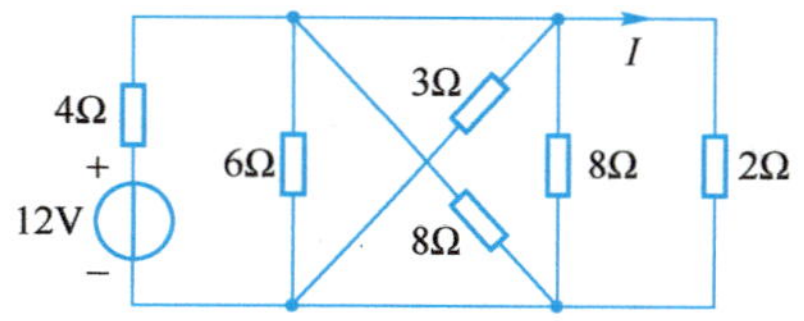

图 4-36　题 17 图

18. 电路如图 4-37 所示，负载电阻 R_L 可变，求：

（1）$R_L=1\ \Omega$ 时，电流 I 为多少？

（2）$R_L=2\ \Omega$ 时，电流 I 为多少？

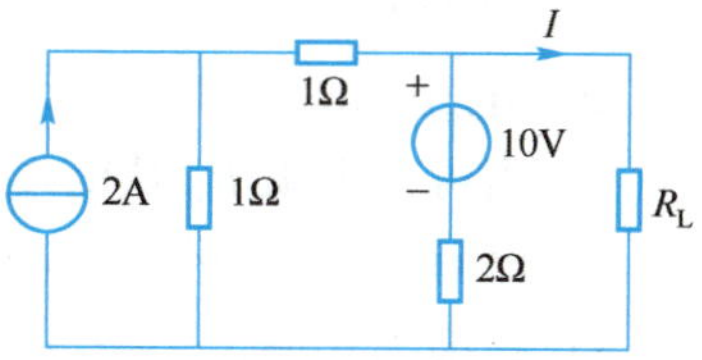

图 4-37　题 18 图

19. 电路如图 4-38 所示，求以下各电路的最大功率问题。

（1）R_L 为何值时能获得最大功率？

（2）R_L 的最大功率是多少？

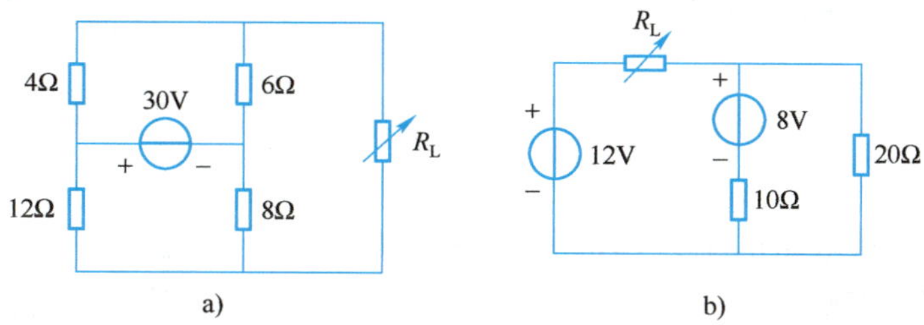

图 4-38　题 19 图

20. 图 4-39 所示电路为晶体管电路模型，试求：

（1）R_L 为何值时能获得最大功率？

（2）最大功率是多少？

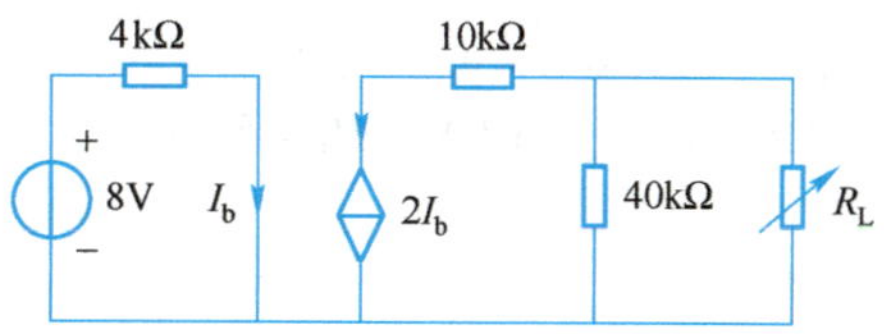

图 4-39　题 20 图

21. 当汽车电池与汽车收音机连接时，提供 12.5 V 电压。当该汽车电池与一组前灯连接时，提供 11.7 V 电压。假定收音机等效为 6.25 Ω 电阻，前灯等效为 0.65 Ω 电阻。求汽车电池的戴维南和诺顿等效电路。

22. 单口电路的戴维南等效电路可以通过测量来确定。假定图 4-40 所示单口电路 ab 端被测量。当 15 kΩ 电阻连接到 ab 端时，电压 U_{ab} 的测量值为 45 V，当 5 kΩ 电阻连接到 ab 端时，电压 U_{ab} 的测量值为 25 V。求电路 ab 端口的戴维南等效电路。

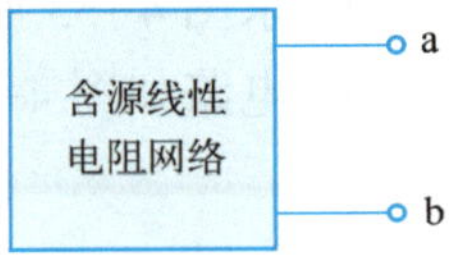

图 4-40　题 22 图

二、深入题

23. 试用叠加定理求图 4-41 所示电路中的电流 I。

24. 电路如图 4-42 所示，已知：开关 S 合在位置 1 时，$I=40$ mA，开关 S 合在位置 2 时，$I=-60$ mA。问：开关 S 在位置 3 时，$I=$？

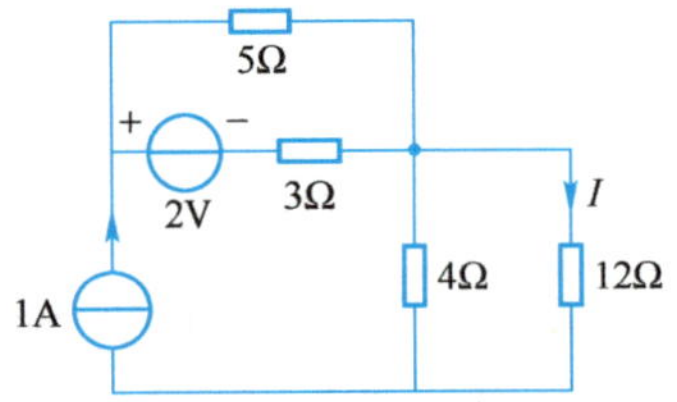

图 4-41　题 23 图

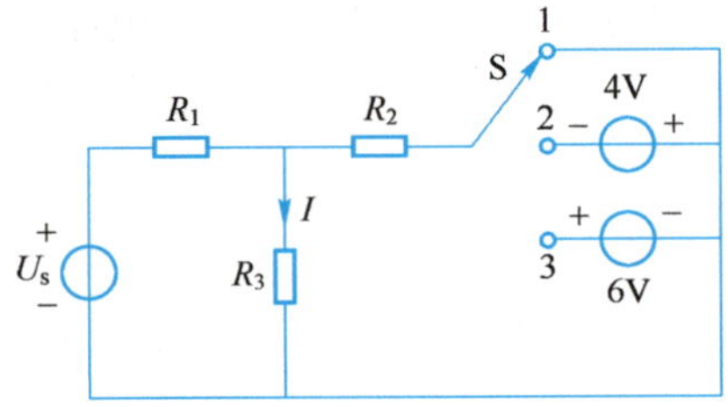

图 4-42　题 24 图

*25. 请分析图 4-43 所示电路有哪种端口等效电路？

*26. 电路如图 4-44 所示，求：

(1) 当可变电阻 R_L 从前端电路获得最大功率时，其值是多少？

(2) 电阻 R_L 获得的最大功率。

(3) 在最大功率传输条件下，电源产生功率的百分之多少被电阻 R 消耗？

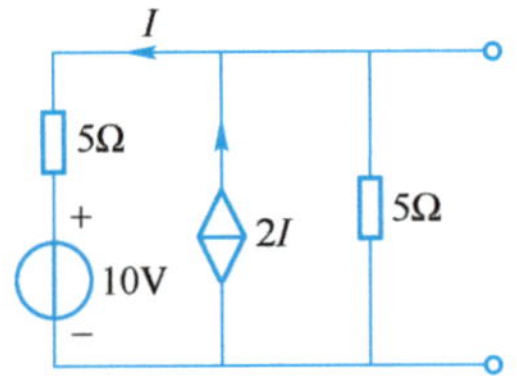

图 4-43　题 25 图

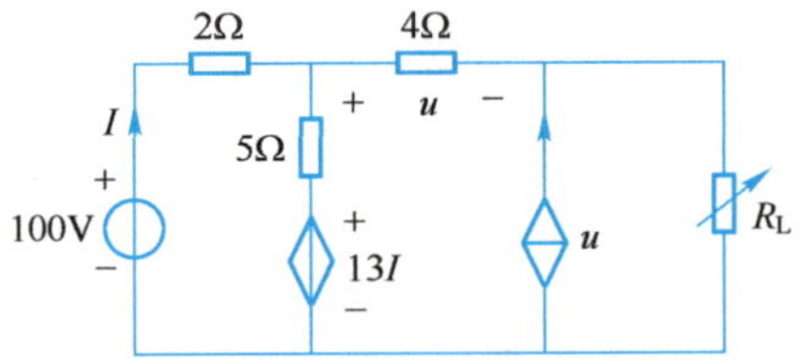

图 4-44　题 26 图

27. 图 4-45 所示电路的虚线框部分是一个衰减器，由电阻 R_1 和 R_2 构成。

(1) 请设计一个满足以下要求的衰减器：在 ab 端口的戴维南等效电阻 $R_0=R_s=100\ \Omega$。在空载（不接负载 R_L）的情况下，$U_s/U_0=8$。

(2) 若 $U_s=12$ V，$R_L=50\ \Omega$，计算流过负载的电流 I。

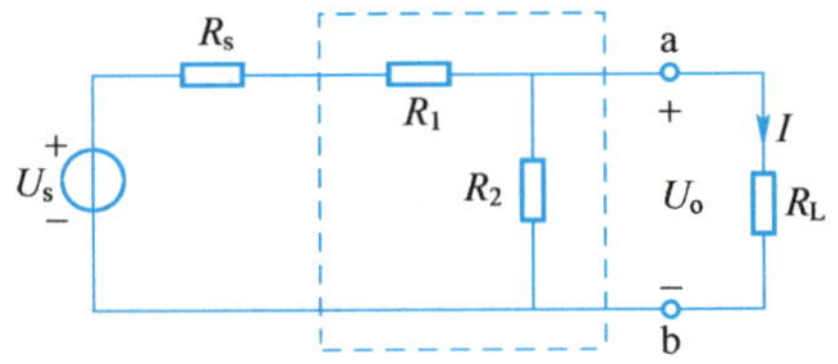

图 4-45　题 27 图

第 5 章　一阶直流动态电路分析

电阻电路模型（由电阻、受控源和独立源组成）能够描述的实际电路类型和电路工作状态十分有限，对于含电容器、电感线圈的实用电路通常要用动态电路模型描述，即含有动态元件的电路模型。在电路理论中，基本理想动态元件有电容元件和电感元件，它们都是储能元件。所谓一阶动态电路是指含有一个独立动态元件的电路，如图 5-1 所示。在图 5-1c 所示电路中，虽然有两个电容元件，但电容 C_1 和 C_2 不独立，它们可以合并成一个电容值为 $C_1 /\!/ C_2$ 的独立电容，故也属于一阶动态电路。其中，图 5-1b 所示电路中电源是直流电源，故称其为一阶直流动态电路。

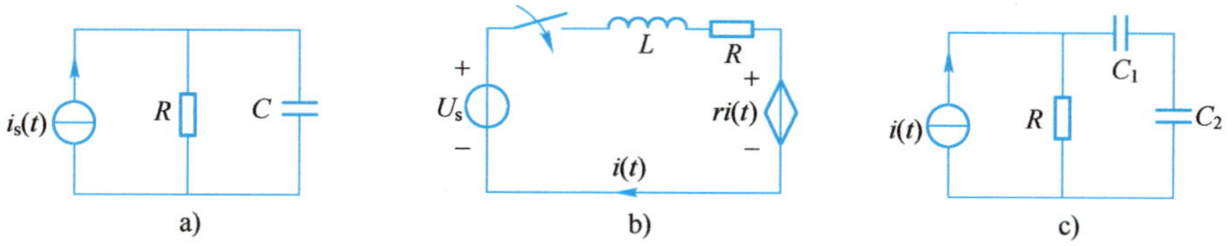

图 5-1　动态电路

a）一阶动态电路　b）一阶直流动态电路　c）一阶动态电路

线性动态元件与前述线性电阻元件和线性受控源不同之处在于，其电压电流之间不是简单的代数关系，而是微积分关系。回顾线性电阻电路可看到，在两类约束关系（元件的电压电流关系和基尔霍夫定律）为代数方程的情况下，描述电路输入与输出关系的数学模型也是代数方程。对于用代数方程描述的电阻电路而言，当输入信号波形发生跳变时，电路输出波形会立刻跟随跳变，输出值变化不需要时间，如图 5-2a 所示，这就是所谓的即时性。运用类比推理，动态电路中元件的约束关系既有代数式，又有微积分式，在这种情况下，描述动态电路输入与输出关系的数学模型就是微分方程。比如，一阶动态电路的输入输出关系遵从一阶微分方程。通常，动态电路中独立储能元件的个数等于描述该电路微分方程的阶数。对于实际动态电路而言，当外加信号发生跳变时，会引起电路中储能元件的储能发生改变，由于元件的储能不会突变，所以动态电路从一种储能状态转变到另一种储能状态需要时间，我们把这段时间称为过渡过程。图 5-2b 为电容充放电的电路模型及输入与输出的波形图。$t<0$ 时，电容电压 $u_0=0$ V；$t=0$ 时，激励发生跳变，2 V 电源电压加入电路，电容开始充电。电容电压从 0 V 改变到 2 V，也就是电容储能（计算式为 $0.5Cu_C{}^2$）从 0 J 到 2 J，不会即刻完成，需要一个充电过程。当 $t=1$ s 时，电容电压还未充至 2 V 稳定值，电源电压又跳变回零，中断充电过程。$t>1$ 后，尽管电路中已无外加电源，因电容通过回路释放储能，电路中仍有电压和放电电流。随着电阻不断消耗能量，电容储能逐渐减少，直至被消耗殆尽，电容电压降为零，电路进入零储能的稳定状态，电容放电过程结束。由此可见，动态电路除了不具有即时性外，其响应由独立源和动态元件的储能共同产生。即使电路中无独立源，若动态元件储能不为零，动态电路依然有响应。

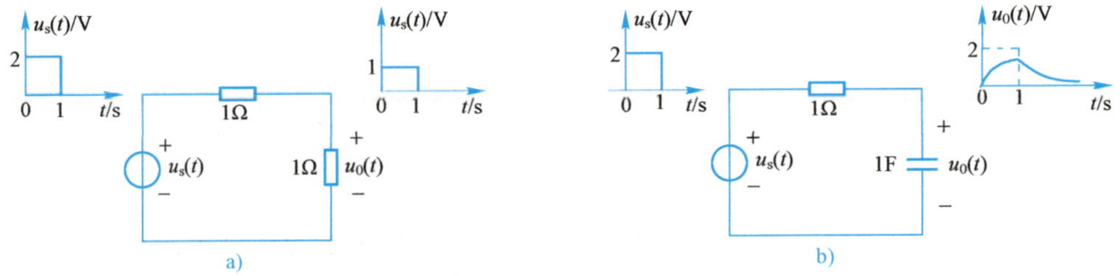

图 5-2 电阻电路与动态电路的输出波形比较

a）电阻分压电路的输入与输出电压波形 b）RC 电路的输入与输出电压波形

本章首先介绍电容元件和电感元件的电压电流关系；然后以一阶直流动态电路为对象，学习分析过渡过程响应的三要素方法；再讨论动态电路响应的分解，以及了解一阶动态电路过渡过程的利用方法与规避之处。

5.1 动态元件的电压电流关系

5.1.1 电容元件的电压电流关系

电容器是利用电介质在外加电场作用下发生极化，在极板上蓄积电荷并提供电容量的元件。电容器的种类很多，按介质材料不同通常可分为三类：①有机介质电容器，如纸质电容器、薄膜电容器、聚苯乙烯电容器。②无机介质电容器，有陶瓷电容器、云母电容器等。③电解电容器，如铝电解电容器、钽电解电容器。若按可调性划分，有可变电容器与固定电容器。除电解电容器外，各种电容器的基本结构都是由两片平行的金属电极和夹在中间的介质组成。电容器的应用极为广泛，常见于耦合、旁路、计时、微分、积分、储能等。

电容元件是电容器的理想化模型，定义为：在任意时刻 t，一个二端元件储存的电荷 $q(t)$ 与其两端电压 $u_C(t)$ 之间的关系能用 $q\sim u_C$ 平面上的一条曲线确定，则此二端元件为电容。

根据 $q\sim u_C$ 平面上曲线的特点，电容可分为四大类：线性时不变电容、线性时变电容、非线性时变电容和非线性时不变电容。本课程只讨论线性时不变电容，以下简称为电容。电容的时域电路符号如图 5-3a 中所示，其 $q\sim u_C$ 曲线是一条不随时间变化的、过原点的斜线，如图 5-3b 所示。

图 5-3 线性时不变电容元件

a）电路符号 b）$q\sim u_C$ 特性曲线

图 5-3b 所示曲线的数学表达式为

$$q(t)=Cu_{C}(t) \tag{5-1}$$

式中，参数 C 是斜率，表征电容储存电荷的能力，称为电容量。当电容量 C 不是电荷 $q(t)$ 与端电压 $u_C(t)$ 的函数时，称为线性电容；当 C 不是时间 t 的函数时，称为时不变电容。顾名思义，线性时不变电容的电容量 C 是既不随电量 $q(t)$ 和 $u_C(t)$ 变化，又不随时间 t 变化的常数。电容量的单位为法［拉］，用符号 F 表示。在电子技术中，法拉单位太大，常用的是微法（μF）、皮法（pF），它们之间的关系为

$$1\ \mathrm{F}=10^{6}\ \mu\mathrm{F}=10^{12}\ \mathrm{pF}$$

电容器除了要标注电容量外，还要标注额定电压，额定电压是电容器可承受的最大直流电压或交流电压的有效值。在实际使用时，若电容器两端电压超过了额定电压，介质将会被击穿，电容遭损毁，丧失功能。

在分析集总参数电路时，用电容的电压电流关系更为便利。对式（5-1）等式两边的 t 求导，得

$$\frac{\mathrm{d}q(t)}{\mathrm{d}t}=C\frac{\mathrm{d}u_{C}(t)}{\mathrm{d}t}$$

把 $i_C(t)=\mathrm{d}q(t)/\mathrm{d}t$ 代入上式：在图 5-3a 所示电压 $u_C(t)$ 与电流 $i_C(t)$ 参考方向关联的情况下，电容微分形式的电压电流关系为

$$i_{C}(t)=C\frac{\mathrm{d}u_{C}(t)}{\mathrm{d}t} \tag{5-2}$$

当电容电压与电流参考方向非关联时，有

$$i_{C}(t)=-C\frac{\mathrm{d}u_{C}(t)}{\mathrm{d}t} \tag{5-3}$$

已知电容电压，求电容电流常用以上微分形式的电压电流关系。从电容微分形式的电压电流关系可以看到：

1）t 时刻电容电流与 t 时刻电容电压值无关，只与 t 时刻电容电压的变化率成正比，变化的电容电压才会产生电容电流，故说电容是动态元件。在直流电路中，电容两端虽有电压，但电压恒定不变，因此无电流流过电容，电容被等效为开路，这就是为什么在直流电阻电路模型中不见电容的原因。电容的这一特点常用于“隔直流，通交流”。

2）若要电容电流 $i_C(t)$ 是有限值，电容电压的导数 $\mathrm{d}u_C(t)/\mathrm{d}t$ 必须存在，即电容电压 $u_C(t)$ 不能有跳变。否则，跳变的电容电压将导致无穷大的电容电流，进而需要能够提供无穷大功率的电源，但现实中不存在这样的电源。所以在实际电路中，电容电压必须是时间的连续函数，不能有间断点。

对式（5-2）两边积分，有

$$u_{C}(t)=\frac{1}{C}\int_{-\infty}^{t}i_{C}(\lambda)\mathrm{d}\lambda \tag{5-4}$$

由以上积分形式的电容电压电流关系可见，t 时刻电容电压 $u_C(t)$ 与 t 时刻以及以前的全部电流有关。这说明：t 时刻电压 $u_C(t)$ 是 t 以前电荷积累的结果，它记录了电容电流过去的全部历史，故说电容是电流“记忆元件”。

式（5-4）可分段积分，有

$$u_C(t)=\frac{1}{C}\int_{-\infty}^{t} i_C(\lambda)\mathrm{d}\lambda$$
$$=\frac{1}{C}\int_{-\infty}^{t_0} i_C(\lambda)\mathrm{d}\lambda+\frac{1}{C}\int_{t_0}^{t} i_C(\lambda)\mathrm{d}\lambda \qquad (5-5)$$
$$=u_C(t_0)+\frac{1}{C}\int_{t_0}^{t} i_C(\lambda)\mathrm{d}\lambda \quad t\geqslant t_0$$

式中，$u_C(t_0)=\frac{1}{C}\int_{-\infty}^{t_0} i_C(\lambda)\mathrm{d}\lambda$ 称为初始电压或初始状态。式（5-5）比式（5-4）更实用。通常，我们只对某个 t_0时刻以后的电容情况感兴趣，若已知初始电压 $u_C(t_0)$ 和 $t\geqslant t_0$的电容电流，在电容电压 $u_C(t)$ 和电容电流 $i_C(t)$ 参考方向关联的条件下，用式（5-5）可唯一确定 $t\geqslant t_0$ 的电容电压。

当电容电压与电流参考方向关联时，电容的瞬时功率为

$$p_C(t)=u_C(t)i_C(t)=u_C(t)C\frac{\mathrm{d}u_C(t)}{\mathrm{d}t}$$

当 $p_C(t)>0$ 时，电容被充电，电能以电场的形式储存在电容中；$p_C(t)<0$ 时，电容释放储能。电容在 t 时刻的储能为

$$w_C(t)=\int_{-\infty}^{t} p_C(\lambda)\mathrm{d}\lambda=C\int_{-\infty}^{t} u_C(\lambda)\frac{\mathrm{d}u_C(\lambda)}{\mathrm{d}\lambda}\mathrm{d}\lambda=C\int_{u(-\infty)}^{u(t)} u_C(\lambda)\mathrm{d}u_C(\lambda)=\frac{1}{2}Cu_C^2(t)-\frac{1}{2}Cu_C^2(-\infty)$$

通常，$u(-\infty)=0$，故有

$$w_C(t)=\frac{1}{2}Cu_C^2(t) \qquad (5-6)$$

可见，t 时刻的电容储能与该时刻电容电压有关，电容电压反映了电容的储能状态，所以，又称电容电压为状态变量。电容电压不能跳变的本质是能量不能跳变。非负的电容储能表明电容是一个无源元件。

例 5-1 图 5-4a 所示电路被称为 RC 电路，已知：$C=1\mathrm{F}$、$u_C(0)=1\ \mathrm{V}$，电流源 $i_s(t)$ 的波形如图 5-4b 所示。求：电容电压 $u_C(t)$、电容功率 $p_C(t)$ 和储能 $w_C(t)$，并画出它们的波形。

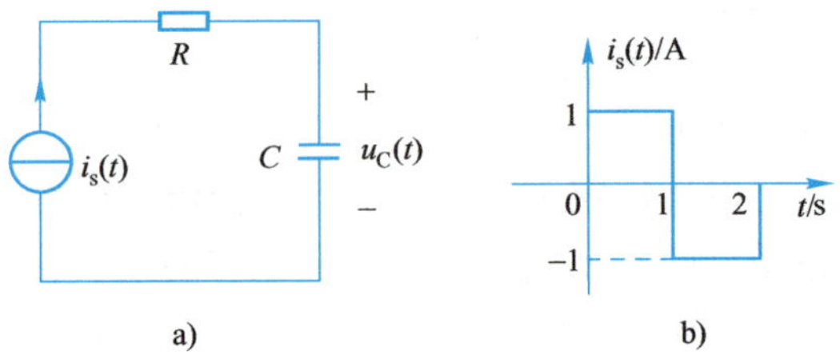

图 5-4 例 5-1 图

思路： 电流源电流 $i_s(t)$ 是流过电容的电流，已知电容电流，求电容电压，在电容电压与电流参考方向关联的条件下，用积分关系式 $u_C(t)=u_C(t_0)+\frac{1}{C}\int_{t_0}^{t} i_C(\lambda)\mathrm{d}\lambda$，根据 $i_s(t)$ 的波形，分段求电容电压。

解： $0\leqslant t\leqslant 1$ s 时，起始时刻 $t_0=0$，已知初始电压 $u_C(0)=1$ V、$i_s(t)=1$ A，有

$$u_C(t)=u_C(0)+\frac{1}{C}\int_{0}^{t} i_s(\lambda)\mathrm{d}\lambda=1+\int_{0}^{t}\mathrm{d}\lambda=(1+t)\ \mathrm{V}$$

1 s$<t\leqslant$2 s 时，起始时刻 $t_0=1$ s，由上式求得 $u_C(1)=2$ V，已知 $i_s(t)=-1$ A，得

$$u_C(t)=u_C(1)+\frac{1}{C}\int_{1}^{t} i_s(\lambda)\mathrm{d}\lambda=2-\int_{1}^{t}\mathrm{d}\lambda=(3-t)\ \mathrm{V}$$

$t>2$ s 时，$t_0=2$ s，由上式知，$u_C(2)=1$ V，已知 $i_s(t)=0$，求得

$$u_C(t)=u_C(2)+\frac{1}{C}\int_2^t i_s(\lambda)\mathrm{d}\lambda = 1\ \mathrm{V}$$

在图 5-4a 所示关联参考方向下，电容的瞬时功率为

$$p_C(t)=u_C(t)i_s(t)=\begin{cases}(1+t)\ \mathrm{W} & 0\leqslant t\leqslant 1\ \mathrm{s}\\ (t-3)\ \mathrm{W} & 1\ \mathrm{s}<t\leqslant 2\ \mathrm{s}\\ 0 & t>2\ \mathrm{s}\end{cases}$$

电容的储能 $w_C(t)$ 为

$$w_C(t)=\frac{1}{2}Cu_C^2(t)=\begin{cases}0.5\,(1+t)^2\ \mathrm{J} & 0\leqslant t\leqslant 1\ \mathrm{s}\\ 0.5\,(t-3)^2\ \mathrm{J} & 1\ \mathrm{s}<t\leqslant 2\ \mathrm{s}\\ 0.5\ \mathrm{J} & t>2\ \mathrm{s}\end{cases}$$

电压 $u_C(t)$、功率 $p_C(t)$ 和储能 $w_C(t)$ 的波形分别如图 5-5a～c 所示。由图可见，电容电压和能量的波形都是连续的，无跳变；瞬时功率则可跳变。

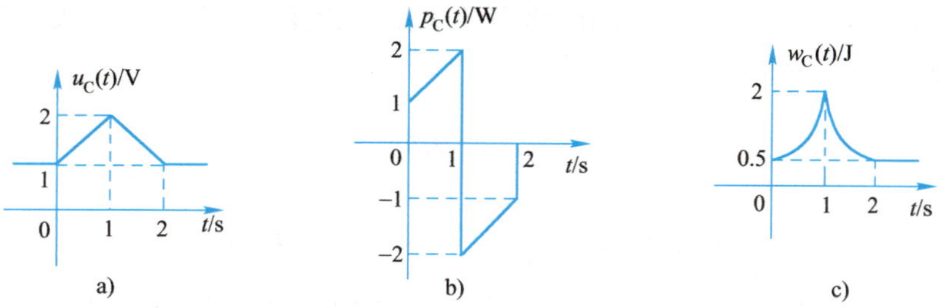

图 5-5　例 5-1 解的波形

a）$u_C(t)$ 波形　b）$p_C(t)$ 波形　c）$w_C(t)$ 波形

5.1.2　电感元件的电压电流关系

电感器是一种电磁感应元件，具有储存磁场能量的功能，是电子电路中常用的元器件之一。分立元件的电感器是用绝缘导线（如漆包线）绕在骨架上制成的线圈，如图 5-6a 所示。当电流通过线圈时，电流产生的自感磁通 $\Phi(t)$ 将在线圈中形成磁场，与每匝线圈相交链的磁通的总和被称为磁链，记为 $\Psi(t)$。

电感元件是电感器的理想化模型，定义为：在任意时刻 t，如果流经一个二端元件的电流 $i_L(t)$ 与其磁链 $\Psi(t)$ 之间的关系能由 $\Psi\sim i_L$ 平面上的一条曲线确定，则称此二端元件为电感。

与前述电容一样，本教材只讨论线性时不变电感，以下简称其为电感。电感的时域电路符号如图 5-6b 中所示，其 $\Psi\sim i_L$ 曲线是一条不随时间变化的、过原点的直线。磁通与电流的真实方向满足右手螺旋法则，如图 5-6a 所示。在图 5-6a 所示电流与磁通的参考方向下，电感的 $\Psi\sim i_L$ 曲线如图 5-6c 所示。

图 5-6c 所示曲线的数学表达式为

$$\Psi(t)=Li_L(t) \tag{5-7}$$

式中，参数 L 是曲线的斜率，表征电感产生磁链的能力，称为电感量。线性时不变电感的电感量 L 是不随磁链 Ψ、电流 i_L 和时间 t 变化的常数。电感的单位是亨［利］，用符号 H 表示。

常用单位还有毫亨（mH）、微亨（μH），它们之间的关系为

$$1\ \mathrm{H}=10^3\ \mathrm{mH}=10^6\ \mu\mathrm{H}$$

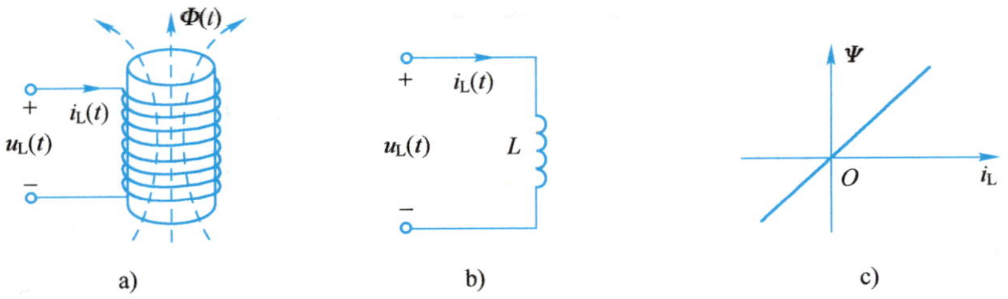

图 5-6 线性时不变电感元件

a）电感示意图 b）电路符号 c）Ψ~i 特性曲线

实际电感线圈除了会标出电感量外，还会标明额定工作电流。线圈承载电流的能力是有限的，若使用时超过了标出的额定工作电流，线圈会因过热而烧毁。

电感与电容互为对偶元件，根据已知电容的电压电流关系，通过对偶元素的置换，即 C 换 L、u_C 换 i_L、i_C 换 u_L，可得到电感的电压电流关系。置换式（5-2）和式（5-3）中的对偶元素，得电感微分形式的电压电流关系为

$$u_L(t)=L\frac{\mathrm{d}i_L(t)}{\mathrm{d}t} \quad \text{关联参考方向} \tag{5-8}$$

$$u_L(t)=-L\frac{\mathrm{d}i_L(t)}{\mathrm{d}t} \quad \text{非关联参考方向} \tag{5-9}$$

置换式（5-4）中的对偶元素得：在关联参考方向下，电感积分形式的电压电流关系为

$$i_L(t)=\frac{1}{L}\int_{-\infty}^{t}u_L(\lambda)\,\mathrm{d}\lambda \tag{5-10}$$

从以上微积分形式的电压电流关系可看到电感有以下特点。

1）t 时刻电感电压与该时刻电感电流的大小无关，只与该时刻电感电流的变化率成正比。这就是说，变化的电感电流才会产生电感电压，故电感是动态元件。在直流电路中，流过电感的电流恒定不变，因而电感电压为零，电感等效为导线。

2）要使 t 时刻电感电压 $u_L(t)$ 是有限值，电感电流的导数 $\mathrm{d}i_L(t)/\mathrm{d}t$ 必须存在，则要求电感电流 $i_L(t)$ 在 t 时刻不能跃变，否则，跳变的电感电流将导致无穷大的电感电压，进而需要能提供无穷大功率的电源。在实际电路中，电感电流只能是时间的连续函数，不能有间断点。这一重要特征在分析动态电路中会经常用到。

3）t 时刻电感电流 $i_L(t)$ 与 t 时刻以前的全部电压值有关，它记录了电感电压 $u_L(t)$ 过去的全部作用历史，所以，电感是一个电压“记忆元件”。

已知电感电压，求电感电流，在关联参考方向下，常用以下分段积分式计算：

$$\begin{aligned}i_L(t)&=\frac{1}{L}\int_{-\infty}^{t}u_L(\lambda)\,\mathrm{d}\lambda\\&=\frac{1}{L}\int_{-\infty}^{t_0}u_L(\lambda)\,\mathrm{d}\lambda+\frac{1}{L}\int_{t_0}^{t}u_L(\lambda)\,\mathrm{d}\lambda\\&=i_L(t_0)+\frac{1}{L}\int_{t_0}^{t}u_L(\lambda)\,\mathrm{d}\lambda \quad t\geqslant t_0\end{aligned} \tag{5-11}$$

式中，$i_L(t_0)=\dfrac{1}{L}\int_{-\infty}^{t_0}u_L(\lambda)\mathrm{d}\lambda$ 称为初始电流或初始状态。若只想了解 $t\geqslant t_0$ 的电感电流的变化规律，在已知初始电流 $i_L(t_0)$，以及 $t\geqslant t_0$ 的电感电压的情况下，用式（5-11）可唯一确定电感电流。

通过对式（5-6）做对偶变换，可得电感在任意时刻的储能计算式：

$$w_L(t)=\frac{1}{2}Li_L^2(t) \tag{5-12}$$

由式（5-12）可见，电感电流反映了电感的储能状态，故称其为状态变量。在实际电路中，电感电流不能突变是电感储能不能突变所致。非负的电感储能表明电感也是一个无源元件。

例 5-2　电路如图 5-7 所示，已知 $t>0$ 的电阻电压 $u_R=5e^{-10t}$ V，求：$t>0$ 时的端口电压 $u(t)$。

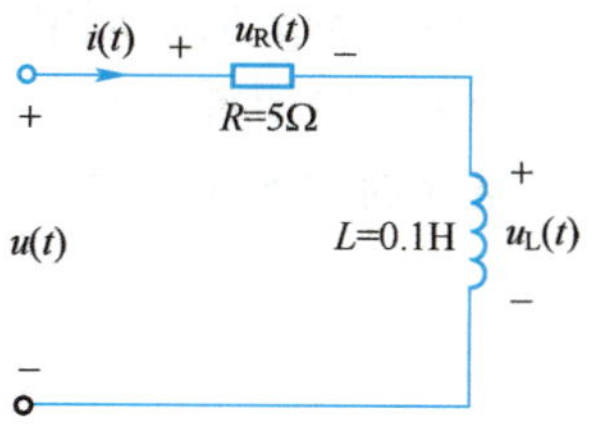

图 5-7　例 5-2 电路图

解：根据图示电量的参考方向，以及电阻的电压电流关系，得支路电流 $i(t)$ 为

$$i(t)=\frac{u_R(t)}{R}=e^{-10t}\ \text{A}\quad t>0$$

列回路的 KVL 方程，并代入电感微分形式的电压电流关系，有

$$u(t)=u_R(t)+u_L(t)=u_R(t)+L\frac{\mathrm{d}i(t)}{\mathrm{d}t}$$
$$=[5e^{-10t}+0.1\times(-10)e^{-10t}]\text{V}=4e^{-10t}\ \text{V}\quad t>0$$

分析什么电路现象

5.2　一阶直流动态电路分析及三要素法

5.2.1　换路及换路定律

过渡过程是由于某种因素引起动态电路储能状态发生变化而形成的一种暂态过程，它会随着电路新的稳定储能状态的建立而消失。哪些因素会引起动态电路产生过渡过程呢？最常见的是生活中打开或断开电源开关。在电路理论中，把引发电路产生过渡过程的事件统称为换路。比如，电源的接通、断开，电源的突变，电路元件参数以及电路接线的突变等。

遵循实际电路中储能不跳变的客观现象，在电路换路时，反映元件储能状态的状态电量，即电容电压和电感电流，必须连续，不能有跳变。假设电路在 $t=t_0$ 时刻发生换路，若用“t_{0_-}”表示换路前的最终时刻，用“t_{0_+}”表示换路后的最初时刻，则有如下换路定律：

$$\begin{aligned}u_C(t_{0_+})&=u_C(t_{0_-})\\ i_L(t_{0_+})&=i_L(t_{0_-})\end{aligned} \tag{5-13}$$

当人们只关心换路后电路的状况时，常把换路时刻选为时间起点，即 $t_0=0$，则有

$$\begin{aligned}u_C(0_+)&=u_C(0_-)\\ i_L(0_+)&=i_L(0_-)\end{aligned} \tag{5-14}$$

说明：

1）根据电路中动态元件的类型，一阶直流动态电路可分为 RC 电路与 RL 电路，见例 5-1 与例 5-2。在一阶直流动态 RC 电路中，电容电压不能跳变。在一阶直流动态 RL 电路中，

则是电感电流不能跳变。除此之外的其他电压和电流与电路的储能状态无关，都是非状态电量。非状态电量在电路换路时可以跳变，通常也会跳变。

2）换路定律的成立是有条件的。从客观上看，是现实中不存在能够提供无限大功率的电源，所以限制了状态电量的跳变。从理论上讲，当电容电流为有限值时，电容电压不会跳变；当电感电压为有限值时，电感电流不会跳变。若换路时刻，电路中出现了无穷大的电容电流或电感电压，电容电压或电感电流就会跳变，换路定律将不成立。

5.2.2 三要素公式的引出

一阶直流动态电路换路后，除一个独立动态元件以外的电路其他部分是由电阻、受控源和直流电源构成的直流电阻电路。通过等效变换，直流电阻电路部分在动态元件两端可等效为一个实际电压源，或者一个实际电流源。一阶直流 RC 电路和一阶直流 RL 电路的等效化简电路分别如图 5-8 和图 5-9 所示。

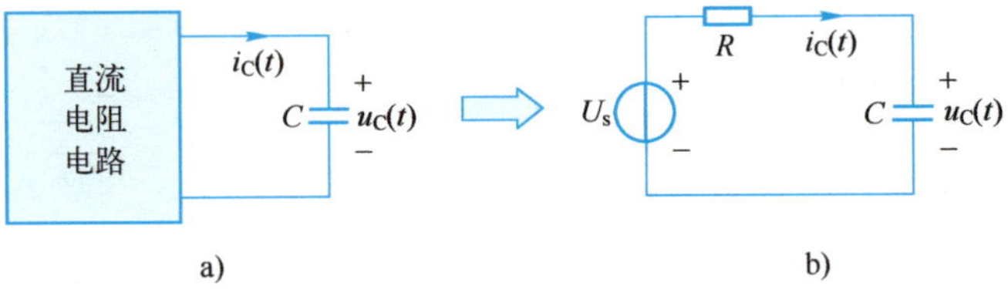

图 5-8 换路后一阶直流 RC 电路模型

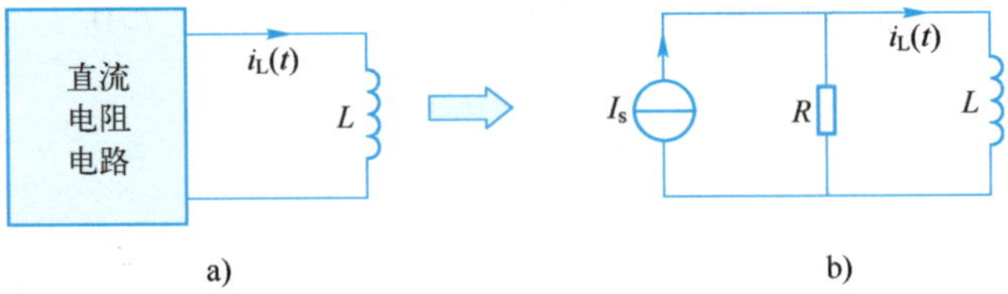

图 5-9 换路后一阶直流 RL 电路模型

在动态电路中，电容电压 $u_C(t)$ 和电感电流 $i_L(t)$ 是具有完备性和独立性电量。对于一阶直流动态 RC 电路而言，若已知电容电压 $u_C(t)$，通过 $u_C(t)$ 能够求出电路中的任何其他电量。同样，由电感电流 $i_L(t)$ 也能求出一阶直流动态 RL 电路中的任何其他响应。关于这一点，会从后面的举例中看到。下面以图 5-8b 所示 RC 电路为分析对象，求电容电压表达式，再由特殊到一般，通过 $u_C(t)$ 的表达式找出一阶直流动态电路响应的通式。求电容电压的方法有不少，这里采用经典法。所谓经典法是根据两类约束条件，通过列解描述激励与响应关系的微分方程，求响应的一种方法。

假设图 5-8 所示电路在 $t=0$ 时刻换路。

第一步，建立换路后响应 $u_C(t)$ 的微分方程。

根据图 5-8b 所示电路，列回路电压方程，并把电容的电压电流关系 $i_C(t)=\mathrm{d}u_C(t)/\mathrm{d}t$ 代入回路方程中，消去 $i_C(t)$，得以下描述 $u_C(t)$ 的一阶常系数微分方程：

$$RC\frac{\mathrm{d}u_C(t)}{\mathrm{d}t}+u_C(t)=U_s \quad t>0 \tag{5-15}$$

第二步，按照高等数学介绍的解常系数微分方程的方法，求微分方程的齐次解。

式（5-15）对应的特征方程为 $RC\lambda+1=0$，求得特征根 $\lambda=-1/RC$。该微分方程的齐次解为

$$u_{Ch}(t)=K\mathrm{e}^{-\frac{t}{RC}}\quad t>0$$

式中，K为待定系数，由边界条件确定。

第三步，求微分方程的特解和通解。

设微分方程的特解为常数，$u_{Cp}(t)=A$。代入式（5-15），解得$u_{Cp}(t)=A=U_s$。电容电压的通解为

$$u_C(t)=u_{Cp}(t)+u_{Ch}(t)=U_s+K\mathrm{e}^{-\frac{t}{RC}}\quad t>0 \tag{5-16}$$

第四步，寻找边界值$u_C(0_+)$，确定微分方程的唯一解。

在高等数学中，都用0时刻的被求函数值作为求微分方程唯一解的边界值，这是以被求函数在$t=0$连续为前提条件的。在电路分析中，绝大多数响应在换路时刻是不连续的，也就是说，响应在$t=0$的值不存在，因此，一种方法是用换路后最初时刻的响应值作为边界条件，即$t=0_+$的响应值。如何求响应的边界值留待5.2.3小节详细介绍，这里假设已知$t=0_+$的电容电压$u_C(0_+)$。令式（5-16）中$t=0_+$，并代入边界值$u_C(0_+)$，求得系数$K=u_C(0_+)-U_s$。至此，得到电容电压的唯一解为

$$u_C(t)=U_s+[u_C(0_+)-U_s]\mathrm{e}^{-\frac{t}{RC}}\quad t>0 \tag{5-17}$$

图5-8b所示电路与图5-9b所示电路是对偶电路，并且$u_C(t)$与$i_L(t)$是对偶电量。已知$u_C(t)$，通过对偶关系，便可获得图5-9b所示电路中电感电流$i_L(t)$的表达式：

$$i_L(t)=I_s+[i_L(0_+)-I_s]\mathrm{e}^{-\frac{t}{L/R}}\quad t>0 \tag{5-18}$$

根据已有认知不难理解，在式（5-17）或者式（5-18）中必然蕴含了一阶直流动态电路响应的共性。以式（5-17）为例，当$t\to\infty$时，式中第二项为零，有$u_C(\infty)=U_s$，称该值为终值；把$u_C(0_+)$称为初始值；令式中参数$RC=\tau$，称为时间常数，单位是秒（s）。式（5-17）又可写为

$$u_C(t)=u_C(\infty)+[u_C(0_+)-u_C(\infty)]\mathrm{e}^{-\frac{t}{\tau}} \tag{5-19}$$

若用$r(t)$表示一阶直流动态电路的响应，$r(\infty)=r(t)\big|_{t=\infty}$为响应$r(t)$的终值，$r(0_+)=r(t)\big|_{t=0_+}$为响应$r(t)$的初始值。依照式（5-19）的格式，在$t=0$换路后，一阶直流动态电路响应的数学表达式为

$$\begin{aligned}r(t)&=r(\infty)+[r(0_+)-r(\infty)]\mathrm{e}^{-\frac{t}{\tau}}\quad t>0\\&=\text{终值}+[\text{初始值}-\text{终值}]\mathrm{e}^{-t/\tau}\quad t>0\end{aligned} \tag{5-20}$$

式（5-20）被称为三要素公式。在分析一阶直流动态电路的响应时，只要找出响应的终值$r(\infty)$、响应的初始值$r(0_+)$和电路的时间常数τ三个数值，直接代入式（5-20）便可求出响应$r(t)$，我们把这种方法称为三要素分析方法，简称三要素法。其特点是，用列解代数方程求三个数值替代列解微分方程求一个函数。

5.2.3　三要素分析方法

学习三要素法要解决的核心问题是如何求响应的初始值、响应的终值和电路的时间常数，这是本小节的重点议题。

1. 初始值的计算

初始值$r(0_+)$是动态过程开始时刻的数值。首先，我们梳理一下求初始值的思路。假设

电路在 $t=0$ 时刻换路，若已知电容电压的初始值 $u_C(0_+)$ 以及电感电流的初始值 $i_L(0_+)$，由这两个具有完备性的电量与电路模型，能够求出任何非状态电量的初始值。所以求非状态电量的初始值，要先知 $u_C(0_+)$ 或 $i_L(0_+)$。根据换路定律，$u_C(0_+)=u_C(0_-)$，$i_L(0_+)=i_L(0_-)$，要知 $u_C(0_+)$ 或 $i_L(0_+)$，需要先求出 $u_C(0_-)$ 或 $i_L(0_-)$。根据电量之间的这种相互关系，计算初始值采取如下步骤。

1）根据换路前 $t=0_-$ 时刻的等效电路，求 $u_C(0_-)$ 和 $i_L(0_-)$。

第一步关键是要能正确画出 $t=0_-$ 的等效电路。由于限定电源是直流电源，所以，在换路前的最终时刻，电路处于稳定的直流状态。根据动态元件在直流电路中的特点，画 $t=0_-$ 时刻的电路时，电容元件等效为开路，电感元件等效为短路，$t=0_-$ 时刻的等效电路是直流电阻电路。

2）根据前一步求出的 $u_C(0_-)$ 或 $i_L(0_-)$，以及换路定律，确定 $u_C(0_+)$ 和 $i_L(0_+)$。

如果是求状态变量的初始值，计算至此结束。若是求非状态变量的初始值，还需要下一步分析计算。

3）根据换路后 $t=0_+$ 时刻的等效电路，求响应的初始值 $r(0_+)$。

在画 0_+ 等效电路时，根据已知 0_+ 时刻的电容电压 $u_C(0_+)$，把电容等效为一个大小为 $u_C(0_+)$、极性与 $u_C(0_+)$ 一致的电压源。类似地，根据 0_+ 时刻的电感电流 $i_L(0_+)$，把 0_+ 时刻的电感等效为一个大小为 $i_L(0_+)$、方向与 $i_L(0_+)$ 相同的电流源。$t=0_+$ 时刻的等效电路同样是直流电阻电路。

例 5-3 一阶 RC 电路如图 5-10a 所示，开关 S 打开前电路已处于直流稳定状态，$t=0$ 时开关 S 打开，求初始值 $u_C(0_+)$ 和 $i(0_+)$。

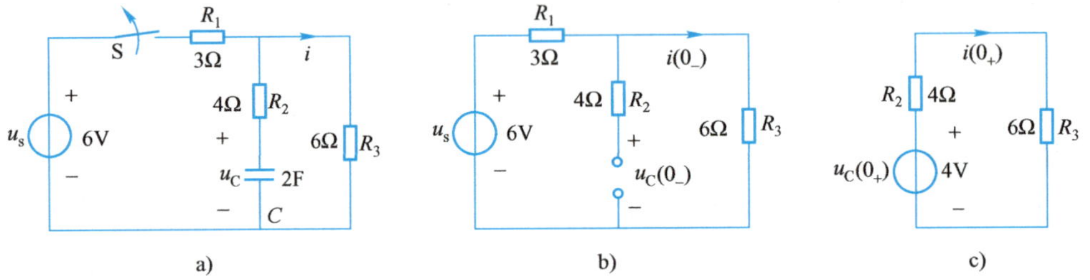

图 5-10 例 5-3 图

a）例 5-3 电路图 b）$t=0_-$ 等效电路 c）$t=0_+$ 等效电路

解：（1）求 $u_C(0_-)$。

由题意知，换路前电路处于直流工作状态，故在 $t=0_-$ 时刻，电容等效为开路，画 $t=0_-$ 时刻的等效电路如图 5-10b 所示。根据所示电路，由分压关系求得

$$u_C(0_-)=\frac{R_3}{R_1+R_3}U_s=\frac{6}{3+6}\times 6\ \text{V}=4\ \text{V}$$

（2）确定 $u_C(0_+)$。

在该电路中，电容电压不会突变，由换路定律得

$$u_C(0_+)=u_C(0_-)=4\ \text{V}$$

（3）求初始值 $i(0_+)$。

图 5-10a 中的开关打开，在 0_+ 时刻，电容用 4 V 电压源替代，在 $t=0_+$ 时刻的等效电路

如图 5-10c 所示。由图求得

$$i(0_+)=\frac{u_C(0_+)}{R_2+R_3}=\frac{4}{4+6}\ \text{A}=0.4\ \text{A}$$

强调：根据图 5-10b 可求得 $i(0_-)=2/3$ A。可见，在换路时刻 $i(0_+)\neq i(0_-)$，非状态电量会发生跳变，不变换路定律的约束，因此，$i(0_-)$对求 $i(0_+)$无帮助，第（1）步不要求非状态变量的 $i(0_-)$。

例 5-4　图 5-11a 所示电路是含两个独立储能元件的二阶动态电路。$t<0$ 时，电路处于稳定工作状态；$t=0$ 时，开关 S 由位置 1 转换到位置 2。求初始值 $u_R(0_+)$和 $i_C(0_+)$。

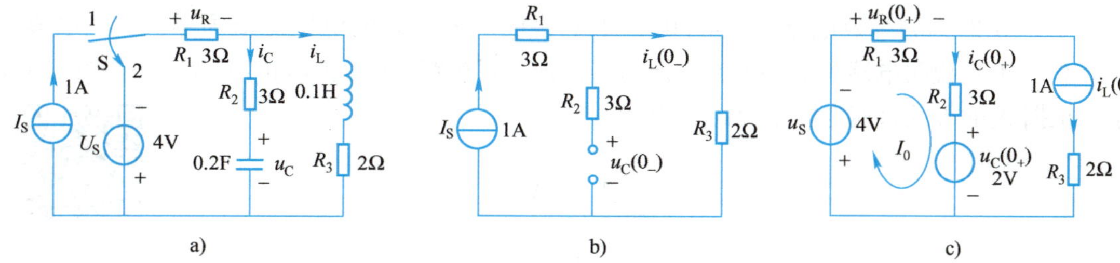

图 5-11　例 5-4 图

a）例 5-4 电路图　b）$t=0_-$等效电路　c）$t=0_+$等效电路

解：（1）求 $u_C(0_-)$和 $i_L(0_-)$。

换路前，电路是直流电流源供电，电路稳定工作状态为直流状态，电容要等效为开路，电感等效为短路，画 $t=0_-$时刻的等效电路如图 5-11b 所示。根据图 5-11b 求得

$$i_L(0_-)=I_s=1\ \text{A}$$

$$u_C(0_-)=R_3 i_L(0_-)=2\ \text{V}$$

（2）确定 $u_C(0_+)$和 $i_L(0_+)$。

根据换路定律得

$$u_C(0_+)=u_C(0_-)=2\ \text{V}$$

$$i_L(0_+)=i_L(0_-)=1\ \text{A}$$

（3）求 $u_R(0_+)$和 $i_C(0_+)$。

画 $t=0_+$时刻的等效电路时，开关接位置 2，电容等效为 2 V 电压源，电感等效为 1 A 电流源，电路如图 5-11c 所示。设左网孔电流为 I_0，列左网孔电压方程，有

$$(R_1+R_2)I_0-R_2 i_L(0_+)=-u_C(0_+)-U_s$$

代入已知数据，解得

$$I_0=-0.5\ \text{A}$$

进一步求得

$$u_R(0_+)=R_1 I_0=-1.5\ \text{V}$$

$$i_C(0_+)=I_0-i_L(0_+)=(-0.5-1)\ \text{A}=-1.5\ \text{A}$$

例 5-5　电路如图 5-12a 所示，开关闭合前电路处于稳定工作状态，$t=0$ 时开关闭合，求开关闭合后图 5-12a 所标电压、电流的初始值。

解：由题意知，开关闭合前电路未加上电源，电路中无电压与电流，则有 $u_C(0_-)=0$ V，$i_L(0_-)=0$ A。根据换路定律知

$$u_C(0_+)=u_C(0_-)=0\ \text{V}$$

$$i_L(0_+)=i_L(0_-)=0\ \text{A}$$

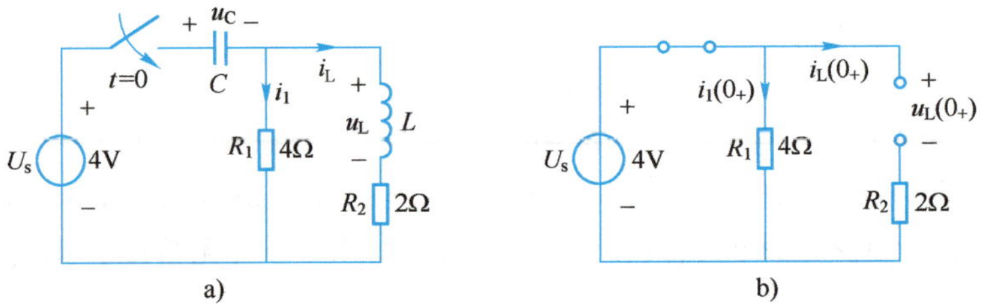

图 5-12 例 5-5 图

a）例 5-5 电路图 b）$t=0_+$等效电路

在画 $t=0_+$时刻的等效电路时，$u_C(0_+)=0$ V 说明电容等效的电压源值为零，故把电容短路；$i_L(0_+)=0$ A 说明电感等效的电流源值为零，则电感短路，$t=0_+$时刻的等效电路如图 5-12b 所示。根据 0_+的等效直流电阻电路可求得

$$i_1(0_+)=\frac{U_s}{R_1}=\frac{4}{4}\text{ A}=1\text{ A}$$

$$u_L(0_+)=U_s=4\text{ V}$$

谈求初始值的难点

2. 终值的计算

终值是换路引起的电路过渡过程结束后，电路达到新的直流工作状态时的响应数值。从理论上讲，若换路发生在 $t=0$ 时刻，当 $t\to\infty$ 时，电路的过渡过程消失。在电路中的供电电源是直流的情况下，电路新的稳定状态是直流工作状态，故求终值 $r(\infty)$依据 $t=\infty$ 时刻的直流等效电路模型。在 $t=\infty$ 的直流电路中，电容元件断开，电感元件短路。下面举例说明终值的计算。

例 5-6 求图 5-11a 所示二阶动态电路中 4 个响应的终值：$u_C(\infty)$、$i_L(\infty)$、$u_R(\infty)$和 $i_C(\infty)$。

解： 在 $t=\infty$ 的直流等效电路中，开关 S 接位置 2，电容断开，电感短路，等效电路如图 5-13 所示。由图可求得

$$i_C(\infty)=0\text{ A}$$

$$i_L(\infty)=-\frac{U_s}{R_1+R_3}=-\frac{4}{3+2}\text{ A}=-0.8\text{ A}$$

$$u_R(\infty)=R_1 i_L(\infty)=3\times(-0.8)\text{V}=-2.4\text{ V}$$

$$u_C(\infty)=R_3 i_L(\infty)=2\times(-0.8)\text{V}=-1.6\text{ V}$$

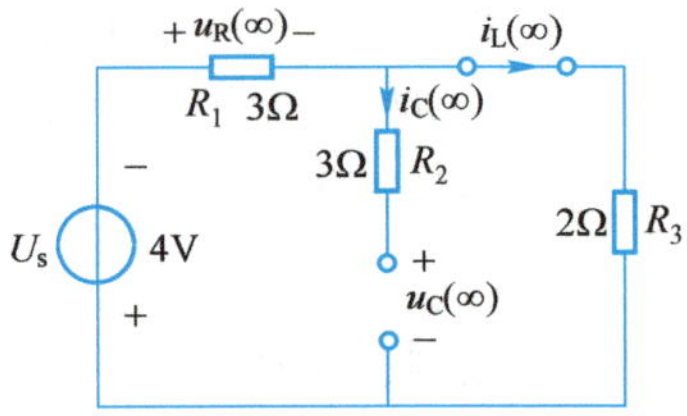

图 5-13 例 5-6 在 $t=\infty$ 的等效电路

3. 时间常数的计算

时间常数 τ 反映电路过渡过程的快慢。一阶 RC 电路的时间常数计算式为 $\tau=R_0C$；一阶 RL 电路的时间常数计算式为 $\tau=L/R_0$。其中，R_0是在 $t>0$ 过渡过程的电路中，从动态元件两端看到的等效电阻值。

例 5-7 求图 5-14a 所示电路的时间常数 τ。

解： 由图 5-14a 所示电路可知，$t=0$ 时开关打开，电压源被断开。在电路的过渡时期，从电容两端看到的戴维南等效电阻电路如图 5-14b 所示。显见，$R_0=R_2+R_3=3\ \Omega$。该 RC 电

路的时间常数为

$$\tau = R_0C = 3\ \mathrm{s}$$

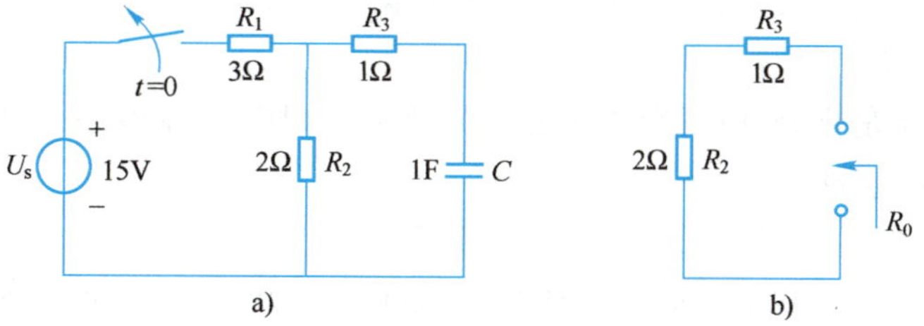

图 5-14　例 5-7 图

a）例 5-6 电路图　b）求 R_0 等效电路

例 5-8　求图 5-15a 所示电路的时间常数。

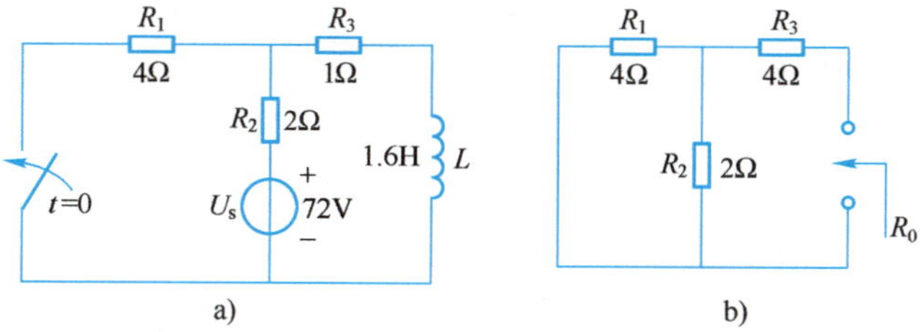

图 5-15　例 5-8 图

解： $t=0$ 时，开关闭合。在电路处于过渡状态时，从电感两端看到的戴维南等效电阻电路如图 5-15b 所示。由图可知

$$R_0 = R_1 /\!/ R_2 + R_3 = (2/\!/4+4)\ \Omega = \frac{16}{3}\ \Omega$$

该 RL 电路的时间常数为
$$\tau = \frac{L}{R_0} = \frac{1.6}{16/3}\ \mathrm{s} = \frac{3}{10}\ \mathrm{s}$$

从三要素公式 $r(t)=r(\infty)+[r(0_+)-r(\infty)]\mathrm{e}^{-\frac{t}{\tau}}$ 不难看出，若要终值 $r(\infty)$ 存在，即 $r(\infty)\neq\infty$，式中第二项必须是指数衰减函数。这就要求 $\tau=R_0C$（或者 $\tau=L/R_0$）>0，即 R_0 必须是正数。$R_0>0$ 的电路是有损电路；$R_0<0$ 的电路不稳定，终值不存在。准确地说，三要素法只适合分析有损一阶直流动态电路。

4. 三要素分析方法举例

用三要素法分析有损一阶直流动态电路的步骤归纳如下。

1）计算初始值 $r(0_+)$。

首先，根据换路前 $t=0_-$ 时刻的直流等效电阻电路求状态变量 $u_C(0_-)$ 或 $i_L(0_-)$；然后，利用换路定律确定状态变量的初始值 $u_C(0_+)$ 或 $i_L(0_+)$。若初始值 $r(0_+)$ 是非状态变量，再根据已知 $u_C(0_+)$ 或 $i_L(0_+)$ 画 $t=0_+$ 的等效电路，求非状态变量的初始值。在 $t=0_+$ 等效电路中，当 $u_C(0_+)\neq 0$ 时，电容等效为电压源；$u_C(0_+)=0$ 时，电容短路。当 $i_L(0_+)\neq 0$ 时，电感等效为电流源；$i_L(0_+)=0$ 时，电感开路。

2）计算终值 $r(\infty)$。

根据换路后 $t=\infty$ 时刻的直流电阻电路求响应的终值。在 $t=\infty$ 的等效电路中，电容与电感的处理方法与 $t=0_-$ 的等效电路相同，即电容开路，电感短路。

3）求等效电阻 R_0，计算电路的时间常数 τ。

求 R_0 的等效电路是把 $t>0$ 电路中的独立源置零，即电压源短路、电流源开路，在动态元件端口得到的等效电阻。

4）把求出的 3 个参数代入三要素公式（5-20）。

例 5-9 电路如图 5-16a 所示，$t=0$ 时开关闭合，开关闭合前电路已处于直流稳定状态。求换路后的电流 $i(t)$ 和 $i_L(t)$。

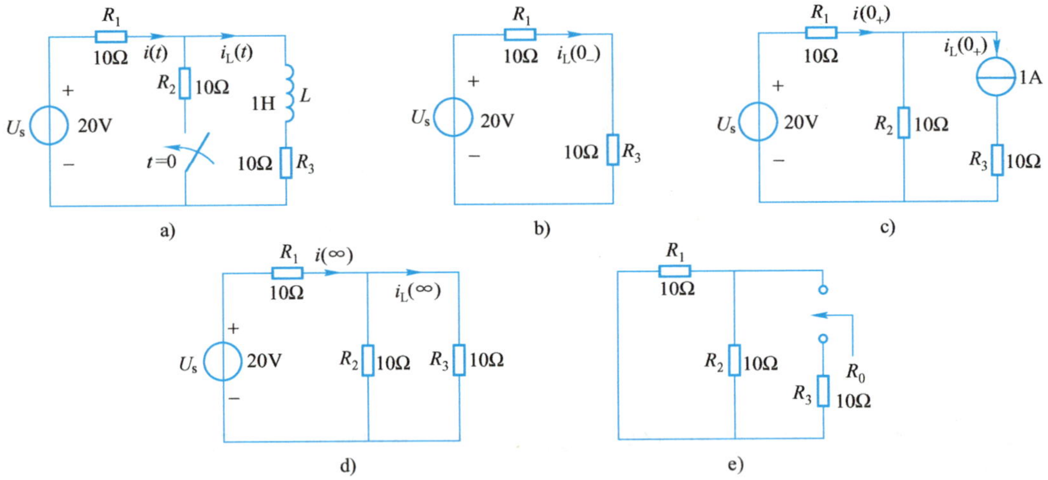

图 5-16 例 5-9 图

a）例 5-9 电路 b）$t=0_-$ 等效电路 c）$t=0_+$ 等效电路 d）$t=\infty$ 等效电路 c）求 R_0 等效电路

解：（1）求初始值 $i_L(0_+)$ 和 $i(0_+)$。

第一步，求 $i_L(0_-)$。开关闭合前电路处于直流状态，电感等效为短路，$t=0_-$ 时刻的等效电路如图 5-16b 所示。由图可求得

$$i_L(0_-)=\frac{U_s}{R_1+R_3}=\frac{20}{10+10}\ \text{A}=1\ \text{A}$$

第二步，根据换路定律得

$$i_L(0_+)=i_L(0_-)=1\ \text{A}$$

第三步，求 $i(0_+)$。

在 $t=0_+$ 时刻，开关闭合，电感用 1 A 直流电流源替代，等效电路如图 5-16c 所示。列写该图左网孔的电压方程，有

$$R_1 i(0_+)+R_2[i(0_+)-i_L(0_+)]=U_s$$

把已知参数代入上式，解得

$$i(0_+)=1.5\ \text{A}$$

（2）求终值 $i_L(\infty)$ 和 $i(\infty)$。

换路后，电路在 $t=\infty$ 再次达到直流稳态，电感等效为短路，$t=\infty$ 的等效电路如图 5-16d 所示。由图知

$$i(\infty)=\frac{U_s}{R_1+R_2/\!/R_3}=\frac{20}{10/\!/10+10}\ \text{A}=\frac{4}{3}\ \text{A}$$

根据分流关系得

$$i_L(\infty)=\frac{1}{2}i(\infty)=\frac{2}{3}\ \text{A}$$

（3）求电路的时间常数 τ。

在电路的过渡过程，从电感两端得到的戴维南等效电阻电路如图 5-16e 所示。R_0为

$$R_0=R_1/\!/R_2+R_3=(10/\!/10+10)\ \Omega=15\ \Omega$$

$$\tau=\frac{L}{R_0}=\frac{1}{15}\ \text{s}$$

把以上所求数值代入三要素公式，得

$$i(t)=i(\infty)+[i(0_+)-i(\infty)]e^{-\frac{t}{\tau}}=\left[\frac{4}{3}+\left(1.5-\frac{4}{3}\right)e^{-15t}\right]\ \text{A}=\left(\frac{4}{3}+\frac{1}{6}e^{-15t}\right)\ \text{A}\quad t>0$$

$$i_L(t)=i_L(\infty)+[i_L(0_+)-i_L(\infty)]e^{-\frac{t}{\tau}}=\left[\frac{2}{3}+\left(1-\frac{2}{3}\right)e^{-15t}\right]\ \text{A}=\left(\frac{2}{3}+\frac{1}{3}e^{-15t}\right)\ \text{A}\quad t\geqslant 0$$

例 5-10　图 5-17a 所示电路在开关闭合前已处于稳定工作状态，$t=0$ 时开关闭合。求：$t>0$ 时的 $u_C(t)$ 和 $i(t)$。

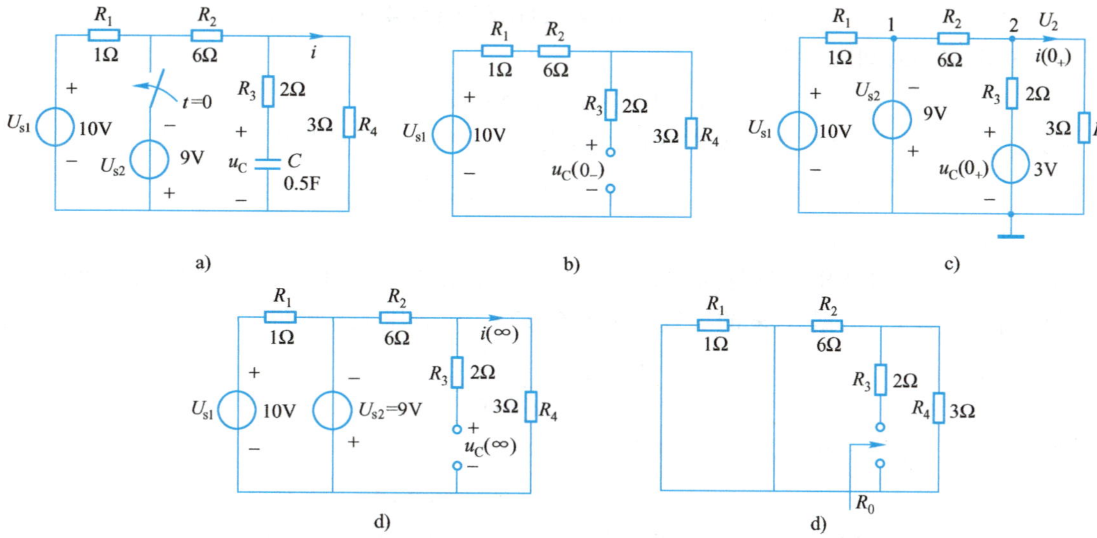

图 5-17　例 5-10 图

a）例 5-10 电路　b）$t=0_-$ 等效电路　c）$t=0_+$ 等效电路　d）$t=\infty$ 等效电路　c）求 R_0 等效电路

解：（1）用三要素法求非状态变量 $i(t)$。

第一步，求 $u_C(0_-)$。

$t=0_-$ 时，图 5-17a 所示电路处于直流稳态，图中电容断开，开关打开，0_- 时刻的等效电路如图 5-17b 所示。由分压关系求得

$$u_C(0_-)=\frac{R_4}{R_1+R_2+R_4}U_{s1}=\frac{3}{1+6+3}\times 10\ \text{A}=3\ \text{A}$$

第二步，求 $u_C(0_+)$。

根据换路定律，得　　　　$u_C(0_+)=u_C(0_-)=3\ \text{V}$

第三步，求 $i(0_+)$。

在换路后的起始时刻，根据 $u_C(0_+)$ 值，电容等效为 3 V 电压源，极性与 $u_C(0_+)$ 相同，画 $t=0_+$ 等效电路如图 5-17c 所示。列图 5-17c 中结点 2 的电流方程，有

$$\left(\frac{1}{R_2}+\frac{1}{R_3}+\frac{1}{R_4}\right)U_2-\frac{1}{R_2}(-U_{s2})=\frac{u_C(0_+)}{R_3}$$

代入数值，解得　　　　$U_2=0\ \text{V}$

则　　　　$i(0_+)=\dfrac{U_2}{R_4}=0\ \text{A}$

第四步，求 $i(\infty)$。

动态过程结束后，电路又处于直流稳态。$t=\infty$ 时，开关闭合、电容断开，等效直流电阻电路如图 5-17d 所示。

$$i(\infty)=-\frac{U_{s2}}{R_2+R_4}=-\frac{9}{6+3}\ \text{A}=-1\ \text{A}$$

第五步，求电路的时间常数 τ。

换路后，从电容两端看到的戴维南等效电阻电路如图 5-17e 所示。其等效电阻为

$$R_0=R_3+R_2/\!/R_4=(2+6/\!/3)\ \Omega=4\ \Omega$$

该 RC 电路的时间常数为

$$\tau=R_0C=4\times0.5\ \text{s}=2\ \text{s}$$

把 $i(0_+)$、$i(\infty)$、τ 代入三要素通式，即式（5-20），得换路后电流 $i(t)$ 为

$$i(t)=i(\infty)+[i(0_+)-i(\infty)]e^{-\frac{t}{\tau}}=(-1+e^{-0.5t})\ \text{A}\quad t>0$$

（2）用三要素法求状态变量 $u_C(t)$。

求 $u_C(0_-)$、$u_C(0_+)$ 和电路时间常数 τ 的过程及数据与上述求电流 $i(t)$ 相同，故省略。这里只需求 $u_C(\infty)$。根据 $t=\infty$ 的等效电路图 5-17d，由分压关系求得

$$u_C(\infty)=-\frac{R_4}{R_4+R_2}U_{s2}=-\frac{3}{3+6}\times9\ \text{V}=-3\ \text{V}$$

把 $u_C(0_+)$、$u_C(\infty)$ 和 τ 三个数值代入三要素公式，有

$$u_C(t)=u_C(\infty)+[u_C(0_+)-u_C(\infty)]e^{-\frac{t}{\tau}}=(-3+6e^{-0.5t})\ \text{V}\quad t\geqslant0$$

从以上用三要素法的分析过程可以体会到：求初始值 $i(0_+)$ 比 $u_C(0_+)$ 复杂，计算非状态变量的初始值 $i(0_+)$ 需要借助 0_+ 等效电路，而状态变量的初始值 $u_C(0_+)$ 根据换路定律就能直接获取，无需画 0_+ 等效电路求初始值。初学者通常会被画不同时刻的等效电路弄糊涂，尤其是 0_+ 等效电路。为了规避画 0_+ 等效电路的麻烦，可以先用三要素法求状态变量，再通过求出的状态变量和 $t>0$ 的电路模型求非状态变量。比如例 5-10，$t>0$ 的电路模型如图 5-18 所示。注意，在过渡过程，电路中电压和电流都随时间变化，所以电容以动态元件的形式出现。已知状态变量 $u_C(t)$，在图示参考方向下，由电容微分形式的电压电流关系得

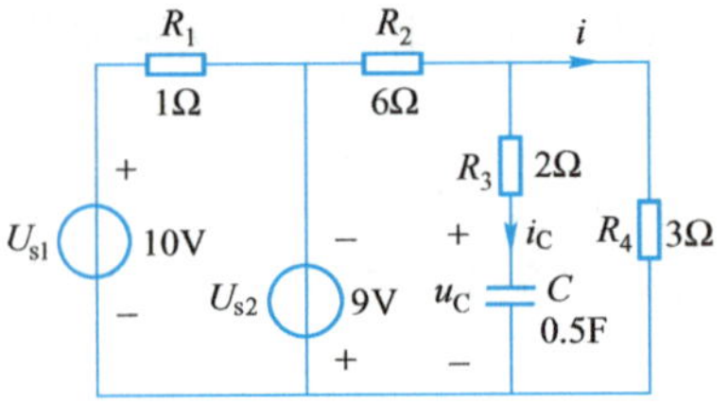

图 5-18　例 5-10 电路 $t>0$ 的电路模型

$$i_C(t)=C\frac{\mathrm{d}u_C(t)}{\mathrm{d}t}=-0.5\times3\mathrm{e}^{-0.5t}\ \mathrm{A}=-1.5\mathrm{e}^{-0.5t}\ \mathrm{A}\quad t>0$$

根据两类约束条件，有 $$i(t)=\frac{R_3i_C(t)+u_C(t)}{R_4}$$

把元件参数与已知函数 $u_C(t)$、$i_C(t)$ 代入上式，得

$$i(t)=\frac{-2\times1.5\mathrm{e}^{-0.5t}-3+6\mathrm{e}^{-0.5t}}{3}\ \mathrm{A}=(-1+\mathrm{e}^{-0.5t})\ \mathrm{A}\quad t>0$$

例 5-11　电路如图 5-19a 所示，$t=0$ 时开关 S 闭合，换路前电路已处于稳定工作状态。求换路后的 $i_L(t)$。

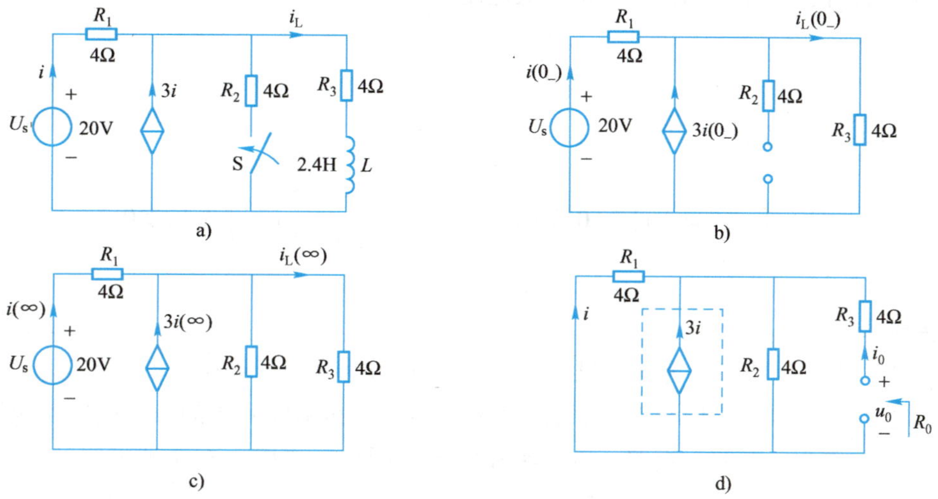

图 5-19　例 5-11 图

a）例 5-11 电路　b）$t=0_-$ 等效电路　c）$t=0_+$ 等效电路　d）$t=\infty$ 等效电路　e）求 R_0 等效电路

解：(1) 求初始值 $i_L(0_+)$。

先求 $i_L(0_-)$。已知换路前电路处于直流稳态，故在 0_- 时刻，电感等效为一根导线，画 0_- 时刻等效电路如图 5-19b 所示。列外回路电压方程，有

$$R_1i(0_-)+R_3i_L(0_-)=U_s$$

代入参数，得 $$4i(0_-)+4i_L(0_-)=20$$

图 5-19b 的结点电流方程为　$i_L(0_-)=3i(0_-)+i(0_-)=4i(0_-)$

联立以上两式，消去 $i(0_-)$，解得　$i_L(0_-)=4\ \mathrm{A}$

由换路定律得　$i_L(0_+)=i_L(0_-)=4\ \mathrm{A}$

(2) 求终值 $i_L(\infty)$。

换路后，$t\to\infty$ 的直流等效电路如图 5-19c 所示。

外回路电压方程为 $$R_1i(\infty)+R_3i_L(\infty)=U_s$$

结点电流方程为 $$i(\infty)+3i(\infty)=i_L(\infty)+\frac{R_3i_L(\infty)}{R_2}$$

代入元件参数，以上两式为

$$4i(\infty)+4i_L(\infty)=20$$

$$4i(\infty)=2i_L(\infty)$$

消去两式中 $i(\infty)$，解得 $$i_L(\infty)=\frac{10}{3}\text{A}$$

（3）求电路的时间常数 τ。

换路后，从电感元件两端看到的戴维南等效电阻电路如图 5-19d 所示。在所设端口电压 u_0 和电流 i_0 参考方向下，外回路电压方程为

$$u_0=R_3i_0-R_1i$$

列图 5-19d 中虚线所示回路电压方程，有

$$R_1i+R_2(i+3i+i_0)=0$$

联立以上两式，代入数值，消去 i，得等效电阻 R_0：

$$\frac{u_0}{i_0}=R_0=4.8\Omega$$

该 RL 电路的时间常数为 $$\tau=\frac{L}{R_0}=0.5\text{ s}$$

$$i_L(t)=i_L(\infty)+[i_L(0_+)-i_L(\infty)]e^{-\frac{t}{\tau}}=\left(\frac{10}{3}+\frac{2}{3}e^{-2t}\right)\text{A}\quad t\geqslant 0$$

思考题

5.2-1 计算 0_- 值时，为什么只求 $u_C(0_-)$ 和 $i_L(0_-)$ 值，不求其他非状态变量的 0_- 值？

5.2-2 在用三要素法分析一阶直流动态电路时，在不同时刻的等效电路中电容有不同的等效，分别为：开路、短路、电压源和电容。同样，电感也有 4 种可能的等效情况：短路、开路、电流源和电感。请从物理概念上理解与归纳，动态元件的 4 种等效与电路不同时刻的关系。

5.2-3 在已知 $i_L(t)$ 的条件下，请求图 5-19a 所示电路中 $t>0$ 的电流 $i(t)$。

5.3 零输入响应和零状态响应

若把动态元件的初始储能也视为一种激励，那么，线性动态电路的响应是外加激励单独作用时产生的响应分量与电路初始储能单独作用时产生的响应分量的线性叠加。前者被称为零状态响应，后者则称为零输入响应。故从因果关系上看，线性动态电路的全响应可分解为

全响应=零输入响应+零状态响应

对线性电路全响应的这一认识推动了线性电路理论与信号理论的发展。

5.3.1 零输入响应

顾名思义，零输入响应指输入信号（指独立源）为零时，由电路的初始储能产生的响应，记为 $r_{zi}(t)$。假如电路在 $t=0$ 时刻发生换路，在一阶动态 RC 电路中，只要电容电压 $u_C(0_-)$ 不为零，电路初始储能就不为零，换路后 RC 电路就有零输入响应。同样，对于 RL 电路而言，只要电感电流 $i_L(0_-)$ 不为零，电路就有初始储能和零输入响应。

零输入响应是动态元件释放初始储能形成的电压与电流。对于无源有损动态电路（指无独立源且存在电阻损耗的电路），在电路初始储能有限的情况下，随着时间推移，电路中能量损耗不断增加，储能逐渐减少；当时间趋于无穷时，有限的初始储能被电阻消耗殆尽，电路中的电压、电流都将趋于零。故有损动态电路中零输入响应的终值都为零，有 $r_{zi}(\infty)=0$。

根据三要素公式，一阶有损动态电路零输入响应的表达式为

$$r_{zi}(t)=r_{zi}(0_+)e^{-\frac{t}{\tau}} \quad t>0 \tag{5-21}$$

分析零输入响应举例如下。

例 5-12　电路如图 5-20 所示。$t<0$ 时，开关 S 接位置 1，电路处于直流稳态。$t=0$ 时，开关由位置 1 切换到位置 2。在图示电压、电流参考方向下，求 $t>0$ 时的 $u_C(t)$ 和 $i_C(t)$。

分析：换路后，电路中无独立源，即外加激励，电路有无响应取决于 $u_C(0_-)$ 是否为零。在换路前的直流稳定状态电路中，电容断开，有 $u_C(0_-)=U_s$。$t>0$ 的电路响应为零输入响应，由电容释放能量形成。

这是一阶有损动态 RC 电路，满足运用三要素法的条件，以下先通过三要素法求出状态电量 $u_C(t)$，再利用电容的电压电流关系求非状态电量 $i_C(t)$。

解：根据换路定律知

$$u_C(0_+)=u_C(0_-)=U_s$$

电容电压的终值为零，电路时间常数 $\tau=RC$。把以上数值代入三要素公式，得

$$u_C(t)=u_C(0_+)e^{-\frac{t}{\tau}}=U_s e^{-\frac{t}{RC}}\text{ V} \quad t\geqslant 0 \tag{5-22}$$

把已知 $u_C(t)$ 代入电容微分形式的电压电流关系中，在图 5-20 所示非关联参考方向下，电容电流为

$$i_C(t)=-C\frac{du_C}{dt}=\frac{U_s}{R}e^{-\frac{t}{RC}}\text{ A} \quad t>0$$

这个电路的过渡过程是一个电容放电过程，电容电压与电流都按指数规律衰减，波形如图 5-21 所示。响应衰减的速度与时间常数 τ 成反比。τ 值大，衰减慢；τ 值小，衰减快，图 5-21a 画出了 3 个不同 τ 值的衰减曲线。从理论上讲，当 $t\to\infty$ 时响应才能衰减为零，电路的过渡过程才结束。但在现实中，人们感觉到的过渡过程往往是短暂的，以电容电压表达式，即式（5-22）为例来解释这一现象。假设 $U_s=5$ V，在过渡过程开始时，电容电压是 5 V。当 $t=3\tau=3RC$ 时，电容电压衰减为 $U_s e^{-3}=0.25$ V，只剩初始值的 5%；当 $t=5\tau=5RC$ 时，电容电压衰减为 $U_s e^{-5}=0.03$ V。在允许一定误差的情况下，完全可以认为电压已衰减到零了。因此，工程上通常认为，电路换路后，经过 $3\tau\sim5\tau$ 时间，过渡过程就结束了。在多数的实际电路中，时间常数 τ 一般不会大于毫秒数量级，所以过渡过程非常短暂，瞬间便结束，故又称其为瞬态过程。

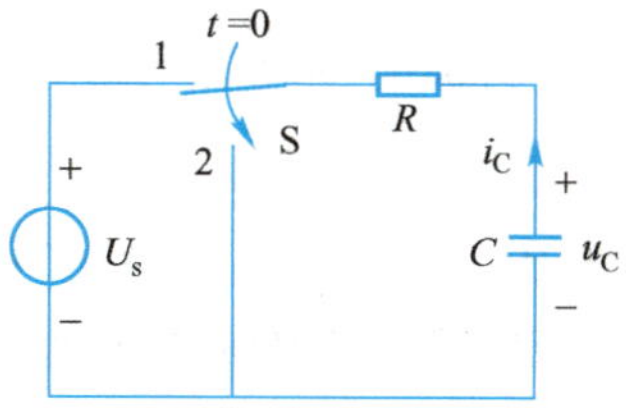

图 5-20　例 5-12 电路

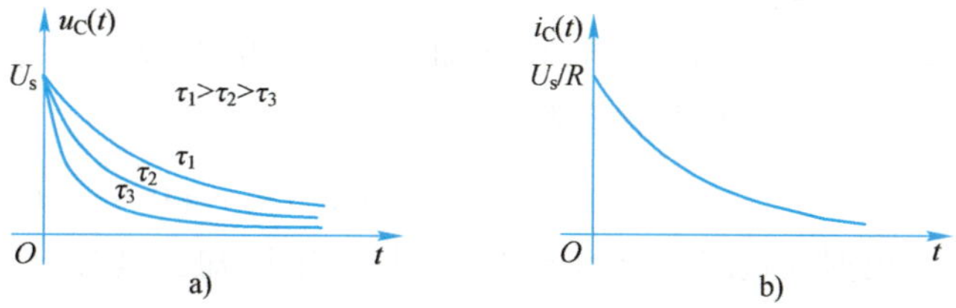

图 5-21　例 5-12 电路的响应波形图

例 5-13 电路如图 5-22a 所示，$t<0$ 时，开关 S 接在位置 1，电路已处于稳定状态。$t=0$ 时，开关 S 由位置 1 转换到位置 2。求 $t>0$ 的 $i_L(t)$ 和 $i(t)$。

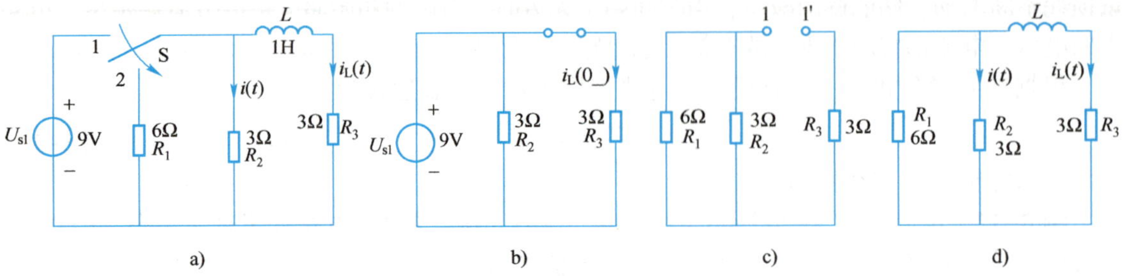

图 5-22 例 5-13 图

a）例 5-13 电路 b）$t=0_-$ 等效电路 c）求 R_0 等效电路 d）$t>0$ 等效电路

解：由题意可知，$t>0$ 的响应属于零输入响应，故有 $i_L(\infty)=i(\infty)=0$ A。对于该一阶有损 RL 电路，先利用三要素法求状态变量 $i_L(t)$，再根据 $t>0$ 的电路和两类约束关系求非状态变量 $i(t)$。

画 $t=0_-$ 等效电路如图 5-22b 所示，在直流稳态电路中电感被短路。根据 0_- 等效电路求得

$$i_L(0_-)=\frac{U_s}{R_3}=\frac{9}{3}\text{ A}=3\text{ A}$$

由换路定律得 $$i_L(0_+)=i_L(0_-)=3\text{ A}$$

换路后，从电感元件两端看到的戴维南等效电阻电路如图 5-22c 所示，11′端口的等效电阻为

$$R_0=R_1/\!/R_2+R_3=(6/\!/3+3)\ \Omega=5\ \Omega$$

电路的时间常数为 $$\tau=\frac{L}{R_0}=\frac{1}{5}\text{ s}$$

把以上数值代入三要素公式，得电感电流

$$i_L(t)=i_L(0_+)\mathrm{e}^{-\frac{t}{\tau}}=3\mathrm{e}^{-5t}\text{ A}\quad t\geqslant 0$$

过渡过程的等效电路如图 5-22d 所示，利用分流公式得

$$i(t)=-\frac{R_1}{R_1+R_2}i_L(t)=-\frac{6}{6+3}\times 3\mathrm{e}^{-5t}\text{ A}=-2\mathrm{e}^{-5t}\text{ A}\quad t>0$$

5.3.2 零状态响应

假设电路在 $t=0$ 时刻换路，所谓零状态响应指：当电路的初始状态为零，即 $u_C(0_-)=0$ V 或者 $i_L(0_-)=0$ A 时，仅由外加激励引起的响应，记为 $r_{zs}(t)$。一阶直流有损动态电路的零状态响应的三要素表达式为

$$r_{zs}(t)=r_{zs}(\infty)+[r_{zs}(0_+)-r_{zs}(\infty)]\mathrm{e}^{-\frac{t}{\tau}}\quad t>0 \tag{5-23}$$

根据零状态响应的定义以及换路定律知，电容电压和电感电流的零状态响应的初始值都为零，有 $u_{Czs}(0_+)=0$ V，$i_{Lzs}(0_+)=0$ A，故而这两个状态电量的零状态响应表达式简化为

$$\begin{cases} u_{Czs}(t)=u_{Czs}(\infty)(1-e^{-\frac{t}{\tau}}) & t\geqslant 0 \\ i_{Lzs}(t)=i_{Lzs}(\infty)(1-e^{-\frac{t}{\tau}}) & t\geqslant 0 \end{cases} \tag{5-24}$$

例 5-14　电路如图 5-23a 所示，开关闭合前电路已处于稳态。$t=0$ 时，开关 S 闭合，求$t>0$ 的 $u_C(t)$和 $i(t)$。

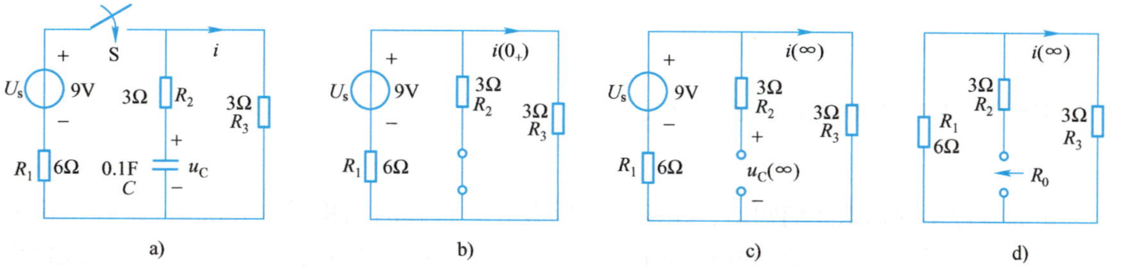

图 5-23　例 5-14 图

a）例 5-14 电路　b）$t=0_+$等效电路　c）$t=\infty$ 等效电路　d）求 R_0 等效电路

分析：图 5-23a 所示模型为直流一阶 RC 电路，符合使用三要素法的条件。由题意知，开关动作前电路未加电压源，$u_C(0_-)=0$ V；根据换路定律可知，$u_C(0_+)=u_C(0_-)=0$ V，电路无初始储能。换路后的电路响应是电压源单独作用下产生的零状态响应。

解：方法一：用三要素法求状态电量 $u_C(t)$和非状态电量 $i(t)$。

当 $t=0_+$时，因 $u_C(0_+)=0$ V，电容等效为短路，0_+等效电路如图 5-23b 所示。利用电阻等效以及分流关系，得

$$i(0_+)=\frac{U_s}{R_1+R_2/\!/R_3}\times\frac{1}{2}=\frac{9}{6+3/\!/3}\times\frac{1}{2}\ \text{A}=0.6\ \text{A}$$

画 $t=\infty$ 的等效电路如图 5-23c 所示，由图求得各电量的终值分别为

$$i(\infty)=\frac{U_s}{R_1+R_3}=\frac{9}{6+3}\ \text{A}=1\ \text{A}$$

$$u_C(\infty)=\frac{R_3}{R_1+R_3}U_s=\frac{3}{6+3}\times 9\ \text{V}=3\ \text{V}$$

在换路后的电路中，令电压源短路，从电容两端看到的等效电阻电路如图 5-23d 所示，等效电阻 R_0为

$$R_0=R_2+R_1/\!/R_3=(3+6/\!/3)\ \Omega=5\ \Omega$$

电路的时间常数为　$\tau=R_0C=5\times 0.1\ \text{s}=0.5\ \text{s}$

把以上参数代入三要素公式，求得

$$u_C(t)=u_C(\infty)(1-e^{-\frac{t}{\tau}})=3(1-e^{-2t})\ \text{V}\quad t\geqslant 0 \tag{5-25}$$

$$i(t)=i(\infty)+[i(0_+)-i(\infty)]e^{-\frac{t}{\tau}}=(1-0.4e^{-2t})\ \text{A}\quad t>0$$

方法二：不直接用三要素法求非状态变量 $i(t)$，而是在用三要素法求出 $u_C(t)$的前提条件下，根据 $t>0$ 的电路和电路两类约束关系求 $i(t)$。

求 $u_C(t)$同方法一，不再累述。$t>0$ 的电路模型如图 5-24 所示，在已知 $u_C(t)$的条件下，列图 5-24 右网孔电压方程，有

$$R_3i(t)=R_2i_C(t)+u_C(t)$$

把元件参数、已知 $u_C(t)$ 和电容的电压电流关系 $i_C(t)=c\mathrm{d}u_C(t)/\mathrm{d}t$ 代入上式，解得

$$i(t)=\frac{R_2}{R_3}c\frac{\mathrm{d}u_C(t)}{\mathrm{d}t}+\frac{1}{R_3}u_C(t)$$
$$=[0.6\mathrm{e}^{-2t}+(1-\mathrm{e}^{-2t})]\mathrm{A}=(1-0.4\mathrm{e}^{-2t})\ \mathrm{A}\quad t>0$$

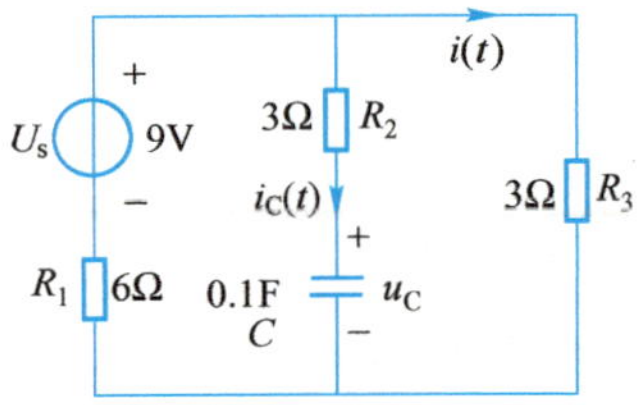

图 5-24　$t>0$ 的例 5-14 电路模型

5.3.3　全响应的不同分解形式

常见的全响应分解有以下 3 种形式。

1. 自然响应与强迫响应

由高等数学的知识我们知道，线性常系数微分方程解的结构是：齐次解+特解。其中，齐次解的数学形式取决于微分方程的特征根，它只与电路结构和元件参数有关，与外加激励无关，故齐解部分也被视为自然响应或固有响应，有：齐次解＝自然响应（或固有响应）；微分方程的特解部分完全取决于外加激励，其表达式形式与外加激励相似，称其为强迫响应，有：特解＝强迫响应。故全响应分解为

全响应＝自然响应(齐次解)+强迫响应(特解)

2. 稳态响应与瞬态响应

这是依据终值对全响应的一种分解形式。当 $t\to\infty$ 时，响应中不为零的部分为稳态响应，趋于零的部分则是瞬态响应，又称暂态响应。以三要素公式 $r(t)=r(\infty)+[r(0_+)-r(\infty)]\mathrm{e}^{-\frac{t}{\tau}}$ 为例，式中常数项 $r(\infty)$ 为稳态响应，指数衰减项 $[r(0_+)-r(\infty)]\mathrm{e}^{-\frac{t}{\tau}}$ 是瞬态响应。有

全响应＝稳态响应+瞬态(暂态)响应

对于一阶直流动态电路而言，瞬态响应也是自然响应，稳态响应也是强迫响应。

3. 零输入响应与零状态响应

如前所述，零输入响应与零状态响应是按因果关系对响应进行的一种分解。有

$$全响应\ r(t)=零输入响应\ r_{zi}(t)+零状态响应\ r_{zs}(t)$$
$$=r_{zi}(0_+)\mathrm{e}^{-\frac{t}{\tau}}+r_{zs}(\infty)+[r_{zs}(0_+)-r_{zs}(\infty)]\mathrm{e}^{-\frac{t}{\tau}}$$
$$=r_{zs}(\infty)+[r_{zi}(0_+)+r_{zs}(0_+)-r_{zs}(\infty)]\mathrm{e}^{-\frac{t}{\tau}}$$
$$=r_{zs}(\infty)+[r(0_+)-r_{zs}(\infty)]\mathrm{e}^{-\frac{t}{\tau}}$$

特殊地，对于状态变量而言，因零状态响应的初始值 $r_{zs}(0_+)$ 为零，全响应的初始值 $r(0_+)$ 就是零输入响应的初始值 $r_{zi}(0_+)$，故能够容易地从全响应表达式中区分零输入响应和零状态响应，有

$$u_C(t)=\underbrace{u_C(0_+)\mathrm{e}^{-\frac{t}{\tau}}}_{零输入响应}+\underbrace{u_C(\infty)[1-\mathrm{e}^{-\frac{t}{\tau}}]}_{零状态响应}\quad t\geqslant 0$$

$$i_L(t)=\underbrace{i_L(0_+)\mathrm{e}^{-\frac{t}{\tau}}}_{零输入响应}+\underbrace{i_L(\infty)[1-\mathrm{e}^{-\frac{t}{\tau}}]}_{零状态响应}\quad t\geqslant 0$$

全响应三种分解之间的关系如图 5-25 所示。

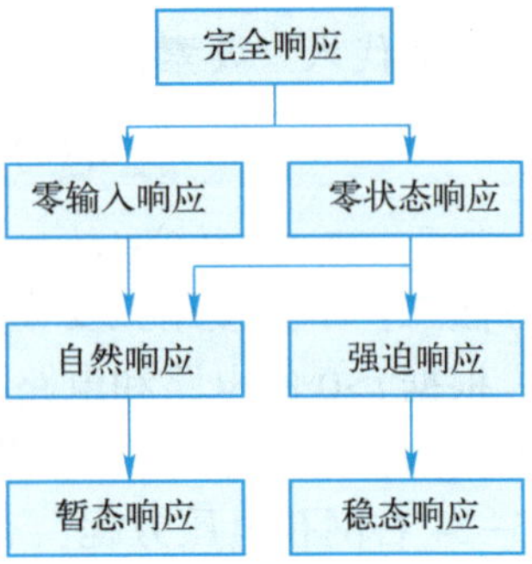

图 5-25　一阶电路全响应的不同分解

例 5-15　电路如图 5-26a 所示，$t<0$ 时，开关 S 接位置 1，电路处于稳态。$t=0$ 时，开关 S 由位置 1 转换到位置 2。求 $t>0$ 时 $u_C(t)$ 和 $i(t)$ 的全响应、零输入响应、零状态响应、暂态响应和稳态响应。

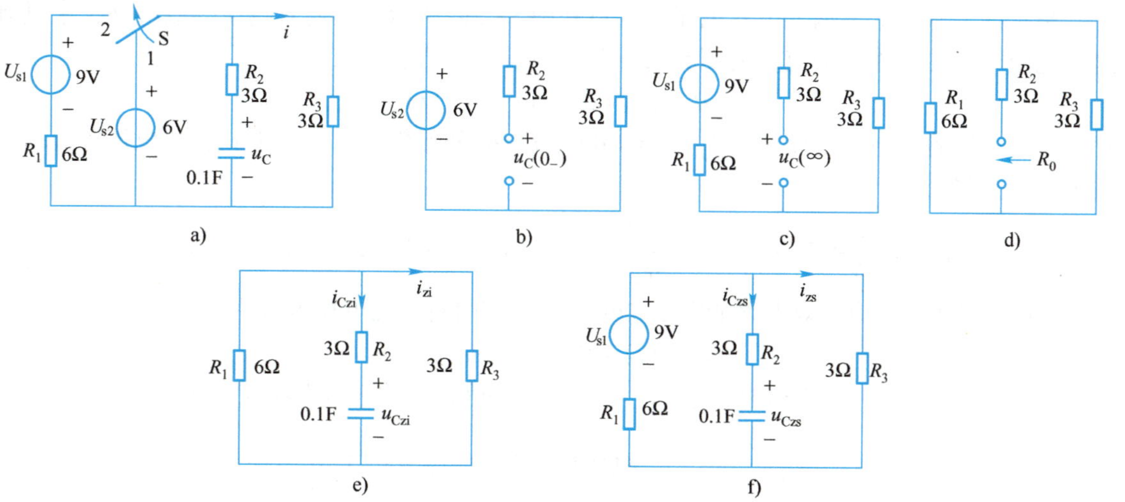

图 5-26　例 5-15 图

a）例 5-15 电路　b）$t=0_-$ 等效电路　c）$t=\infty$ 等效电路　d）求 R_0 等效电路　e）求 i_{zi} 等效电路　f）求 i_{zs} 等效电路

思路：分析该电路符合运用三要素法的条件。先用三要素法求出电容电压的全响应 $u_C(t)$，再利用概念，从电容电压的全响应中分解出零状态响应分量 $u_{Czs}(t)$ 和零输入响应分量 $u_{Czi}(t)$，瞬态响应分量和稳态响应分量。然后根据已知的 $u_{Czs}(t)$、$u_{Czi}(t)$，以及零输入响应电路模型和零状态响应电路模型，求电流 $i(t)$ 的零状态响应分量 $i_{zs}(t)$、零输入响应分量 $i_{zi}(t)$、全响应 $i(t)$ 等其他响应分量。

解：(1) 求状态变量——电容电压。

根据题意，在 $t=0_-$ 直流稳定状态下，电容等效为开路，0_- 时刻等效电路如图 5-26b 所示。由图可知，$u_C(0_-)=6\text{ V}$。根据换路定律得

$$u_C(0_+)=u_C(0_-)=6\text{ V}$$

画换路后 $t=\infty$ 的等效电路如图 5-26c 所示。根据分压关系，电容电压的终值为

$$u_C(\infty)=\frac{R_3}{R_1+R_3}U_{s1}=\frac{3}{6+3}\times 9\text{ V}=3\text{ V}$$

把换路后电路中的电压源置零，从电容两端看到的等效电阻电路如图 5-26d 所示。由图可求得

$$R_0=R_1/\!/R_3+R_2=(6/\!/3+3)\ \Omega=5\ \Omega$$

该电路的时间常数为

$$\tau=R_0C=5\times 0.1\text{ s}=0.5\text{ s}$$

把以上求出的参数代入三要素公式，电容电压的全响应为

$$u_C(t)=u_C(\infty)+[u_C(0_+)-u_C(\infty)]e^{-\frac{t}{\tau}}=(3+3e^{-2t})\text{ V}\quad t>0$$

其中，零状态响应分量为 $u_{Czs}(t)=u_C(\infty)[1-e^{-\frac{t}{\tau}}]=3(1-e^{-2t})\text{ V}\quad t>0$

零输入响应分量为 $u_{Czi}(t)=u_C(0_+)e^{-\frac{t}{\tau}}=6e^{-2t}$ V $t>0$

其中，$t>0$ 的瞬态响应为 $3e^{-2t}$ V；$t>0$ 的稳态响应为 3 V。

（2）求非状态变量——电阻电流。

根据以上求出的零输入电容电压 $u_{Czi}(t)$ 和图 5-26e 所示的零输入响应等效电路，求过渡过程电阻电流的零输入响应。列图 5-26e 的右网孔电压方程，有

$$R_3 i_{zi}(t)=R_2 i_{Czi}(t)+u_{Czi}(t)$$

把 $u_{Czi}(t)$、电容的电压电流关系 $i_{Czi}(t)=C\mathrm{d}u_{Czi}(t)/\mathrm{d}t$ 和元件参数代入上式，得电流 $i(t)$ 的零输入响应分量为

$$i_{zi}(t)=\frac{R_2}{R_3}\times C\frac{\mathrm{d}u_{Czi}(t)}{\mathrm{d}t}+\frac{u_{Czi}(t)}{R_3}=(-1.2e^{-2t}+2e^{-2t})\ \mathrm{A}=0.8e^{-2t}\ \mathrm{A}\quad t>0$$

$t>0$ 的零状态响应等效电路如图 5-26f 所示。该图右网孔电压方程为

$$R_3 i_{zs}(t)=R_2 i_{Czs}(t)+u_{Czs}(t)$$

把 $i_{Czs}(t)=C\mathrm{d}u_{Czs}(t)/\mathrm{d}t$ 和求出的 $u_{Czs}(t)$ 代入上式，得 $i(t)$ 的零状态响应分量为

$$i_{zs}(t)=\frac{R_2}{R_3}C\frac{\mathrm{d}u_{Czs}(t)}{\mathrm{d}t}+\frac{u_{Czs}(t)}{R_3}=(0.6e^{-2t}+1-e^{-2t})\ \mathrm{A}=(1-0.4e^{-2t})\ \mathrm{A}\quad t>0$$

电流的全响应为

$$i(t)=i_{zi}(t)+i_{zs}(t)=[0.8e^{-2t}+(1-0.4e^{-2t})]\ \mathrm{A}=(1+0.4e^{-2t})\ \mathrm{A}\quad t>0$$

其中，瞬态响应分量为 $0.4e^{-2t}$ V，$t>0$；稳态响应为 1 V，$t>0$。

思考题

5.3-1 已知状态变量的全响应，可以从全响应表达式中区分出零输入响应和零状态响应。比如，某电路中电感电流全响应为 $i_L(t)=(1-3e^{-t})$ A，$t>0$；根据零输入响应和零状态响应的概念，其中零状态响应为 $i_{Lzs}(t)=(1-e^{-t})$ A，零输入响应为 $i_{Lzi}(t)=-2e^{-t}$ A。问：若已知某电路中电阻电压的全响应为 $u_R(t)=(2+5e^{-3t})$ V，$t>0$；你能从中分辨出 $u_R(t)$ 的零输入响应分量和零状态响应分量吗？为什么？

5.3-2 请用与例 5-15 不同的方法再求电流 $i(t)$ 的全响应、零输入响应和零状态响应。

*5.4 单位阶跃函数及应用

单位阶跃函数用符号 $\varepsilon(t)$ 表示，定义为

$$\varepsilon(t)=\begin{cases}0 & t<0\\ 1 & t>0\end{cases}\qquad(5-26)$$

$t<0$ 时，函数值为零；$t=0$ 时，函数值发生跃变，跳变幅度为 1，故称为单位阶跃函数，波形如图 5-27 所示。

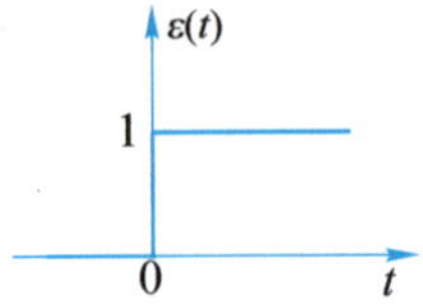

图 5-27 单位阶跃函数

引入单位阶跃函数给动态电路分析带来许多便利。比如，在

图 5-28a 所示电路中，$t<0$ 时，4 V 直流电压未接入一端口电路 N，电路 ab 输入端口电压为零。$t=0$ 时，开关闭合，4 V 电压接入电路 N，一端口电路 N 的 ab 端口电压为

$$u_{ab}(t)=\begin{cases}0 & t<0\\ 4\text{ V} & t>0\end{cases}$$

显然，上式也可表示为，$u_{ab}(t)=4\varepsilon(t)$ V，其对应的等效电路如图 5-28b 所示。对于网络 N 而言，图 5-28b 所示电路与图 5-28a 所示电路互为等效电路。可见，单位阶跃函数能用于描述电路中的开关功能，所以单位阶跃函数又被称为开关函数。当单位阶跃函数与某个函数相乘时，截掉了函数 $t<0$ 的部分，留下了函数 $t>0$ 的部分。利用单位阶跃函数的截取作用，三要素公式（5-20）又可表示为

$$r(t)=\{r(\infty)+[r(0_+)-r(\infty)]e^{-\frac{t}{\tau}}\}\varepsilon(t) \tag{5-27}$$

若只要保留函数 $t>t_0$ 的部分，可用平移阶跃函数 $\varepsilon(t-t_0)$。t_0 取正数，单位阶跃函数往正时间轴平移 t_0 距离，如图 5-29 所示。t_0 取负数，单位阶跃函数往负时间轴平移 t_0 距离。

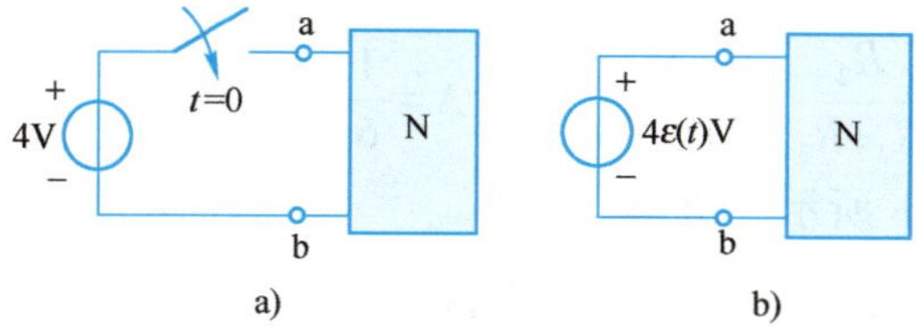

图 5-28　用单位阶跃信号描述开关动作

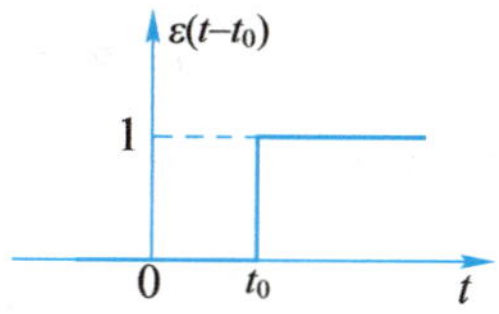

图 5-29　$t_0>0$ 的平移单位阶跃函数

一般地讲，若直流一阶动态电路在 $t=t_0$ 换路，计算 $t>t_0$ 响应的三要素公式为

$$r(t)=r(\infty)+[r(t_{0+})-r(\infty)]e^{-\frac{t-t_0}{\tau}}\quad t>t_0 \tag{5-28}$$

或者

$$r(t)=\{r(\infty)+[r(t_{0+})-r(\infty)]e^{-\frac{t-t_0}{\tau}}\}\varepsilon(t-t_0) \tag{5-29}$$

把单位阶跃函数引入一阶动态电路分析能够扩展三要素法的应用范围，使其不再局限于直流激励，举例如下。

例 5-16　一阶 RL 电路如图 5-30a 所示，已知，$t<0$ 时电感储能为零，输入信号 $u_s(t)$ 的波形如图 5-30b 所示。求 $t>0$ 的电流 $i(t)$。

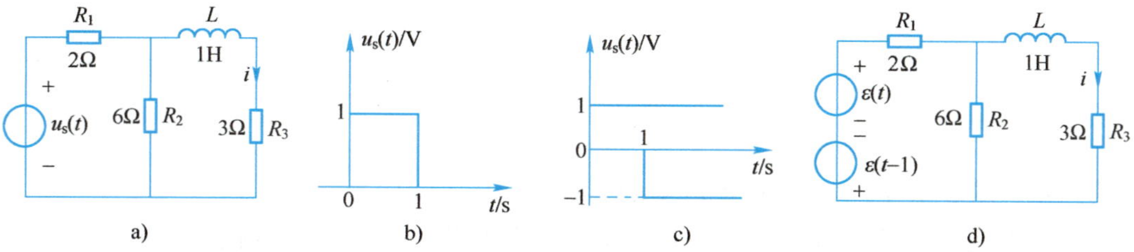

图 5-30　例 5-16 图

思路：由题意知，$t\leqslant 0$ 时电感无储能，因此响应中的零输入响应分量为零，$t>0$ 的电流 $i(t)$ 是在外加激励 $u_s(t)$ 作用下产生的零状态响应。图 5-30a 所示电路是一个线性时不变电路，由第 4 章学习已知，线性电路具有叠加性和比例性。时不变性有两层含义：一是响应与激励的加入时刻无关。也就是说，相同激励会产生相同响应，与什么时刻加入电路没有关

系。二是响应与激励的时移相同。比如，加入电路的激励在时间上有一个t_0的延时，响应也会产生同样t_0的延时。把图5-30b所示波形的输入信号视为由两个接入电路时间不同、极性不同的1 V直流电压源的线性叠加构成，如图5-30c所示，其数学表达式为$u_s(t)=\varepsilon(t)-\varepsilon(t-1)$。其中，单位阶跃函数$\varepsilon(t)$代表在$t=0$时刻接入电路的1 V直流电压源；延时单位阶跃函数$-\varepsilon(t-1)$则表示极性与$\varepsilon(t)$相反，在$t=1$ s接入电路的1 V直流电压源，等效电路模型如图5-30d所示。假设激励$\varepsilon(t)$单独作用产生的零状态响应为$i_1(t)$，激励$\varepsilon(t-1)$单独作用产生的零状态响应为$i_2(t)$，由时不变性可知，响应$i_2(t)=i_1(t-1)$；再利用叠加性与比例性，在$\varepsilon(t)-\varepsilon(t-1)$共同作用下产生的电路响应为$i(t)=i_1(t)-i_2(t)=i_1(t)-i_1(t-1)$。可见，计算的重点是求$\varepsilon(t)$作用产生的零状态响应$i_1(t)$。

解： 第一步，用三要素法求$\varepsilon(t)$作用下产生的零状态响应$i_1(t)$。

已知电感无初始储能，故电感电流的初始值$i_1(0_-)=i_1(0_+)=0$ A。在$t=\infty$时刻，$\varepsilon(t)$单独作用下的直流稳态等效电路如图5-31a所示，利用电阻等效变换和分流关系，求得电流终值$i_1(\infty)$为

$$i_1(\infty)=\frac{U_{s1}}{R_1+R_2/\!/R_3}\times\frac{R_2}{R_2+R_3}=\frac{1}{2+6/\!/3}\times\frac{6}{3+6}\text{ A}=\frac{1}{6}\text{ A}$$

从电感两端看到的等效电阻电路如图5-31b所示，求得

$$R_0=R_1/\!/R_2+R_3=(2/\!/6+3)\ \Omega=\frac{9}{2}\ \Omega$$

电路的时间常数为

$$\tau=\frac{L}{R_0}=\frac{2}{9}\text{ s}$$

有

$$i_1(t)=i_1(\infty)[1-e^{-t/\tau}]\varepsilon(t)=\frac{1}{6}[1-e^{-4.5t}]\varepsilon(t)\text{ A}$$

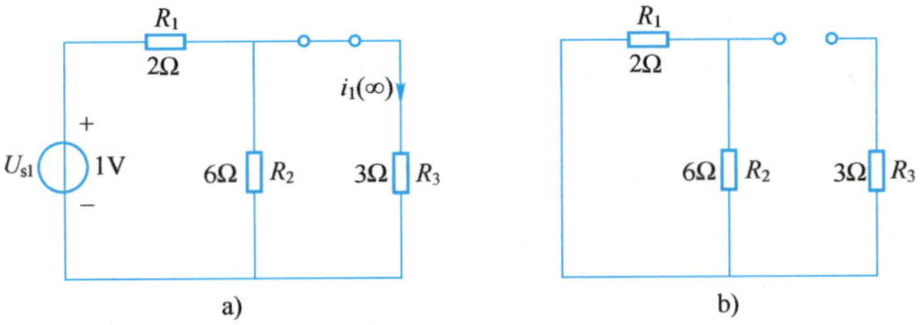

图5-31　求例5-16的电流i_1

a）求$i_1(\infty)$的等效电路　b）求R_0的等效电路

第二步，求$\varepsilon(t-1)$单独作用下产生的零状态响应$i_2(t)$。

利用时不变电路具有的时不变性求$i_2(t)$。当激励为$\varepsilon(t-1)$时，响应$i_2(t)$为

$$i_2(t)=i_1(t-1)=\frac{1}{6}[1-e^{-4.5(t-1)}]\varepsilon(t-1)\text{ A}$$

第三步，求$u_s(t)=\varepsilon(t)-\varepsilon(t-1)$作用下的电路响应$i(t)$。

利用线性电路的叠加性与比例性，$\varepsilon(t)-\varepsilon(t-1)$作用下的电路响应为

$$i(t)=i_1(t)-i_1(t-1)=\left\{\frac{1}{6}(1-e^{-4.5t})\varepsilon(t)-\frac{1}{6}[1-e^{-4.5(t-1)}]\varepsilon(t-1)\right\}\text{ A}$$

5.5 瞬态过程的利用与规避

任何事物都有其两面性，动态电路的瞬态过程也不例外。在电子技术中，一方面利用瞬态过程来实现某些特定功能，比如积分、微分、生成振荡信号、信号波形变换、定时或延时等。另一方面，要对动态电路采取一定的保护措施，防止瞬态过程产生的过电压或过电流导致的电气设备损坏，以及引起的严重事故。掌握瞬态过程的规律，便于在工作中用其“利”，克其“弊”。

*5.5.1 公用照明延时关灯电路

图 5-32 所示为一延时关灯电路，当按下 SB 按钮时，电灯 A 亮，数分钟后，电灯 A 会自动熄灭。延时关灯电路通常装在公共楼道、洗手间等处，用以避免电灯长明。图中 F_1 和 F_2是集成逻辑“非门”，起倒相作用。若非门输入的是低电平，其输出则是高电平 U_{OH}（约为电源电压 U_{CC}）；反之，若非门输入的是高电平，其输出就是低电平 U_{OL}（约为 0 V）。该电路的工作原理是：电路平时处于稳态，电容 C_1的初始电压为零，a 点电位为低电平，F_2输出低电平，晶体管 VT_1截止，处于关断状态，继电器 J 释放，其触点 J_{1-1}断开，电灯 A 不亮；若在 t_1时刻按下按钮 SB，C_1被迅速充电，充电等效电路如图 5-33a 所示，其中，R_e为按钮 SB 闭合时的接触电阻。根据三要素法，a 点电位 u_a为

$$u_a(t)=u_a(\infty)(1-e^{-\frac{t-t_1}{\tau_1}})=U_{CC}(1-e^{-\frac{t-t_1}{\tau_r}})\quad t>t_1$$

式中，充电时间常数 $\tau_1=\dfrac{R_eR_1}{R_e+R_1}\times C_1$，$R_e$很小，且 $R_e\ll R_1$，故 τ_1很小，电压 u_a按指数规律快速上升。当 u_a达到门的阈值电压 V_{th}时，引起非门 F_1状态翻转，再经 F_2反相后输出高电平，晶体管 VT_1立即饱和导通，继电器吸合，其触点接通电灯交流电源，灯亮；当 $t=t_2$时按钮 SB 松开后，电容 C_1通过 R_1放电，放电通路如图 5-33b 所示，a 点电位 u_a为

$$u_a(t)=u_a(t_{2+})e^{-\frac{t-t_2}{\tau_2}}=U_{CC}e^{-\frac{t-t_2}{\tau_2}}\quad t>t_2$$

其中，放电时间常数 $\tau_2=R_1C_1=100$ s。由于 $\tau_2\gg\tau_1$，u_a按指数规律缓慢下降，数分钟后，u_a降至 F_1门阈值电压 V_{th}时，F_1翻转，F_2反相，输出低电平，VT_1截止，继电器释放，触点 J_{1-1}断开交流电源，电灯自动熄灭。u_a的波形如图 5-33c 所示，可见，电路正是利用电容器充放电过程引起逻辑门输出状态的变化来达到延时关灯的目的。

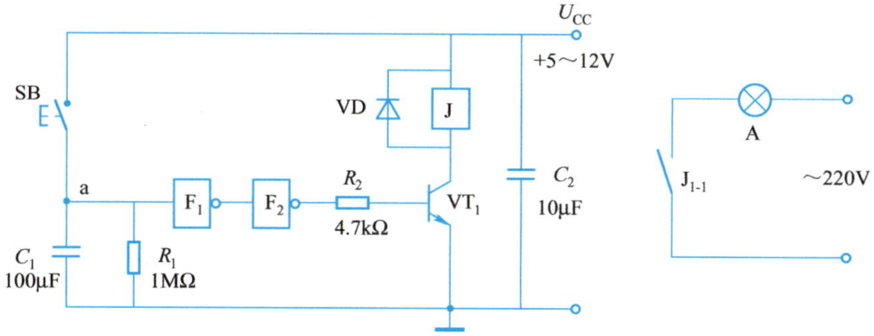

图 5-32 延时关灯电路

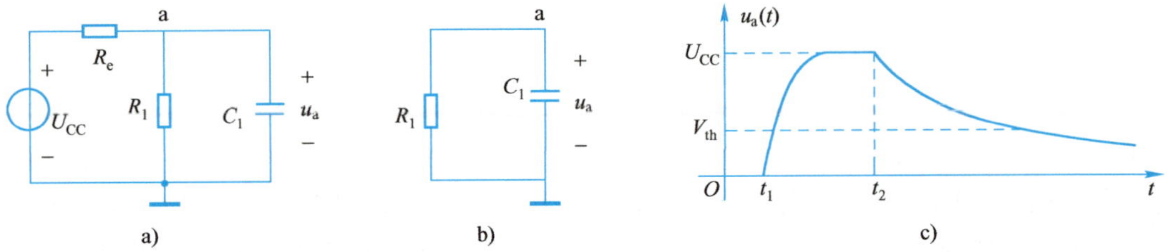

图 5-33 延时关灯电路的瞬态过程

5.5.2 瞬态过程的危害预防

瞬态过程有时会在电路中引起过电压或过电流，不妨来分析一下图 5-34a 所示电路在直流电源断开时，RL 串联支路会出现的情况。假设并接在 RL 串联支路两端的电压表内阻 $R_g=15\ \text{k}\Omega$；$t=0$ 时开关 S 断开，开关断开前电路处于直流稳定状态，故有

$$i_L(0_-)=\frac{U_s}{R}=\frac{10}{10}\ \text{A}=1\ \text{A}$$

根据换路定律得 $$i_L(0_+)=i_L(0_-)=1\ \text{A}$$

开关 S 打开后，$t>0$ 时的等效电路如图 5-34b 所示，电压表两端的电压初始值 $u(0_+)$ 为

$$u(0_+)=-i_L(0_+)R_g=-1\times15000\ \text{V}=-15000\ \text{V}$$

从以上分析数据可见，在换路后的最初时刻，电压表两端电压是 1.5 万 V，这样高的电压将会击穿电压表，使其损坏。此外，在开关 S 断开瞬间，1.5 万 V 的电压也同时加在开关上，使开关两端产生强烈电弧。不难分析，高电压的成因是大电压表电阻 R_g 所致。若既要保证电压测量精度，测电压时 R_g 要大，又要防止出现过电压现象，使开关断开后电感释放储能时 R_g 要小，电阻 R_g 必须可变。为此在电压表两端反并一个续流二极管 VD，原理电路如图 5-34c 所示。开关未打开之前，续流二极管不起作用；开关断开后，续流二极管导通，其导通电阻远小于 R_g，且与 R_g 并联的等效电阻很小，有利于防止过电压，并使电感迅速释放储能。

同样，在图 5-32 电磁继电器 J 励磁线圈两端反并的续流二极管 VD，也是为了防止过电压现象。

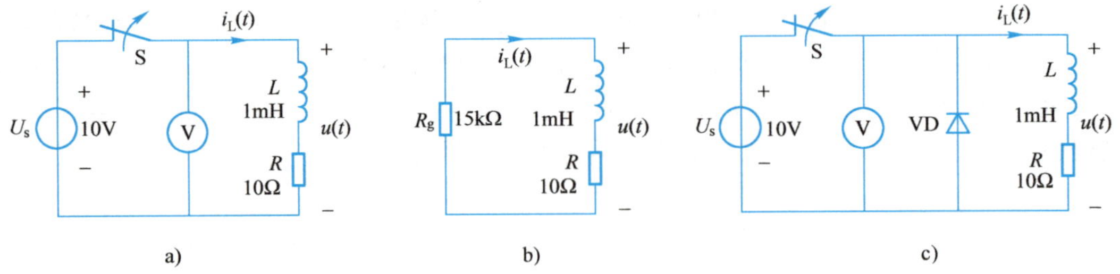

图 5-34 瞬态过程中的危害及预防

a）电路图 b）$t>0$ 时的等效电路 c）反并续流二极管原理图

5.6 习题

一、基本题

1. 某电容端口电压、电流的参考方向关联，电流波形如图 5-35b 所示。已知 $C=1\text{F}$，

电压初始值 $u_C(0)=1$ V。(1) 求 $t\geqslant 0$ 时的 $u_C(t)$，并画出其波形。(2) 计算 $t=3$ s 时的电容储能。

2. 某电感端口电压、电流参考方向关联，端口电压波形如图 5-36b 所示。已知 $L=1$ H，电流初始值 $i_L(0)=0$ A。(1) 求 $t\geqslant 0$ 时的 $i_L(t)$，并画出其波形。(2) 计算 $t=2$ s 时的电感储能。

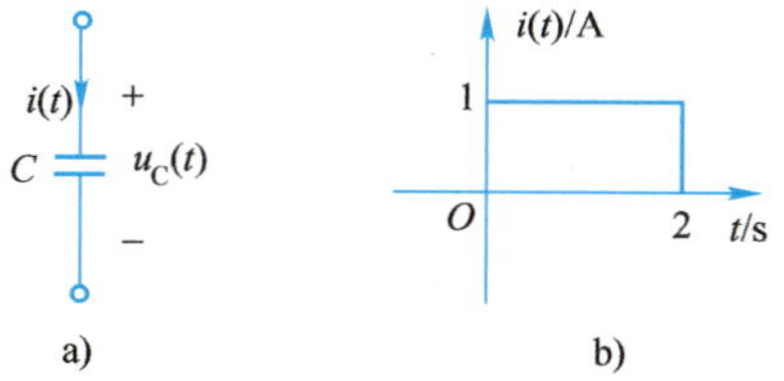

图 5-35　题 1 图

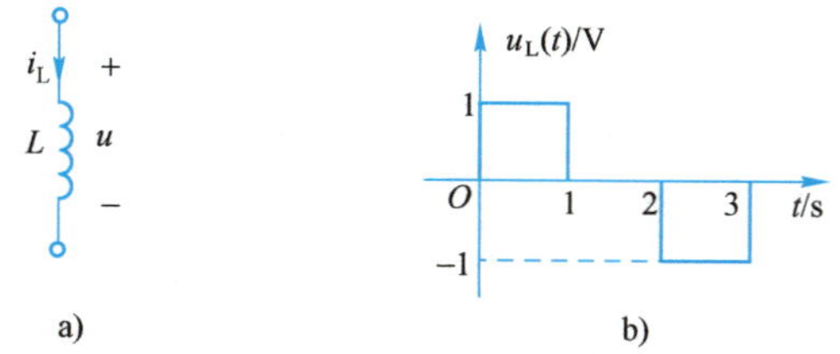

图 5-36　题 2 图

3. 电路如图 5-37 所示，已知 $t>0$ 时，$u_C(t)=2-e^{-0.5t}$V，求 $t>0$ 时的端口电压 $u(t)$。

4. 电路如图 5-38 所示，已知 $t>0$ 时，$u_C(t)=2+3e^{-2t}$V，求 $t>0$ 时的端口电流 $i(t)$。

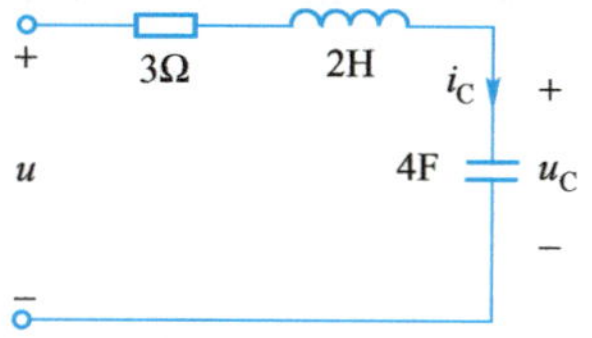

图 5-37　题 3 图

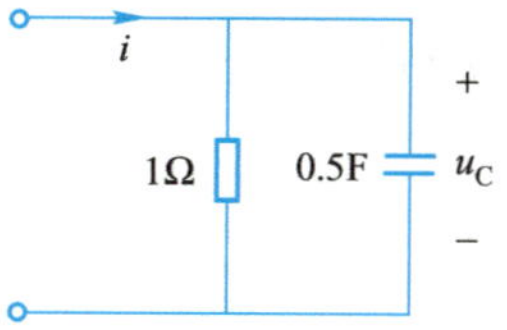

图 5-38　题 4 图

5. 电路如图 5-39 所示，开关 S 闭合前电路已处于稳态，$t=0$ 时刻开关闭合。

(1) 请画 $t=0_-$ 时的等效电路。

(2) 请画 $t=0_+$ 时的等效电路。

(3) 求初始值 $u_C(0_+)$ 和 $i(0_+)$。

6. 某二阶动态电路如图 5-40 所示，$t<0$ 时电路已处于稳态，$t=0$ 时开关 S 闭合。

(1) 请画 $t=0_-$ 时的等效电路。

(2) 请画 $t=0_+$ 时的等效电路。

(3) 求初始值 $u_L(0_+)$、$i_C(0_+)$ 和 $i(0_+)$。

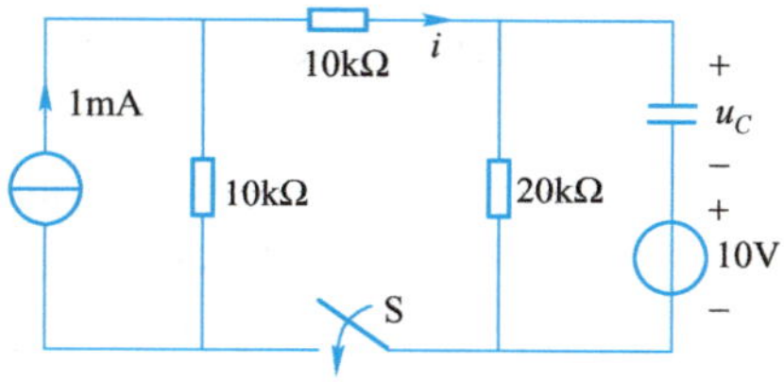

图 5-39　题 5 图

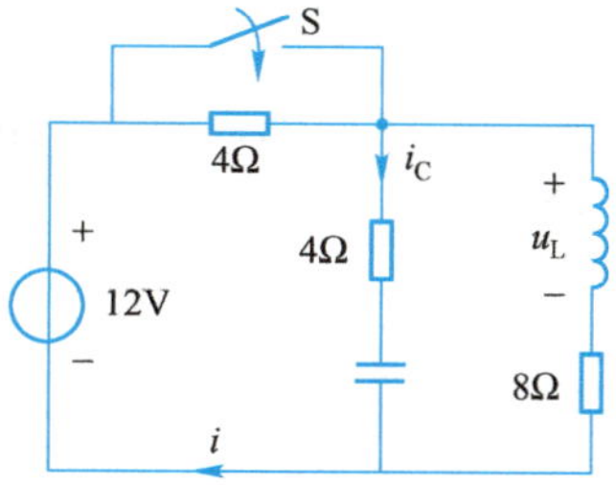

图 5-40　题 6 图

7. 电路如图 5-41 所示，已知开关 S 闭合前，电路无储能，$t=0$ 时开关闭合。

(1) 请画 $t=0_+$ 时刻的等效电路。

（2）求图5-41电路所标4个电量的初始值。

（3）请画 $t=\infty$ 时的等效电路。

（4）求图5-41电路所标4个电量的终值。

8. 电路如图5-42所示，开关S闭合前电路已处于稳态，$t=0$ 时，开关闭合，试求 $t=0_+$ 及 $t=\infty$ 时电压 u_L 和电流 i 的值。

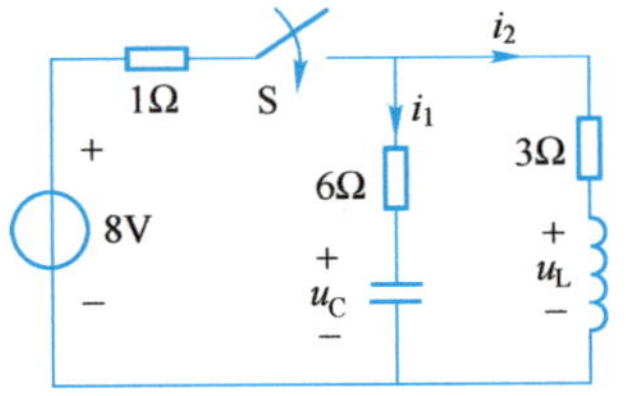

图5-41 题7图

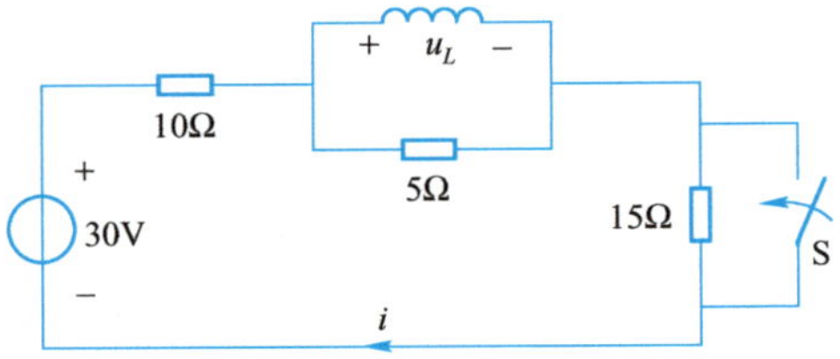

图5-42 题8图

9. 电路如图5-43所示，$t=0$ 时开关S闭合，在开关闭合前电路已处于稳态。求 $t>0$ 时的电容电压 $u_C(t)$。

10. 电路如图5-44所示，开关S在 $t=0$ 时断开，开关断开前电路已处于稳态。求 $t>0$ 时的电感电流 $i_L(t)$。

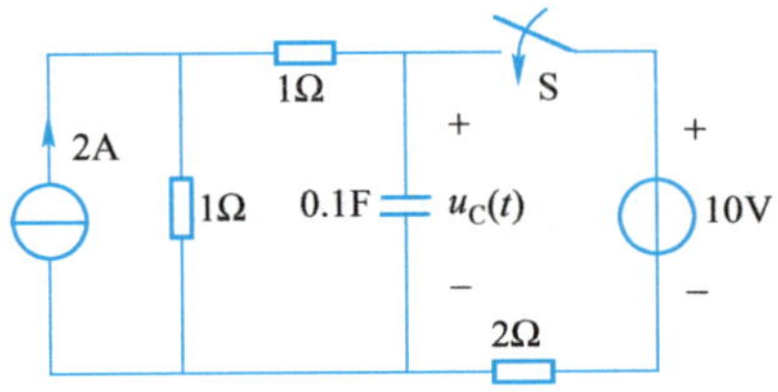

图5-43 题9图

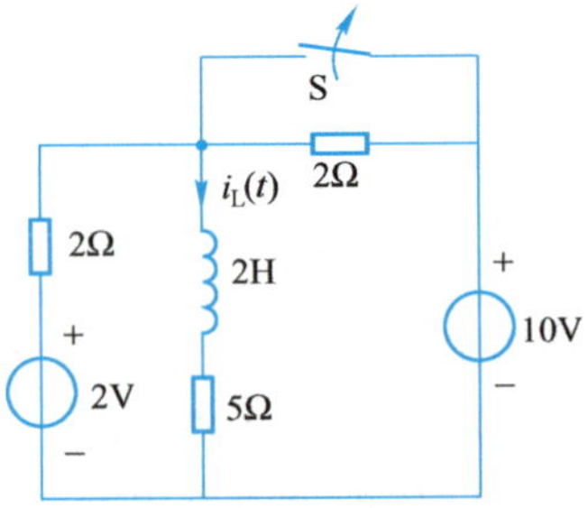

图5-44 题10图

11. 图5-45所示电路在 $t<0$ 时已处于稳态，$t=0$ 时开关S闭合，求 $t>0$ 的电容电压 $u_C(t)$ 和电流 $i_C(t)$。

12. 电路如图5-46所示，开关S位于1时电路处于稳态。$t=0$ 时，开关S由位置1转换到位置2，求 $t>0$ 时的 $i(t)$ 和 $u_C(t)$。

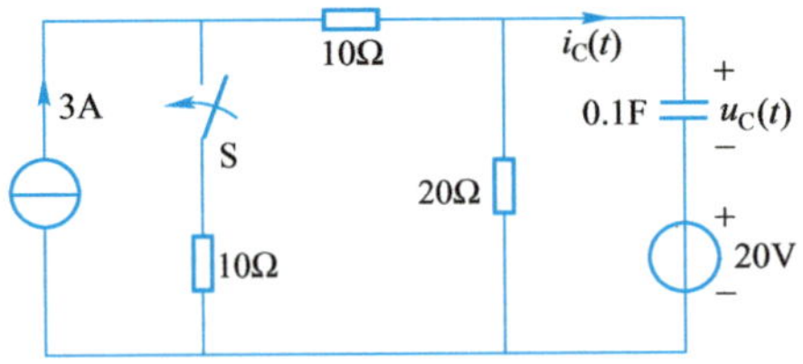

图5-45 题11图

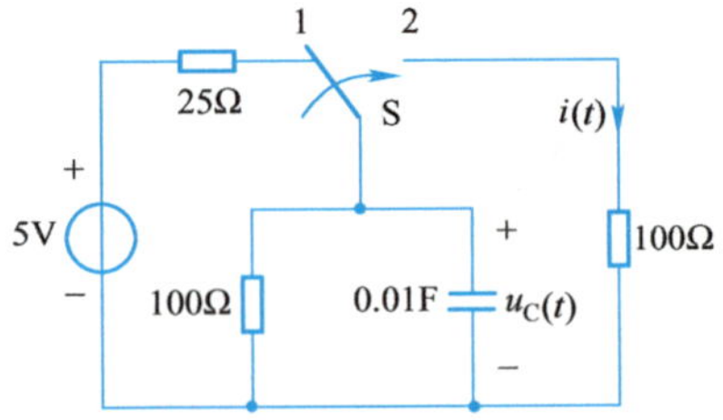

图5-46 题12图

13. 在图5-47所示电路中，$t<0$ 时电路已处于稳态，$t=0$ 时开关S闭合，求：$t>0$ 时的 $i(t)$ 和 $i_L(t)$。

14. 图 5-48 所示电路原已处于稳定状态，$t=0$ 时开关 S 闭合。

（1）问：$t>0$ 时的电流 $i(t)$ 是零输入响应、零状态响应还是全响应？

（2）求 $t>0$ 时的电流 $i(t)$。

（3）请画出电流 $i(t)$ 的波形。

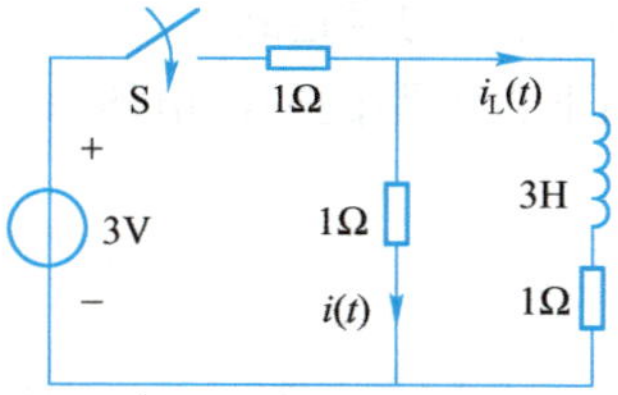

图 5-47　题 13 图

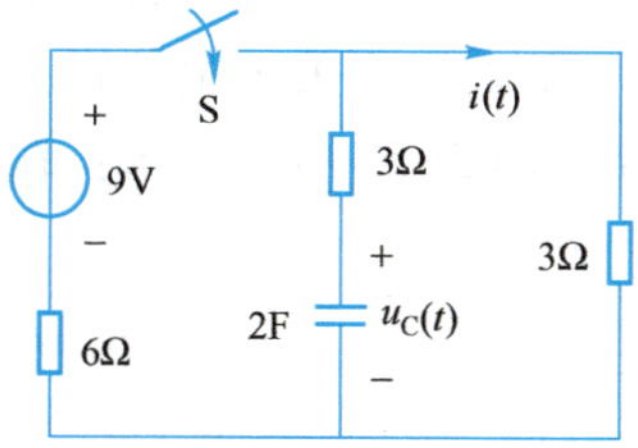

图 5-48　题 14 图

15. 电路如图 5-49 所示，$t<0$ 时开关 S 位于“1”，且电路处于稳态。当 $t=0$ 时，开关由“1”转换到“2”。

（1）问：$t>0$ 时的电路响应 $i_L(t)$ 是零输入响应、零状态响应还是全响应？

（2）求 $t>0$ 时的电流 $i_L(t)$。

16. 电路如图 5-50 所示，$t<0$ 时，开关 S 断开，且电路处于稳定状态。$t=0$ 时，开关闭合，求：开关闭合后，图中所标电压 $u_C(t)$ 和电流 $i(t)$ 的：

（1）零输入响应分量。

（2）零状态响应分量。

（3）全响应。

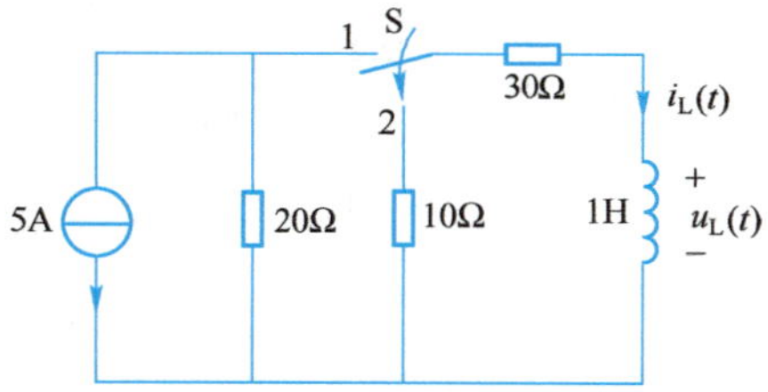

图 5-49　题 15 图

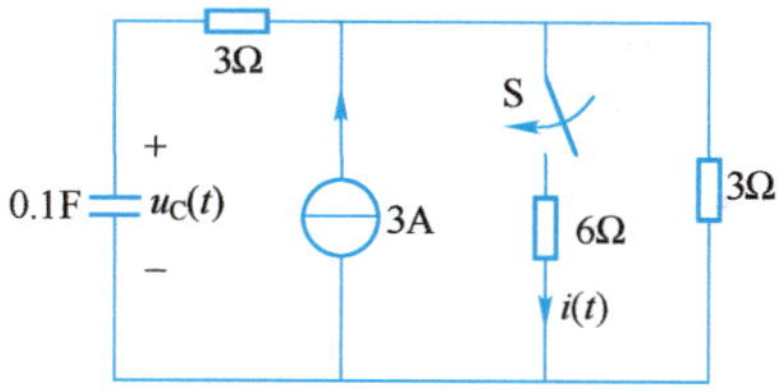

图 5-50　题 16 图

17. 某一阶 RC 电路在 $t=0$ 时换路，已知换路后电容电压的全响应 $u_C(t)=2+2e^{-t}$ V。请指出 $u_C(t)$ 中：

（1）稳态响应分量与瞬态响应分量。

（2）零输入响应分量与零状态响应分量。

（3）若电路中独立源不变，仅 $u_C(0_+)$ 值增加一倍，求此时电容电压的全响应，并指出对应的瞬态响应分量和稳态响应分量。

18. 电路如图 5-51 所示，已知 $i_L(t)=(1-2e^{-2t})$ A，$t>0$。

（1）请分出 $i_L(t)$ 中的零输入响应分量和零状态响

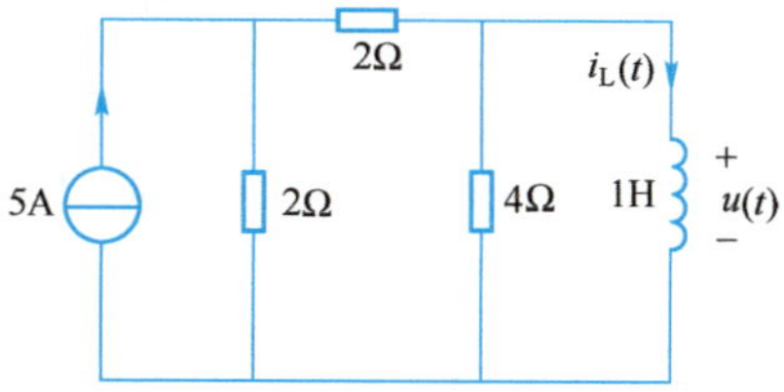

图 5-51　题 18 图

应分量。

(2) 求 $u(t)$ 的全响应、零输入响应和零状态响应。

19. 电路如图5-52所示，图中N为线性含独立源的电阻电路。$t=0$ 时，开关S由位置1接到位置3，$t>0$ 时的电流 $i(t)=(3-e^{-3t})$ A。求：

(1) 电流 $i(t)$ 中的零输入响应分量和零状态响应分量。

(2) 若 $t=0$ 时，开关S由位置1接到位置2，请写出 $i(t)$ 的表达式。

20. 电路如图5-53所示，求：在电流源 $\varepsilon(t)$A作用下，电路的输出电压 $u(t)$。

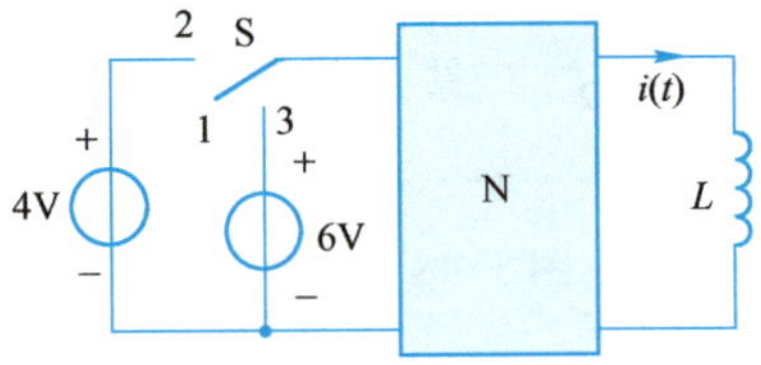

图5-52 题19图

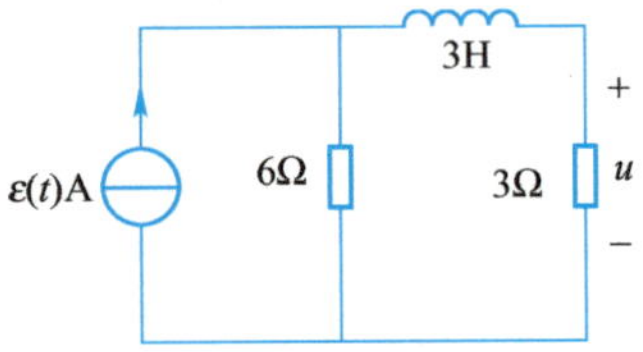

图5-53 题20图

二、深入题

21. 电路如图5-54所示，$t<0$ 时电路已处于稳态。$t=0$ 时开关S闭合，求 $t>0$ 时的 $i(t)$、$i_C(t)$ 和 $u(t)$。

22. 电路如图5-55所示，$t<0$ 时电路已处于稳态，$t=0$ 时开关S由位置1转换到位置2，求 $t>0$ 时的电压 $u_{ab}(t)$。

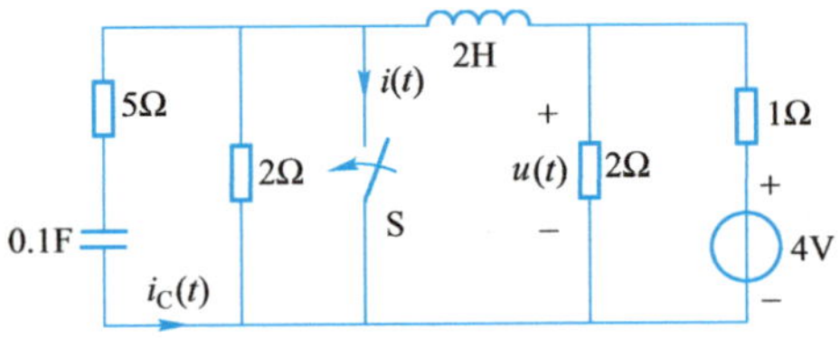

图5-54 题21图

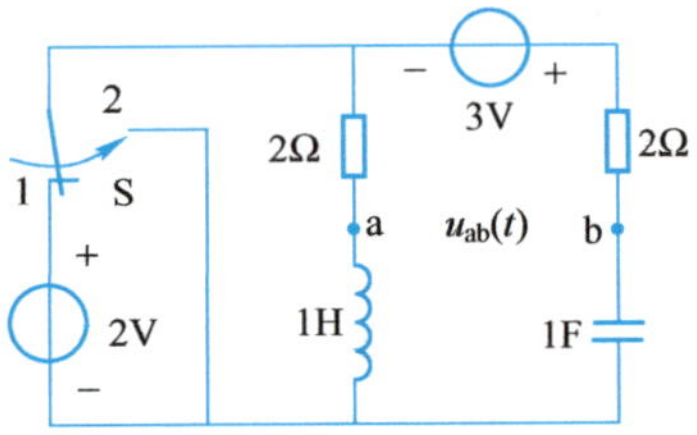

图5-55 题22图

23. 在图5-56所示的一阶RL电路中，N为线性电阻电路，开关S在 $t=0$ 时闭合，已知 $t>0$ 时电路输出电压的零状态响应 $u(t)=4+e^{-3t}$ V。若把电路中0.5H的电感换成4F的电容，电路改为RC电路，求：该一阶RC电路的零状态响应 $u(t)$。

24. 电路如图5-57所示，$t<0$ 时电路已处于稳态。$t=0$ 时开关S闭合，求 $t>0$ 时的 $i(t)$。

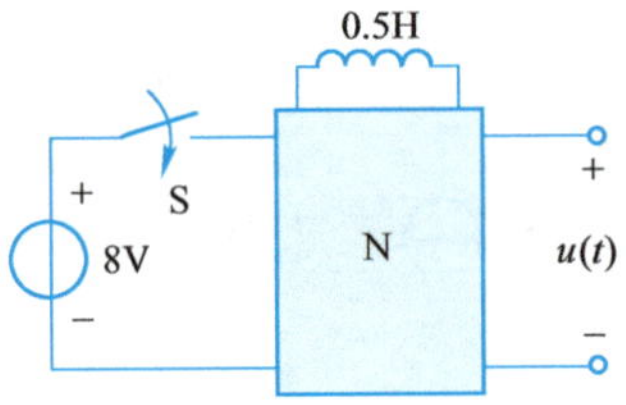

图5-56 题23图

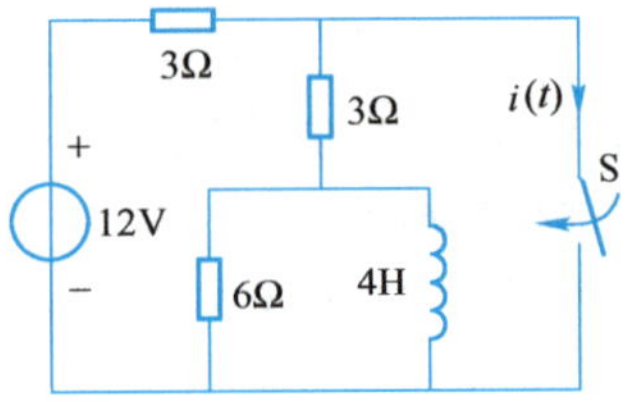

图5-57 题24图

25. 电路如图 5-58 所示，其中 $R_1=R_2=4\ \text{k}\Omega$，$R_3=8\ \text{k}\Omega$，$C=625\ \mu\text{F}$，电压源 U_s已知，换路前电路处于稳态。$t=0$ 时换路。问：

（1）电路的时间常数是多少？

（2）U_x为何值时，换路后电压 u_C中无瞬态响应分量？

26. 电路如图 5-59 所示，电感初始储能为零，当 $t=0$ 时开关 S 闭合。求 $t>0$ 时电流 $i_L(t)$，并画出其波形图。

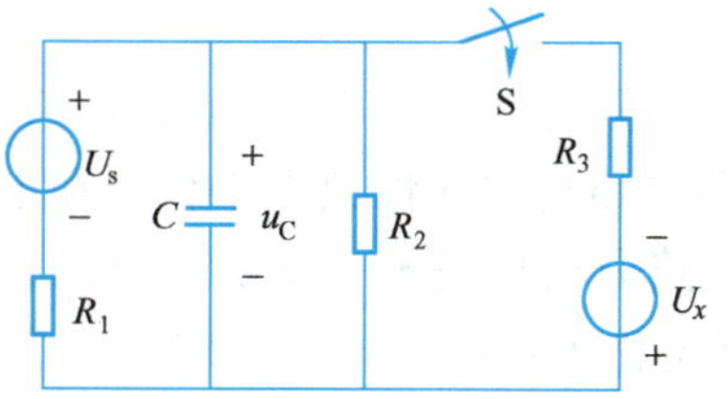

图 5-58　题 25 图

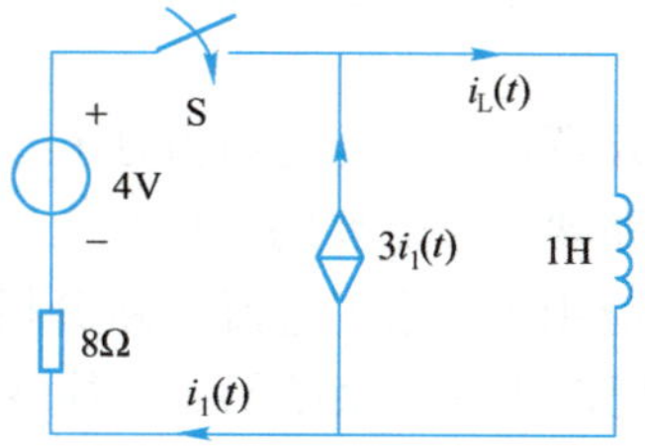

图 5-59　题 26 图

27. 在图 5-60 所示电路中，开关 S 接位置 1 时电路处于稳态。$t=0$ 时，开关 S 由位置 1 接到位置 2，求 $t>0$ 时的电流 i_1和电压 u_C。

28. 如图 5-61a 所示的 RC 电路中，电压 $u_s(t)$为输入，电压 $u_C(t)$为输出。

（1）当 $u_s(t)=\varepsilon(t)$ V 时，求：输出电压 $u_C(t)$的零状态响应。

（2）当 $u_C(0_+)=1$ V，输入电压 $u_s(t)$的波形如图 5-61b 所示，求：$t>0$ 的响应 $u_C(t)$。

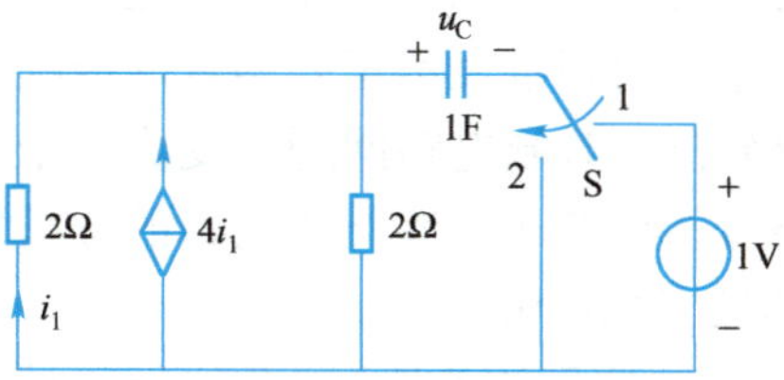

图 5-60　题 27 图

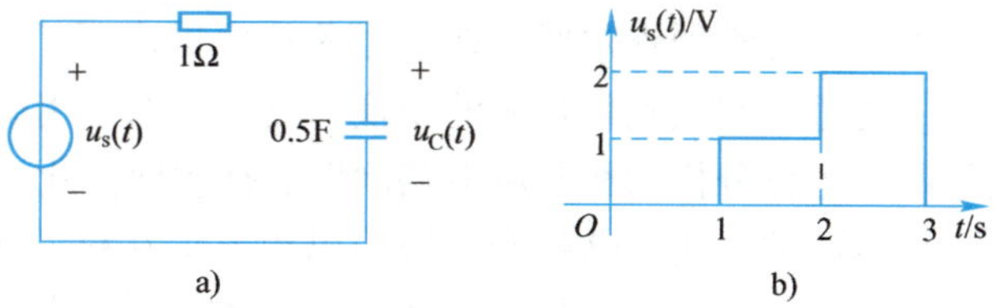

图 5-61　题 28 图

29. 电路如图 5-62 所示，$t<0$ 时，开关 S 接位置 1，电路已处于稳态。$t=0$ 时，开关 S 由位置 1 接到位置 2。求 $t>0$ 的 $u_C(t)$和 $i(t)$。

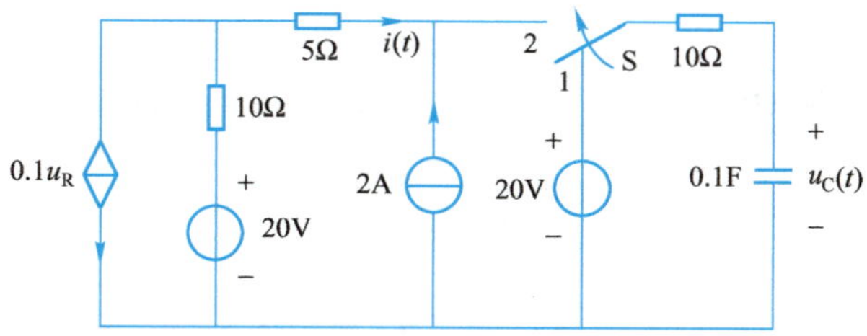

图 5-62　题 29 图

第 6 章　正弦稳态电路分析

6.1　正弦稳态电路概述

在前几章讨论电路分析方法和线性电路定理时，我们都以直流电路为背景，直流通路一般是为电路建立所需要的工作平台。比如，为放大器电路搭建线性放大平台。在电路理论研究和实际应用上，除了直流电路分析外，正弦稳态电路分析也是不可缺的基础内容。在电路理论中，把按正弦或余弦函数规律变化的电压、电流统称为正弦信号。所谓正弦稳态电路指：在正弦信号作用下，响应也是同频率正弦信号的电路。人们对正弦稳态电路分析感兴趣有两个重要原因：一是正弦信号容易产生，并能低损耗长距离传输，所以在仪器仪表、电力、通信、广播等系统中被广泛用做信号或能量的载体。二是绝大多数电信号能够由不同频率的正弦信号线性叠加构成，利用线性电路的叠加性，很容易把正弦稳态电路的分析方法推广到分析任意信号作用下的线性电路中去。

在电路理论中，把以时间为自变量的电路分析称为时域分析，即在时间域里分析电路，前面 5 章讨论直流电路和一阶直流动态电路都是用的时域分析。本章分析正弦稳态电路将在相量域里展开，称其为相量法。相量法是一种变换域的分析方法。1893 年，德裔奥地利数学家及电气工程教授查尔斯·斯坦麦茨首次提出了相量的概念，用相量表示正弦函数的振幅和初相。通过时间域到相量域的变换，把一个原本用微积分分析的时域电路问题转变成一个用复数四则运算分析的相学域电路问题，有效地简化了电路分析的难度，使交流电路的分析发生了根本性的变化。这种变换域的思想方法在科学研究领域屡见不鲜。

相量法的分析思路如图 6-1 所示。在给定时域电路和正弦信号的条件下，先进行时域到相量域的转换，即相量变换，把正弦电压与电流变换为相量电压与电流，把时域电路变换为相量电路。然后，根据相量电路和相量形式的两类约束关系，列相量方程，解相量方程，求出我们感兴趣电量的相量解。最后，再通过相量域到时域的逆转换，即相量反变换，把相量电压或电流转换成正弦电压或电流。

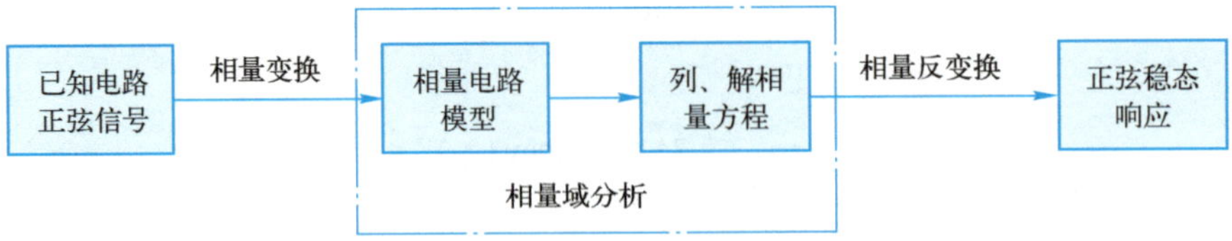

图 6-1　相量法的示意图

本章内容按相量分析法的思路编排：从了解正弦函数和相量的相关参数和概念开始，学习如何进行正弦函数与相量之间的变换与反变换；然后介绍相量形式的基尔霍夫定律和元件的电压电流关系，这是相量电路中电压、电流必须遵循的两类约束关系，是列写相量方程的基本依据；随后学习用相量法求正弦稳态响应的步骤和方法。变压器是交流电路中的常见器件，描述各类变压器常用耦合电感元件或理想变压器，在 6.6 节将介绍耦合电感元件以及含耦合电感电路的正弦稳态分析，理想变压器以及含理想变压器电路的分析。

6.2　正弦电量与相量

6.2.1　正弦电量

1. 正弦电量的三要素

正弦电量是按正弦函数规律变化的电压或电流。数学表达式为

$$f(t)=F_{\mathrm{m}}\cos(\omega t+\varphi) \tag{6-1}$$

式中，函数 $f(t)$ 代表电压或者电流。当 $f(t)=u(t)$ 时，是正弦电压；当 $f(t)=i(t)$ 时，为正弦电流。$f(t)$ 的大小和方向随时间变化；在设定了参考方向后，若 $f(t_1)>0$，表示在 t_1 时刻，$f(t_1)$ 的真实方向与参考方向一致，否则相反。式中 3 个参数 F_{m}、ω 和 φ 一旦确定，$f(t)$ 就能唯一地确定，因此，这 3 个参数被称为正弦函数的三要素。F_{m} 被称为振幅，是正弦电量能达到的最大值。$\omega t+\varphi$ 被称为相位角，简称相位，单位取弧度（rad）。φ 是在 $t=0$ 时刻的相位，称为初始相位，或简称初相。为了确保初相取值的唯一性，规定取值范围在 $-\pi\leqslant\varphi\leqslant\pi$。当初相 φ 落在Ⅰ、Ⅱ象限时，取正角；当 φ 落在Ⅲ、Ⅳ象限时，取负角，如图 6-2 所示；仅当初相落在负实轴上时，φ 的取值有二值性，可以取 π 或 $-\pi$ 值。初相 φ 与波形的关系如图 6-3 所示。图 6-3a 是 $\varphi=0$ 的波形，正峰值正好在 $t=0$ 处；当 $\varphi>0$ 时，如图 6-3b 所示，离 $t=0$ 最近的正峰值出现在负时间轴 $t_1=-\varphi/\omega<0$ 处；当 $\varphi<0$ 时，如图 6-3c 所示，离 $t=0$ 最近的正峰值出现在正时间轴 $t_1=-\varphi/\omega>0$ 处。可见，初相决定了离起点最近的正峰值出现的位置。角频率 $\omega=\dfrac{\mathrm{d}(\omega t+\varphi)}{\mathrm{d}t}$ 表示相位随时间变化的速度，单位为弧度/秒（rad/s）。它与周期 T（单位为秒（s））和频率 f（单位为赫兹（Hz））的关系是

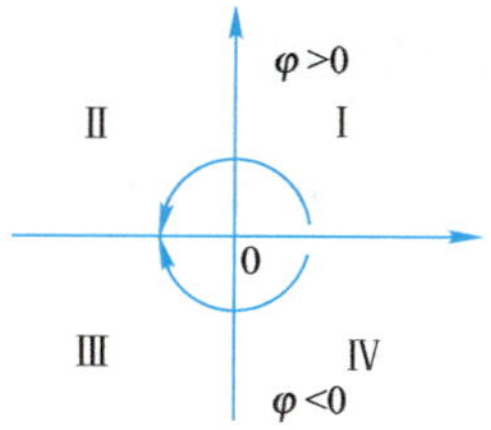

图 6-2　二维坐标

$$\omega=\frac{2\pi}{T}=2\pi f \tag{6-2}$$

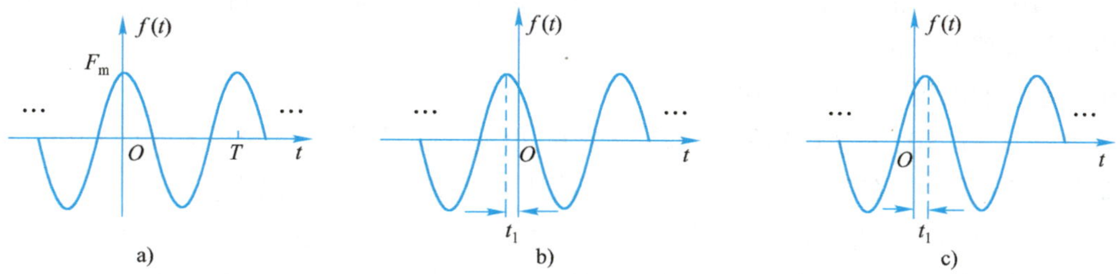

图 6-3　初相 φ 与波形的关系

a）$\varphi=0$　b）$\varphi>0$　c）$\varphi<0$

在电力系统中，正弦波通常作为传输能量的载体。我国提供的正弦交流电频率为 50 Hz，对应的角频率为 314 rad/s，周期为 0.02 s。在通信与广播系统中，用正弦波作为传递信息的载体，一般使用频率较高。常用的频率单位有千赫兹（kHz），兆赫兹（MHz），吉赫兹（GHz），它们之间的换算关系为

$$1\ \text{kHz}=10^3\ \text{Hz}$$
$$1\ \text{MHz}=10^6\ \text{Hz}$$
$$1\ \text{GHz}=10^9\ \text{Hz}$$

例 6-1 正弦电流的波形如图 6-4 所示。

（1）试求波形的振幅 I_m、角频率 ω 和初相 φ。

（2）写出电流波形的表达式。

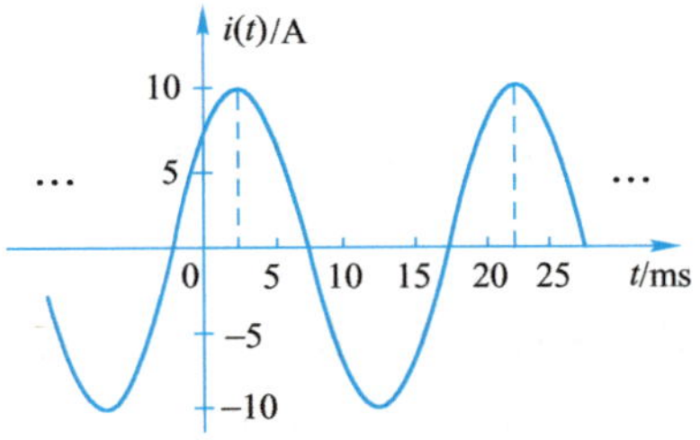

图 6-4 例 6-1 图

解：（1）由波形可知，

电流的振幅 $I_m=10\ \text{A}$

电流的周期 $T=(22.5-2.5)\ \text{ms}=20\ \text{ms}$

电流的角频率 $\omega=\dfrac{2\pi}{T}=\dfrac{2\pi}{20\times10^{-3}}\ \text{rad/s}=100\pi\ \text{rad/s}$

电流的初相 $\varphi=-\omega t_1=-100\pi\times2.5\times10^{-3}\ \text{rad}=-\dfrac{\pi}{4}\ \text{rad}$

（2）电流的表达式为

$$i(t)=10\cos\left(100\pi t-\frac{\pi}{4}\right)\ \text{A}$$

2. 正弦电量的相位差

顾名思义，相位差是两个正弦电量的相位之差。在线性正弦稳态电路中，激励与响应是频率相同的正弦函数，故以下仅讨论同频率正弦函数的相位差。设两个同频率正弦电量分别为

$$f_1(t)=F_{1m}\cos(\omega t+\varphi_1)$$
$$f_2(t)=F_{2m}\cos(\omega t+\varphi_2)$$

若 $f_1(t)$ 的相位减 $f_2(t)$ 的相位之差用 θ_{12} 表示，则有

$$\theta_{12}=(\omega t+\varphi_1)-(\omega t+\varphi_2)=\varphi_1-\varphi_2 \tag{6-3}$$

可见，在任意时刻，两个同频率正弦电量的相位差等于它们的初相之差，是与时间无关的常量。为使相位差的取值具有唯一性，规定取值范围为 $|\theta|\leqslant\pi$。在分析正弦稳态电路时，常利用相位差来辅助分析。

相位差可能出现以下几种情况。

1）$\theta_{12}=\varphi_1-\varphi_2>0$，称 $f_1(t)$ 超前 $f_2(t)$ 一个 θ_{12} 角度，或者说 $f_2(t)$ 滞后 $f_1(t)$ 一个 θ_{12} 角度，波形如图 6-5a 所示。在时间上，$f_1(t)$ 的正峰值比 $f_2(t)$ 的正峰值早出现。

2）$\theta_{12}<0$，称 $f_2(t)$ 超前 $f_1(t)$ 一个 $|\theta_{12}|$ 角度，或者说，$f_1(t)$ 滞后 $f_2(t)$ 一个 $|\theta_{12}|$ 角度，波形如图 6-5b 所示。在时间上，$f_2(t)$ 的正峰值比 $f_1(t)$ 的正峰值早出现。

3）$\theta_{12}=0$，称 $f_1(t)$ 与 $f_2(t)$ 同相，如图 6-5c 所示。$f_1(t)$ 与 $f_2(t)$ 同时达到最大值或最小值。

4) $\theta_{12}=\pm\pi$，称 $f_1(t)$ 与 $f_2(t)$ 反相，如图 6-5d 所示。当 $f_1(t)$ 到达正（负）峰值时，$f_2(t)$ 到达负（正）峰值。

5) $\theta_{12}=\pm\pi/2$，称 $f_1(t)$ 与 $f_2(t)$ 正交，如图 6-5e 所示。当 $f_1(t)$ 到达峰值时，$f_2(t)$ 为零值，而当 $f_1(t)$ 为零值时，$f_2(t)$ 达峰值。

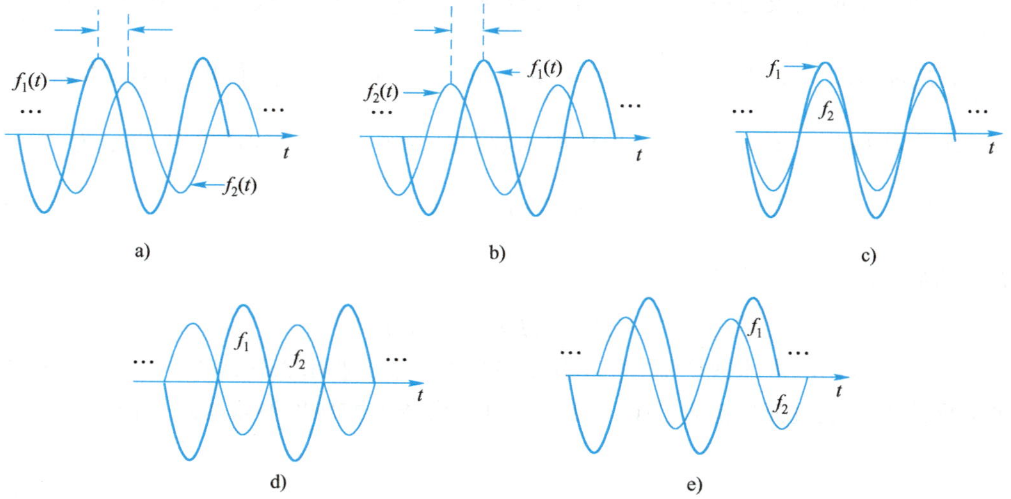

图 6-5　相位差的几种情况

a) $\theta_{12}>0$　b) $\theta_{12}<0$　c) $\theta_{12}=0$　d) $\theta_{12}=\pm\pi$　e) $\theta_{12}=\pm\pi/2$

例 6-2　设两个同频率正弦电压分别为 $u_1(t)=10\cos(\omega t+60°)$ V，$u_2(t)=-2\sin(\omega t+60°)$ V，求它们的相位差。

解： 在余弦函数与正弦函数之间存在±90°的相位差，正负号之间存在±180°的相位差，所以要先统一两个电压的表示方法。电压 $u_2(t)$ 另写为

$$u_2(t)=-2\cos(\omega t-90°+60°)\ \text{V}=2\cos(\omega t+180°-30°)\ \text{V}$$

两个电压的相位差为 $\theta_{12}=60°-150°=-90°$，或者是 $\theta_{21}=150°-60°=90°$，说明 $u_2(t)$ 与 $u_1(t)$ 正交。

3. 正弦电量的有效值

有效值是衡量周期函数大小的物理量，也被称为方均根值，定义为

$$F=\sqrt{\frac{1}{T}\int_0^T f^2(t)\,\mathrm{d}t} \tag{6-4}$$

若 $f(t)=i(t)$，是一个按周期规律变化的、流过电阻 R 的电流，则电阻 R 在一个周期里消耗的交流能量为

$$\widetilde{W}=\int_0^T Ri^2(t)\,\mathrm{d}t=R\int_0^T i^2(t)\,\mathrm{d}t$$

如果让一个大小为 I 的直流电流也流过电阻 R，在一个周期 T 里，电阻 R 消耗的直流能量为

$$W=RI^2T$$

若有 $\widetilde{W}=W$，从能量上看，周期电流 $i(t)$ 的大小与直流电流 I 是等效的，因而，就用 I 来表示

周期电流 $i(t)$ 的大小。根据 $\widetilde{W}=W$ 可推出

$$R\int_0^T i^2(t)\,\mathrm{d}t = RI^2T \rightarrow I = \sqrt{\frac{1}{T}\int_0^T i^2(t)\,\mathrm{d}t}$$

抽去 $i(t)$ 的物理背景，就是周期函数有效值的定义式，即式（6-4）。

正弦函数是周期函数的一个特例，当 $f(t)=F_\mathrm{m}\cos(\omega t+\varphi)$ 时，代入式（6-4），有

$$F = \sqrt{\frac{1}{T}\int_0^T F_\mathrm{m}^2\cos^2(\omega t+\varphi)\,\mathrm{d}t} = \sqrt{\frac{F_\mathrm{m}^2}{2T}\int_0^T[1+\cos2(\omega t+\varphi)]\,\mathrm{d}t} = \sqrt{\frac{F_\mathrm{m}^2}{2T}\left[\int_0^T \mathrm{d}t + \int_0^T\cos2(\omega t+\varphi)\,\mathrm{d}t\right]}$$

上式第一项常数积分为 $F_\mathrm{m}/\sqrt{2}$，第二项周期函数积分为零，得正弦函数的有效值为

$$F=\frac{F_\mathrm{m}}{\sqrt{2}}=0.707F_\mathrm{m} \tag{6-5}$$

引入有效值后，正弦波又可写为

$$f(t)=\sqrt{2}F\cos(\omega t+\varphi) \tag{6-6}$$

用交流电表测出的电压或电流、生活用220 V 电压、工业用380 V 电压，以及在电气设备的铭牌上标注的额定值都是指有效值。器件和电气设备的耐压值通常指最大值。

6.2.2 复数

为了便于后面的学习，本小节将补充复数、复数运算规则等相关知识。

1. 复数及复数的表示方法

复数有复常数与复变函数之分。如果复数值不随时间变化，则是复常数，记为 A；如果复数值随时间变化，则称为复变函数，记为 $A(t)$。

复数可以用数学表达式或有向线段表示，其中数学表达式又有直角坐标和极坐标两种不同的形式。

（1）复数 A 的直角坐标表达式

$$A=a_1+\mathrm{j}a_2$$

式中，j 为虚数单位，定义 $\mathrm{j}=\sqrt{-1}$，或者 $\mathrm{j}^2=-1$；a_1、a_2 都是实常数，a_1 称为复数 A 的实部，与 A 的关系为 $a_1=\mathrm{Re}[A]=\mathrm{Re}[a_1+\mathrm{j}a_2]$，Re 为取实部“算子”。$a_2$ 称为复数 A 的虚部，与 A 的关系为 $a_2=\mathrm{Im}[A]=\mathrm{Im}[a_1+\mathrm{j}a_2]$，Im 为取虚部“算子”。

（2）复数 A 的极坐标表达式

$$A=|A|\underline{/\varphi}=|A|e^{\mathrm{j}\varphi}$$

式中，$|A|$ 为复数的模；φ 为复数的辐角。

（3）复数 A 用有向线段表示

图 6-6 为复平面，横轴称为“实轴”，纵轴称为“虚轴”。在复平面上，复数 A 用一条由原点指向 A 点的有向线段表示，该有向线段的长度取复数的模值 $|A|$，模值 $|A|$ 在实轴上的投影等于复数的实部 a_1，模值 $|A|$ 在虚轴上的投影等于复数的虚部 a_2。或说，A 点的横坐标是复数的实部，纵坐标是复数的虚部。有向线段与实轴的夹角是 A 的辐角 φ。辐角的取值范围规

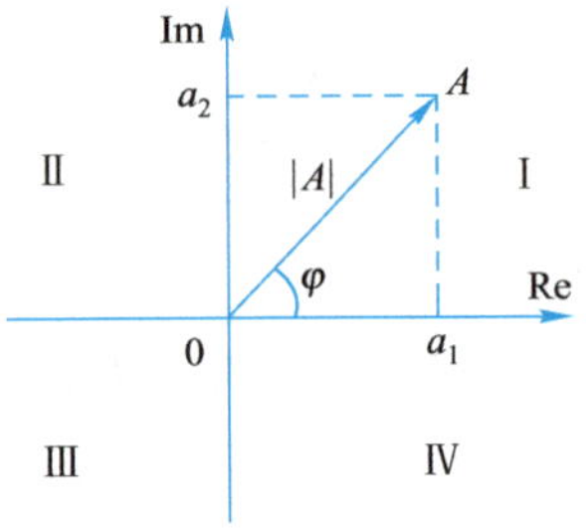

图 6-6 复平面

定为

$$-180° \leqslant \varphi \leqslant 180°$$

（4）直角坐标参数与极坐标参数的转换关系

在做复数运算时，经常需要在直角坐标与极坐标之间进行相互转换。由图 6-6 可见，参数之间呈直角三角形关系。

1）已知直角坐标参数 a_1、a_2，求极坐标参数 $|A|$、φ：

$$|A| = \sqrt{a_1^2 + a_2^2}$$

$$\varphi = \arctan \frac{a_2}{a_1} \tag{6-7}$$

根据 a_1、a_2 的“±”号取值不同，辐角有以下 4 种计算式。

若 $a_1>0$，$a_2>0$，辐角 φ 在第Ⅰ象限，取 $\varphi = \arctan \frac{a_2}{a_1}$。

若 $a_1<0$，$a_2>0$，辐角 φ 在第Ⅱ象限，取 $\varphi = 180° - \arctan \frac{a_2}{|a_1|}$。

若 $a_1<0$，$a_2<0$，辐角 φ 在第Ⅲ象限，取 $\varphi = -180° + \arctan \frac{|a_2|}{|a_1|}$。

若 $a_1>0$，$a_2<0$，辐角 φ 在第Ⅳ象限，取 $\varphi = -\arctan \frac{|a_2|}{a_1}$。

2）已知极坐标参数 $|A|$、φ，求直角坐标参数 a_1、a_2：

$$a_1 = |A| \cos \varphi$$

$$a_2 = |A| \sin \varphi \tag{6-8}$$

3）4 种特殊情况的坐标转换如下。

在正实轴上的复数 $a_1 = a_1 \angle 0°$。

在负实轴上的复数 $-a_1 = a_1 \angle -180° = a_1 \angle 180°$。

在正虚轴上的复数 $\mathrm{j}a_2 = a_2 \angle 90°$。

在负虚轴上的复数 $-\mathrm{j}a_2 = a_2 \angle -90°$。

例 6-3　把下列复数用直角坐标形式表示。

（1）$A=10\angle 73°$　（2）$A=9\angle 125°$　（3）$A=1.2\angle -145°$

（4）$A=10\angle 90°$　（5）$A=2\angle 180°$

解：（1）$A=10\angle 73° = 10\cos73° + \mathrm{j}10\sin73° = 2.92+\mathrm{j}9.56$

（2）$A=9\angle 125° = 9\cos125° + \mathrm{j}9\sin125° = -5.16+\mathrm{j}7.37$

（3）$A=1.2\angle -145° = 1.2\cos(-145°) + \mathrm{j}1.2\sin(-145°) = -0.98-\mathrm{j}0.69$

（4）$A=10\angle 90° = 10\cos90° + \mathrm{j}10\sin90° = \mathrm{j}10$

（5）$A=2\angle 180° = 2\cos180° + \mathrm{j}2\sin180° = -2$

例 6-4　把下列复数用极坐标形式表示，并在复平面上画出对应的有向线段。

（1）$A_1=3+\mathrm{j}4$　（2）$A_2=-3+\mathrm{j}3$　（3）$A_3=5$　（4）$A_4=-\mathrm{j}5$

解：（1）$A_1 = 3+\mathrm{j}4 = \sqrt{3^2+4^2} \angle \arctan \frac{4}{3} = 5\angle 53.13°$

(2) $A_2=-3+\mathrm{j}3=\sqrt{3^2\times2}\angle\left(180°-\arctan\frac{3}{3}\right)=3\sqrt{2}\angle135°$

(3) $A_3=5=5\angle0°$

(4) $A_4=-\mathrm{j}5=5\angle-90°$

各复数的有向线段如图 6-7 所示。

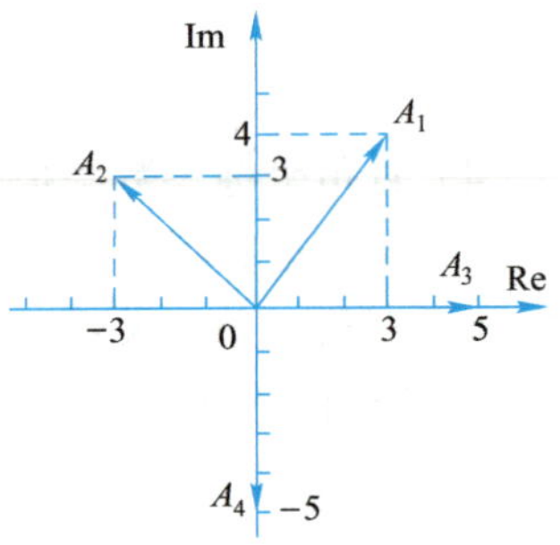

图 6-7 例 6-4

2. 复数的四则运算

四则运算包括加、减、乘、除，下面分别讨论。

设复数 $A=a_1+\mathrm{j}a_2=|A|\angle\varphi$，$B=b_1+\mathrm{j}b_2=|B|\angle\theta$。

(1) 加减运算

加运算　　$A+B=(a_1+\mathrm{j}a_2)+(b_1+\mathrm{j}b_2)=(a_1+b_1)+\mathrm{j}(a_2+b_2)$

减运算　　$A-B=(a_1+\mathrm{j}a_2)-(b_1+\mathrm{j}b_2)=(a_1-b_1)+\mathrm{j}(a_2-b_2)$

运算规则：实部与实部相加减，虚部与虚部相加减。加、减运算用直角坐标形式表示较为方便，如果复数以极坐标形式给出，要先转换为直角坐标形式，再进行加减运算。

在复平面上进行加、减运算过程如图 6-8 所示。复数 A 和 B 如图 6-8a 所示。图 6-8b 为 $A+B$ 运算示意图：A 不动，平移 B，把 B 的起点平移至 A 的终点，则从 A 的起点指向 B 的终点的有向线段就是 $A+B$。$A-B=A+(-B)$，把减 B 运算视为加（$-B$）的加法运算。（$-B$）与 B 模相等，辐角相差 180°，因此，把 B 旋转 180°便是（$-B$），如图 6-8c 所示虚线表示的有向线段。然后，按加法运算的作图方法画出 $A+(-B)$。

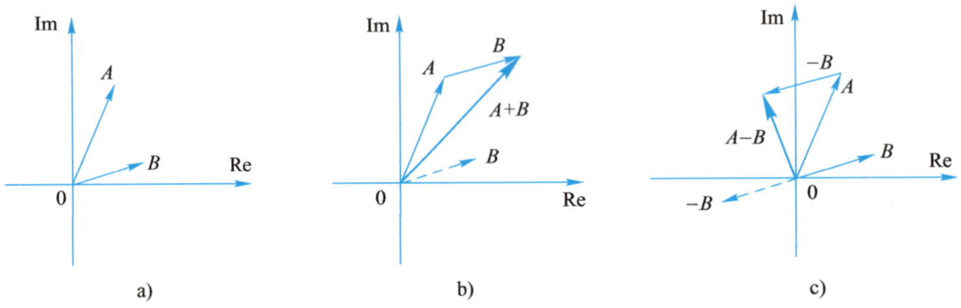

图 6-8 复数加、减运算

a) 复数 A、B 图示 b) $A+B$ 的图示 c) $A-B$ 的图示

(2) 乘运算

$$AB=|A|\angle\varphi\times|B|\angle\theta=|A|\,|B|\angle\varphi+\theta$$

运算规则：模相乘，辐角相加。当复数用直角坐标表示时，按以下步骤运算：

$$\begin{aligned}AB&=(a_1+\mathrm{j}a_2)(b_1+\mathrm{j}b_2)=a_1b_1+\mathrm{j}a_2b_1+\mathrm{j}a_1b_2+\mathrm{j}^2a_2b_2\\&=(a_1b_1-a_2b_2)+\mathrm{j}(a_2b_1+a_1b_2)\end{aligned}$$

可见，乘运算用极坐标形式比用直角坐标形式简便。若复数以直角坐标形式给出，通常是先转换成极坐标形式，再进行乘运算。

(3) 除运算

$$\frac{A}{B}=\frac{|A|\angle\varphi}{|B|\angle\theta}=\frac{|A|}{|B|}\angle\varphi-\theta$$

运算规则：模相除，辐角相减。当复数用直角坐标表示时，按以下步骤运算：

$$\frac{A}{B}=\frac{a_1+\mathrm{j}a_2}{b_1+\mathrm{j}b_2}=\frac{(a_1+\mathrm{j}a_2)(b_1-\mathrm{j}b_2)}{(b_1+\mathrm{j}b_2)(b_1-\mathrm{j}b_2)}=\frac{a_1b_1+a_2b_2+\mathrm{j}(a_2b_1-a_1b_2)}{b_1^2+b_2^2}$$

$$=\frac{a_1b_1+a_2b_2}{b_1^2+b_2^2}+\mathrm{j}\frac{a_2b_1-a_1b_2}{b_1^2+b_2^2}$$

同样，除运算用极坐标形式比用直角坐标形式简便。

例 6-5　已知 $A=5\angle 53.13°$，$B=1.5+\mathrm{j}2.6$，求：$A+B$，$A-B$，AB，A/B。

解：$A=5\angle 53.13°=3+\mathrm{j}4$，$B=1.5+\mathrm{j}2.6=3\angle 60°$

$A+B=3+\mathrm{j}4+1.5+\mathrm{j}2.6=4.5+\mathrm{j}6.6$

$A-B=3+\mathrm{j}4-(1.5+\mathrm{j}2.6)=1.5+\mathrm{j}1.4$

$AB=5\angle 53.13°\times 3\angle 60°=15\angle 113.13°$

$\dfrac{A}{B}=\dfrac{5\angle 53.13°}{3\angle 60°}=\dfrac{5}{3}\angle -6.87°$

6.2.3　相量

1. 相量的定义

相量有振幅相量与有效值相量之分。以下只介绍有效值相量，并简称为相量。假设正弦电量为 $f(t)=\sqrt{2}F\cos(\omega t+\varphi)$，有效值相量定义为

$$\dot{F}=Fe^{\mathrm{j}\varphi}=F\angle\varphi=F\cos\varphi+\mathrm{j}F\sin\varphi \tag{6-9}$$

从“数”的角度看，相量就是一个复常数，但与复常数不同的是，相量与正弦函数之间建立了对应关系。相量的模取正弦函数的有效值 F，相量的角度取正弦函数的初相 φ，而复常数没有这层联系。为了与复常数加以区别，称其为相量，并在大写符号上方加“·”表示。相量能沿用复数的表示方法、运算法则和复数定理。相量用有向线段表示的图形被称为相量图，如图 6-9 所示。

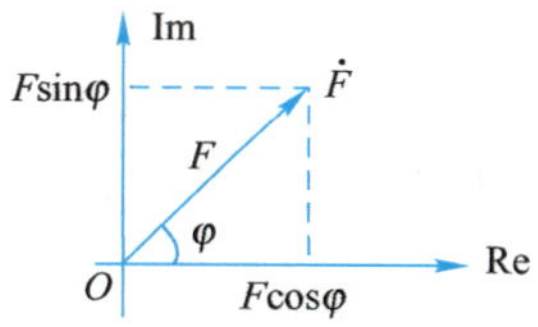

图 6-9　相量图

2. 相量与正弦函数的转换关系

已知正弦函数，找其对应的相量，是把时间函数变换为复常数，这个过程被称为相量变换；反过来，已知相量，找其对应的正弦函数，是把复常数变换为时间函数，这叫作相量反变换。相量与正弦函数有如下的对应关系：

$$f(t)=\sqrt{2}F\cos(\omega t+\varphi)\underset{\text{相量反变换}}{\overset{\text{相量变换}}{\rightleftarrows}}\dot{F}=F\angle\varphi \tag{6-10}$$

例 6-6　已知 $i_1(t)=2\cos(10t+45°)$ A，$i_2(t)=2\sin(5t+45°)$ A，$i_3(t)=2\cos(20t+45°)$ A，请写出这 3 个正弦电流对应的相量。

解：根据正弦函数与相量的转换关系，正弦电流 $i_1(t)$ 的相量为

$$\dot{I}_1=\frac{2}{\sqrt{2}}\angle 45°\ \mathrm{A}=(1+\mathrm{j})\ \mathrm{A}$$

把正弦电流 $i_2(t)$ 的时域表达式用余弦函数表示为

$$i_2(t)=2\cos(5t+45°-90°)\ \text{A}=2\cos(5t-45°)\ \text{A}$$

正弦电流 $i_2(t)$ 对应的相量为

$$\dot{I}_2=\frac{2}{\sqrt{2}}\angle -45°\ \text{A}=(1-\text{j})\ \text{A}$$

正弦电流 $i_3(t)$ 对应的相量为

$$\dot{I}_3=\frac{2}{\sqrt{2}}\angle 45°\ \text{A}=(1+\text{j})\ \text{A}$$

由于相量只取正弦函数的初相与振幅，所以，振幅和初相相同、频率不同的正弦电流 $i_1(t)$ 与 $i_3(t)$ 有相同的相量。由此可见，相量与正弦函数不是一对一的关系，而是一对多的关系。在进行相量反变换时，若要写出唯一的正弦函数，必须给出频率。

例 6-7 已知 $\dot{U}_1=6\angle -35°\ \text{V}$，$\dot{U}_2=(3+\text{j}4)\ \text{V}$，正弦电压的频率 $f=10^6\ \text{Hz}$，请写出相量对应的正弦电压。

解： 正弦函数的振幅与初相能从相量的极坐标形式中直接获取。$\dot{U}_1$ 对应的正弦电压为

$$u_1(t)=6\sqrt{2}\cos(2\pi\times10^6t-35°)\ \text{V}$$

把直角坐标形式的 $\dot{U}_2$ 转换为极坐标形式，有

$$\dot{U}_2=(3+\text{j}4)\ \text{V}=5\angle 53.13°\ \text{V}$$

则

$$u_2(t)=5\sqrt{2}\cos(2\pi\times10^6t+53.13°)\ \text{V}$$

怎么分析正弦稳态电路

思考题

6.2-1 已知 $u_s(t)=4\cos(200t+45°)\ \text{V}$，$i(t)=-2\sin(100\pi t+90°)\ \text{A}$，$\dot{U}=2\angle 30°\ \text{V}$，判断以下表述的正确性，并对错误的表述给予纠正。

(1) $u_s(t)=4\cos(200t+45°)\ \text{V}=\dfrac{4}{\sqrt{2}}\angle 45°\ \text{V}$ (2) $U_s=\dfrac{4}{\sqrt{2}}\angle 45°\ \text{V}$

(3) $\dot{I}=-2\angle 0°\ \text{A}$ (4) $\dot{I}=-\text{j}\dfrac{2}{\sqrt{2}}\ \text{A}$

(5) $u(t)=2\cos(wt+30°)\ \text{V}$

6.3 相量形式的两类电路约束条件

相量形式的基尔霍夫定律和元件电压电流关系是列写相量电路方程的基本依据，是学习相量法必不可少的内容。

6.3.1 相量形式的基尔霍夫定律

1. 相量形式的 KCL

定律的叙述：在线性时不变正弦稳态电路中，与任一结点或封闭面相连的支路电流相量

的代数和为零。数学表述为

$$\sum \dot{I}_k = 0 \tag{6-11}$$

式中，$\dot{I}_k$代表与某结点或封闭面相连的第 k 条支路电流相量。如果流进结点或封闭面的电流相量取“+”号，则流出的电流相量就取“-”号；反之也成立。式（6-11）的推导见附录C。需要注意，只有在电路中各支路电流是同频率正弦波的情况下，才能使用式（6-11）。当电路具有线性时不变性，且运行在正弦稳定状态时，电路中的响应与激励都是“同频率正弦波”，不同响应的差别仅在振幅与初相上。以下所谓的正弦稳态电路都指线性时不变正弦稳态电路。另外，如果书写丢掉了式（6-11）中电流头上的“·”，表达式含义就发生了变化，正弦电流有效值的代数和 $\sum I_k$ 通常不等于零。

例 6-8　图 6-10a 仅画出了某电路的一个结点，该电路处于正弦稳定状态，在图示参考方向下，$i_1(t)=200\cos(314t+45°)$ A，$i_2(t)=200\cos(314t+135°)$ A，$i_3(t)=100\cos(314t+45°)$ A，求电流 $i_4(t)$。

图 6-10　例 6-8 电路
a）时域电路模型　b）相量电路模型

分析：由题意知，电路处于正弦稳定状态，所以，正弦稳态响应 $i_4(t)$ 也是正弦波，其角频率已知，为 314 rad/s，求 $i_4(t)$ 的关键是找其振幅和初相。该题不仅符合使用相量形式 KCL 的条件，而且在相量域分析比在时域分析简单得多，故选择相量法。请注意以下相量法的解题步骤。

解：第一步：相量变换。

相量变换包括：①把已知的正弦电流转换为对应的相量电流。②把已知的时域电路转换为对应的相量电路。在时域电路中，元件参数、电量都表示为时间的函数。在相量电路中，元件参数与电量都是复数。

各正弦电流对应的相量分别为

$$\dot{I}_1=\frac{200}{\sqrt{2}}\angle 45°\ \text{A}=(100+\text{j}100)\ \text{A}$$

$$\dot{I}_2=\frac{200}{\sqrt{2}}\angle 135°\ \text{A}=(-100+\text{j}100)\ \text{A}$$

$$\dot{I}_3=\frac{100}{\sqrt{2}}\angle 45°\ \text{A}=(50+\text{j}50)\ \text{A}$$

画相量电路，如图 6-10b 所示。与时域电路相比，电路结构没变，仅把时域电量转换为了相量。

第二步：求相量 $\dot{I}_4$。

列图 6-10b 的结点相量电流方程，流进结点取“+”，流出结点取“-”，有

$$\dot{I}_1+\dot{I}_2-\dot{I}_3-\dot{I}_4=0$$

得

$$\dot{I}_4=\dot{I}_1+\dot{I}_2-\dot{I}_3=(100+j100-100+j100-50-j50)\ \text{A}$$
$$=(-50+j150)\ \text{A}=158.11\angle 108.4^\circ\ \text{A}$$

第三步：相量反变换。

$$i_4(t)=158.11\sqrt{2}\cos(314t+108.4^\circ)\ \text{A}$$

2. 相量形式的 KVL

定律的叙述：在线性时不变正弦稳态电路中，任一闭合回路上各支路电压相量的代数和等于零。记为

$$\sum \dot{U}_k=0 \tag{6-12}$$

方程中，$\dot{U}_k$是回路上第 k 条支路电压相量。如果沿回路绕行方向上电压降的相量电压取正，那么，沿回路绕行方向上电压升的相量电压就取负，反之也成立。与相量形式的 KCL 类似，式中各支路电压相量对应的正弦函数必须同频率。式（6-12）的推导见附录 C。当式（6-12）中电压少了头上的“·”，表示有效值电压的代数和，通常 $\sum U_k \neq 0$。

例 6-9 图 6-11a 为正弦稳态电路，已知 $u_1(t)=4\sqrt{2}\cos(5t)$ V，$u_2(t)=3\sqrt{2}\sin(5t)$ V，求端口电压 $u(t)$。

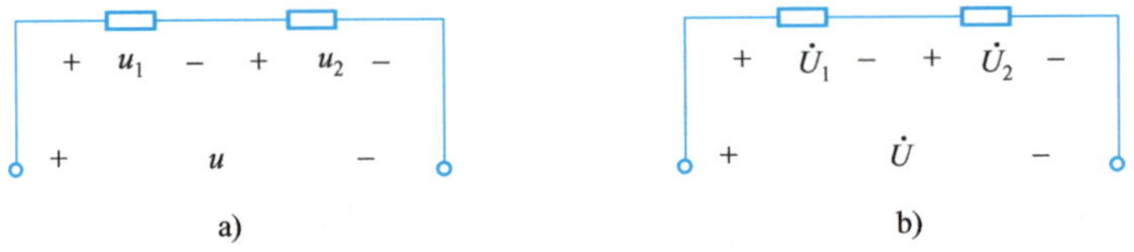

图 6-11 例 6-9

a）时域电路 b）相量电路

解：用相量法分析。

第一步：相量变换。

画相量电路。图 6-11a 的电路结构不变，把时域电压转换为相量电压，得相量电路图如图 6-11b 所示。把 u_2 标准化为

$$u_2(t)=3\sqrt{2}\sin(5t)\ \text{V}=3\sqrt{2}\cos(5t-90^\circ)\ \text{V}$$

u_1、u_2 对应的相量分别为

$$\dot{U}_1=4\angle 0^\circ\ \text{V}=4\ \text{V}$$
$$\dot{U}_2=3\angle -90^\circ\ \text{V}=-j3\text{V}$$

第二步：求 $\dot{U}$。

列图 6-11b 的回路电压方程，有

$$\dot{U}=\dot{U}_1+\dot{U}_2=(4-j3)\ \text{V}=5\angle -36.87^\circ\ \text{V}$$

第三步：相量反变换。

$$u(t)=5\sqrt{2}\cos(5t-36.87^\circ)\ \text{V}$$

6.3.2　相量形式的元件电压电流关系

本小节将介绍电阻、电容和电感 3 个元件相量形式的电压电流关系。

1. 电容元件相量形式的电压电流关系

在正弦稳态电路中，电容电压与电容电流是同频率的正弦函数，设它们分别为

$$u_C(t)=\sqrt{2}U_C\cos(\omega t+\varphi_u)$$
$$i_C(t)=\sqrt{2}I_C\cos(\omega t+\varphi_i)$$

正弦电压 $u_C(t)$ 与电流 $i_C(t)$ 对应的相量分别为：$\dot{U}_C=U_C\angle\varphi_u$，$\dot{I}_C=I_C\angle\varphi_i$。

电容元件有如下相量形式的电压电流关系

$$\dot{I}_C=\begin{cases}j\omega C\dot{U}_C & 参考方向关联\\ -j\omega C\dot{U}_C & 参考方向非关联\end{cases}\tag{6-13}$$

式（6-13）等式两边除 $j\omega C$，又有

$$\dot{U}_C=\begin{cases}\dfrac{1}{j\omega C}\dot{I}_C & 参考方向关联\\ -\dfrac{1}{j\omega C}\dot{I}_C & 参考方向非关联\end{cases}\tag{6-14}$$

若把我们已熟悉的电容时域电压电流关系 $i_C(t)=\pm C\mathrm{d}u_C(t)/\mathrm{d}t$ 中的 $i_C(t)$ 换成相量 $\dot{I}_C$，$u_C(t)$ 换成相量 $\dot{U}_C$，求导符号 d/dt 换成 $j\omega$，就是式（6-13）。式（6-13）的推导见附录 D。式中，$\pm\dot{U}_C/\dot{I}_C=1/(j\omega C)$，单位是欧姆（Ω）；$\pm\dot{I}_C/\dot{U}_C=j\omega C$，单位是西门子（S）。电容在相量电路中的符号如图 6-12 所示。

当电容电压与电容电流参考方向关联时，有

$$\frac{\dot{U}_C}{\dot{I}_C}=\frac{U_C\angle\varphi_u}{I_C\angle\varphi_i}=\frac{U_C}{I_C}\angle\varphi_u-\varphi_i=\frac{1}{j\omega C}=\frac{1}{\omega C}\angle-90^\circ$$

上式包含两层关系：根据复数相等的条件，由模相等可得电容电压与电容电流的有效值关系；由角度相等得到电容电压与电容电流的相位差关系，即有

$$\begin{cases}\dfrac{U_C}{I_C}=\omega C\\ \varphi_i-\varphi_u=90^\circ\end{cases}$$

可见，在关联参考方向下，电容电流超前电容电压 90°，相量图如图 6-13 所示。

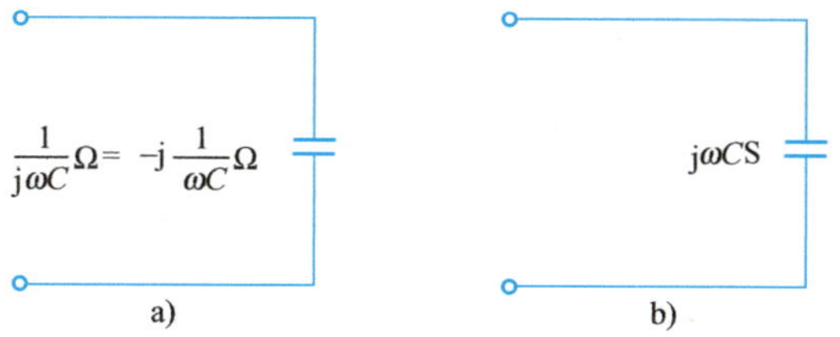

图 6-12　电容的相量电路符号

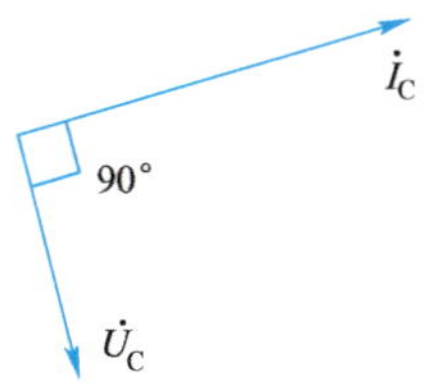

图 6-13　电容的相量图

例 6-10 电容如图 6-14a 所示，已知电路处在正弦稳定状态，$u(t)=\cos(10^6t+60°)$ V，求电流 $i(t)$。

图 6-14 例 6-10 电路

解：方法一：时域分析。

在图 6-14a 所示非关联参考方向下，有

$$i(t)=-C\frac{\mathrm{d}u(t)}{\mathrm{d}t}=-10^{-6}\times[-10^6\sin(10^6t+60°)]\ \mathrm{A}=\cos(10^6t-30°)\ \mathrm{A}$$

方法二：相量分析。

第一步：相量变换。

画相量电路如图 6-14b 所示，其中 $\mathrm{j}\omega C=\mathrm{j}10^6\times10^{-6}\mathrm{S}=\mathrm{jS}$，$\dot{U}=\frac{1}{\sqrt{2}}\angle 60°$ V。

第二步：求相量电流 $\dot{I}$ 。

在图 6-14b 所示非关联参考方向下，有

$$\dot{I}=-\mathrm{j}\omega C\dot{U}=1\angle -90°\times\frac{1}{\sqrt{2}}\angle 60°\ \mathrm{A}=\frac{1}{\sqrt{2}}\angle -90°+60°\ \mathrm{A}=\frac{1}{\sqrt{2}}\angle -30°\ \mathrm{A}$$

第三步：相量反变换。

$$i(t)=\cos(10^6t-30°)\ \mathrm{A}$$

该题分析简单，因而看不出用相量法的优越性。分析复杂正弦稳态电路都选择相量法，因为在相量域用复数四则运算比在时域用微积分运算要简单得多。

2. 电感元件相量形式的电压电流关系

在正弦稳态电路中，电感电压与电感电流是同频率的正弦函数，设它们分别为

$$u_L(t)=\sqrt{2}U_L\cos(\omega t+\varphi_u)$$

$$i_L(t)=\sqrt{2}I_L\cos(\omega t+\varphi_i)$$

$u_L(t)$ 与 $i_L(t)$ 对应的相量分别为：$\dot{U}_L=U_L\angle\varphi_u$，$\dot{I}_L=I_L\angle\varphi_i$。

电感相量形式的电压电流关系为

$$\dot{U}_L=\begin{cases}\mathrm{j}\omega L\dot{I}_L & \text{参考方向关联}\\ -\mathrm{j}\omega L\dot{I}_L & \text{参考方向非关联}\end{cases}\tag{6-15}$$

或者

$$\dot{I}_L=\begin{cases}\dfrac{\dot{U}_L}{\mathrm{j}\omega L} & \text{参考方向关联}\\ -\dfrac{\dot{U}_L}{\mathrm{j}\omega L} & \text{参考方向非关联}\end{cases}\tag{6-16}$$

式（6-15）的推导见附录 D。把电感时域电压电流关系 $u_L(t)=\pm L\mathrm{d}i_L(t)/\mathrm{d}t$ 中的 $u_L(t)$ 换成 $\dot{U}_L$，$i_L(t)$ 换成 $\dot{I}_L$，求导符号 d/dt 换成 jω，可得式（6-15）。

当电压与电流参考方向关联时，有

$$\frac{\dot{U}_L}{\dot{I}_L}=\frac{U_L}{I_L}\angle\varphi_u-\varphi_i=\mathrm{j}\omega L=\omega L\angle 90°$$

由复数相等条件可得以下电感电压与电感电流的有效值关系和相位差关系，即

$$\begin{cases}\dfrac{U_L}{I_L}=\omega L\\ \varphi_u-\varphi_i=\angle 90°\end{cases}$$

电感元件的特征是电压超前电流 90°，相量关系如图 6-15 所示。相量域中电感元件的电路符号如图 6-16 所示。

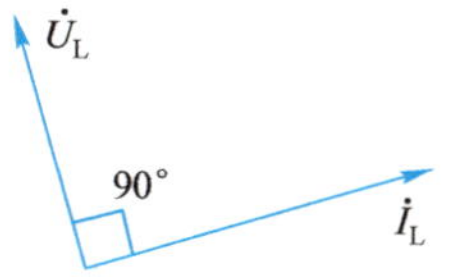

图 6-15　电感的相量图

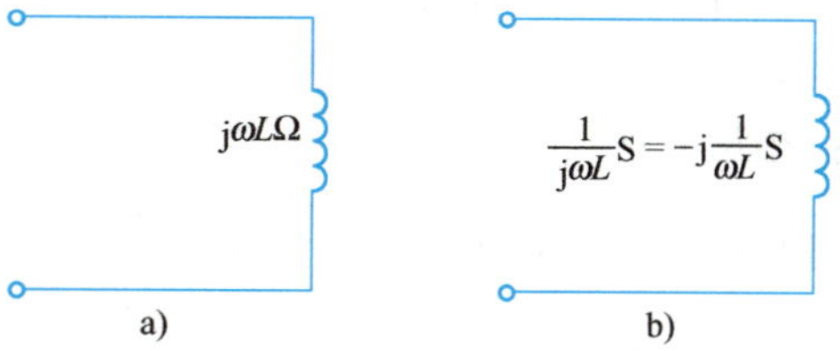

图 6-16　电感的相量电路符号

3. 电阻相量形式的电压电流关系

设：在正弦稳态电路中，电阻电压与电阻电流的时域函数分别为

$$u_R(t)=\sqrt{2}U_R\cos(\omega t+\varphi_u)$$
$$i_R(t)=\sqrt{2}I_R\cos(\omega t+\varphi_i)$$

$u_R(t)$ 与 $i_R(t)$ 对应的相量分别为：$\dot{U}_R=U_R\angle\varphi_u$，$\dot{I}_R=I_R\angle\varphi_i$。

电阻相量形式的电压电流关系为

$$\dot{U}_R=\begin{cases}R\dot{I}_R & \text{参考方向关联}\\ -R\dot{I}_R & \text{参考方向非关联}\end{cases}\tag{6-17}$$

或者

$$\dot{I}_R=\begin{cases}\dfrac{\dot{U}_R}{R}=G\dot{U}_R & \text{参考方向关联}\\ -\dfrac{\dot{U}_R}{R}=-G\dot{U}_R & \text{参考方向非关联}\end{cases}\tag{6-18}$$

式（6-17）的推导见附录 D。在电压、电流参考方向关联时，有

$$R=\frac{\dot{U}_R}{\dot{I}_R}=\frac{U_R}{I_R}\angle\varphi_u-\varphi_i=\frac{U_R}{I_R}\angle 0°$$

电阻电压与电阻电流的有效值关系和相位差关系为

$$\begin{cases}\dfrac{U_R}{I_R}=R\\ \varphi_u-\varphi_i=0\end{cases}$$

可见，电阻电压与电阻电流同相，相量关系如图 6-17 所示。电阻的相量电路模型如图 6-18 所示。

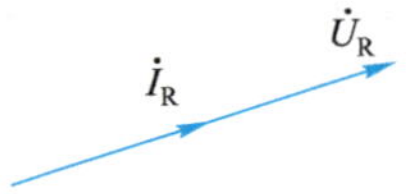

图 6-17　电阻的相量图

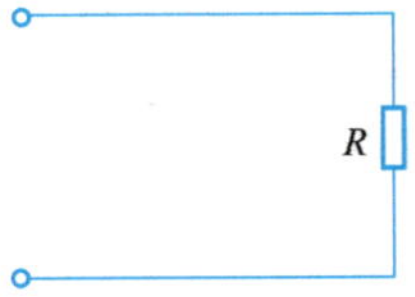

图 6-18　电阻的相量电路模型

例 6-11　电路如图 6-19 所示。已知电路处于正弦稳定状态，元件参数分别为 $R=15\ \Omega$，$L=10\ \mathrm{mH}$，$C=50\ \mu\mathrm{F}$，$u(t)=60\cos(10^3t)\ \mathrm{V}$，求端口电流 $i(t)$。

解：选择相量法。

第一步：相量变换。

已知电路端口电压相量为　$\dot{U}=\dfrac{60}{\sqrt{2}}\angle 0°\ \mathrm{V}$

相量电路中的元件参数分别为

$$\frac{1}{\mathrm{j}\omega C}=\frac{1}{\mathrm{j}10^3\times50\times10^{-6}}\ \Omega=-\mathrm{j}20\ \Omega$$

$$\mathrm{j}\omega L=\mathrm{j}10^3\times10\times10^{-3}\ \Omega=\mathrm{j}10\ \Omega$$

相量电路模型如图 6-20 所示。

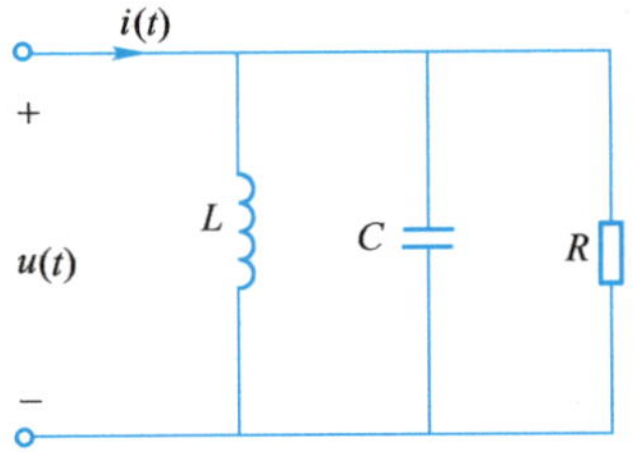

图 6-19　例 6-11 电路

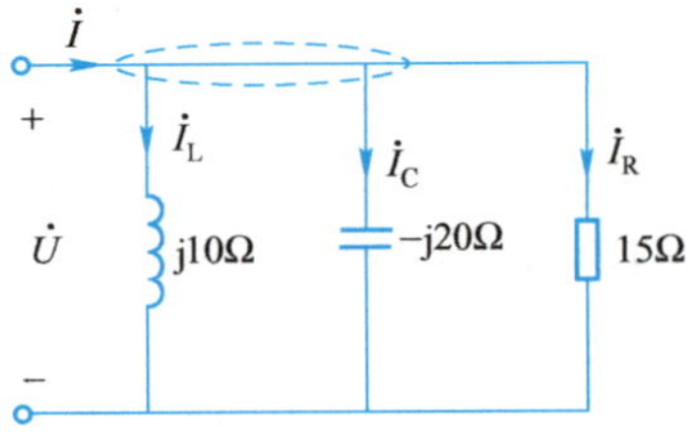

图 6-20　例 6-11 相量电路模型

第二步：求相量 $\dot{I}$。

在图 6-20 所示参考方向下，有

$$\dot{I}_L=\frac{\dot{U}}{\mathrm{j}\omega L}=\frac{60}{\mathrm{j}10\sqrt{2}}\ \mathrm{A}=-\mathrm{j}\,\frac{6}{\sqrt{2}}\ \mathrm{A}$$

$$\dot{I}_C=\mathrm{j}\omega C\dot{U}=\frac{60}{-\mathrm{j}20\sqrt{2}}\ \mathrm{A}=\mathrm{j}\,\frac{3}{\sqrt{2}}\ \mathrm{A}$$

$$\dot{I}_R=\frac{\dot{U}}{R}=\frac{60}{15\sqrt{2}}\ \mathrm{A}=\frac{4}{\sqrt{2}}\ \mathrm{A}$$

结点相量电流方程为

$$\dot{I}=\dot{I}_L+\dot{I}_C+\dot{I}_R=\frac{1}{\sqrt{2}}(-j6+j3+4)\ A=\frac{1}{\sqrt{2}}(4-j3)\ A=\frac{5}{\sqrt{2}}\angle -36.9^\circ\ A$$

第三步：求 $\dot{I}$ 的相量反变换。

$$i(t)=5\cos(10^3t-36.9^\circ)\ A$$

6.3.3　阻抗与导纳

我们知道，在直流电路中，无源单口电路能够等效化简为一个电阻或电导，那么，在相量电路中，无源单口电路能等效化简为什么？由例 6-11 我们可以找到答案。图 6-20 所示无源电路的端口电压相量与电流相量的比值为

$$\frac{\dot{U}}{\dot{I}}=\frac{60}{5\angle -36.9^\circ}\ \Omega=12\angle 36.9^\circ\ \Omega=(9.6+j7.2)\ \Omega$$

可见，比值是一个复常数，该复常数的单位是欧姆（Ω）。我们把这个复常数称为阻抗。这个结果蕴涵着一个一般性规律：在相量电路中，由电阻、电感、电容和受控源组成的无源单口电路可以等效化简为一个阻抗。

设无源单口相量电路的端口电压相量和电流相量分别为 $\dot{U}=U\angle\varphi_u$，$\dot{I}=I\angle\varphi_i$，如图 6-21 所示。

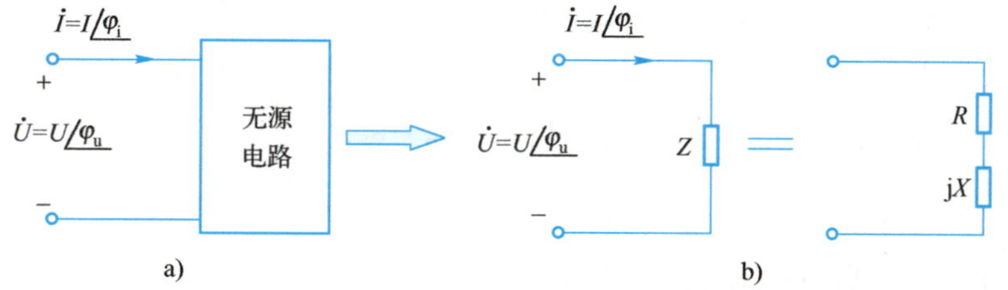

图 6-21　无源单口电路及等效电路
a）无源单口电路　b）阻抗的电路模型

在图示关联参考方向下，阻抗定义为

$$Z=\frac{\dot{U}}{\dot{I}} \tag{6-19}$$

式（6-19）被视为相量形式的欧姆定律。阻抗的单位为欧姆（Ω）。通常，阻抗值是随角频率 ω 变化的复变函数。把阻抗定义式（6-19）另写为

$$Z(\omega)=|Z(\omega)|\angle\theta_Z(\omega)=R(\omega)\pm jX(\omega)=\frac{U\angle\varphi_u}{I\angle\varphi_i}=\frac{U}{I}\angle\varphi_u-\varphi_i \tag{6-20}$$

在式（6-20）中，阻抗实部 $R(\omega)$被称为电阻，虚部 $X(\omega)$被为电抗。阻抗模 $|Z(\omega)|$、阻抗角 $\theta_Z(\omega)$与端口电压和电流的有效值、初相之间的关系分别为：$|Z(\omega)|=\frac{U}{I}$，$\theta_Z(\omega)=\varphi_u-\varphi_i$。

阻抗角不仅提供了端口电压与电流之间的初相关系，更重要的是提供了有关阻抗性质的信息。如果单口电路仅由 R、L、C 组成，阻抗角的取值范围在$-90^\circ\leqslant\theta_Z\leqslant 90^\circ$。

若 $\theta_Z=-90°$，说明电流超前电压 90°，单口电路为电容。电容的阻抗 $Z=\frac{1}{\mathrm{j}\omega C}=-\mathrm{j}\frac{1}{\omega C}=-\mathrm{j}X_C(\omega)$ 是负虚数，阻抗实部为零。电容的阻抗值与频率成反比。在 $\omega=0$ 的直流电路中，阻抗值无穷大。随着频率增高，阻抗值减小；当 $\omega=\infty$ 时，阻抗值为零。

若 $-90°<\theta_Z<0$，阻抗角落在第Ⅳ象限，表示电流超前电压，阻抗呈容性，阻抗的虚部 $X(\omega)<0$。

若 $\theta_Z=0$，电流与电压同相，单口电路等效为电阻，电阻的阻抗 $Z=R(\omega)$ 是实数，虚部为零。

若 $0<\theta_Z<90°$，阻抗角落在第 Ⅰ 象限，端口电压超前电流，阻抗呈感性，阻抗的虚部 $X(\omega)>0$。

若 $\theta_Z=90°$，说明端口电压超前电流 90°，单口电路为电感。电感的阻抗 $Z=\mathrm{j}\omega L=\mathrm{j}X_L(\omega)$ 是正虚数，阻抗实部为零。电感的阻抗值与频率成正比。在 $\omega=0$ 的直流电路中，阻抗值为零；随着频率 ω 增高，阻抗值逐渐增大；当 $\omega=\infty$ 时，阻抗值无穷大。

阻抗的倒数被称为导纳，记做

$$Y=\frac{1}{Z}=\frac{\dot{I}}{\dot{U}} \tag{6-21}$$

导纳的单位是西门子（S）。阻抗与导纳的关系类似于直流电路中电阻与电导的关系，它们是对偶元件。导纳的电路符号如图 6-22 所示。导纳是复数，通常也是频率的函数，导纳、阻抗、电压相量、电流相量之间有如下关系：

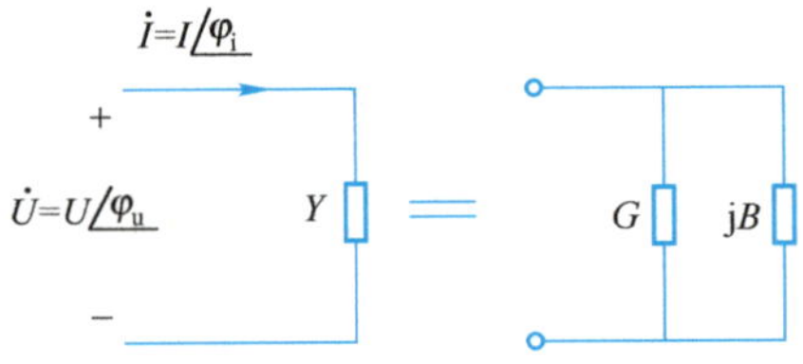

图 6-22 导纳的电路符号

$$Y(\omega)=|Y(\omega)|\angle\theta_Y(\omega)=G(\omega)\pm\mathrm{j}B(\omega)=\frac{I}{U}\angle\varphi_i-\varphi_u$$

$$=\frac{1}{Z(\omega)}=\frac{1}{R(\omega)+\mathrm{j}X(\omega)}=\frac{R(\omega)-\mathrm{j}X(\omega)}{R^2(\omega)+X^2(\omega)}$$

式中，导纳模 $|Y|=1/|Z|=I/U$；导纳角 $\theta_Y=\varphi_i-\varphi_u=-\theta_Z$；导纳的实部 $G(\omega)$ 被称为电导，有 $G(\omega)=R(\omega)/[R^2(\omega)+X^2(\omega)]$；虚部 $B(\omega)$ 被称为电纳，有 $B(\omega)=-X(\omega)/[R^2(\omega)+X^2(\omega)]$。

例 6-12 设某电路的端口电压与电流参考方向关联，若 $\dot{U}=10\angle15°$ V，$\dot{I}=2\angle-30°$ A。

（1）求该电路的端口等效阻抗 Z 和导纳 Y。

（2）电压与电流的相位差是多少？

（3）判断该电路呈感性还是容性。

解：（1）端口等效阻抗 $Z=\frac{\dot{U}}{\dot{I}}=\frac{10\angle15°}{2\angle-30°}\ \Omega=5\angle45°\ \Omega$

端口等效导纳 $Y=\frac{1}{Z}=\frac{1}{5\angle45°}\ \mathrm{S}=0.2\angle-45°\ \mathrm{S}$

（2）端口电压与电流的相位差，$\varphi_u-\varphi_i=\theta_Z=45°$。

（3）电压超前电流 45°，说明该电路呈感性。

思考题

6.3-1　指出下列各式哪些是对的，哪些是错的，并对错误的表述给予纠正。

(1) $u_L(t)=j\omega Li_L(t)$　　(2) $u_L(t)=L\dfrac{di_L(t)}{dt}$　　(3) $\dot{I}_C=\omega C\dot{U}_C$

(4) $\dot{U}_R=-R\dot{I}_R$　　(5) $U_C=\dfrac{1}{\omega C}I_C$　　(6) $R=(2+j5)\ \Omega$

(7) 若某支路的阻抗 $Z=(2+j3)\ \Omega$，则导纳为 $Y=\left(\dfrac{1}{2}+\dfrac{1}{j3}\right)S$。

(8) 已知某电路的端口等效阻抗 $Z=25\angle 60°\ \Omega$，端口电压为 $u(t)=300\cos(10t+45°)\ V$，在端口电压与电流参考方向关联的情况下，有

$$i(t)=\frac{u(t)}{Z}=\frac{300\cos(10t+45°)}{25\angle 60°}\ A=12\cos(10t+45°-60°)\ A$$

(9) $u(t)=4\cos(10t+30°)\ V=\dfrac{4}{\sqrt{2}}\angle 30°\ V=\dot{U}$

6.3-2　判断以下无源电路的结果是否合理，请说明理由。

(1) RC 电路的阻抗：$Z=(2+j4)\ \Omega$

(2) 已知阻抗角 $\theta=20°$，则该阻抗呈感性。

(3) RLC 电路的阻抗：$Z=(5-j8)\ k\Omega$

(4) RLC 电路的阻抗：$Z=(6+j6)\ \Omega$

(5) RL 电路的导纳：$Y=(3.6-j6.5)\ S$

(6) 导纳呈容性：$Y=(0.5-j0.2)\ S$

(7) 已知在电压与电流参考方向关联的情况下，某一端口无源电路的电流与电压相位差为 $\varphi_i-\varphi_u=36°$，则该电路的端口等效导纳呈容性。

6.4　相量法

前述一系列分析直流电路的方法及定理，如等效变换法、网孔法、结点法、叠加定理、戴维南定理、诺顿定理等，都能用于分析相量电路。因为分析相量电路的基本依据和思想方法与直流电路完全相似，所以能够得到类似的计算公式、分析方法与电路定理，见表 6-1。

用相量法分析正弦稳态电路，通常采用如下步骤。

(1) 进行相量变换

把正弦电压与电流变换成相量，把时域电路变换为相量电路。在电路变换时，电路结构不变，电量的参考方向不变，元件用相量电路模型替换。

如果给出的是相量电路，则省略这步。

(2) 求相量解

依托相量电路模型，根据两类约束条件、各种分析方法和电路定理，在相量域里列、解方程，求出待求电量的相量解。

(3) 进行相量反变换

若需要时域解，要对相量解进行相量反变换。

表 6-1 时域分析与相量域分析对照表

类 别	直流电路	相量电路
KCL	$\sum I_k=0$	$\sum \dot{I}_k=0$
KVL	$\sum U_k=0$	$\sum \dot{U}_k=0$
电压电流关系	$U=\pm RI$	$\dot{U}=\pm Z\dot{I}$
串联	$R=\sum_{k=1}^{N}R_k$	$Z=\sum_{k=1}^{N}Z_k$
并联	$G=\sum_{k=1}^{N}G_k$	$Y=\sum_{k=1}^{N}Y_k$
分压公式	$U_1=\pm\frac{R_1}{R_1+R_2}U$ $U_2=\pm\frac{R_2}{R_1+R_2}U$	$\dot{U}_1=\pm\frac{Z_1}{Z_1+Z_2}\dot{U}$ $\dot{U}_2=\pm\frac{Z_2}{Z_1+Z_2}\dot{U}$
分流公式	$I_1=\pm\frac{R_2}{R_1+R_2}I$ $I_2=\pm\frac{R_1}{R_1+R_2}I$	$\dot{I}_1=\pm\frac{Z_2}{Z_1+Z_2}\dot{I}$ $\dot{I}_2=\pm\frac{Z_1}{Z_1+Z_2}\dot{I}$
分析方法	等效变换、网孔法、结点法、回路法	等效变换、网孔法、结点法、回路法
电路定理	叠加定理、戴维南定理、诺顿定理	叠加定理、戴维南定理、诺顿定理

下面通过一系列的例题帮助读者熟悉各种方法及电路定理在相量电路分析中的应用。

例 6-13 电路如图 6-23a 所示，已知外加电源电压 $u_s(t)=100\sqrt{2}\cos(10^3t)\,\text{V}$。(1) 求端口等效阻抗 Z。(2) 判断阻抗 Z 的性质。

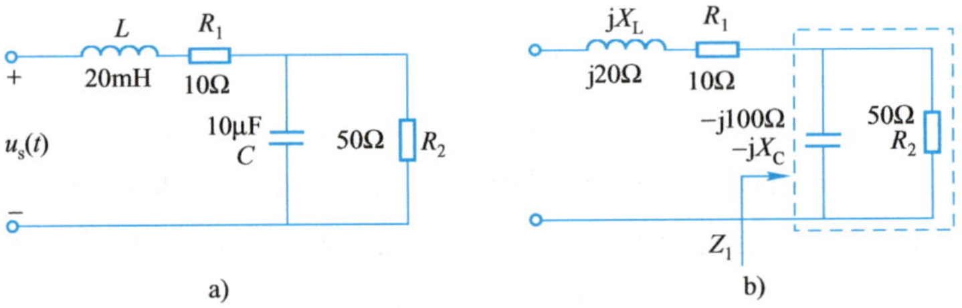

图 6-23 例 6-13 图

解： 先进行相量变换。

由题意知，信号的角频率 $\omega=10^3$ rad/s，在该频率上，电感与电容的阻抗值分别为

$$\text{j}X_L=\text{j}\omega L=\text{j}10^3\times20\times10^{-3}\ \Omega=\text{j}20\ \Omega$$

$$-\text{j}X_C=-\text{j}\frac{1}{\omega C}=-\text{j}\frac{1}{10^3\times10\times10^{-6}}\ \Omega=-\text{j}100\ \Omega$$

相量电路如图 6-23b 所示。

（1）在图 6-23b 所示电路中，电阻 R_2 与电容 $-jX_C$ 并联，等效阻抗 Z_1 为

$$Z_1=(-jX_C /\!/ R_2)=\frac{50\times(-j100)}{50-j100}\ \Omega=\frac{-j100(1+j2)}{(1-j2)(1+j2)}\ \Omega=(40-j20)\ \Omega$$

端口等效阻抗为

$$Z=jX_L+R_1+Z_1=(j20+10+40-j20)\ \Omega=50\ \Omega$$

（2）端口等效阻抗为实数，说明阻抗呈电阻性。

例 6-14　电路如图 6-24a 所示，电压源频率是 60 Hz，求相量 $\dot{I}_1$ 和 $\dot{I}_2$ 对应的正弦函数。

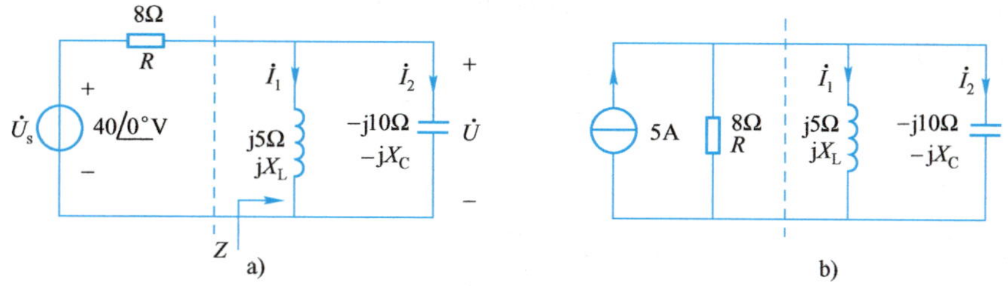

图 6-24　例 6-14 图

解：第一步：求相量 $\dot{I}_1$ 和 $\dot{I}_2$。

方法一：在图 6-24a 所示电路中，电感与电容并联的等效阻抗为

$$Z=jX_L /\!/ (-jX_C)=\frac{j5\times(-j10)}{j5-j10}\ \Omega=j10\ \Omega$$

利用分压公式，得

$$\dot{U}=\frac{Z}{Z+R}\times\dot{U}_s=\frac{j10}{8+j10}\times40\ \text{V}=\frac{5\angle 90^\circ}{6.4\angle 51.34^\circ}\times40\ \text{V}=31.25\angle 38.66^\circ\ \text{V}$$

根据元件的电压电流关系，得

$$\dot{I}_1=\frac{\dot{U}}{jX_L}=\frac{31.25\angle 38.66^\circ}{5\angle 90^\circ}\ \text{A}=6.25\angle -51.34^\circ\ \text{A}$$

$$\dot{I}_2=\frac{\dot{U}}{-jX_C}=\frac{31.25\angle 38.66^\circ}{10\angle -90^\circ}\ \text{A}=3.125\angle 128.66^\circ\ \text{A}$$

方法二：把图中电压源等效变换为电流源，如图 6-24b 所示。利用分流公式得

$$\dot{I}_1=\frac{\frac{1}{jX_L}}{\frac{1}{R}+\frac{1}{jX_L}-\frac{1}{jX_C}}\times\frac{\dot{U}_s}{R}=\frac{\frac{1}{j5}}{\frac{1}{8}+\frac{1}{j5}+\frac{1}{-j10}}\times5\ \text{A}=\frac{40}{4+j5}\ \text{A}=6.25\angle -51.34^\circ\ \text{A}$$

$$\dot{I}_2=\frac{\frac{1}{-jX_C}}{\frac{1}{R}+\frac{1}{jX_L}-\frac{1}{jX_C}}\times\frac{\dot{U}_s}{R}=\frac{\frac{1}{-j10}}{\frac{1}{8}+\frac{1}{j5}+\frac{1}{-j10}}\times5\ \text{A}=\frac{-20}{4+j5}\ \text{A}=3.125\angle 128.66^\circ\ \text{A}$$

第二步：相量反变换，求 $i_1(t)$ 和 $i_2(t)$。

电源的角频率为 $\omega=2\pi f=2\pi\times60=120\pi\ \text{rad/s}$，则

$$i_1(t)=\sqrt{2}\times 6.25\cos(120\pi t-51.34^\circ)\ \mathrm{A}$$

$$i_2(t)=\sqrt{2}\times 3.125\cos(120\pi t+128.66^\circ)\ \mathrm{A}$$

例 6-15 相量电路如图 6-25 所示。已知 $\dot{I}_s=2\angle 0^\circ$ A，$\dot{U}_s=\mathrm{j}6$ V，求电流 $\dot{I}_1$。

解： 方法一：网孔法。

列图 6-25 的网孔电流方程。

中间网孔 $$(R_1-\mathrm{j}X_C+R_2)\dot{I}_1-R_1\dot{I}_s-R_2\dot{I}_2=0$$

右边网孔 $$(R_2+R_3)\dot{I}_2-R_2\dot{I}_1=-\dot{U}_s$$

代入参数，整理得

$$(2-\mathrm{j}2)\dot{I}_1-\dot{I}_2=2 \tag{6-22}$$

$$2\dot{I}_2-\dot{I}_1=-\mathrm{j}3 \tag{6-23}$$

用式（6-22）×2+式（6-23），消去电流 $\dot{I}_2$，得

$$\dot{I}_1=\frac{4-\mathrm{j}3}{3-\mathrm{j}4}\ \mathrm{A}=\frac{5\angle -36.87^\circ}{5\angle -53.13^\circ}\ \mathrm{A}=1\angle 16.26^\circ\ \mathrm{A}$$

方法二：戴维南等效法。

（1）求开路电压 $\dot{U}_{oc}$

断开图 6-25 电路中的电容，如图 6-26a 所示。端口开路电压 $\dot{U}_{oc}$ 为

$$\dot{U}_{oc}=R_1\dot{I}_s-\frac{R_2}{R_2+R_3}\dot{U}_s=\left(2\times 2-\frac{2}{2+2}\times \mathrm{j}6\right)\ \mathrm{V}=(4-\mathrm{j}3)\ \mathrm{V}$$

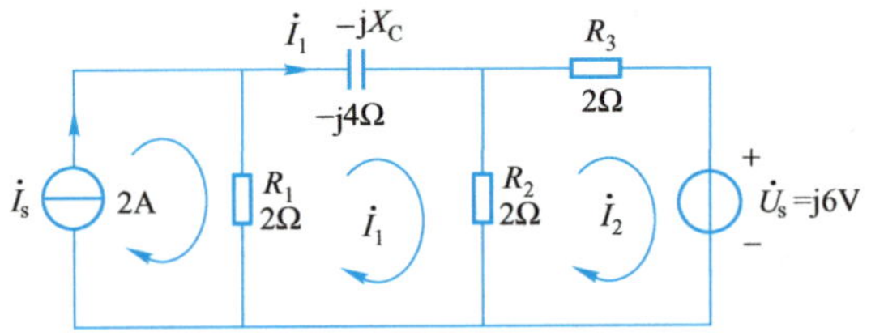

图 6-25 例 6-15 电路

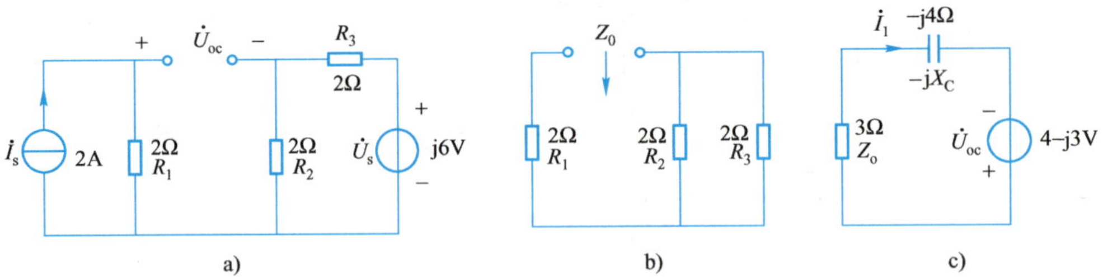

图 6-26 用戴维南定理解例 6-15

（2）求端口等效阻抗 Z_0

移去图 6-25 所示电路中的电容，电压源短路，电流源断开，如图 6-26b 所示。

$$Z_0=R_1+R_2/\!/R_3=\left(2+\frac{2\times2}{2+2}\right)\ \Omega=3\ \Omega$$

（3）求 $\dot{I}_1$

根据以上结果，画出等效电路图，如图 6-26c 所示。由图可求出

$$\dot{I}_1=\frac{\dot{U}_{oc}}{Z_0-jX_C}=\frac{4-j3}{3-j4}\ A=1\underline{/16.27^\circ}\ A$$

例 6-16　求图 6-27a 所示电路中的电压 $u(t)$。

解：根据已知条件，画出图 6-27a 对应的相量电路，如图 6-27b 所示。本例选用结点法。

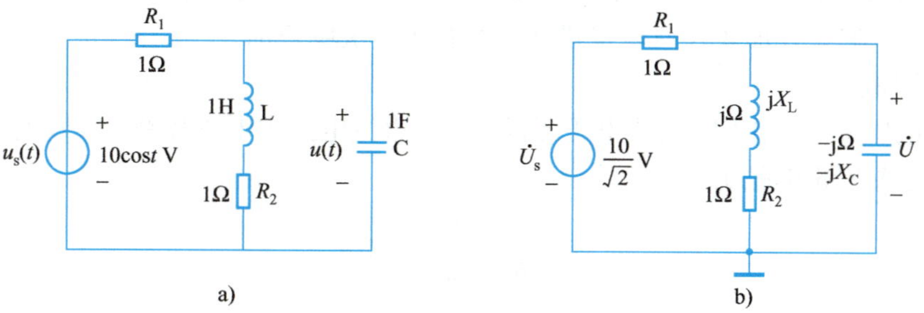

图 6-27　例 6-16 电路

列结点电压方程：

$$\left(\frac{1}{R_1}+\frac{1}{R_2+jX_L}+\frac{1}{-jX_C}\right)\dot{U}=\frac{\dot{U}_s}{R_1}$$

代入参数

$$\left[1+\frac{1}{2}(1-j)+j\right]\dot{U}=\frac{10}{\sqrt{2}}$$

整理得

$$\dot{U}=\frac{20}{\sqrt{2}(3+j)}\ V=\frac{6.32}{\sqrt{2}}\underline{/-18.43^\circ}\ V$$

相量反变换

$$u(t)=6.32\cos(t-18.43^\circ)\ V$$

例 6-17　电路如图 6-28 所示，求：当正弦信号的角频率为 10 krad/s 时，端口的相量等效电路。

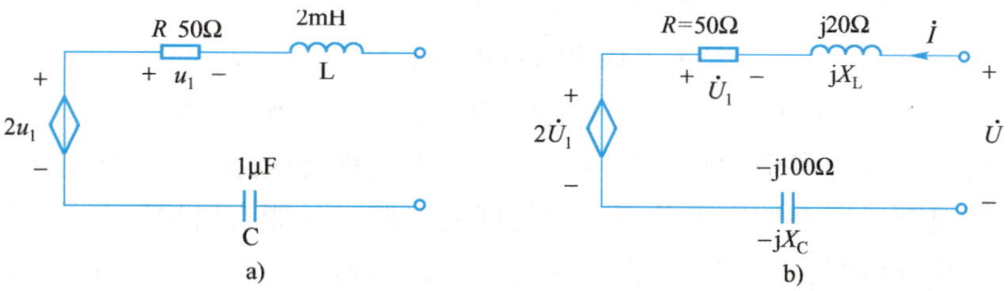

图 6-28　例 6-17 电路

思路：对于含受控源的电路，一般要通过求端口电压电流关系化简电路。

解：相量电路如图 6-28b 所示，设端口电压与电流。列回路电压方程：

$$\dot{U}=(jX_L+R-jX_C)\dot{I}+2\dot{U}_1=(j20+50-j100)\dot{I}+2\dot{U}_1$$

把 $\dot{U}_1=-R\dot{I}=-50\dot{I}$ 代入上式，整理得端口电压电流关系：

$$\dot{U}=(-50-\mathrm{j}80)\dot{I}$$

则
$$Z=\frac{\dot{U}}{\dot{I}}=(-50-\mathrm{j}80)\ \Omega$$

由此可见，无独立源的单口电路等效为一个阻抗，当电路中有受控源时，等效阻抗的实部可能会出现负值。

例 6-18 电路如图 6-29a 所示，求电流 i。

分析： 该题的特点是有两个不同频率的独立源。当线性电路中存在不同频率的激励时，必须用叠加法。响应叠加要在时域里进行，不能在相量域叠加。

解： 用叠加法。

U_{s2}直流电压源单独作用，交流电压源置零。在直流电路中电感短路，等效电路如图 6-29b 所示。图中电感支路电流为

$$I_1=\frac{U_{s2}}{R_2}=\frac{8}{2}\ \mathrm{A}=4\ \mathrm{A}$$

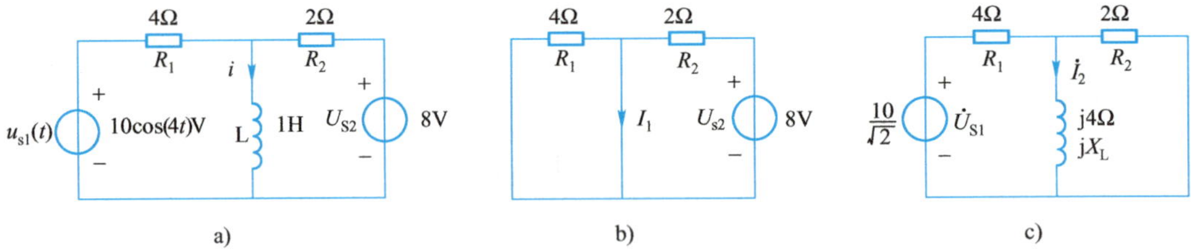

图 6-29 例 6-18

a）原电路 b）直流单独作用 c）交流单独作用

$u_{s1}(t)$正弦电压源单独作用，直流电压源置零，对应的相量电路如图 6-29c 所示。利用等效阻抗和分流关系可得

$$\dot{I}_2=\frac{\dot{U}_{s1}}{R_1+R_2/\!/\mathrm{j}X_L}\times\frac{R_2}{R_2+\mathrm{j}X_L}=\frac{5}{2\sqrt{2}(1+\mathrm{j}3)}\ \mathrm{A}=\frac{0.79}{\sqrt{2}}\angle -71.56^\circ\ \mathrm{A}$$

相量反变换得 $$i_2(t)=0.79\cos(4t-71.56^\circ)\ \mathrm{A}$$

时域叠加： $$i(t)=I_1+i_2(t)=[4+0.79\cos(4t-71.56^\circ)]\ \mathrm{A}$$

从理论上讲，分析含多个同频率独立源的线性正弦稳态电路可以应用叠加法，但不是必需的，在某些情况下运用叠加定理并不一定是好的选择，可能会增加过多的运算量，只有在运用叠加法能简化分析时，才应该考虑使用叠加法。但是，当含动态元件的线性正弦稳态电路中存在不同频率的独立源，或者一个独立源的输出由两个或两个以上不同频率正弦函数线性叠加构成时，因电路中电感和电容的阻抗值随频率变化，所以，必须用叠加法。分析多频信号共同作用的线性电路时，要先求各频率正弦信号单独作用时产生的响应分量，再进行时域线性叠加。

思考题

6.4-1　电路如图 6-30 所示，已知 $u_s(t)=(2+\cos t+3\cos 3t)$ V，求输出电压 $u(t)$。

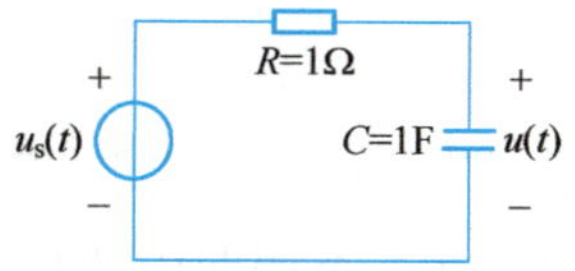

图 6-30　题 6.4-1 图

6.5　正弦稳态电路的功率

正弦稳态电路的用途之一是传递电能。对于许多电器设备、通信系统、家电产品，功率是一个非常重要的参数指标。因此，讨论正弦稳态电路的功率很有实际意义。正弦稳态电路的功率不仅比直流电阻电路要复杂，而且内容也要丰富。本节将介绍一些功率的概念，重点讨论平均功率的计算以及功率传输问题。

6.5.1　瞬时功率和平均功率

1. 瞬时功率

设单口正弦稳态电路的端口电压、电流参考方向关联，如图 6-31 所示。它们分别为

$$u(t)=\sqrt{2}U\cos(\omega t+\varphi_u)$$

$$i(t)=\sqrt{2}I\cos(\omega t+\varphi_i)$$

正弦稳态电路的端口瞬时功率为

$$p(t)=u(t)i(t)=2UI\cos(\omega t+\varphi_u)\cos(\omega t+\varphi_i)$$

利用三角公式 $\cos\varphi\cos\theta=\dfrac{1}{2}[\cos(\varphi+\theta)+\cos(\varphi-\theta)]$，上式又表示为

$$p(t)=UI[\cos(2\omega t+\varphi_u+\varphi_i)+\cos(\varphi_u-\varphi_i)] \tag{6-24}$$

式（6-24）对应的波形如图 6-32 所示。由图可见，瞬时功率随时间做周期性的变化。当 $p(t)>0$ 时，单口电路从外电路吸收功率；当 $p(t)<0$ 时，单口电路向外电路提供功率。在实际应用中，测量瞬时功率的意义不大，通常是用功率表测量平均功率。

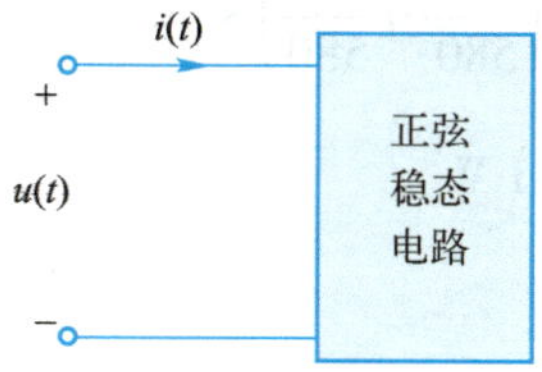

图 6-31　单口正弦稳态电路

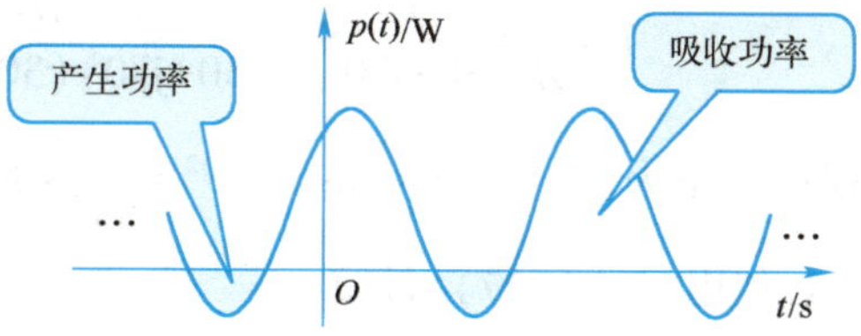

图 6-32　瞬时功率 $p(t)$ 的波形

2. 平均功率（又称损耗功率、有功功率）

平均功率的定义：瞬时功率在一个周期里的平均值为平均功率，记作

$$P=\frac{1}{T}\int_0^T p(t)\mathrm{d}t \tag{6-25}$$

把式（6-24）代入式（6-25），有

$$P=\frac{UI}{T}\int_0^T[\cos(2\omega t+\varphi_u+\varphi_i)+\cos(\varphi_u-\varphi_i)]\mathrm{d}t$$

式中，被积函数的第一项是周期函数，在一个周期内的积分为零；第二项是与时间无关的常数，积分值是 $T\cos(\varphi_u-\varphi_i)$。因此，正弦稳态电路的平均功率为

$$P=IU\cos(\varphi_u-\varphi_i) \tag{6-26}$$

上式用于计算任意单口电路的平均功率。式中，U、I 分别为正弦电压、电流的有效值；φ_u、φ_i 分别为正弦电压、电流的初相。平均功率的单位是瓦（W）。

例 6-19 已知某正弦稳态电路的端口电压与电流参考方向关联，它们的正弦函数表达式分别为：$u(t)=120\cos(50t+30°)$ V，$i(t)=10\cos(50t-15°)$ A，求该电路的平均功率。

解：该电路的端口电压相量 $\dot{U}=\frac{120}{\sqrt{2}}\angle 30°$ V，端口电流相量 $\dot{I}=\frac{10}{\sqrt{2}}\angle -15°$ A，则电路的平均功率为

$$P=UI\cos(\varphi_u-\varphi_i)=\frac{120}{\sqrt{2}}\times\frac{10}{\sqrt{2}}\cos[30°-(-15°)]\ \mathrm{W}=300\sqrt{2}\ \mathrm{W}$$

当单口电路由电阻、电感和电容组成时，端口等效为一个阻抗或导纳，并且阻抗角 θ_Z 和导纳角 θ_Y 仅在Ⅰ、Ⅳ象限取值，这时才有 $\cos\theta_Z=\cos(-\theta_Y)=\cos\theta_Y$。在此情况下，端口电压电流关系为 $\dot{U}=Z\dot{I}$（或者 $\dot{I}=Y\dot{U}$），其有效值满足 $U=|Z|I$（或者 $I=|Y|U$），把这些关系代入式（6-26），得

$$P=I^2|Z|\cos\theta_Z=I^2\mathrm{Re}[Z] \tag{6-27}$$

$$P=U^2|Y|\cos\theta_Y=U^2\mathrm{Re}[Y] \tag{6-28}$$

式中，$\mathrm{Re}[Z]$ 表示取阻抗 $Z=R+\mathrm{j}X$ 的实部 R；$\mathrm{Re}[Y]$ 表示取导纳 $Y=G+\mathrm{j}B$ 的实部 G。这两个式子只能用于计算无源（不含独立源和受控源）电路的平均功率。若已知端口电流和阻抗，则用式（6-27）计算；若已知端口电压和导纳，则用式（6-28）计算。

例 6-20 已知阻抗 $Z=(30+\mathrm{j}70)\ \Omega$ 两端的电压相量 $\dot{U}=80\angle 0°$ V，问：该阻抗的损耗功率是多少？

解：方法一：利用式（6-28）计算。

$$Y=\frac{1}{Z}=\frac{1}{30+\mathrm{j}70}\mathrm{S}=\frac{30-\mathrm{j}70}{(30+\mathrm{j}70)(30-\mathrm{j}70)}\mathrm{S}=\left(\frac{3}{580}-\mathrm{j}\frac{7}{580}\right)\mathrm{S}$$

阻抗 Z 的损耗功率为 $$P=\mathrm{Re}[Y]U^2=\frac{3}{580}\times 80^2\ \mathrm{W}=33.1\ \mathrm{W}$$

方法二：利用式（6-27）计算。

设该元件电流 $\dot{I}$ 与电压 $\dot{U}$ 参考方向关联，有

$$\dot{I}=\frac{\dot{U}}{Z}=\frac{80\angle 0°}{30+\mathrm{j}70}\mathrm{A}=\frac{80\angle 0°}{76.16\angle 66.8}\mathrm{A}=1.05\angle -66.8°\ \mathrm{A}$$

阻抗 Z 的损耗功率为 $$P=I^2\mathrm{Re}[Z]=1.05^2\times 30\ \mathrm{W}=33.1\ \mathrm{W}$$

当单口电路为纯电阻电路或电阻元件时，端口电压与电流同相，满足欧姆定律，有如下关系：$\varphi_u-\varphi_i=0$，$U=RI$，代入计算平均功率的通式（6-26），得电阻的平均功率计算式

$$P_R=UI=\frac{U^2}{R}=I^2R \tag{6-29}$$

当单口电路仅由电感组成或是电感元件时，有 $\varphi_u-\varphi_i=\theta_Z=90°$，代入通式（6-26），得电感的平均功率

$$P_L=UI\cos 90°=0$$

与电感类似，当单口电路仅由电容构成或是电容元件时，有 $\varphi_u-\varphi_i=\theta_Z=-90°$，代入通式（6-26），得电容的平均功率

$$P_C=UI\cos(-90°)=0$$

不难看出，电路中的平均功率取决于电阻，电阻是消耗功率的元件，所以，平均功率又被称为损耗功率。电感、电容不是耗能元件，故平均功率为零。你可能会问：电路端口的平均功率与电路中各电阻平均功率之间存在什么联系？它们之间遵循能量守恒原则，电路端口的平均功率 P 等于电路内部各电阻平均功率 P_k 之和，有

$$P=\sum P_k \tag{6-30}$$

例 6-21　电路如图 6-33 所示，已知端口电压 $\dot{U}=100\angle 0°$ V，求电路的平均功率。

解：方法一：根据式（6-28），求电路的平均功率。

这是一个无源单口电路，端口等效导纳为

$$Y=\frac{1}{R-\mathrm{j}X_C}+\frac{1}{\mathrm{j}X_L}=\left(\frac{1}{3-\mathrm{j}4}+\frac{1}{\mathrm{j}5}\right)\mathrm{S}=\left(\frac{3}{25}-\mathrm{j}\frac{1}{25}\right)\mathrm{S}$$

则电路的平均功率为

$$P=\mathrm{Re}[Y]U^2=\frac{3}{25}\times 100^2\ \mathrm{W}=1200\ \mathrm{W}$$

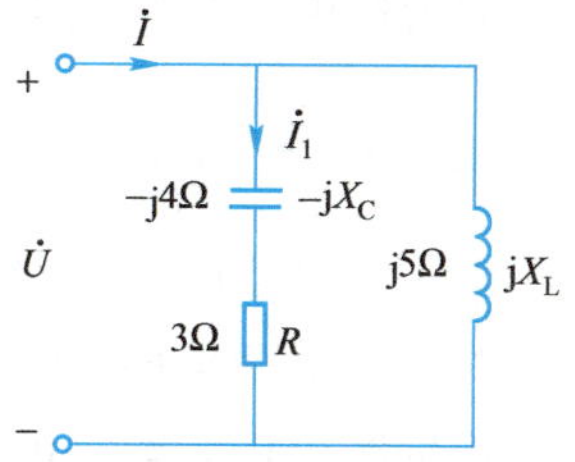

图 6-33　例 6-21 电路

方法二：根据式（6-26）求电路的平均功率。

式（6-26）应用范围宽，既适用于有源电路，也适用于无源电路。在图示参考方向下，有

$$\dot{I}=Y\dot{U}=\frac{3-\mathrm{j}}{25}\times 100\ \mathrm{A}=12.65\angle -18.43°\ \mathrm{A}$$

则
$$P=UI\cos(\varphi_u-\varphi_i)=(100\times 12.65\cos 18.43°)\ \mathrm{W}=1200\ \mathrm{W}$$

方法三：利用能量守恒原则，3 Ω 电阻的损耗功率等于整个电路的平均功率。

支路电流 $\dot{I}_1$ 为
$$\dot{I}_1=\frac{\dot{U}}{R-\mathrm{j}X_C}=\frac{100\angle 0°}{5\angle -53.13°}\ \mathrm{A}=20\angle 53.13°\ \mathrm{A}$$

电路的平均功率
$$P=P_R=RI_1^2=3\times 20^2\ \mathrm{W}=1200\ \mathrm{W}$$

例 6-22　求图 6-34a 所示电路中电压源提供的功率。

分析：由题意知，这是一个计算正弦稳态电路的功率问题，因此要根据相量电路求功率。该题求法不止一种，下面只举一种方法。根据能量守恒原则，电源提供的功率+电路消耗的功率=0，或者说，电源提供的功率=−电路消耗的功率。通过求电路的损耗功率，间接地获取电源的平均功率。

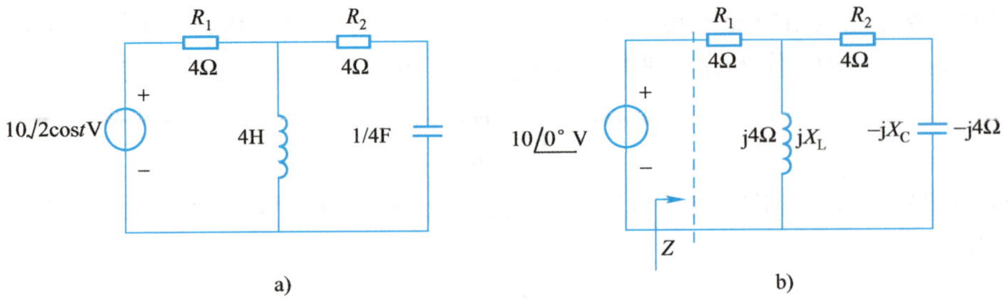

图 6-34 例 6-22 电路

解： 画原电路对应的相量电路如图 6-34b 所示。图 6-34b 虚线右边电路的等效阻抗为

$$Z=R_1+\frac{jX_L(R_2-jX_C)}{jX_L+R_2-jX_C}=\left[4+\frac{j4(4-j4)}{4+j4-j4}\right]\Omega=(8+j4)\ \Omega$$

则导纳是
$$Y=\frac{1}{Z}=\frac{1}{8+j4}S=\left[\frac{1}{20}(2-j)\right]S=\left(\frac{1}{10}-j\frac{1}{20}\right)S$$

虚线右边电路的损耗功率为
$$P=GU^2=\frac{1}{10}\times10^2\ W=10\ W$$

电压源的平均功率为
$$P_s=-P=-10\ W$$

功率值为负说明电压源提供 10 W 的功率。

6.5.2 最大功率传输定理

本小节讨论的问题背景如图 6-35a 所示。假设电路处于正弦稳定状态，信号从前端有源电路向无源负载传递，讨论在什么条件下，无源负载能从前端有源电路获得最大平均功率。在用相量法分析问题之前，先建立图 6-35a 的等效电路模型。从图 6-35a 的虚线处把电路分为前后两个单口电路，通常前端有源电路不能变动，负载电路可以调节。前端有源电路用一个实际电压源等效，后部无源负载等效为一个阻抗，得到图 6-35b 所示的相量等效电路结构。这样问题抽象为：当参数 $\dot{U}_{oc}$ 和 Z_0 已知且固定不变时，分析 Z_L 取何值能从前端有源电路获得最大平均功率。根据 Z_L 的变化方式，有两种功率匹配。

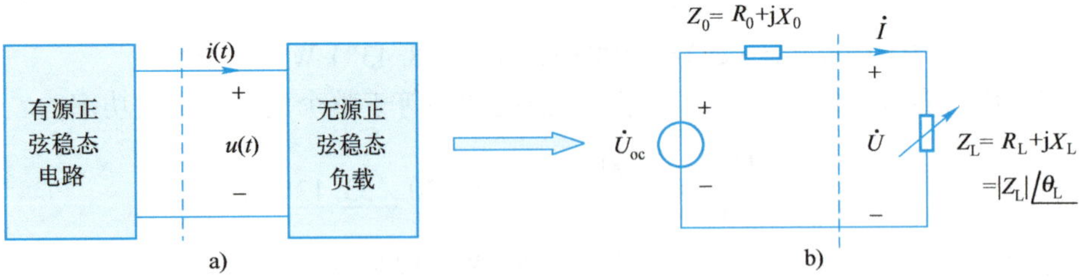

图 6-35 讨论正弦稳态电路功率传输问题的示意图

1. 阻抗共轭匹配

当负载阻抗的实部 R_L 和虚部 X_L 可以分别调节时，有如下最大功率传输（或说共轭匹配）定理：

当负载 $Z_L=Z_0^*$ 时，即取 $R_L=R_0$，$X_L=-X_0$ 时，负载 Z_L 能从前端电路获得最大功率，最大平均功率为

$$P_{Lmax}=\frac{U_{oc}^2}{4R_0} \tag{6-31}$$

证明：图 6-35b 电路中的电流 $\dot{I}$ 为

$$\dot{I}=\frac{\dot{U}_{oc}}{Z_0+Z_L}=\frac{\dot{U}_{oc}}{(R_0+R_L)+j(X_0+X_L)}$$

负载阻抗的平均功率为

$$P_L=R_L|\dot{I}|^2=\frac{R_LU_{oc}^2}{(R_0+R_L)^2+(X_0+X_L)^2}$$

分别调节负载阻抗的实部 R_L 与虚部 X_L，使功率 P_L 最大。先单独调负载阻抗的虚部 X_L，R_L 不动。由上式不难看到，当 $X_0+X_L=0$，即 $X_0=-X_L$ 时，分母最小，负载阻抗的平均功率最大，为

$$P_L=\frac{R_LU_{oc}^2}{(R_0+R_L)^2} \tag{6-32}$$

再单独变动负载阻抗的实部 R_L，当 $dP/dR_L=0$ 时，式（6-32）可获最大值。有

$$\frac{dP_L}{dR_L}=\frac{(R_0+R_L)^2-2R_L(R_0+R_L)}{(R_0+R_L)^4}U_{oc}^2=\frac{R_0-R_L}{(R_0+R_L)^3}U_{oc}^2$$

可见，当 $R_0=R_L$时，$dP_L/dR_L=0$，负载阻抗获最大功率，把 $R_0=R_L$ 代入式（6-32）就得到最大功率计算式（6-31）。证毕。

例 6-23　电路如图 6-36a 所示，求：

（1）Z_L 取何值时能从前端电路获得最大功率？

（2）最大功率是多少？

解： 从图 6-36a 的虚线处把电路划分为两部分，利用戴维南定理化简虚线左端的含源单口电路。

第一步：求开路电压 $\dot{U}_{oc}$。

断开图 6-36a 中负载 Z_L，并把实际电流源转换为实际电压源，如图 6-36b 所示。当 ab 端口开路时，端口电流为零，电感与电阻串联。利用分压公式得

$$\dot{U}_{oc}=\frac{jX_LR_1\dot{I}_s}{R_1+R_2+jX_L}=\frac{j4\times10^3}{(4+j4)\times10^3}\times400\ \text{V}=200(1+j)\ \text{V}=200\sqrt{2}\underline{/45^\circ}\ \text{V}$$

第二步：求阻抗 Z_0。

移去图 6-36a 中负载 Z_L，同时断开电流源，如图 6-36c 所示。图 6-36c 端口的等效阻抗为

$$Z_0=\frac{jX_L(R_1+R_2)}{R_1+R_2+jX_L}=\frac{j4\times4}{4+j4}\ \text{k}\Omega=(2+j2)\ \text{k}\Omega$$

简化等效电路见图 6-36d。根据最大功率传输定理得：

（1）当负载 $Z_L=Z_0^*=(2-j2)\ \text{k}\Omega$ 时，能获得最大功率。

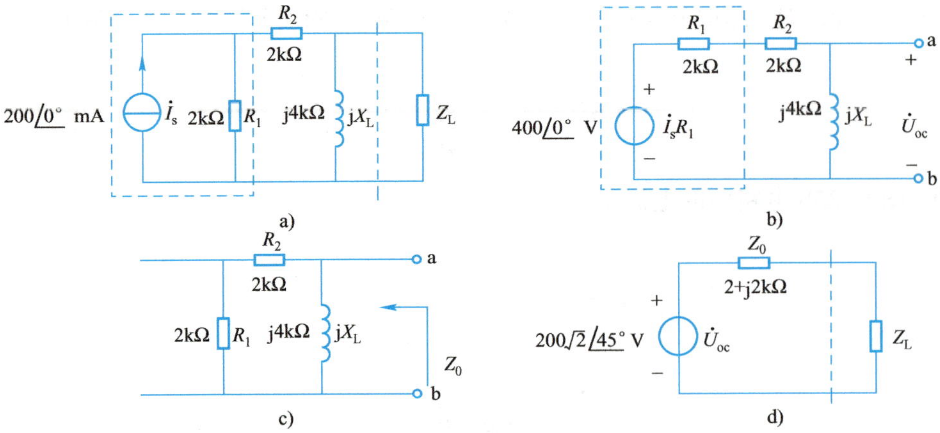

图 6-36 例 6-23 电路

(2) 最大功率为 $$P_{\text{Lmax}}=\frac{U_{oc}^2}{4R_0}=\frac{(200\sqrt{2})^2}{4\times2\times10^3}\text{ W}=10\text{ W}$$

2. 阻抗模匹配

当负载阻抗的模 $|Z_L|$ 可以调节，角度 θ_L 不能变动时，有如下模匹配定理：

当有 $|Z_L|=|Z_0|=\sqrt{R_0^2+X_0^2}$ 时，负载 Z_L 能从前端电路获得最大功率。

例 6-24 电路如图 6-37a 所示，求：

(1) R_L 取何值时能从前端电路获得最大功率？

(2) 最大功率是多少？

分析：负载 R_L 是纯电阻，虚部为零，故无论怎样调节电阻值 R_L，负载的阻抗角恒定不变为零，所以，该题属于模匹配的功率传输问题。

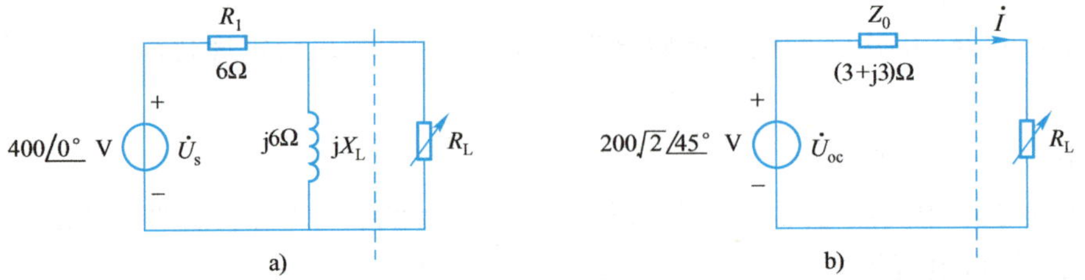

图 6-37 例 6-24 电路

解：化简图 6-37a 虚线左端的含源单口电路，等效电路如图 6-37b 所示。其中

开路电压 $$\dot{U}_{oc}=\frac{\text{j}X_L}{R_1+\text{j}X_L}\dot{U}_s=\frac{\text{j}6}{6+\text{j}6}\times400\text{ V}=200\sqrt{2}\angle45^\circ\text{ V}$$

等效阻抗 $$Z_0=R_1//\text{j}X_L=\frac{6\times\text{j}6}{6+\text{j}6}\ \Omega=(3+\text{j}3)\ \Omega$$

(1) 当 $R_L=|Z_0|=\sqrt{3^2+3^2}\ \Omega=3\sqrt{2}\ \Omega$ 时，负载能从前端电路获得最大功率。

(2) 由图 6-37b 可知，此时，流过负载的电流为

$$\dot{I}=\frac{\dot{U}_{oc}}{Z_0+R_L}=\frac{200\sqrt{2}\angle 45^\circ}{3+j3+3\sqrt{2}}\ A=\frac{200\sqrt{2}\angle 45^\circ}{7.84\angle 22.5^\circ}\ A=36.08\angle 22.5^\circ\ A$$

负载在模匹配的情况下，获得的最大功率为

$$P=R_L|\dot{I}|^2=3\sqrt{2}\times 36.08^2\ W=5.52\ kW$$

6.5.3　正弦稳态电路的其他功率

在电力工程领域，把平均功率称为有功功率。除了有功功率外，常使用的还有以下几种功率和参数。

1. 视在功率 S

设单口电路的端口电压相量与电流相量分别为：$\dot{U}=U\angle\varphi_u$ V，$\dot{I}=I\angle\varphi_i$ A。

视在功率定义为：电压有效值与电流有效值的乘积，记作

$$S=UI \tag{6-33}$$

视在功率是电气设备允许使用的最大平均功率，表示电气设备的容量。在使用时，若平均功率超过了允许的容量，电气设备将不能正常工作，严重时可能损毁设备。为了区别于平均功率，视在功率的单位为伏安（V·A）。

例 6-25　已知一台发电机的容量为 2.8 kV·A，额定电压是 380 V，问：

（1）该发电机能够输出的最大平均功率是多少?

（2）它的额定电流是多少?

解：（1）该发电机的最大平均功率就是其容量，由题意知，为 2.8 kV·A；

（2）额定电流为

$$I=\frac{S}{U}=\frac{2800}{380}\ A=7.37A$$

视在功率反映设备的能力，平均功率表示设备实际提供或消耗的功率。通常，这两者不相等。比较式（6-26）和式（6-33）可见，平均功率 P 与视在功率 S 差一个比例系数 $\cos(\varphi_u-\varphi_i)$，由于 $|\cos(\varphi_u-\varphi_i)|\leqslant 1$，所以，$P\leqslant S$。

2. 功率因数 λ

功率因数用符号 λ 表示，定义为

$$\lambda=\cos(\varphi_u-\varphi_i)=\frac{P}{S} \tag{6-34}$$

无源电路的功率因数为

$$\lambda=\cos\theta_Z \tag{6-35}$$

功率因数无量纲，取值 $|\lambda|\leqslant 1$。功率因数的值与电路参数及负载有关。例如，一台容量为 1000 kV·A 的发电机，若负载的 $\lambda=0.6$，该发电机的实际输出平均功率仅有 600 kW。由此可见，负载的 λ 低，发电机的容量不能被充分利用。

例 6-26　图 6-38 为某输电线路的等效电路，图中 $Z=(6+j6)\ \Omega$ 为输电线的等效阻抗，Z_L 为负载阻抗。已知：负载消耗的功率 $P=500$ kW，负载的功率因数 $\lambda=0.9$，负载电压 $U=5.5$ kV，求输电线的功率损耗。

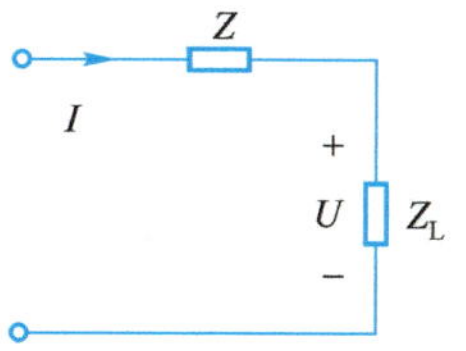

图 6-38　例 6-26 电路

解： 根据 $P=UI\lambda$ 可求得线路上电流有效值为

$$I=\frac{P}{U\lambda}=\frac{500\times10^3}{5500\times0.9}\text{A}=101.01\text{A}$$

输电线的损耗功率为 $P_l=\text{Re}[Z]\times I^2=6\times101.01^2\ \text{W}=61.22\ \text{kW}$

可见，输电线的损耗功率很大，要减小损耗，措施之一是提高负载的功率因数 λ，可减小线路电流 I，达到提高输电效率的目的。

3. 无功功率 Q

无功功率定义为

$$Q=UI\sin(\varphi_u-\varphi_i) \tag{6-36}$$

无功功率的单位为乏（var）。无功功率的值表示单口电路与外接电路进行能量交换的最大速率。耗能电阻只进不出，与外界没有能量交换，所以电阻的无功功率为零。电容和电感与外界有能量交换，存在无功功率。对电感而言，$\varphi_u-\varphi_i=\theta_Z=90°$，无功功率 $Q=UI\sin 90°=UI$，取正值。对电容而言，$\varphi_u-\varphi_i=\varphi_Z=-90°$，无功功率 $Q=UI\sin(-90°)=-UI$，取负值。

电路端口总的无功功率等于电路中各动态元件的无功功率之和，有

$$Q=\sum Q_k \tag{6-37}$$

4. 复功率 $\widetilde{S}$

为了把以上各种功率之间的关系用简单的数学形式表示出来，电气工程师“杜撰”出了复功率，定义为

$$\widetilde{S}=\dot{U}\dot{I}^*=UI\angle\varphi_u-\varphi_i=S\cos(\varphi_u-\varphi_i)+\text{j}S\sin(\varphi_u-\varphi_i)=P+\text{j}Q \tag{6-38}$$

复功率是一个复数，它的模 $|\widetilde{S}|$ 等于视在功率 S，实部是有功功率 P，虚部是无功功率 Q。三者的关系为 $S=\sqrt{P^2+Q^2}$。

思考题

6.5-1　请用另外两种方法再解例 6-22。

6.5-2　请判断并纠正以下分析中的错误。

（1）已知 $\dot{U}_{oc}=2\angle45°\ \text{V}$，$Z_0=(4+\text{j}4)\ \Omega$，则当 $Z_L=Z_0^*=(4-\text{j}4)\ \Omega$ 时，负载阻抗获得的最大功率为

$$P_{\text{Lmax}}=\frac{\dot{U}_{oc}^2}{4\text{Re}[Z_0]}=\frac{(2\angle45°)^2}{4\times4}\text{W}=\text{j}\frac{1}{4}\text{W}$$

（2）已知阻抗 $Z=(2+\text{j}4)\ \Omega$ 两端的电压为 $\dot{U}=4\angle43°\ \text{V}$，则该阻抗的损耗功率为

$$P=GU^2=\frac{1}{2}\times4^2\ \text{W}=8\ \text{W}$$

6.6 耦合电感和理想变压器

变压器是应用极其广泛的电子器件。在电力系统中，通过变压器的电压变换和电流变

换，减小远距离传输的线路损耗，提高传输效率。在通信系统中，利用变压器实现阻抗匹配和信号耦合。在电子设备中，即能通过变压器向不同终端提供功率，也能实现部件之间、电路之间的绝缘。

变压器是根据磁耦合现象设计的电子器件。倘若回路中变化电流产生的变化磁场穿过了邻近回路，即使两个回路之间无连接，这个变化磁场也会在邻近回路中产生感应电压，进而在邻近回路中产生电流，我们把这种现象称为磁耦合。在电路理论中，这类磁耦合器件可用耦合电感或者理想变压器构成的电路模型来等效。本节将主要学习耦合电感的电压电流关系和含耦合电感元件的电路分析，以及理想变压器的电压电流关系和含理想变压器的电路分析。

6.6.1　耦合电感的电压电流关系

图 6-39 是一种耦合线圈的结构示意图，它由两个存在磁耦合的线圈构成，是二端口元件，需要用两个端口电压电流关系式来完整地描述。下面详细推导线圈 I 的端口电压电流关系。

假设两个线圈的电感量分别为常数 L_1 和 L_2，两线圈之间的互感量为常数 M；流过两个线圈的交变电流分别为 i_1 和 i_2，如图 6-40 所示。穿过线圈 I 的磁链 ψ_1 由两部分构成：一是线圈 I 的电流 i_1 在本线圈中产生的自感磁链 ψ_{11}，为

$$\psi_{11}(t)=\pm L_1 i_1(t) \tag{6-39}$$

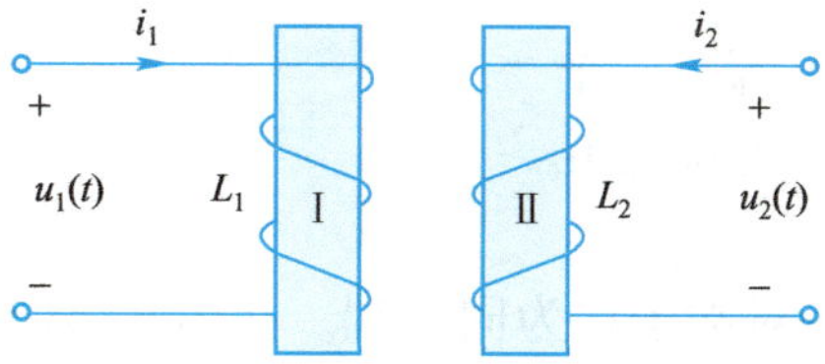

图 6-39　两互感线圈的结构示意图

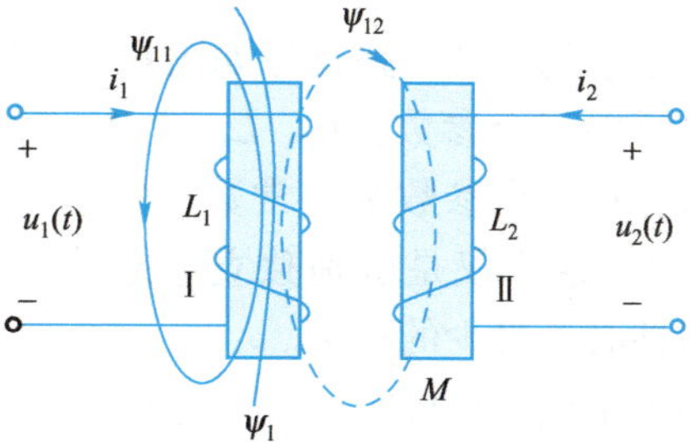

图 6-40　互感线圈的磁耦合示意图

式（6-39）中的“±”号与 ψ_{11} 和 i_1 的参考方向有关。二是线圈 II 的电流 i_2 在线圈 I 中产生的互感磁链 ψ_{12}，为

$$\psi_{12}(t)=\pm M i_2(t) \tag{6-40}$$

同样，式中“±”号与 ψ_{12} 和 i_2 的参考方向有关。线圈 I 的总磁链为

$$\psi_1(t)=\psi_{11}(t)+\psi_{12}(t)=\pm L_1 i_1(t)\pm M i_2(t)$$

对上式两边 t 求导，并把 $\frac{\mathrm{d}\psi(t)}{\mathrm{d}t}=u(t)$ 代入，得线圈 I 端口电压电流关系的一般形式：

$$u_1(t)=\pm L_1\frac{\mathrm{d}i_1(t)}{\mathrm{d}t}\pm M\frac{\mathrm{d}i_2(t)}{\mathrm{d}t} \tag{6-41}$$

式（6-41）的第一项 $\pm L_1\frac{\mathrm{d}i_1(t)}{\mathrm{d}t}$ 为自感电压，由电流 i_1 产生，第二项 $\pm M\frac{\mathrm{d}i_2(t)}{\mathrm{d}t}$ 为互感电压，由线圈 II 的电流 i_2 产生。

按照相同的思路，可推出线圈 II 有以下端口电压电流关系：

$$u_2(t)=\pm L_2\frac{\mathrm{d}i_2(t)}{\mathrm{d}t}\pm M\frac{\mathrm{d}i_1(t)}{\mathrm{d}t} \tag{6-42}$$

式（6-41）和式（6-42）为二端口耦合电感时域形式的电压电流关系，用于分析任何形式的时间信号。

由式（6-41）不难看出，当 $i_2(t)=0$ 或者 $i_2(t)=I$ 时，即线圈Ⅱ端口断开，或者流过线圈Ⅱ的是直流，式中第二项 $\pm M\frac{\mathrm{d}i_2(t)}{\mathrm{d}t}=0$，线圈Ⅰ的端口电压电流关系为 $u_1(t)=\pm L_1\frac{\mathrm{d}i_1(t)}{\mathrm{d}t}$，只有自感电压项。由于直流电流 $i_2(t)=I$ 产生的互感磁链不随时间变化，所以不会在线圈Ⅰ中产生互感电压。这说明耦合电感不传递直流，只传递交流信号。当 $i_1(t)=0$ 或 $i_1(t)=I$ 时，式（6-41）的自感电压项 $\pm L_1\frac{\mathrm{d}i_1(t)}{\mathrm{d}t}=0$，线圈Ⅰ的端口电压电流关系为 $u_1(t)=\pm M\frac{\mathrm{d}i_2(t)}{\mathrm{d}t}$，端口电压并不为零，等于互感电压。同理分析式（6-42），可以得到类似的结果。

根据式（6-41）和式（6-42）中“±”号的不同组合，耦合电感的电压电流关系有16种可能的形式。自感电压项的“±”号取决于本端口电压与本端口电流参考方向的关联性，当本端口的电压与电流参考方向关联时，自感电压项取“+”，非关联则取“−”。为了确定互感电压的正负号，要引入同名端的概念。

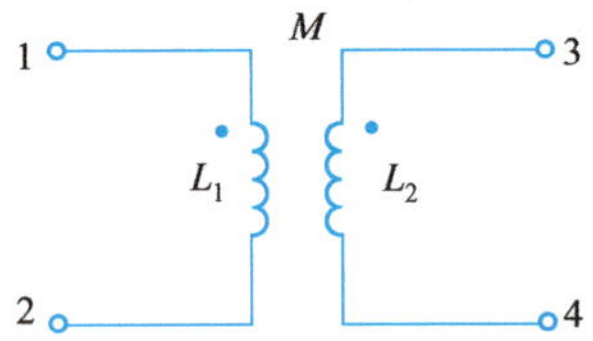

图6-41 耦合电感的时域电路符号

耦合电感的时域电路符号如图6-41所示。描述一个二端口耦合电感要三个参数：L_1、L_2 和 M。对于线性时不变耦合电感而言，这三个参数都是常数。图中两个电感上都有一个标记“·”，这不仅是区别独立电感的标记，而且是确定互感电压极性必不可少的标记。

我们把不同端口标“·”（或无“·”）的一对端子称为同名端。在图6-41中，1、3端子是一对同名端，2、4端子也是一对同名端。同名端的物理含义是：当两个端口的电流都从同名端流入时，在线圈中产生的自感磁链和互感磁链的方向一致。

例6-27 图6-42a为一互感线圈的结构图，请找出其同名端。

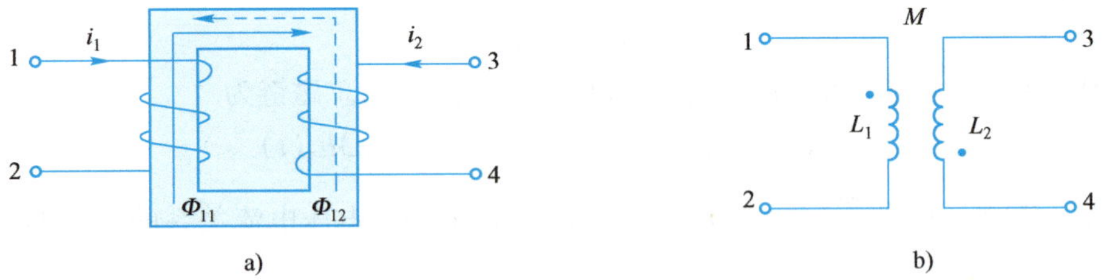

图6-42 例6-27

解：首先，任意假设两个端口的电流流向，如图6-42a所示。再用右手螺旋法则判断各个电流产生的磁通方向，即右手四个指头方向为电流方向，拇指方向为磁通方向。在图6-42a中，电流 i_1 产生的磁通 Φ_{11} 用实线表示，虚线为电流 i_2 产生的磁通 Φ_{12}。由于两个电流产生的磁通方向相反，所以，电流流入的1端与3端是异名端，判断1端与4端是同名端，2端与 3 端为同名端。标注如图 6-42b 所示。

引入同名端的目的是要借助同名端确定互感电压的极性。根据同名端的含义不难得到如下判断方法：互感电压的正极性位于与它端口电流流入端对应的同名端。例如，确定图 6-43 所示耦合电感 11′端口的互感电压极性。它端口电流 i_2 从 2′端流入，2′端与 1 端是同名端，因此，由电流 i_2 在 11′端口产生的互感电压正极性在 1 端。当互感电压的极性与本端口电压的参考极性一致时，互感电压取“+”，否则取“-”。

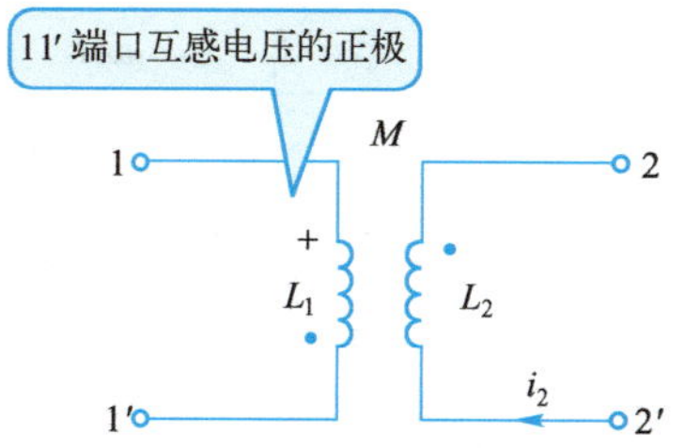

图 6-43　判断互感电压的极性

例 6-28　写出图 6-44 所示耦合电感的电压电流关系。

解：11′端口的电压电流关系式为

$$u_1(t)=L_1\frac{di_1(t)}{dt}+M\frac{di_2(t)}{dt}$$

u_1 与 i_1 的参考方向关联，所以自感电压取“+”号。电流 i_2 从 2 端流入，2 端与 1 端是同名端，因此，互感电压的正极性在 1 端子，互感电压极性与 11′端口电压 u_1 的参考方向一致，故互感电压项取“+”号。同理，22′端口的电压电流关系式为

$$u_2(t)=L_2\frac{di_2(t)}{dt}+M\frac{di_1(t)}{dt}$$

倘若电压、电流是同频率的正弦函数，可采用相量法分析电路。耦合电感相量形式的电路符号如图 6-45 所示。相量形式的电压电流关系如下：

$$\dot{U}_1=\pm j\omega L_1\dot{I}_1\pm j\omega M\dot{I}_2$$

$$\dot{U}_2=\pm j\omega L_2\dot{I}_2\pm j\omega M\dot{I}_1 \tag{6-43}$$

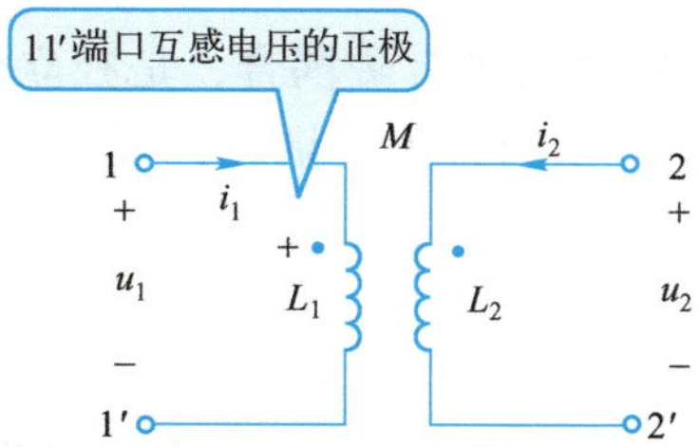

图 6-44　例 6-28 图

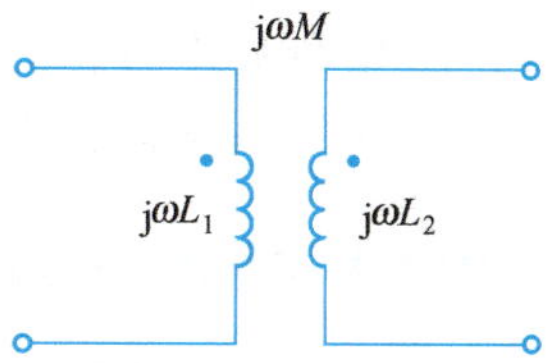

图 6-45　耦合电感相量域电路符号

例 6-29　请写出图 6-46 所示耦合电感的电压电流关系。

解：在图示参考方向下，电压电流关系为

$$\dot{U}_1=j\omega L_1\dot{I}_1-j\omega M\dot{I}_2$$

$$\dot{U}_2=j\omega L_2\dot{I}_2-j\omega M\dot{I}_1$$

例 6-30　请写出图 6-47 所示耦合电感的电压电流关系。

解：在图示参考方向下，电压电流关系为

$$\dot{U}_1=-j\omega L_1\dot{I}_1-j\omega M\dot{I}_2$$

$$\dot{U}_2=\mathrm{j}\omega L_2\dot{I}_2+\mathrm{j}\omega M\dot{I}_1$$

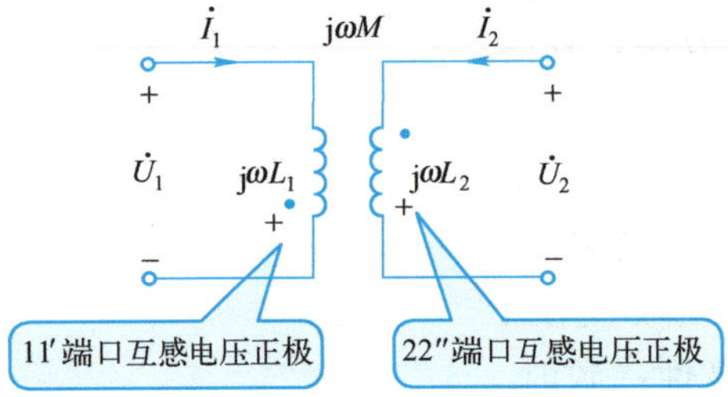

图 6-46 例 6-29

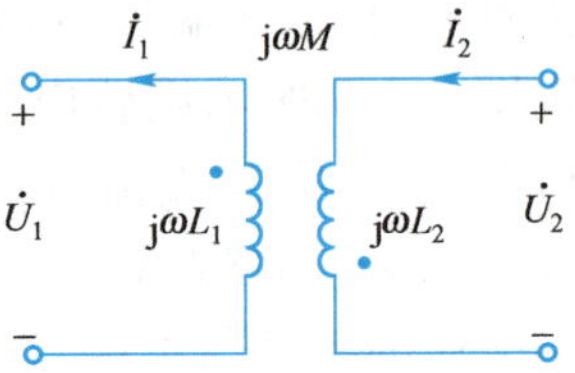

图 6-47 例 6-30

在不知道互感线圈（变压器）结构的情况下，可以通过测试确定同名端。测试电路如图 6-48 所示，图中电阻起限流作用。在开关合上的瞬间，若电压表正偏，确定接电压表正极的 3 端与电流流入的 1 端是同名端；若电压表反偏，则接电压表负极的 4 端与电流流入的 1 端是同名端。这是因为在开关闭合的瞬间，流入 1 端的电流是增加的，有$\frac{\mathrm{d}i(t)}{\mathrm{d}t}>0$；电压表内阻很大，故 3、4 端可视为开路，电压表测到的是互感电压 $M\frac{\mathrm{d}i(t)}{\mathrm{d}t}$。根据互感电压极性的确定方法，互感电压的正极性端子与 $i(t)$ 流入端子是同名端，所以有以上判断。

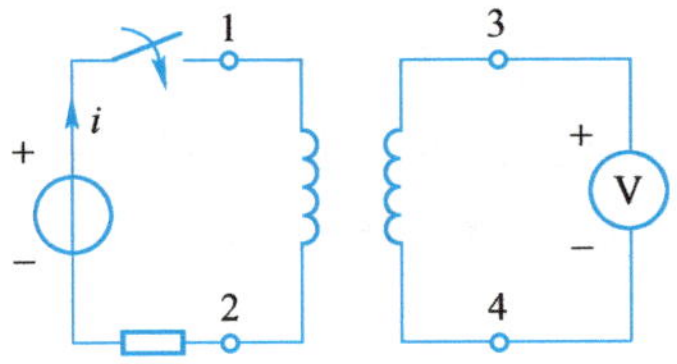

图 6-48 同名端测试电路

互感量 M 的取值范围在 $0\leqslant M\leqslant\sqrt{L_1L_2}$。耦合电感的耦合程度用耦合系数 k 来衡量，耦合系数定义为

$$k=\frac{M}{\sqrt{L_1L_2}} \tag{6-44}$$

k 的取值范围为 $0\leqslant k\leqslant 1$。当 $k=0$ 时，说明两个电感之间没有磁耦合，是独立电感；当 $k<0.5$ 时，为松耦合；当 $0.5<k<1$ 时，为紧耦合；当 $k=1$ 时，为全耦合，表示一个线圈电流产生的磁通全部与另一个线圈交链，没有漏磁。

6.6.2 含耦合电感电路的相量分析法

分析含耦合电感电路的常用方法有受控源等效法和去耦等效法。前者运用范围宽，但分析含受控源电路较麻烦。后者正相反，运用范围相对较窄，但因电路中无受控源，容易分析。

1. 受控源等效分析法

图 6-49a 所示耦合电感的端口电压电流关系为

$$\dot{U}_1=-\mathrm{j}\omega L_1\dot{I}_1+\mathrm{j}\omega M\dot{I}_2$$

$$\dot{U}_2=\mathrm{j}\omega L_2\dot{I}_1-\mathrm{j}\omega M\dot{I}_1$$

式中，互感电压项在图 6-49a 电路模型中没有对应元件，因此，在列回路电压方程时很容易丢失。受控源等效法是在耦合电感模型中把式中的互感电压项用电流控制电压源等效出来，如图 6-49b 所示。确定互感电压极性与 6.6.1 节所叙一致，不再累述。注意，在图 6-49b 受控源等效电路中，原耦合电感之间的磁耦合作用已用受控源等效，所以图中的电感不标“·”。

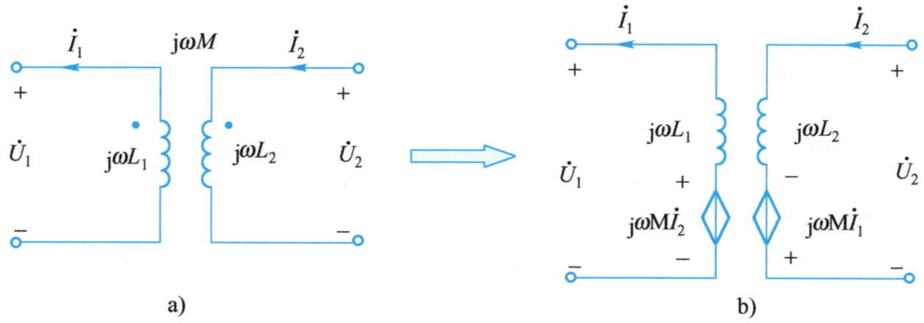

图 6-49　耦合电感电路模型
a）耦合电感元件　b）耦合电感受控源等效电路模型

例 6-31　图 6-50a 是一种把耦合电感的异名端连接在一起的串联结构，称之为顺串。求顺串耦合电感 ab 端口的等效电路。

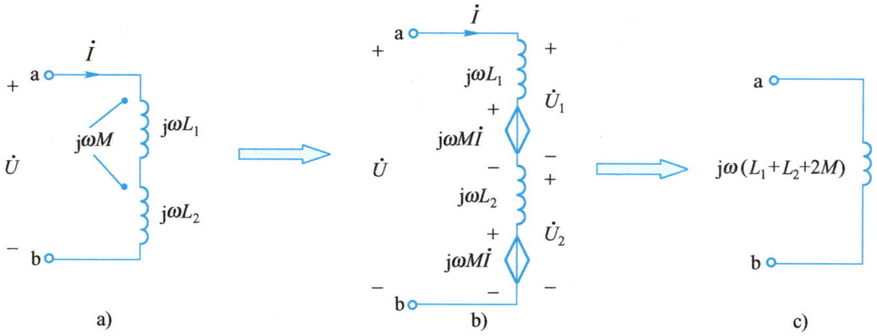

图 6-50　例 6-31

解：在图 6-50a 所设端口电压及电流参考方向下，顺串耦合电感的受控源等效电路如图 6-50b 所示。列 KVL 方程，有

$$\dot{U}=\dot{U}_1+\dot{U}_2=\mathrm{j}\omega L_1\dot{I}+\mathrm{j}\omega M\dot{I}+\mathrm{j}\omega L_2\dot{I}+\mathrm{j}\omega M\dot{I}$$
$$=\mathrm{j}\omega(L_1+L_2+2M)\dot{I}$$

端口呈现电感的电压电流关系，等效电感值为 L_1+L_2+2M，等效电路如图 6-50c 所示。

2. 去耦等效分析

去耦等效分析是通过等效变换，用若干独立电感构成的电路去等效一个耦合电感，即把含耦合电感的电路等效变换为由独立电感构成的电路，然后再进行电路分析。

去耦等效法适合分析 T 形结构的耦合电感电路。两种 T 形连接的耦合电感如图 6-51a与图 6-51c 所示。图 6-51a 是同名端连接，它与图 6-51b 所示的独立电感电路端口电压电流关系相同，因此，图 6-51b 是图 6-51a 的去耦等效电路，推导过程见附录 E。图 6-51c 为异名端连接，它的去耦等效电路是图 6-51d 所示。

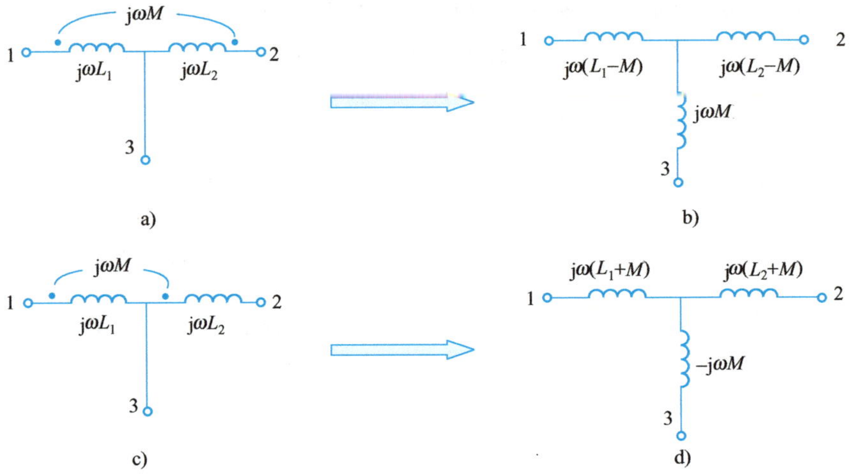

图 6-51 T 形连接的去耦等效变换

a）同名端连接 b）同名端连接的去耦等效电路 c）异名端连接 d）异名端连接的去耦等效电路

例 6-32 电路如图 6-52a 所示，已知 $u_s(t)=20\cos t$ V，求电流 $i(t)$。

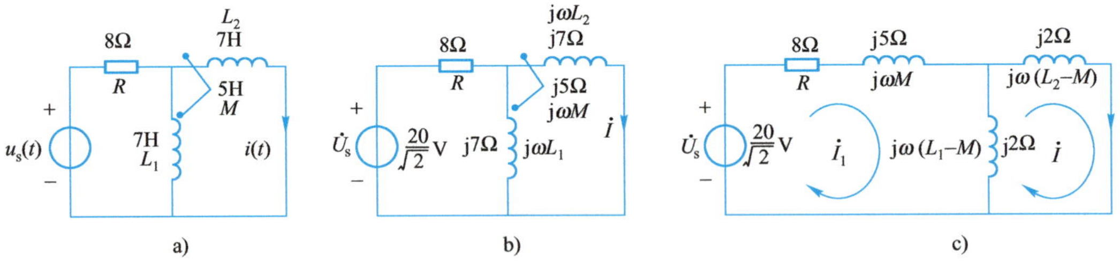

图 6-52 例 6-32

a）时域电路 b）相量电路 c）去耦等效电路

解： 这是一个求正弦稳态电路的问题，用相量分析法。原时域电路对应的相量电路如图 6-52b 所示，图中耦合电感是 T 形结构，且同名端连接，去耦等效电路如图 6-52c 所示。列图 6-52c 的网孔电流方程：

左网孔 $[R+\mathrm{j}\omega M+\mathrm{j}\omega(L_1-M)]\dot{I}_1-\mathrm{j}\omega(L_1-M)\dot{I}=\dot{U}_S$

右网孔 $[\mathrm{j}\omega(L_1-M)+\mathrm{j}\omega(L_2-M)]\dot{I}-\mathrm{j}\omega(L_1-M)\dot{I}_1=0$

代入参数，整理得

$$(8+\mathrm{j}7)\dot{I}_1-\mathrm{j}2\dot{I}=\frac{20}{\sqrt{2}}$$

$$\dot{I}_1=2\dot{I}$$

联立以上两式，消去电流 $\dot{I}_1$，得

$$\dot{I}=\frac{20}{4\sqrt{2}(4+\mathrm{j}3)}\ \mathrm{A}=\frac{1}{\sqrt{2}}\angle -36.87^\circ\ \mathrm{A}$$

相量反变换 $i(t)=\cos(t-36.87^\circ)$ A

3. 空心变压器电路分析

空心变压器是一种松耦合器件，广泛应用于高频电路。它的线圈是空心或者是绕在非铁

磁性材料制成的心子上，可看作线性元件。图 6-53 是一个典型的空心变压器电路模型。通常，把接电源的变压器线圈 L_1 称为初级线圈，构成的回路称为初级回路，电源内阻和初级线圈的损耗都纳入电阻 R_1；把接负载 Z_L 的线圈 L_2 称为次级线圈，构成的回路称为次级回路，次级回路中的电阻 R_2 代表次级线圈的损耗。变压器利用耦合线圈把能量或信号从初级回路传递到次级回路。在分析空心变压器电路时，常用到初级等效电路和次级等效电路，下面推导初、次级等效电路以及应用举例。

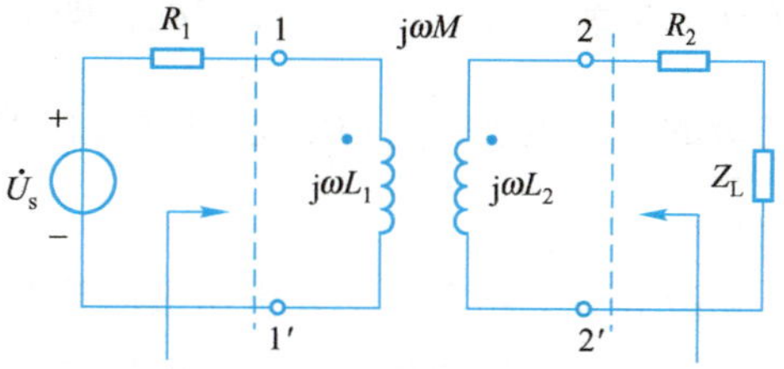

图 6-53　空心变压器电路模型

(1) 初级等效电路

推导初级等效电路既可用受控源等效也可用去耦等效，以下采用去耦等效。你一定会产生疑问：图 6-53 中的耦合电感不是 T 形结构，怎么能用去耦等效呢？我们先改变电路图的画法，连接图 6-53 所示电路的 1′2′两端，如图 6-54a 所示，这不会改变原电路的电压、电流分布，图 6-53 所示电路与图 6-54a 所示电路相等。对图 6-54a 中 T 形连接的耦合电感进行去耦等效，等效电路如图 6-54b 所示。

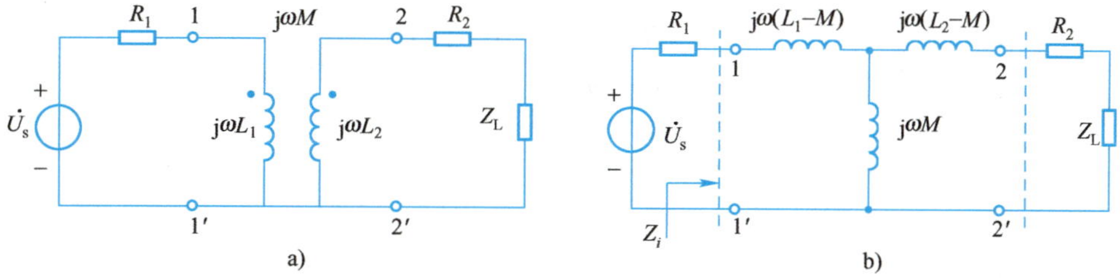

图 6-54　空心变压器电路的去耦等效

令 $Z_{11}=R_1+\mathrm{j}\omega L_1$ 为初级回路的阻抗，$Z_{22}=R_2+\mathrm{j}\omega L_2+Z_L$ 为次级回路的阻抗，$Z_M=\mathrm{j}\omega M$ 为互阻抗。图 6-54b 所示电路在 11′端口的等效阻抗为

$$Z_i=\mathrm{j}\omega(L_1-M)+\frac{[\mathrm{j}\omega(L_2-M)+R_2+Z_L]\mathrm{j}\omega M}{\mathrm{j}\omega(L_2-M)+R_2+Z_L+\mathrm{j}\omega M}$$

整理得

$$Z_i=\mathrm{j}\omega L_1-\frac{(\mathrm{j}\omega M)^2}{\mathrm{j}\omega L_2+R_2+Z_L}=\mathrm{j}\omega L_1-\frac{Z_M^2}{Z_{22}} \tag{6-45}$$

式 (6-45) 中的第二项 $-\dfrac{Z_M^2}{Z_{22}}$ 是次级回路阻抗 Z_{22} 在初级回路中的等效阻抗，它反映了次级回路通过磁耦合对初级回路的影响，被称为次级回路在初级回路的反映阻抗。11′端口的等效阻抗由两项构成，初级线圈的阻抗 $\mathrm{j}\omega L_1$ 与次级在初级的反映阻抗 $-\dfrac{Z_M^2}{Z_{22}}$ 串联，如图 6-55 所示。从路的角度看，次级回路通过反映阻抗从初级回路获取能量或信号，如果反映阻抗为零，说明初级回路不向次级回

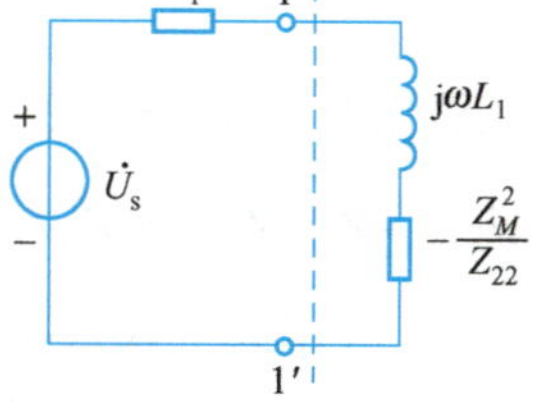

图 6-55　空心变压器的初级等效电路

路传递能量或信号。例如次级空载，即次级开路，负载 $Z_L=\infty$，次级回路电流 $\dot{I}_2=0$，次级在初级的反映阻抗 $-\dfrac{Z_M^2}{Z_{22}}=0$，这时次级回路既不需要初级回路提供损耗功率，也不需要提供储存功率。

初级等效电路常用来分析初级回路的有关问题，比如，初级回路电流，初级回路中元件上的电压等。采用初级等效电路的优点是简化了电路分析，把原本分析含耦合电感的双网孔电路问题简化为含独立电感的单网孔电路问题，把原本需要列解二元一次方程组的运算简化为了列解一元一次方程的运算。

(2) 次级等效电路

利用戴维南定理求图 6-54b 所示电路在 22′端口的等效电路。

1) 求 22′端口的开路电压 $\dot{U}_{oc}$。

断开图 6-54b 的 22′端口，设开路电压 $\dot{U}_{oc}$ 的参考方向如图 6-56a 所示。利用分压公式得

$$\dot{U}_{oc}=\frac{j\omega M}{R_1+j\omega(L_1-M)+j\omega M}\dot{U}_s=\frac{Z_M}{Z_{11}}\dot{U}_s \tag{6-46}$$

2) 求 22′端口的等效阻抗 Z_0。

将图 6-54b 所示电路的电压源短路，如图 6-56b 所示。利用阻抗的串并联公式，得

$$Z_0=j\omega(L_2-M)+\frac{[R_1+j\omega(L_1-M)]j\omega M}{R_1+j\omega(L_1-M)+j\omega M}=j\omega L_2-\frac{Z_M^2}{Z_{11}} \tag{6-47}$$

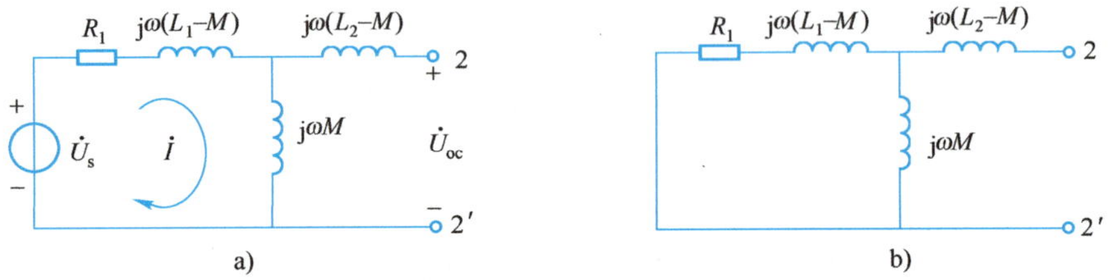

图 6-56 求 22′端口等效电路示意图

式中第二项 $-Z_M^2/Z_{11}$ 被称为初级回路在次级回路的反映阻抗。根据式（6-46）和式（6-47）得到次级等效电路，如图 6-57 所示。确定开路电压 $\dot{U}_{oc}$ 极性的方法与前述互感电压相同。次级等效电路常用于分析次级回路的相关问题。

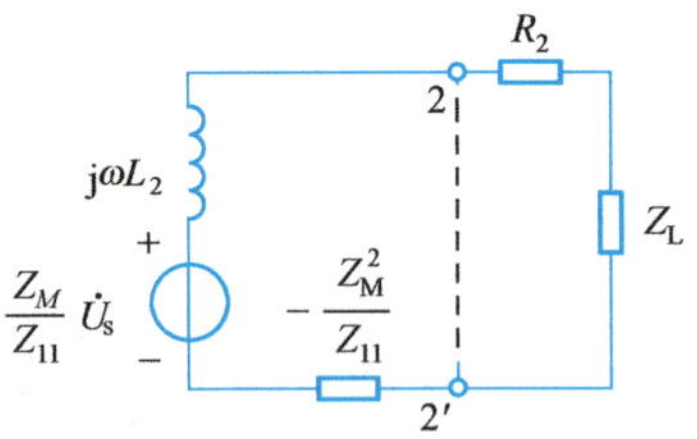

图 6-57 空心变压器的次级等效电路

在分析空心变压器电路时，以上推出的两个反映阻抗表达式 $-Z_M^2/Z_{22}$、$-Z_M^2/Z_{11}$，一个开路电压表达式 $\dot{U}_{oc}=Z_M\dot{U}_s/Z_{11}$，可作为公式直接使用。

例 6-33 空心变压器电路如图 6-58 所示。

(1) 求 Z_L 为何值时获最大功率，最大功率 $P_{L\max}$ 是多少？

(2) 在最大功率传输情况下，求电压源的功率。

解：(1) 第一问是关于次级回路的问题，所以用次级等效电路求解。

初级回路在次级回路的反映阻抗　$-\dfrac{Z_M^2}{Z_{11}}=\dfrac{2^2}{10(1+\mathrm{j})}\ \mathrm{k\Omega}=0.2(1-\mathrm{j})\ \mathrm{k\Omega}$

次级等效电路的电源电压　$\dot{U}_{\mathrm{oc}}=\dfrac{Z_M}{Z_{11}}\dot{U}_{\mathrm{s}}=\dfrac{\mathrm{j}2}{10(1+\mathrm{j})}\times 20\ \mathrm{V}=\dfrac{4}{\sqrt{2}}\angle 45^\circ\ \mathrm{V}$

次级等效电路如图 6-59 所示。由图可知，戴维南等效内阻为

$$Z_0=(0.2-\mathrm{j}0.2+\mathrm{j}10)\ \mathrm{k\Omega}=(0.2+\mathrm{j}9.8)\ \mathrm{k\Omega}。$$

当 $Z_{\mathrm{L}}=Z_0^*=(0.2-\mathrm{j}9.8)\ \mathrm{k\Omega}$ 时，负载获得最大功率，最大功率是

$$P_{\mathrm{Lmax}}=\frac{U_{\mathrm{oc}}^2}{4R_0}=\frac{4^2}{4\times 0.2\times 10^3\times 2}\ \mathrm{W}=10\ \mathrm{mW}$$

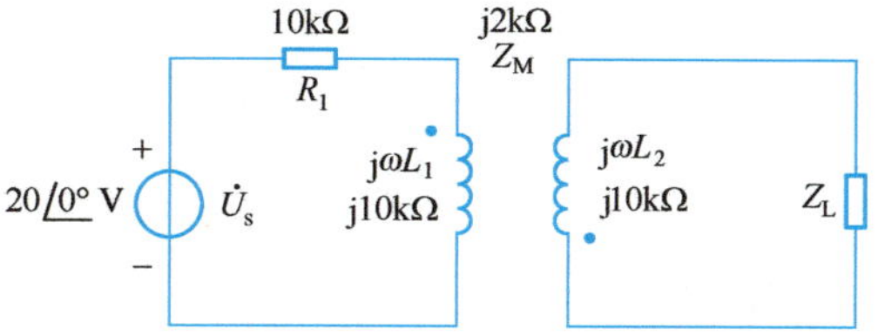

图 6-58　例 6-33 电路

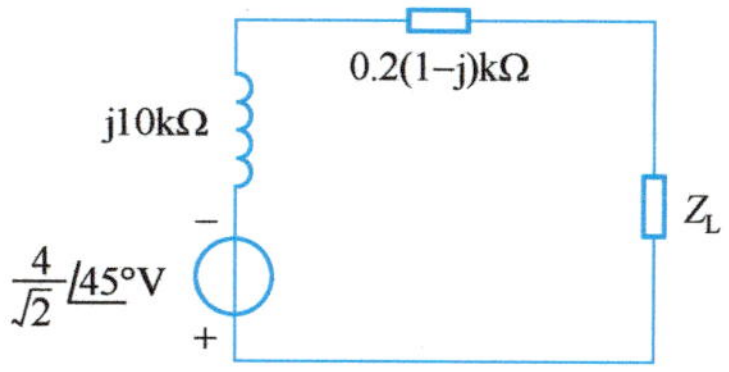

图 6-59　次级等效电路

(2) 第二问是求初级回路电压源的功率，用初级等效电路求解。

次级回路在初级回路的反映阻抗为

$$-\frac{Z_M^2}{Z_{22}}=-\frac{Z_M^2}{\mathrm{j}\omega L_2+Z_{\mathrm{L}}}=\frac{2^2}{0.2(1+\mathrm{j})}\ \mathrm{k\Omega}=10(1-\mathrm{j})\ \mathrm{k\Omega}$$

初级等效电路如图 6-60 所示。回路电流为

$$\dot{I}=\frac{20}{(10+\mathrm{j}10+10-\mathrm{j}10)\times 10^3}\ \mathrm{A}=1\ \mathrm{mA}$$

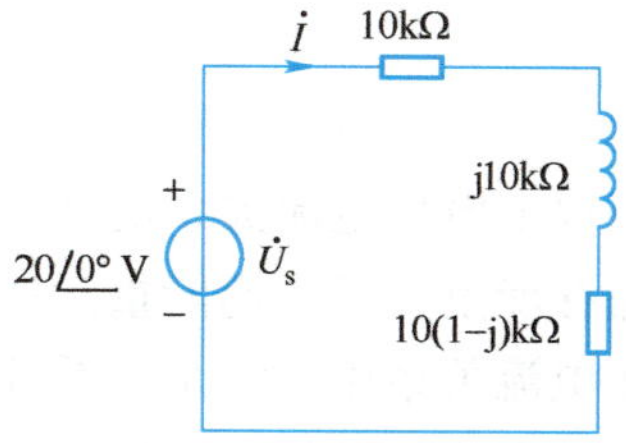

图 6-60　初级等效电路

20 V 电压源的功率为

$$P_{\mathrm{s}}=-U_{\mathrm{s}}\times I\cos(\varphi_{\mathrm{u}}-\varphi_{\mathrm{i}})=-20\times 1\ \mathrm{mW}=-20\ \mathrm{mW}$$

6.6.3　理想变压器

理想变压器是变压器的理想化模型。准确地说，理想变压器是一个变换器，具有电压变换、电流变换和阻抗变换功能。理想变压器有以下三个理想化特征。

1) 无损耗。理想变压器既不消耗能量，也不储存能量，仅传递能量。

2) 全耦合。耦合系数 $k=1$，线圈无漏磁，耦合电感值 $M=\sqrt{L_1L_2}$。若初级线圈的电感与线圈匝数分别用 L_1 和 N_1 表示，次级线圈的电感与线圈匝数分别用 L_2 和 N_2 表示，则有 $L_2/L_1=(N_2/N_1)^2=n^2$。

(3) 电感参数无限大。即 $L_1=\infty$，$L_2=\infty$，$M=\infty$。

实际应用的铁心变压器（线圈绕在用铁磁质材料制作的心子上）的性能较接近理想变压器。

1. 理想变压器的电压电流关系

理想变压器的时域电路符号如图 6-61a 所示，元件参数只有一个匝比参数 n。在图 6-61a 所示参考方向下，时域电压电流关系为

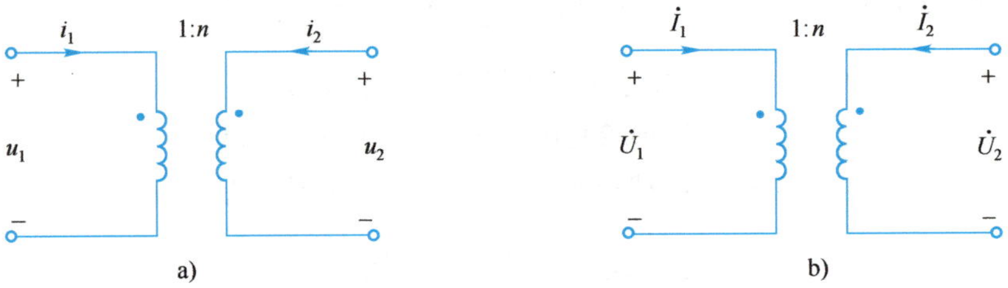

图 6-61　理想变压器的电路符号

a）理想变压器时域电路符号　b）理想变压器相量域电路符号

$$
\begin{aligned}
u_2(t) &= nu_1(t) \\
i_2(t) &= -\frac{1}{n}i_1(t)
\end{aligned} \tag{6-48}
$$

图 6-61b 是理想变压器的相量电路符号，在图示参考方向下，相量形式的电压电流关系为

$$
\begin{aligned}
\dot{U}_2 &= n\dot{U}_1 \\
\dot{I}_2 &= -\frac{1}{n}\dot{I}_1
\end{aligned} \tag{6-49}
$$

具有以上电压电流关系的理想变压器是一个线性时不变元件。理想变压器既不消耗能量，也不储存能量，仅传递能量。所以，在任何时刻，流进理想变压器的功率等于流出的功率。在电压电流关系中，一个关系式反映理想变压器的电压变换作用，另一个关系式则反映理想变压器的电流变换作用。通过选择初、次级线圈的匝比 $n=N_2/N_1$，控制电压与电流变换的比例。由式（6-48）不难看到，若线圈匝比 $n>1$，输入电压 u_1 经理想变压器后被放大 n 倍，输入电流 i_1 则被缩小 n 倍，电压与电流不会被同时放大或缩小，只有这样才能保证理想变压器在任何时刻的流进功率等于流出功率。

理想变压器的电压电流关系式与参考方向和匝比有关。式（6-48）和式（6-49）对应电压正极性设在“·”端，电流从“·”端流入。若改变图 6-61 中任意一个电量的参考方向，关系式中的对应电量要改变符号，下面举例说明。

例 6-34　请写出图 6-62 所示变压器的电压电流关系式。

分析：图中未标出初、次级电感值，故为理想变压器。除电压 $\dot{U}_2$ 正极设在非“·”端外，其他电量的参考方向均与图 6-61 相同，因此，只要改变式（6-49）中 $\dot{U}_2$ 的符号。

解：理想变压器的电压电流关系为

$$
\begin{aligned}
-\dot{U}_2 &= n\dot{U}_1 \\
\dot{I}_2 &= -\frac{1}{n}\dot{I}_1
\end{aligned}
$$

例 6-35 请写出图 6-63 所示理想变压器的电压电流关系式。

把图示电路与图 6-61 对比，有两点不同：第一，图示变压器改变了匝比。第二，电流 $\dot{I}_2$改变了方向，从非“·”端流入。

解：图 6-63 所示理想变压器的电压电流关系为

$$\dot{U}_2=\frac{1}{n}\dot{U}_1$$

$$-\dot{I}_2=-n\dot{I}_1 \text{ 或 } \dot{I}_2=n\dot{I}_1$$

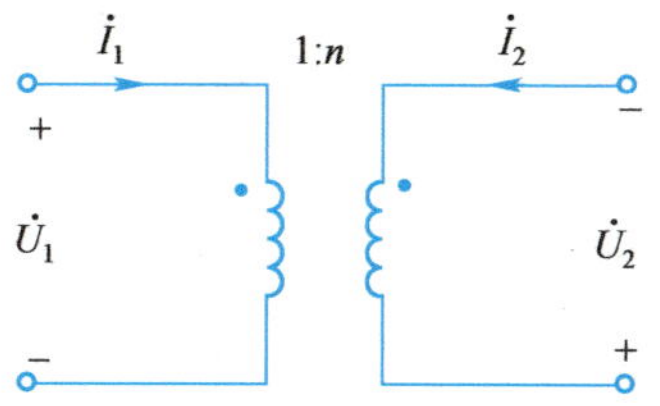

图 6-62 例 6-34

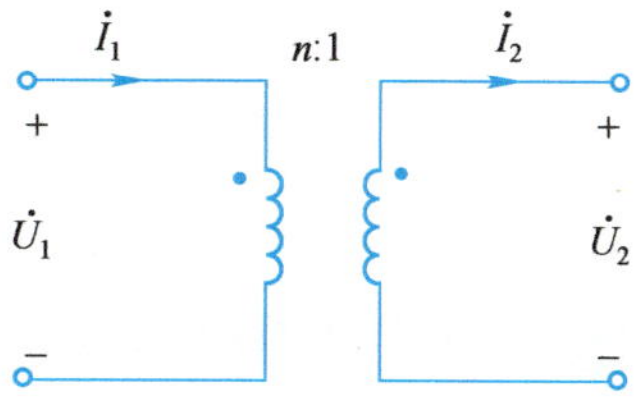

图 6-63 例 6-35

2. 理想变压器的阻抗变换

在无线电技术中，变压器常用做阻抗匹配。我们知道，负载要获得最大功率必须与信号源内阻匹配。当负载阻抗与信号源内阻都不能改变时，可以通过变压器来实现阻抗匹配。理想变压器的阻抗变换作用如图 6-64 所示。负载阻抗 Z_L 接理想变压器的一侧，如图 6-64a 所示。在图 6-64a 所示参考方向下，理想变压器的电压电流关系为

$$\dot{U}_2=n\dot{U}_1$$

$$\dot{I}_1=n\dot{I}_2$$

负载阻抗的电压电流关系为 $\dot{U}_2=Z_L\dot{I}_2$

把以上 3 个式子代入 ab 端口的等效阻抗式 $Z_{ab}=\dfrac{\dot{U}_1}{\dot{I}_1}$，则有

$$Z_{ab}=\frac{\dot{U}_1}{\dot{I}_1}=\frac{\frac{1}{n}\dot{U}_2}{n\dot{I}_2}=\frac{\frac{1}{n}Z_L\dot{I}_2}{n\dot{I}_2}=\frac{Z_L}{n^2} \tag{6-50}$$

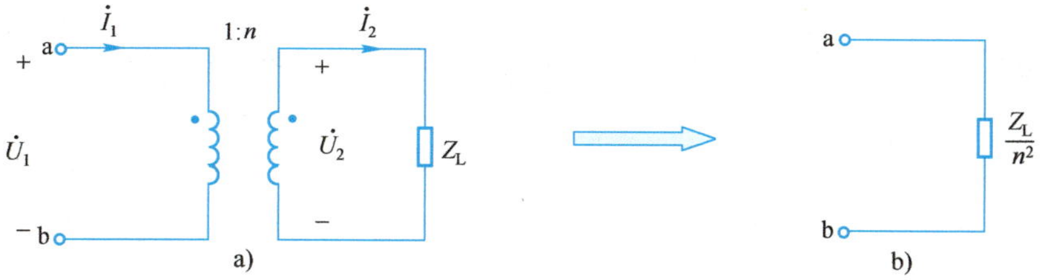

图 6-64 理想变压器的阻抗变换

负载 Z_L 在理想变压器输入端口的等效电路如图 6-64b 所示。通过理想变压器进行阻抗变换只能改变阻抗的大小，不能改变阻抗的性质。或说，理想变压器只改变阻抗的模 $|Z_L|$，不改变阻抗角 θ_L。阻抗大小的变换与变压器的匝比 $n=N_2/N_1$ 有关。如果变压器的匝比如图 6-65a 所示，则 ab 端口对应的等效阻抗如图 6-65b 所示。

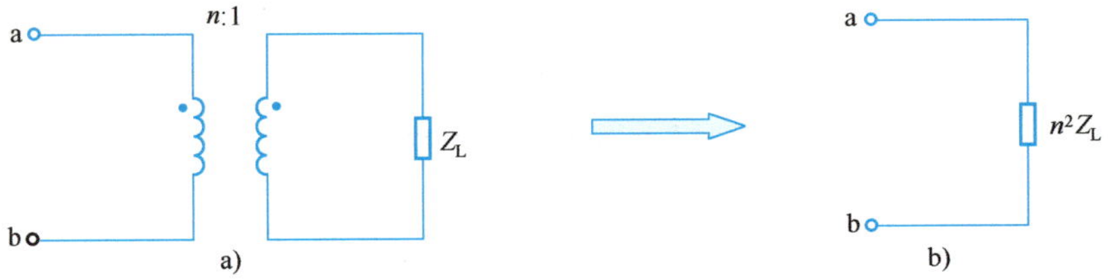

图 6-65 理想变压器的阻抗变换

6.6.4 含理想变压器的电路分析

本小节通过两个例题，学习含理想变压器电路的分析方法。

例 6-36 电路如图 6-66a 所示。负载电阻和信号源内阻都是不可调的，为使 100 Ω 负载获得最大功率，利用变压器进行电阻匹配，求变压器的匝比 n。

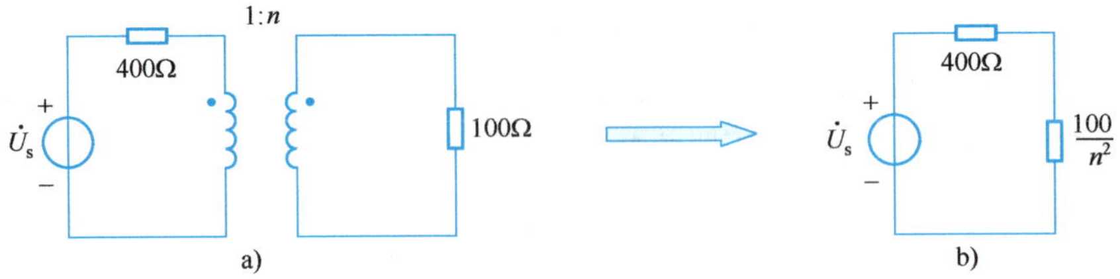

图 6-66 例 6-36 图

解：利用阻抗变换关系，画原电路的初级等效电路，如图 6-66b 所示。根据最大功率传输定理知，当 $400=\dfrac{100}{n^2}$，即 $n=\dfrac{N_2}{N_1}=\sqrt{\dfrac{100}{400}}=\dfrac{1}{2}$，或者说 $N_1=2N_2$ 时，100 Ω 负载能获最大功率。

例 6-37 电路如图 6-67a 所示。求：(1) 初级回路的电流 $\dot{I}_1$。(2) 输出电压 $\dot{U}_0$。

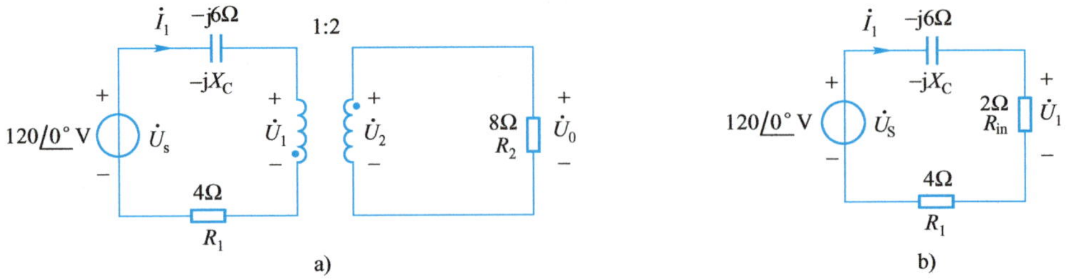

图 6-67 例 6-37 图

解：（1）根据初级等效电路求初级回路电流 $\dot{I}_1$。

利用阻抗变换，负载 R_2 在初级线圈两端的等效电阻为

$$R_{in}=\frac{R_2}{n^2}=\frac{8}{4}\ \Omega=2\ \Omega$$

初级等效电路如图 6-67b 所示。初级回路电流 $\dot{I}_1$ 为

$$\dot{I}_1=\frac{\dot{U}_s}{R_1+R_{in}-jX_C}=\frac{120}{4+2-j6}\ \text{A}=10\sqrt{2}\angle 45°\ \text{A}$$

（2）根据图 6-67b 可求得

$$\dot{U}_1=R_{in}\dot{I}_1=2\times10\sqrt{2}\angle 45°\ \text{V}=20\sqrt{2}\angle 45°\ \text{V}$$

在图 6-67a 所示电压参考方向下，初、次级线圈上的电压关系为

$$\dot{U}_0=\dot{U}_2=n(-\dot{U}_1)=-2\times20\sqrt{2}\angle 45°\ \text{V}=40\sqrt{2}\angle -135°\ \text{V}$$

思考题

6.6-1　图 6-68 是把耦合电感的同名端连接在一起的串联结构，称之为反串。请证明：ab 端口等效阻抗 $Z=j\omega(L_1+L_2-2M)\ \Omega$，等效电感为 $L=L_1+L_2-2M$。

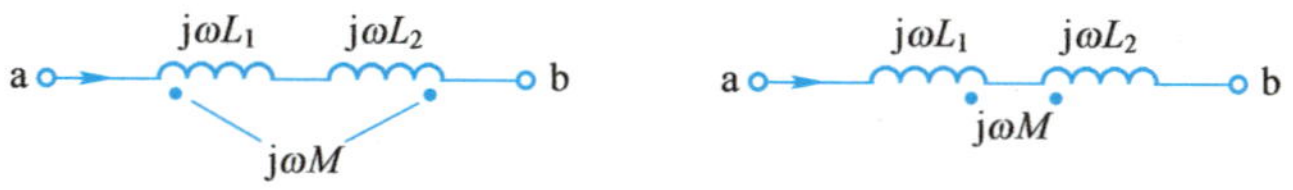

图 6-68　思考题 6.6-1 图

6.6-2　请你尝试画出图 6-66a 所示理想变压器的次级等效电路，并用次级等效电路再求解例 6-36。

6.6-3　分析空心变压器的最大功率传输问题通常用次级等效电路，但分析理想变压器的最大功率传输问题却能用初级等效电路，比如例 6-36，这是为什么？

6.6-4　甲说：理想变压器的阻抗变换式（6-50）与所设初、次级电压、电流的参考方向和同名端位置有关，如果同名端位置改变了，或者初、次级电压与电流的参考方向改变了，则不能用式（6-50）计算次级在初级的反映阻抗。

乙说：阻抗变换式即式（6-50）与次级电压 $\dot{U}_2$ 和电流 $\dot{I}_2$，以及同名端位置无关，只要理想变压器的初级电压 $\dot{U}_1$ 与电流 $\dot{I}_1$ 参考方向关联，就有式（6-50）。若初级电压 $\dot{U}_1$ 与电流 $\dot{I}_1$ 参考方向非关联，只需在式（6-50）前加“-”号。

你支持谁的观点？请给出你的理由。

6.7 应用

6.7.1 变压器的应用

1. 变压器在电力系统中的作用

电力系统由发电、输电和配电三部分构成，图 6-69 是电力系统的组成框图。日常生产与生活用电一般由三相交流发电机产生，其电压范围在 3.15～20 kV。通常，发电厂远离用电地区，在进行远距离输电之前，要先利用变压器把电压升高至 35～500 kV。为什么要采用高压输电？以传输 660 kV · A 容量的交流电为例，如果传输电压是 6 kV，根据 $S=UI$ 算出传输线路上的电流是 110 A；若传输电压升至 220 kV，则线路电流降至 3 A。可见，在输送容量 S 一定的情况下，提高传输电压可以减小线路电流。如果传输线路电阻是 R，线路损耗功率 $P=RI^2$ 与线路电流的平方成正比，线路电流小，电能在传输线上的损耗就小。简言之，高压输电可降低传输损耗。除此之外，传输线的线径与电流大小有关，电流大，线径大，电流小，线径小。提高传输电压，使线路电流减小，可以减小输电线线径，从而减少建设成本，提高经济效益。

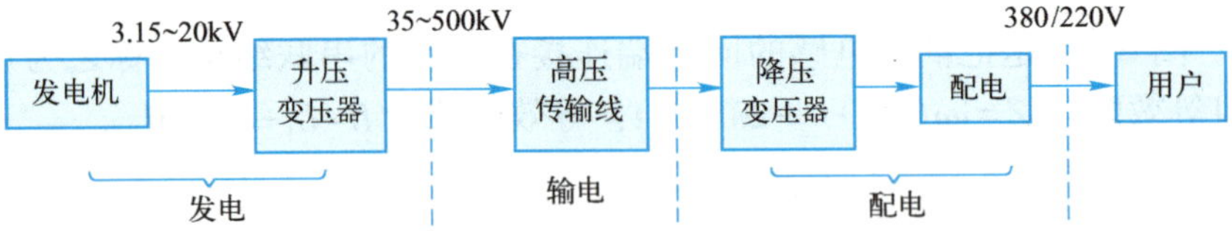

图 6-69 电力系统构成框图

电能输送到用电地区后，先经降压变压器把电压降低，再经配电所把电能按需要分配给各用户。根据用电设备的需要，送至用户的电压有 380 V 和 220 V 两种。

2. 变压器在电源变换电路中的应用

图 6-70 所示是变压器在电源变换电路中的使用，它的任务是把交流电变换为直流电。电源变换电路的输入电压 $u_s(t)$ 通常是电网提供的 50 Hz、220 V 的正弦交流电压，前端变压器在电路中有两个作用：第一，电压变换。调整电网电压的幅度为整流电路所需的输入正弦交流电压。第二，隔直通交。一方面向整流电路传递所需的正弦交流电，另一方面阻隔整流电路产生的直流电压对电网电压的影响。整流电路的作用是把交流电压转换为直流电压。

3. 变压器在测量仪器中的使用

测量高压电，考虑到安全等问题，不能直接接入电压表测量，这时可借助降压变压器实现间接测量。测量 10 kV 输电线电压的原理如图 6-71 所示，待测线路电压 U_1 接变压器的初级线圈，变压器的次级线圈接电压表，直接测量次级线圈电压 U_2，选择匝比 $n>1$，则线路电压是 nU_2。

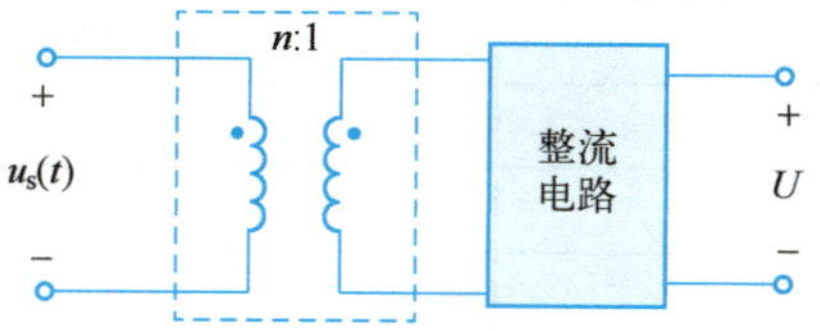

图 6-70　变压器在电源变换电路中的使用

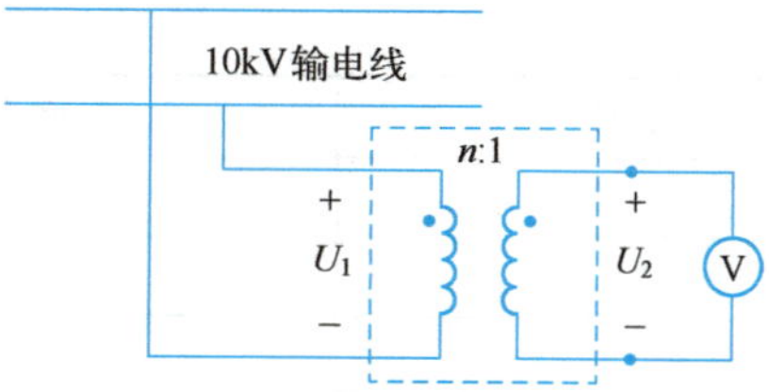

图 6-71　变压器在测量中的使用

6.7.2　三相电路的应用

三相电路是典型的正弦稳态电路。它由对称三相电源和三相负载构成，所谓对称三相电源是三个同频率、同振幅、相位依次相差 120°的正弦电压源，其数学表达式分别为

$$\begin{cases} u_{an}(t)=\sqrt{2}U_p\cos\omega t \\ u_{bn}(t)=\sqrt{2}U_p\cos(\omega t-120°) \\ u_{cn}(t)=\sqrt{2}U_p\cos(\omega t+120°) \end{cases} \xrightarrow{\text{相量变换}} \begin{cases} \dot{U}_{an}=U_p\angle 0° \\ \dot{U}_{bn}=U_p\angle -120° \\ \dot{U}_{cn}=U_p\angle 120° \end{cases}$$

对称三相电源由三相交流发电机产生，它的一个显著特点是，在任何时刻三个电压之和总为零，即

$$u_{an}(t)+u_{bn}(t)+u_{cn}(t)=0$$

相量形式为

$$\dot{U}_{an}+\dot{U}_{bn}+\dot{U}_{cn}=0$$

三相电源有两种连接方式：星形（Y）接法和三角形（△）接法，如图 6-72 所示。低压供电网采用Y形接法，其中 n 线称为中性线，简称中线或零线。当中性线接地时，又被称为地线，该线用淡蓝色标识。a、b、c 线称为相线，俗称火线，分别用黄、绿、红不同颜色标识。相线与地线之间的电压为 220 V，相线之间的电压为 380 V。在日常生活中，额定电压为 220 V 的单相家用电器接在相线与地线之间，额定电压为 380 V 的单相家用电器则接在两根相线之间。远距离的高压输电线路都采用△接法。

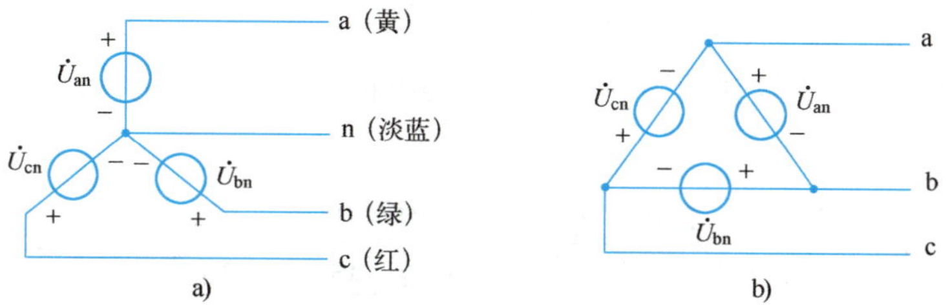

图 6-72　理想对称三相电源的两种基本接法
a）Y接法　b）△接法

三相负载同样有星形和三角形接法之分。因此，三相电路有 4 种可能的结构，见表 6-2。当三相负载相同时，称之为对称三相负载。由对称三相电源和对称三相负载组成的电路被称为对称三相电路。

表 6-2 三相电路组合表

电源接法	负载接法	电路结构
Y	Y	Y-Y
Y	△	Y-△
△	Y	△-Y
△	△	△-△

例 6-38 图 6-73 为Y—Y结构的对称三相电路。已知电源的有效值为 220 V，在电路的工作频率上，线路阻抗 $Z_x=(1+j2)\ \Omega$，负载 $Z_L=(29+j28)\ \Omega$，求：

（1）线路上电流$\dot{I}_a$、$\dot{I}_b$和$\dot{I}_c$。

（2）负载的消耗功率。

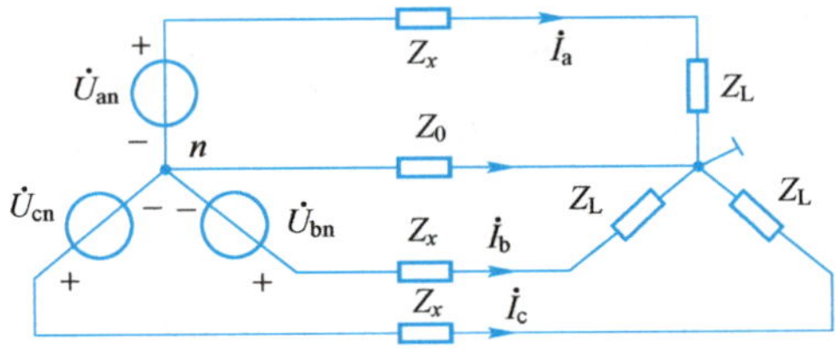

图 6-73 例 6-38

解： 根据电路结构特点，选择结点法。由题意可知，$\dot{U}_{an}=220\angle 0°\ V$，$\dot{U}_{bn}=220\angle -120°\ V$，$\dot{U}_{cn}=220\angle 120°\ V$。

（1）设电路的参考结点如图 6-73 所示，结点 n 的电压为$\dot{U}_n$。结点 n 的 KCL 方程为

$$\left(\frac{3}{Z_x+Z_L}+\frac{1}{Z_0}\right)\dot{U}_n=-\frac{\dot{U}_{an}}{Z_x+Z_L}-\frac{\dot{U}_{bn}}{Z_x+Z_L}-\frac{\dot{U}_{cn}}{Z_x+Z_L}=-\frac{\dot{U}_{an}+\dot{U}_{bn}+\dot{U}_{cn}}{Z_x+Z_L}$$

把$\dot{U}_{an}+\dot{U}_{bn}+\dot{U}_{cn}=0$代入上式，得

$$\left(\frac{3}{Z_x+Z_L}+\frac{1}{Z_0}\right)\dot{U}_n=0$$

只有$\dot{U}_n=0$上式才能成立，这说明图中两个结点等电位，地线等效为短路线，阻抗 Z_0不起作用，因此有

$$\dot{I}_a=\frac{\dot{U}_{an}}{Z_x+Z_L}=\frac{220\angle 0°}{1+j2+29+j28}\ A=\frac{220\angle 0°}{30\sqrt{2}\angle 45°}\ A=\frac{22}{3\sqrt{2}}\angle -45°\ A$$

$$\dot{I}_b=\frac{\dot{U}_{bn}}{Z_x+Z_L}=\frac{220\angle -120°}{1+j2+29+j28}A=\frac{22}{3\sqrt{2}}\angle -165°\ A$$

$$\dot{I}_c=\frac{\dot{U}_{cn}}{Z_x+Z_L}=\frac{220\angle 120°}{1+j2+29+j28}\ A=\frac{22}{3\sqrt{2}}\angle 75°\ A$$

可见，在对称三相电路中，三条相线电流也是同频率、同振幅、相位依次相差 120°的对称电流。所以，只要求出一条支路电流，根据对称性就能得到另外两条支路电流。

（2）电路中三个负载相同，且每条线路上电流的模值相同，因此三个负载消耗的功率相同，有

$$P_L=3I_a^2\mathrm{Re}[Z_L]=3\times\left(\frac{22}{3\sqrt{2}}\right)^2\times 29\ \mathrm{W}=2339.3\ \mathrm{W}$$

6.8　习题

一、基本题

1. 已知正弦电流 $i(t)=30\cos(1000t-30°)$ A，问：

（1）该电流的振幅、角频率、频率、周期、初相和有效值各是多少？

（2）电流 $i(t)$ 与下列各电流的相位差分别是多少？

$i_1(t)=\cos(1000t)$ A；$i_2(t)=\sin(1000t)$ A；$i_3(t)=-\sin(1000t+45°)$ A

2. 请把下列复数表示为直角坐标形式。

（1）$8\angle 30°$　（2）$7.2\angle -25°$　（3）$12\angle 118°$　（4）$60\angle -150°$

3. 请把下列复数表示为极坐标形式。

（1）8+j5　（2）4−j4　（3）−6.4−j3.2　（4）−3+j4

4. 复数计算。

（1）$8+\mathrm{j}5+7\angle -60°$　（2）$6\angle 15°+\dfrac{1+2\mathrm{j}}{4\angle -10°}$　（3）$(10-\mathrm{j}25)(4+\mathrm{j}4)$

（4）$(2+4\angle 30°)5\angle 38°$　（5）$\dfrac{8-\mathrm{j}5}{3+\mathrm{j}2}-4+\mathrm{j}4$　（6）$\dfrac{(-2-\mathrm{j}4)5\angle 38°}{\mathrm{j}8.2\angle 75°}$

5. 求下列正弦电压对应的相量，并画出相量图。

（1）$u_1(t)=10\sqrt{2}\cos(314t+60°)$ V

（2）$u_2(t)=-4\sqrt{2}\cos(314t+90°)$ V

6. 已知电流相量 $\dot{I}=2\angle 45°$ mA，且 $f=50$ Hz，写出 $\dot{I}$ 对应的正弦函数表达式。

7. 请用相量变换的方法求以下正弦函数之和。

（1）$4\cos 2t+3\sin 2t$

（2）$-6\cos(4t+75°)+4\cos(4t+35°)$

8. 电路如图 6-74 所示，已知电流 $i(t)=10\cos 10t$ A。

（1）请画出图 6-74 对应的相量电路。

（2）用相量法求电压 $u(t)$。

（3）求端口电压相量与电流相量的比值 $\dot{U}/\dot{I}$。

9. 无源单口电路如图 6-75 所示，端口电压与电流分别有如下几种情况：

（1）$u(t)=10\cos(10t+45°)$ V，$i(t)=2\cos(10t-15°)$ A

（2）$u(t)=10\cos(10t+50°)$ V，$i(t)=2\cos(10t+140°)$ A

（3）$u(t)=10\sin 100t$ V，$i(t)=2\cos 100t$ A

（4）$u(t)=-10\cos 10t$ V，$i(t)=-2\sin 10t$ A

求各种情况下的：①端口等效阻抗 Z。②构成电路 N 的元件参数。③端口电压与电流的相位差，并指明哪个电量超前。

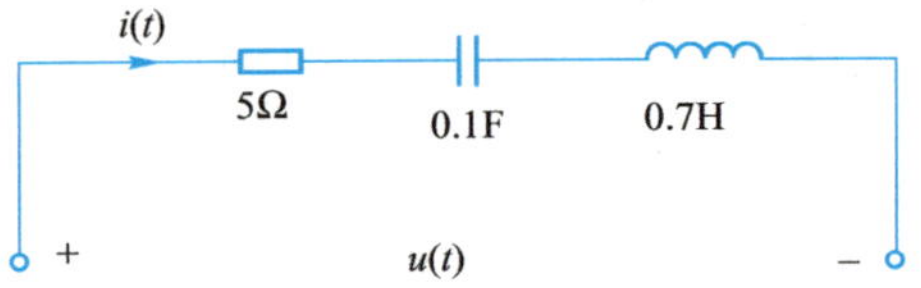

图 6-74 题 8 图

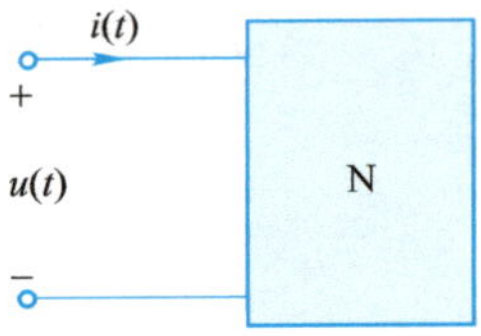

图 6-75 题 9 图

10. 试求以下元件分别在 50 Hz 和 50 kHz 频率的阻抗值：(1) 200 μF 电容 (2) 1.4H 电感 (3) 5 Ω 电阻

11. 求图 6-76 所示电路在 $\omega=50$ rad/s 的输入阻抗 Z_i。

12. 选择题：电路如图 6-77 所示，使 $u_0(t)=u_s(t)$ 的角频率是________。

(1) 0 rad/s (2) 1 rad/s (3) 4 rad/s (4) ∞ rad/s (5) 以上选择都不对

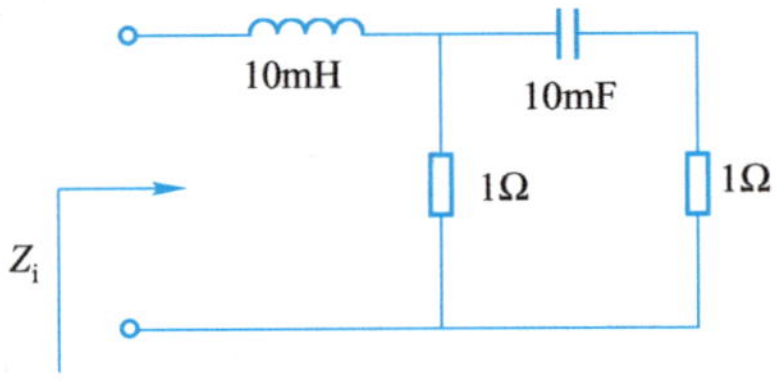

图 6-76 题 11 图

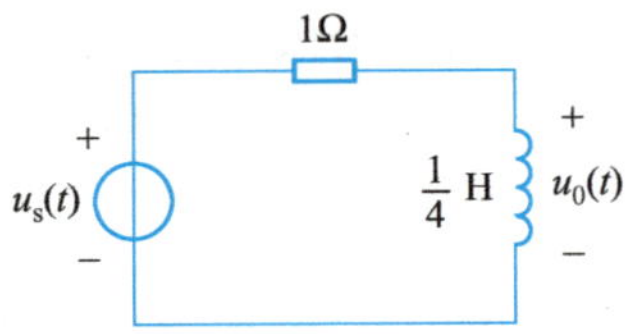

图 6-77 题 12 图

13. 电路如图 6-78 所示，方框内元件是最简单的串联组合，请确定方框内元件值。

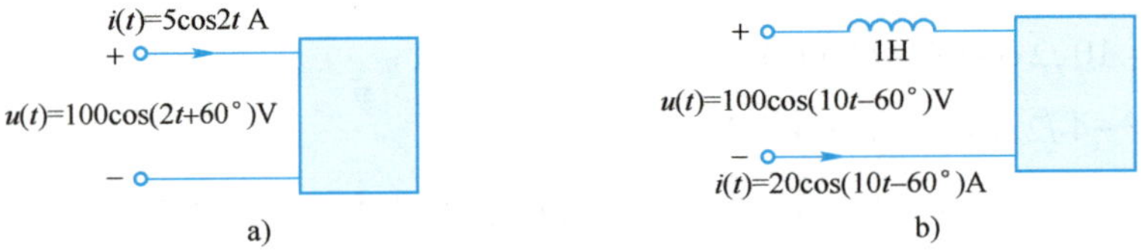

图 6-78 题 13 图

14. 选择题：某正弦交流电路如图 6-79 所示，若正弦电源电压 $u_s(t)$ 大小和频率不变，增大电容量，电灯________。

(1) 变亮 (2) 变暗 (3) 亮度不变 (4) 熄灭

15. 图 6-80 所示电路中的电压源 $u_s(t)=5\cos(2t)$ V，求电压 $u_0(t)$。

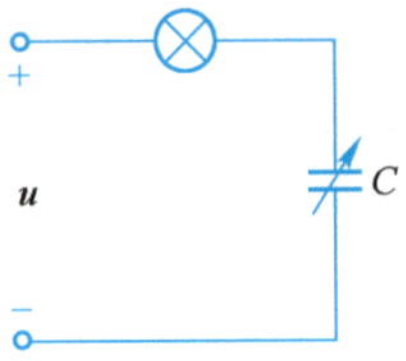

图 6-79 题 14 图

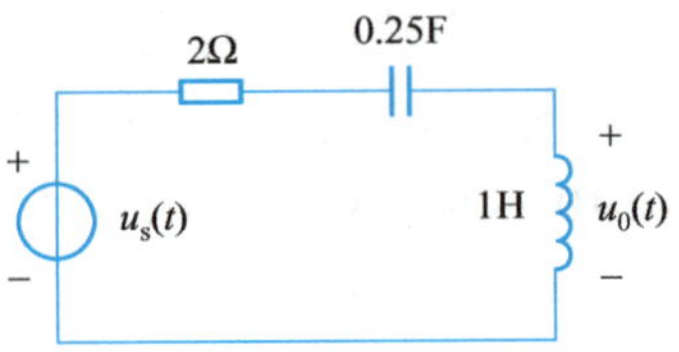

图 6-80 题 15 图

16. 求图 6-81 各电路中的电流 $i(t)$ 和电压 $u(t)$。

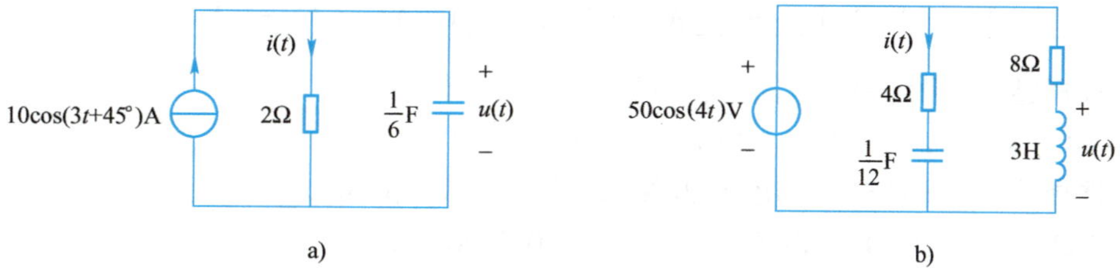

图 6-81 题 16 图

17. 求图 6-82 中各电路在角频率 $\omega=50$ rad/s 和 $\omega=10^3$ rad/s 的端口等效阻抗和导纳。

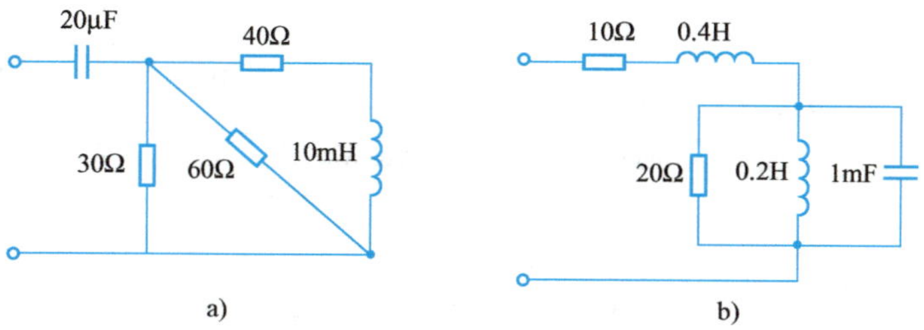

图 6-82 题 17 图

18. 电路如图 6-83 所示，求在以下两种情况下的电流 $i(t)$。

（1）$\omega=1$ rad/s （2）$f=\dfrac{5}{\pi}$Hz

19. 电路如图 6-84 所示，求电压 $\dot{U}$。

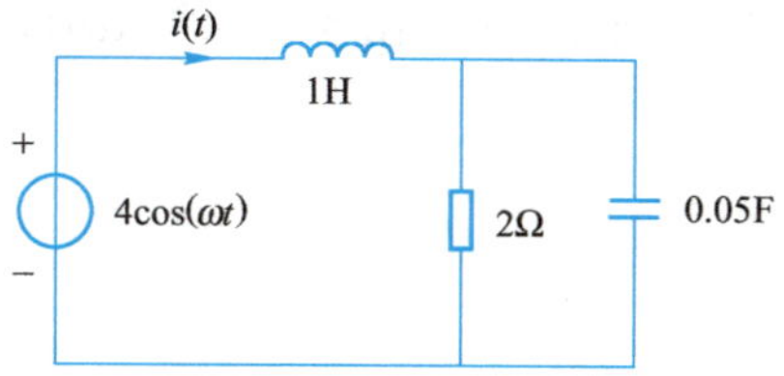

图 6-83 题 18 图

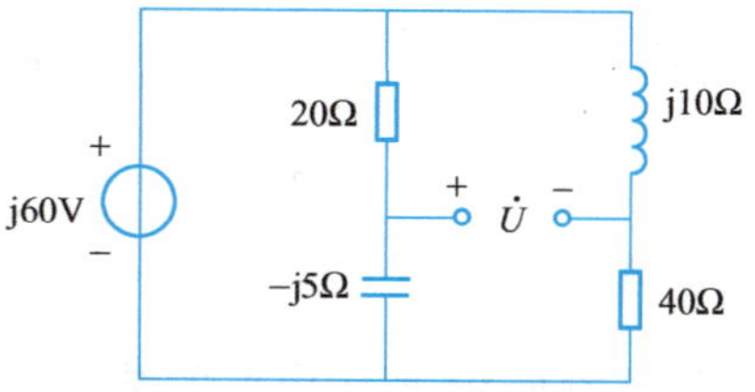

图 6-84 题 19 图

20. 选择题。图 6-85 所示电路中的电压 $\dot{U}$ 是________。

（1）$5\angle 0°$ V （2）$7.071\angle 45°$ V （3）$7.071\angle -45°$ V （4）$5\angle -45°$ V

21. 求图 6-86 所示电路中的 $u(t)$ 和 $i(t)$。

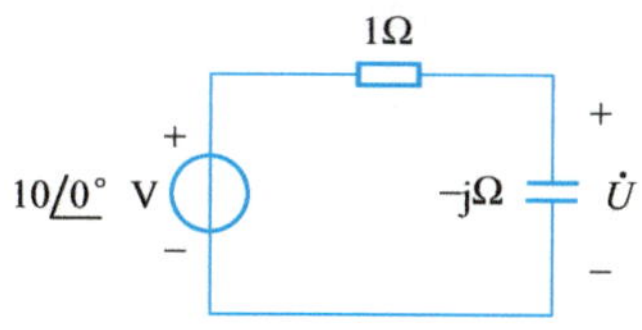

图 6-85 题 20 图

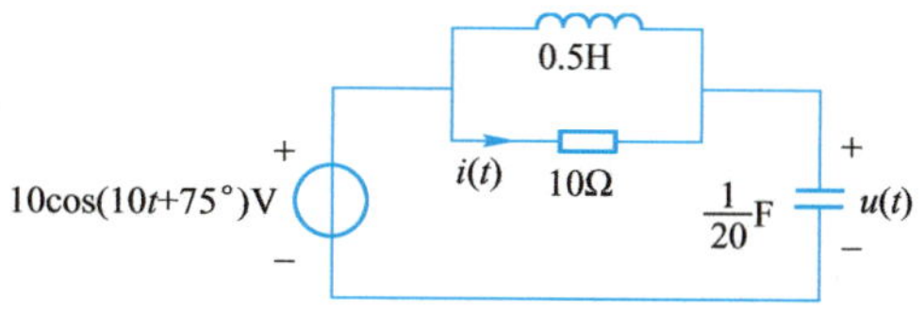

图 6-86 题 21 图

22. 选择题。图 6-87 所示电路中的电流 $\dot{I}_0$ 是________。
(1) $4\angle 0^\circ$ A (2) $2.4\angle -90^\circ$ A (3) $0.6\angle 0^\circ$ A (4) −1 A

23. 选择题。在图 6-87 电路中，电压 $\dot{U}_0$ 的有效值为________。
(1) −4.8 V (2) −8 V (3) 8 V (4) 4.8 V

24. 选择题。图 6-88 所示电路 ab 端口的戴维南等效阻抗 Z_{ab} 为________。
(1) 1 Ω (2) 0.5−j0.5 Ω (3) 0.5+j0.5 Ω
(4) 1+j2 Ω (5) 1−j2 Ω

25. 选择题。图 6-88 所示电路 ab 端口的开路电压 $\dot{U}_{oc}$ 为________。
(1) $2.5\angle -45^\circ$ V (2) $3.535\angle 45^\circ$ V (3) $7.071\angle -45^\circ$ V (4) $7.071\angle 45^\circ$ V

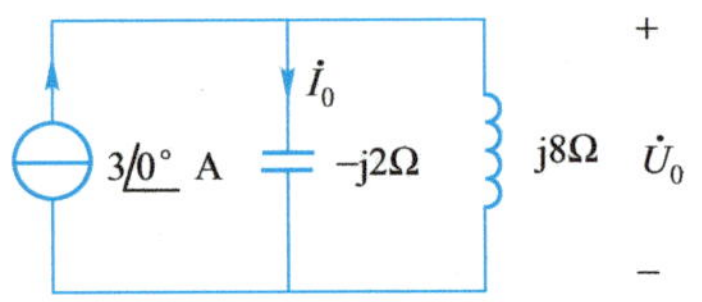

图 6-87 题 22 和题 23 用图

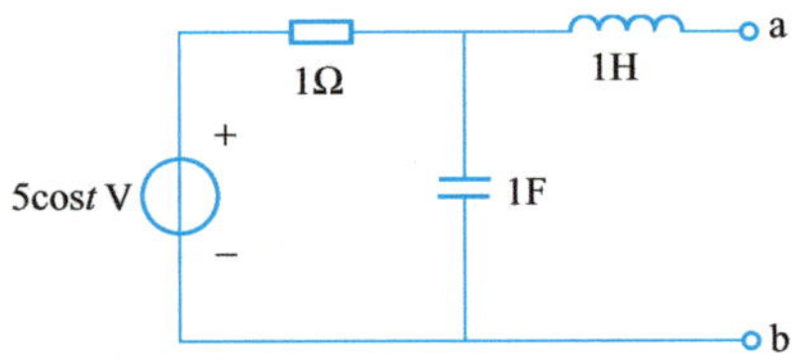

图 6-88 题 24 和题 25 用图

26. 选择题。电路如图 6-89 所示，ab 端口的诺顿等效电流 $\dot{I}_{ab}$ 为________。
(1) $1\angle 0^\circ$ A (2) $1.5\angle -90^\circ$ A (3) $1.5\angle 90^\circ$ A (4) $3\angle 90^\circ$ A

27. 电路如图 6-90 所示，求电流 $i_0(t)$。

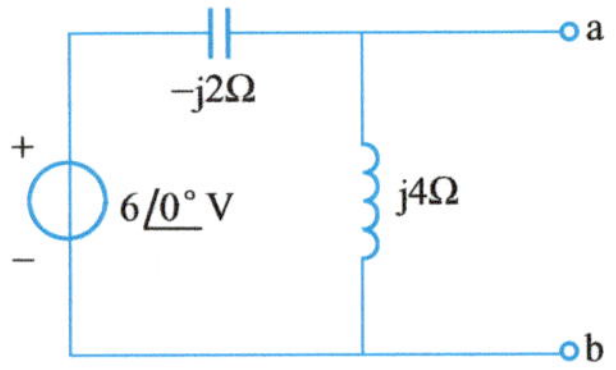

图 6-89 题 26 图

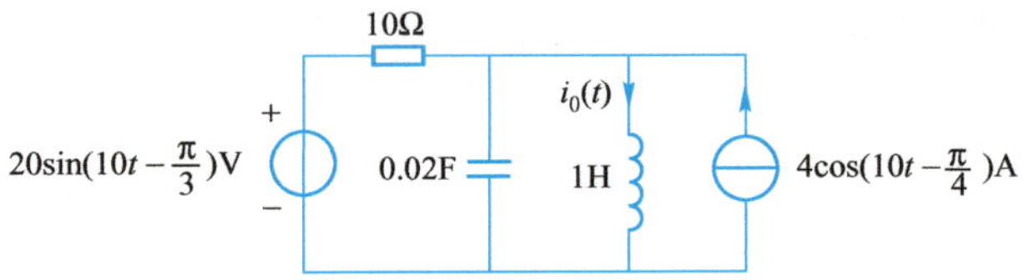

图 6-90 题 27 图

28. 请列出图 6-91 所示电路的结点电压方程。
29. 请列出图 6-92 所示电路的结点电压方程。

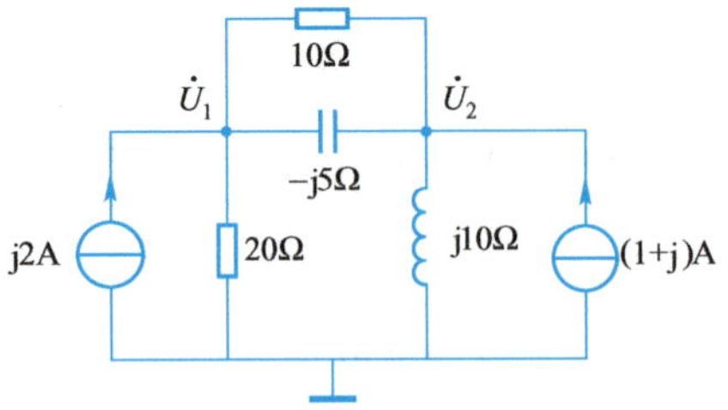

图 6-91 题 28 图

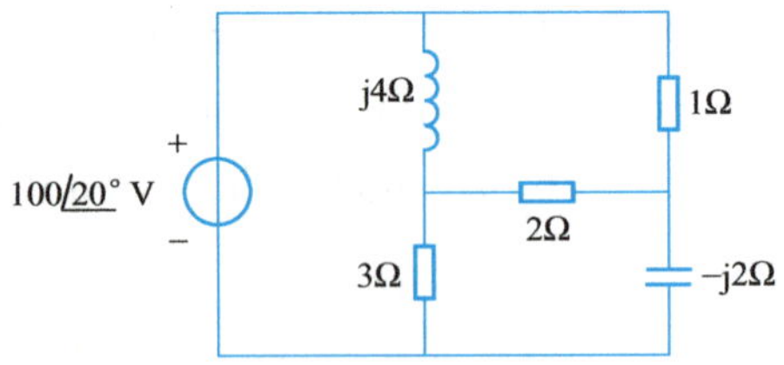

图 6-92 题 29 图

30. 试用网孔法求图 6-93 所示电路中的电流 $\dot{I}_1$ 和 $\dot{I}_2$。

31. 试用网孔法计算图 6-94 所示电路中的电压 $\dot{U}_0$。

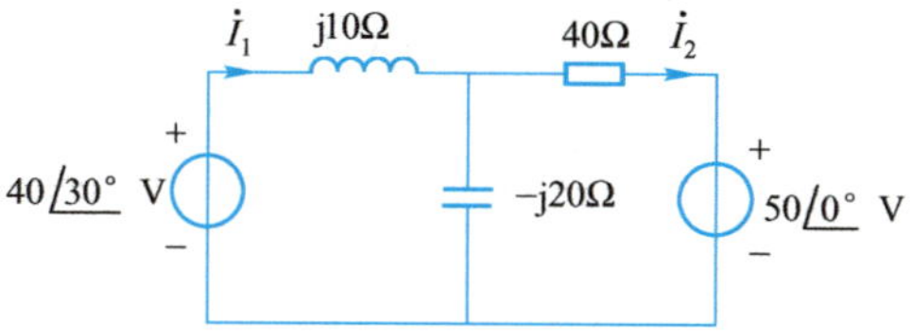

图 6-93　题 30 图

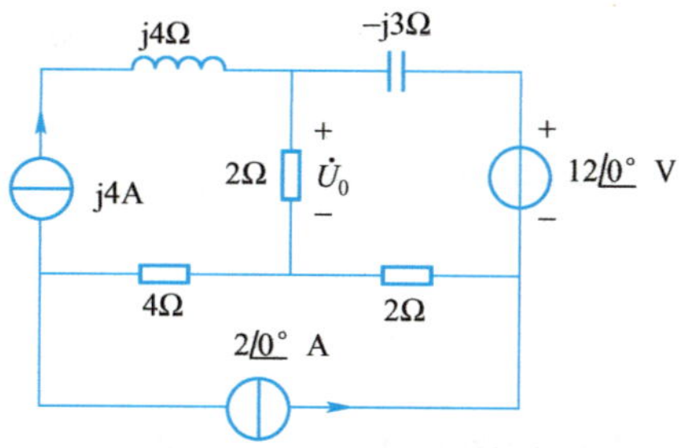

图 6-94　题 31 图

32. 电路如图 6-95 所示，求电压 $u_0(t)$。

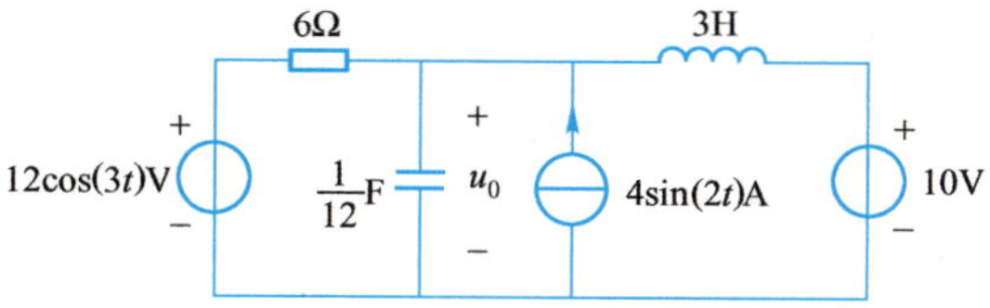

图 6-95　题 32 图

33. 选择题：已知某电路在负载端口的戴维南等效阻抗是（80+j55）Ω，为使负载阻抗获得最大功率，负载阻抗必须是________。

（1）（−80+j55）Ω　（2）（−80−j55）Ω　（3）（80−j55）Ω　（4）（80+j55）Ω

34. 电路如图 6-96 所示，求电流 $i(t)$。

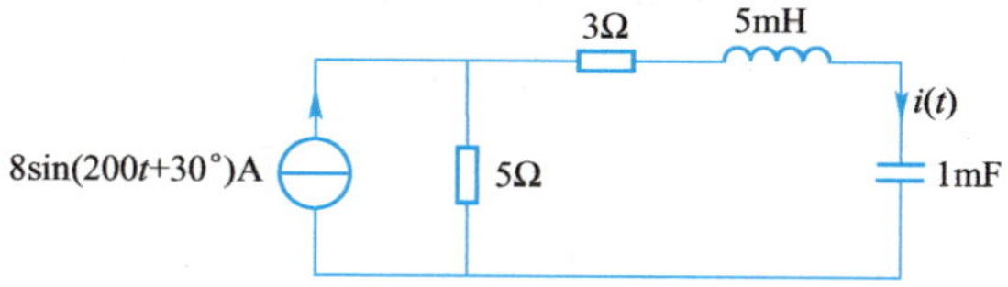

图 6-96　题 34 图

35. 已知某正弦稳态电路的端口电压与电流参考方向关联，且端口电压、电流分别为：$u(t)=80\cos(10t+20°)$ V，$i(t)=15\sin(10t+60°)$ A，求该电路的平均功率。

36. 已知电流 $\dot{I}=10\angle 30°$ A 流过导纳 $Y=0.05\angle 22°$ S，求该导纳的损耗功率。

37. 求图 6-97 所示各电路 ab 端口的戴维南等效电路。

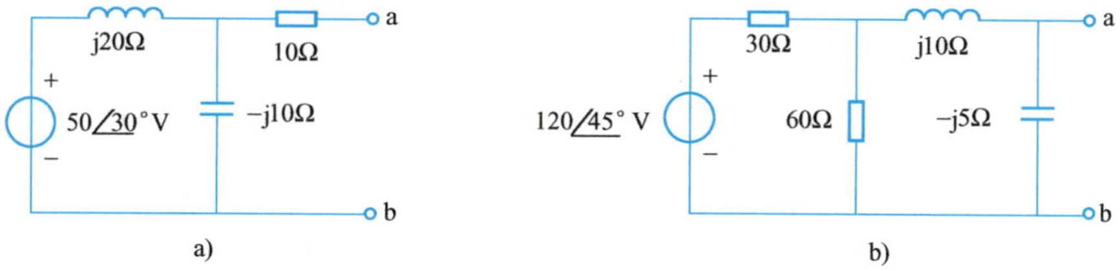

图 6-97　题 37 图

38. 电路如图 6-98 所示，求各元件的平均功率。

39. 求图 6-99 所示电路中电流源的平均功率。

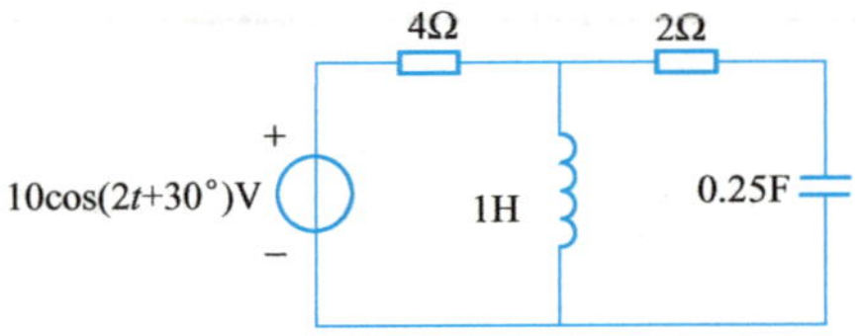

图 6-98 题 38 图

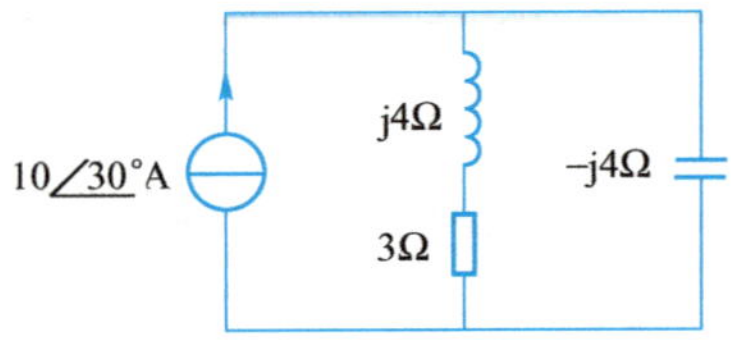

图 6-99 题 39 图

40. 电路如图 6-100 所示，求：

(1) Z_L 取何值能从前端电路获得最大功率？

(2) 最大功率是多少？

41. 求图 6-101 所示电路：

(1) Z_L 取何值能获最大功率？

(2) 最大功率是多少？

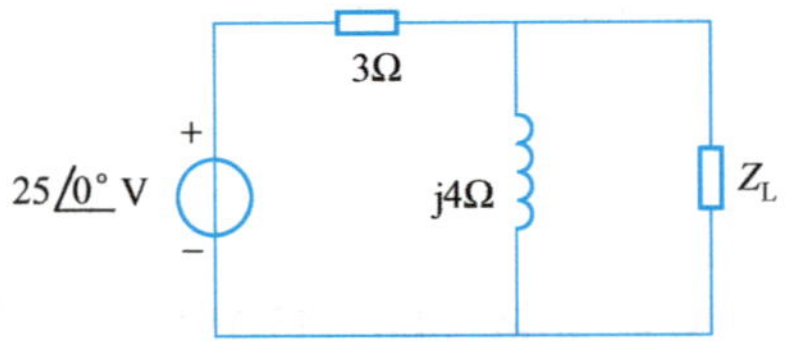

图 6-100 题 40 图

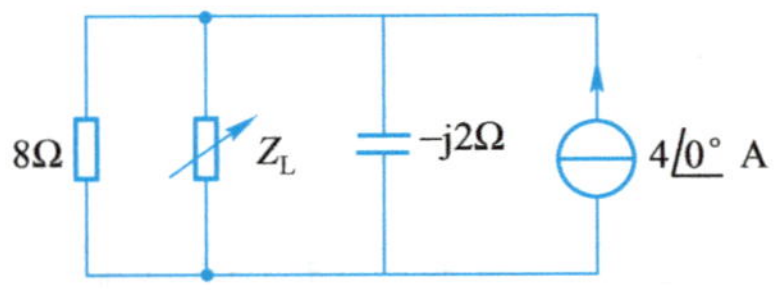

图 6-101 题 41 图

42. 请标出图 6-102 所示耦合电感的同名端。

43. 请写出图 6-103 所示各耦合电感的电压电流关系。

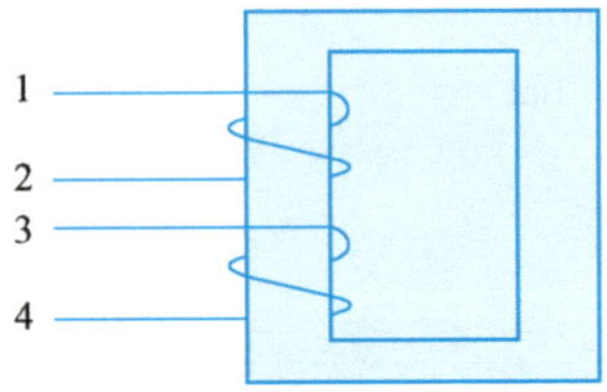

图 6-102 题 42 图

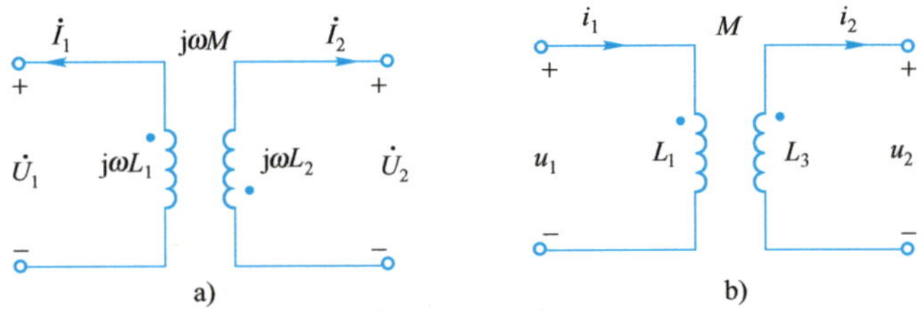

图 6-103 题 43 图

44. 电路如图 6-104 所示，求 $i_1(t)$ 和 $i_2(t)$。

45. 求图 6-105 所示电路的输入阻抗 Z_i。

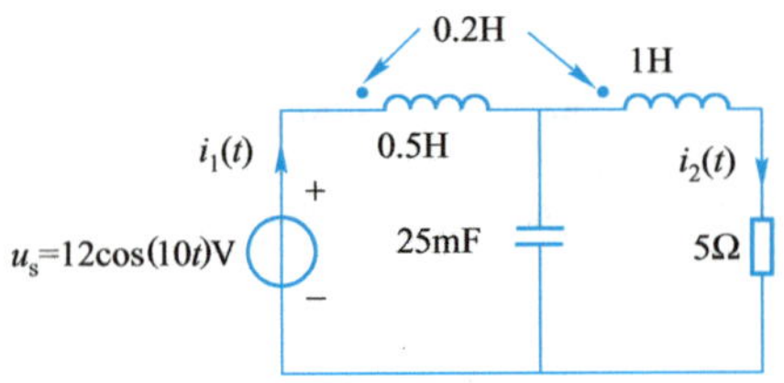

图 6-104 题 44 图

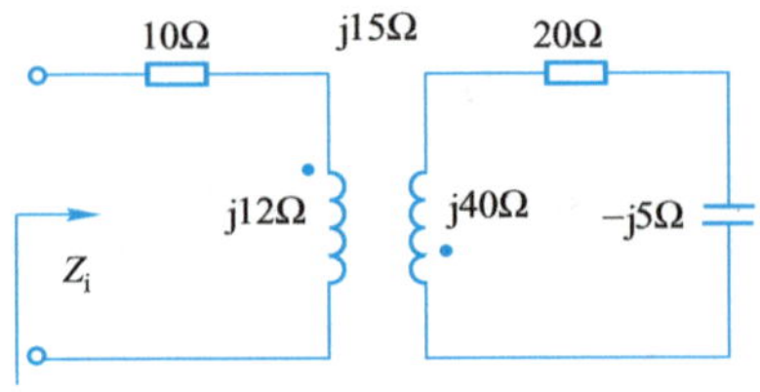

图 6-105 题 45 图

46. 求图 6-106 所示电路中的电压 $\dot{U}_0$。

47. 电路如图 6-107 所示，已知 $u_s(t)=5\sqrt{2}\cos(10^3 t)$ V，$L_1=L_2=2$H，$R_1=500\ \Omega$，$M=1$H，$C_1=C_2=0.5\ \mu$F，求：

(1) 负载 Z_L 为何值时可获最大功率？

(2) 最大功率是多少？

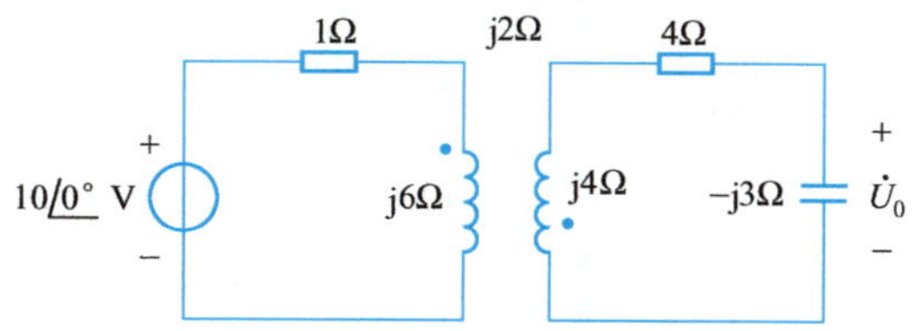

图 6-106　题 46 图

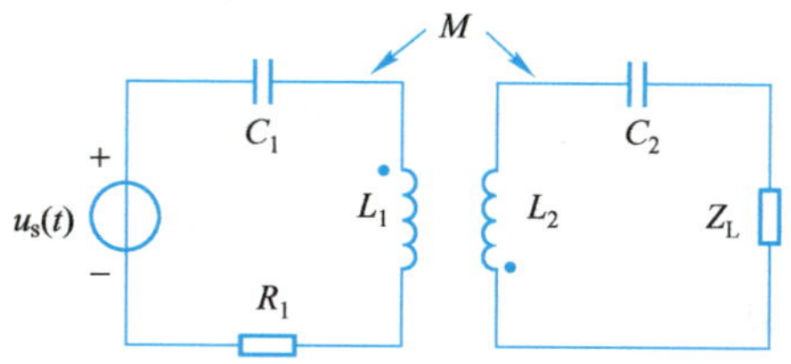

图 6-107　题 47 图

48. 请写出图 6-108 所示各理想变压器的电压电流关系式。

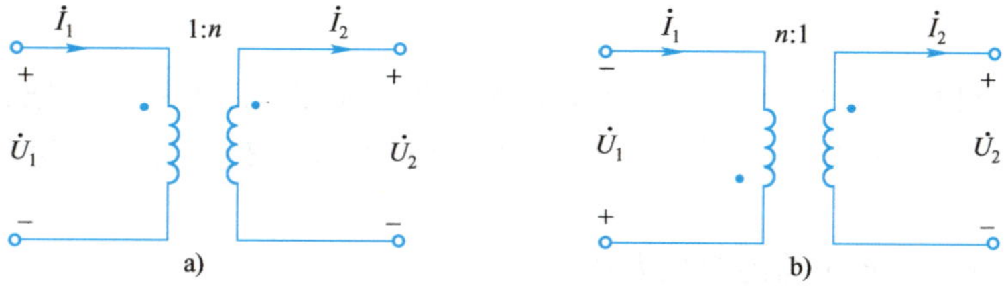

图 6-108　题 48 图

49. 求图 6-109 所示电路中的电流 $\dot{I}_1$ 和 $\dot{I}_2$。

50. 电路如图 6-110 所示，为使 10 Ω 电阻获得最大功率，求：

(1) 匝比 n。

(2) 计算 10 Ω 电阻获取的最大功率。

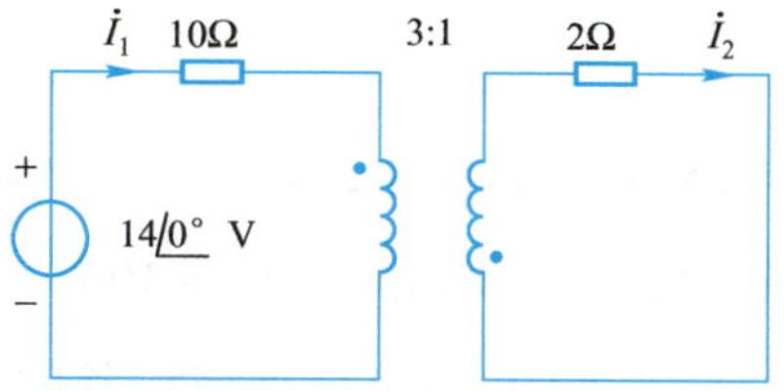

图 6-109　题 49 图

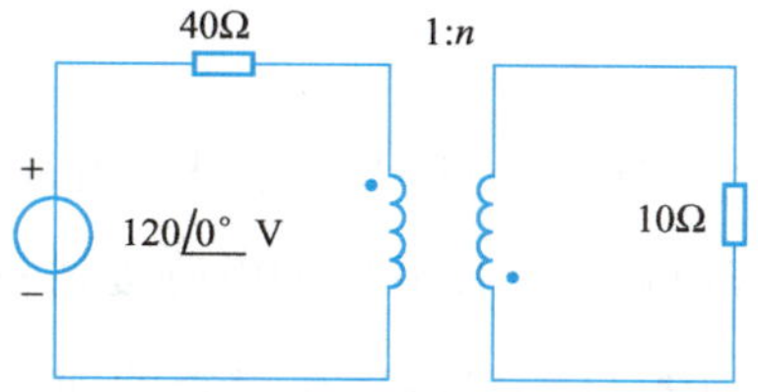

图 6-110　题 50 图

51. 电路如图 6-111 所示。求输出电压 $\dot{U}_0$。

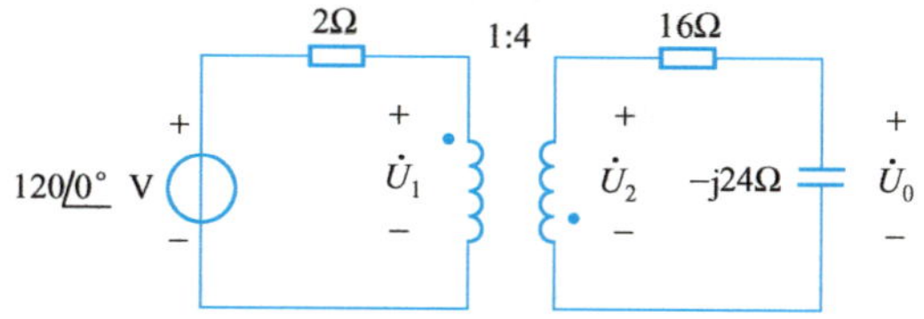

图 6-111　题 51 图

52. 电路如图 6-112 所示，请用结点法求 $\dot{U}_0$ 和 $\dot{I}_0$。

53. 若某城镇的高压配电电压为 10 kV，送入用户端口变压器的初级，如图 6-113 所示，变压器的输出电压为 220 V。

(1) 求变压器的匝比 n。

(2) 接在 220 V 电压上的 100 W 灯泡要从高压线上获取多大的电流？

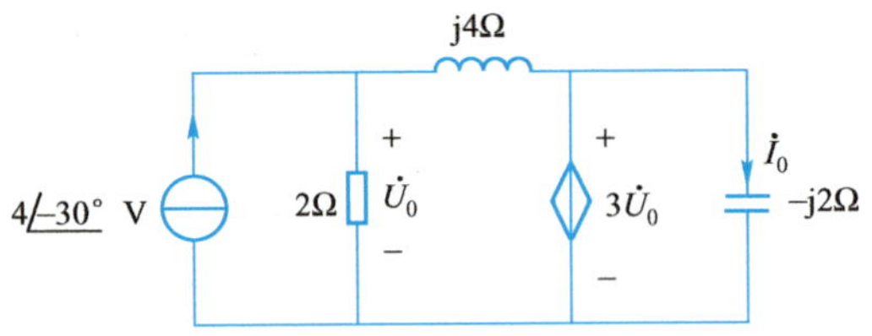

图 6-112 题 52 图

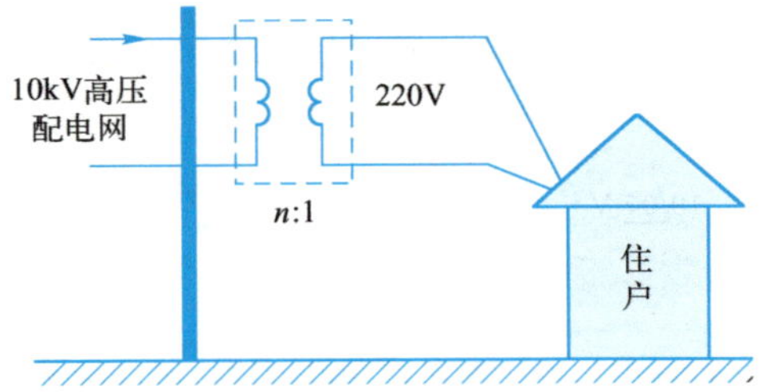

图 6-113 题 53 图

二、深入题

54. 在图 6-114a 所示电路中，电容起阻隔前端放大器电路的直流，把放大的语音信号传递给扬声器的作用。图中放大器电路和电容可视为电源，扬声器作为负载，等效电路如图 6-114b 所示，求：

(1) 在什么频率上扬声器能获最大功率？

(2) 若 $U_s=4.6$ V，扬声器在该频率点上获取的最大功率是多少？

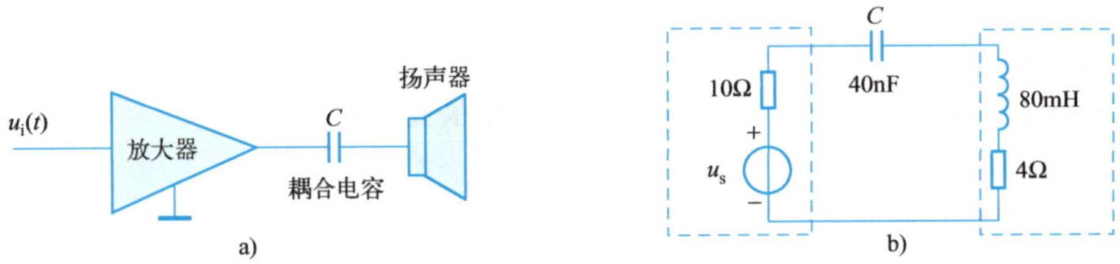

图 6-114 题 54 图

55. 电路如图 6-115 所示，求：在工作频率 $\omega=25\times10^3$ rad/s 上，ab 端口等效阻抗 Z_{ab}。

56. 若把阻抗为 j100 Ω 的电感接到图 6-116 所示设备的 ab 端时，$\dot{U}_{ab}=100\,\underline{/120^\circ}$ mV；将阻抗为−j100 Ω 的电容接在设备的 ab 端口时，$\dot{I}=-3\,\underline{/210^\circ}$ mA，求该设备的诺顿等效电路。

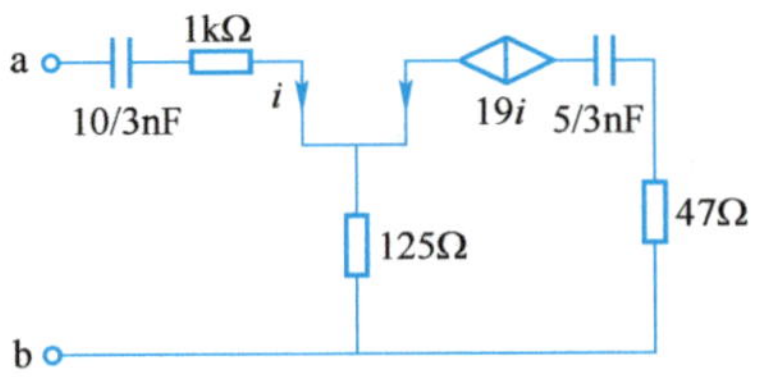

图 6-115 题 55 图

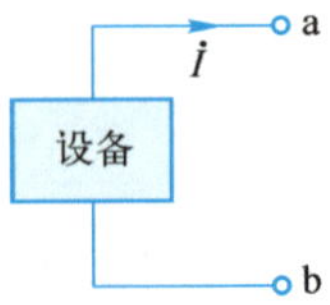

图 6-116 题 56 图

57. 电路如图 6-117 所示，求：

（1）70 Ω 电阻的平均功率。

（2）70 Ω 电阻获取的平均功率是电源发送平均功率的百分之多少？

（3）若把 70 Ω 电阻换成可调阻抗 Z_L，求 Z_L 取何值时能获最大平均功率？

58. 在图 6-118 所示电路中，已知端口电流 $\dot{I}$ 与端口电压 $\dot{U}$ 同相，$I_1=10$ A，$I_2=20$ A，$R_2=5$ Ω，$U=220$ V，求参数 R、X_L、X_C 和端口电流的有效值 I。

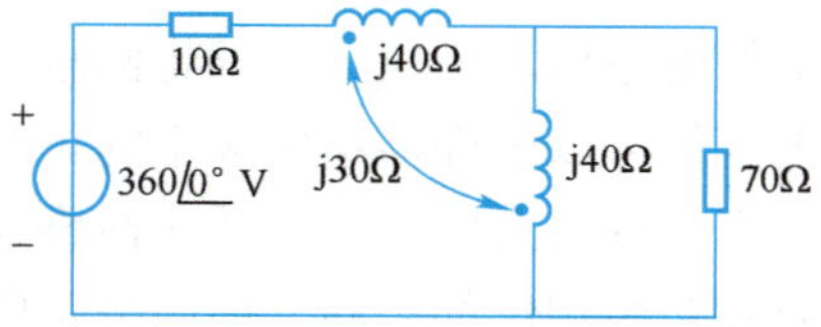

图 6-117　题 57 图

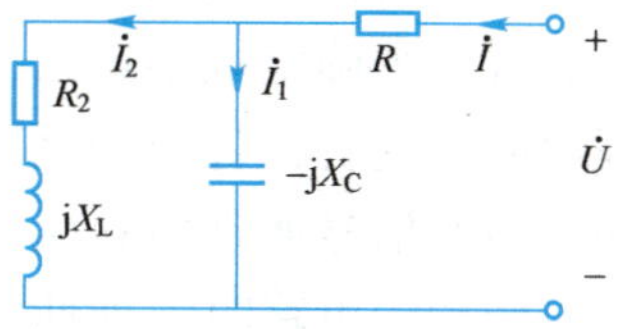

图 6-118　题 58 图

59. 电路如图 6-119 所示，求 $\dot{I}_1$、$\dot{U}_2$ 和负载电阻 R_L 消耗的功率。

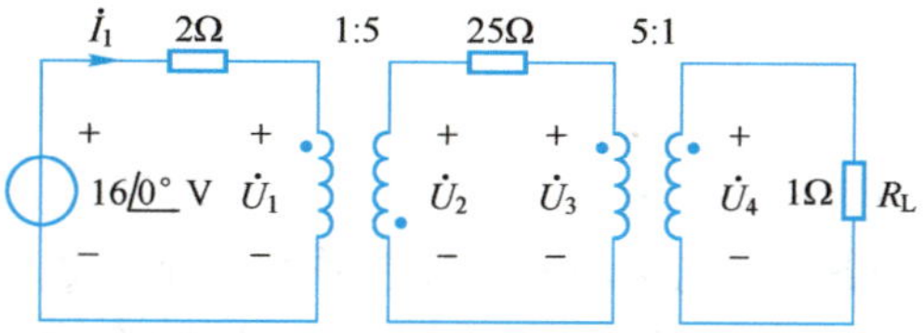

图 6-119　题 59 图

60. 当电源内阻 R_s 与负载电阻 R_L 不匹配时，可用图 6-120 虚线框中的 LC 匹配电路实现最大功率匹配，即从 11′端口向右看的等效阻抗与往左看的等效阻抗达到共轭匹配。

（1）证明此 LC 匹配电路只能解决 $R_L>R_s$ 的功率匹配问题。

（2）当 $R_s=5$ Ω，$R_L=2$ kΩ，电路工作频率 $f=10^7$ Hz 时，求匹配电路的参数 L 和 C。

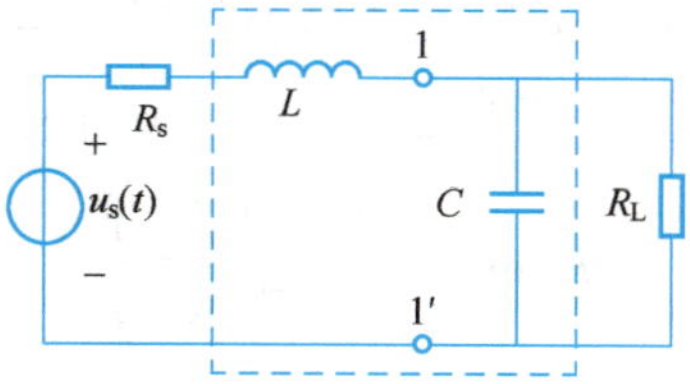

图 6-120　题 60 图

第 7 章　电路的频率特性

概括而言，分析正弦稳态电路涉及两大类问题，一是分析单一频率正弦信号激励下电路的稳态响应；二是分析在不同频率正弦信号激励下电路的稳态响应。第 6 章讨论了前一类问题，着重学习求解一个确定频率正弦信号作用下的电路稳态响应。本章将侧重讨论后一类问题。从信号理论的角度看，各应用领域的实际电信号可以由许多不同频率的正弦函数线性叠加而成。比如，语音信号通常由 0.3~3.4 kHz 频率范围的无数正弦函数线性叠加构成。当不同频率正弦信号作用于电路时，即使它们的振幅和初始相位都相同，但因电路中动态元件的阻抗随频率变化，使电路对不同频率正弦信号的放大倍数和时移不同，导致电路输出信号波形与输入信号波形相比产生了畸变。因此，为了使信号传输或者对信号的处理达到预期要求，必须研究掌握电路响应随频率变化的规律和特点，即电路的频率响应特性。

7.1　网络函数

在已学过的线性电阻电路中，电阻值和受控源系数都是常数，不随频率变化，故而线性电阻电路的响应与频率无关，也就是说，该类电路对不同频率输入正弦信号的放大倍数和相移都相同。对于含动态元件的线性电路则不同，由于电路中电感与电容的阻抗值（或导纳值）随频率变化，致使电路响应随频率变化。不难想见，本章分析研究频率响应特性的电路是含有动态元件的线性电路。

7.1.1　网络函数的定义

网络函数是描述和研究电路频率特性常用的数学模型之一。电路的网络函数定义为：响应（输出）相量$\dot{Y}$与激励（输入）相量$\dot{F}$之比，记为 $H(\mathrm{j}\omega)$，有

$$H(\mathrm{j}\omega)=\frac{\text{响应相量}}{\text{激励相量}}=\frac{\dot{Y}}{\dot{F}} \tag{7-1}$$

式中，激励$\dot{F}$与响应$\dot{Y}$可以是电压或电流。根据响应和激励是否为同一个端口的电量，网络函数被分为两大类：若激励与响应是同一个端口的电量，网络函数也被称为策动点函数；若激励与响应不是同一个端口的电量，网络函数又被称为转移函数。根据激励和响应的选择不同，共有 6 种有意义的网络函数，见表 7-1。比如，表中第 2 行，激励$\dot{I}_k$是图 7-1 所示无源网络 N_0某个端口的电流，响应$\dot{U}_k$是同一端口的电压，网络函数$\dot{U}_k/\dot{I}_k$属于策动点函数。若 $k=i$，$\dot{U}_i/\dot{I}_i$是网络 N_0的输入阻抗；若 $k=0$，$\dot{U}_o/\dot{I}_o$则是网络 N_0的输出阻抗。又如，表 7-1 中倒数第 2 行，激励$\dot{U}_i$是网络 N_0的输入端口电压，响应$\dot{U}_o$则是网络输出端口电压，网

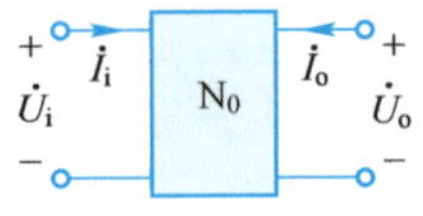

图 7-1　网络函数说明图

络函数$\dot{U}_o/\dot{U}_i$属于转移函数，表示电压放大倍数。显然，策动点函数通常是网络端口阻抗或者导纳，同端口阻抗与导纳互为倒数关系，而转移阻抗与转移导纳一般不存在互为倒数的关系。

表 7-1　网络函数的分类

激励与响应的位置	激　励	响　应	网络函数名称
在同一端口（策动点函数）	电流$\dot{I}_k$	电压$\dot{U}_k$	$\dot{U}_k/\dot{I}_k(k=i,0)$，策动点阻抗
	电压$\dot{U}_k$	电流$\dot{I}_k$	$\dot{I}_k/\dot{U}_k(k=i,0)$，策动点导纳
不在同一端口（转移函数）	电流$\dot{I}_i$	电压$\dot{U}_o$	$\dot{U}_o/\dot{I}_i$，转移阻抗
	电压$\dot{U}_i$	电流$\dot{I}_o$	$\dot{I}_o/\dot{U}_i$，转移导纳
	电压$\dot{U}_i$	电压$\dot{U}_o$	$\dot{U}_o/\dot{U}_i$，电压传输函数或电压放大倍数
	电流$\dot{I}_i$	电流$\dot{I}_o$	$\dot{I}_o/\dot{I}_i$，电流传输函数或电流放大倍数

网络函数一般是角频率 ω 的复值函数，极坐标形式为

$$H(\mathrm{j}\omega)=|H(\mathrm{j}\omega)|\angle\varphi(\omega) \tag{7-2}$$

式中，网络函数的模$|H(\mathrm{j}\omega)|$被称为幅频函数，它随频率的变化规律称为网络（电路）的幅频特性，$|H(\mathrm{j}\omega)|$随 ω 变化的曲线为幅频特性曲线；网络函数的辐角 $\varphi(\omega)$随 ω 的变化规律被称为网络（电路）的相频特性，称 $\varphi(\omega)$为相频函数，$\varphi(\omega)$随 ω 变化的曲线为相频特性曲线。电路的频率特性曲线包括幅频特性曲线和相频特性曲线。由于频率特性曲线较直观，所以一直以来被工程技术人员和研究人员广泛使用。

7.1.2　网络函数的求取

本节着重解决在已知电路模型的前提条件下，如何获取网络函数的问题。从网络函数的定义式即式（7-1）可知，求网络函数需以相量电路模型为基础，若已知时域电路模型，首先要找出其对应的相量电路模型。其次，网络函数是频率的函数意味着电源提供的不是单一频率的正弦信号，而是多频信号，因此，电路中动态元件的阻抗或导纳不是复常数，而是角频率 ω 的函数，即动态元件的阻抗是 $1/\mathrm{j}\omega C$ 或者 $\mathrm{j}\omega L$，导纳是 $\mathrm{j}\omega C$ 或者 $1/\mathrm{j}\omega L$。求响应相量与激励相量之比可以利用前述任何一种电路分析方法、电路定理以及公式。下面举例说明求取电路网络函数的方法。

例 7-1　试求图 7-2a 所示电路的输入阻抗$\dot{U}_1/\dot{I}_1$和转移阻抗$\dot{U}_2/\dot{I}_1$。

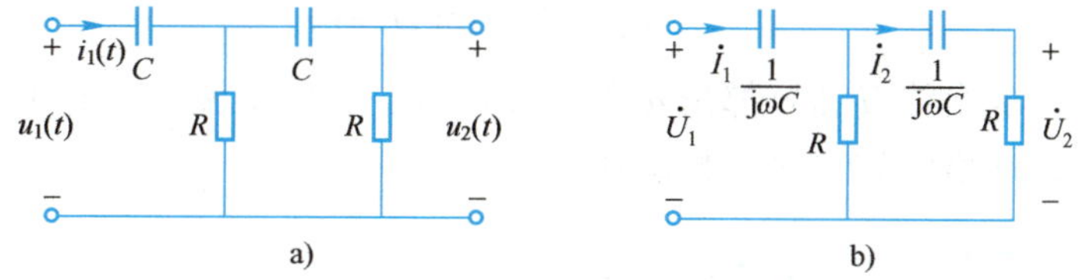

图 7-2　例 7-1 图

解：首先，根据已知的时域电路模型，画出对应的相量电路模型，如图 7-2b 所示。当激励是$\dot{I}_1$，响应是$\dot{U}_1$时，利用阻抗串并联等效变换，电压$\dot{U}_1$与电流$\dot{I}_1$的关系为

$$\dot{U}_1=\left[\frac{1}{\mathrm{j}\omega C}+\frac{R\left(R+\frac{1}{\mathrm{j}\omega C}\right)}{R+\left(R+\frac{1}{\mathrm{j}\omega C}\right)}\right]\dot{I}_1$$

整理上式，求得电路的输入阻抗：

$$H_1(\mathrm{j}\omega)=\frac{\dot{U}_1}{\dot{I}_1}=\frac{1}{\mathrm{j}\omega C}+\frac{R\left(R+\frac{1}{\mathrm{j}\omega C}\right)}{R+\left(R+\frac{1}{\mathrm{j}\omega C}\right)}=\frac{1}{\mathrm{j}\omega C}+\frac{\mathrm{j}\omega R^2C+R}{\mathrm{j}2\omega RC+1}=\frac{1-(\omega RC)^2+\mathrm{j}3\omega RC}{-2\omega^2RC^2+\mathrm{j}\omega C}$$

设电流$\dot{I}_2$参考方向如图 7-2b 所示，$\dot{I}_2$与$\dot{I}_1$的关系由分流公式得：

$$\dot{I}_2=\frac{R}{R+\left(R+\frac{1}{\mathrm{j}\omega C}\right)}\times\dot{I}_1$$

把$\dot{U}_2=R\,\dot{I}_2$代入上式，消去$\dot{I}_2$，电路的转移阻抗为

$$H_2(\mathrm{j}\omega)=\frac{\dot{U}_2}{\dot{I}_1}=\frac{\mathrm{j}\omega R^2C}{1+\mathrm{j}2\omega RC}$$

可见，一个电路的网络函数不是唯一的，而是随选择的输入与输出电量不同而有所不同。

例 7-2 电路如图 7-3a 所示，求电流传输函数$\dot{I}_o/\dot{I}_s$。

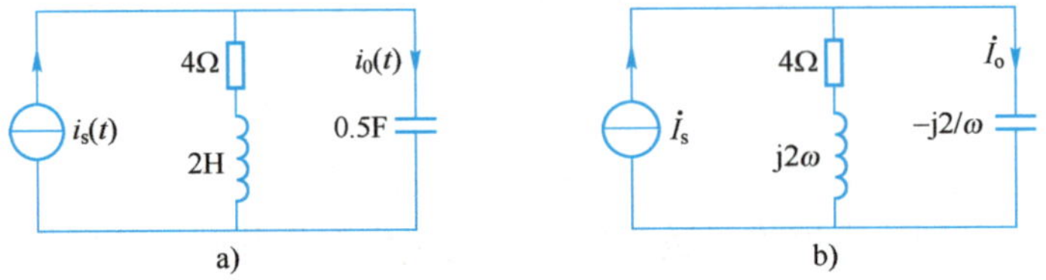

图 7-3 例 7-2 图

解： 画图 7-3a 对应的相量电路，如图 7-3b 所示。根据分流关系得

$$\dot{I}_0=\frac{4+\mathrm{j}2\omega}{4+\mathrm{j}2\omega-\mathrm{j}2/\omega}\dot{I}_s=\frac{4\omega+\mathrm{j}2\omega^2}{4\omega+\mathrm{j}2(\omega^2-1)}\dot{I}_s$$

电流传输函数为
$$H(\mathrm{j}\omega)=\frac{\dot{I}_0}{\dot{I}_s}=\frac{4\omega+\mathrm{j}2\omega^2}{4\omega+\mathrm{j}2(\omega^2-1)}$$

在以上两例中，求出的$H(\mathrm{j}\omega)$都是ω的复变函数，也就是说，$H(\mathrm{j}\omega)$的模和辐角都随频率变化。在工程上，网络函数常通过测试获取。

7.1.3 利用网络函数求正弦稳态响应

由第 6 章的学习已知：正弦波经过线性正弦稳态电路传输或处理后，电路响应是与激励频率相同的正弦波，响应与激励的不同点是正弦波的振幅和初相。若设电路的响应相量为$\dot{Y}=Y\angle\varphi_Y$，激励相量为$\dot{F}=F\angle\varphi_F$，网络函数为$H(\mathrm{j}\omega)=|H(\mathrm{j}\omega)|\angle\varphi(\omega)$，根据网络函数的

定义式即式（7-1），三者之间的关系为

$$\dot{Y}=Y\angle\varphi_Y=H(\mathrm{j}\omega)\times\dot{F}=|H(\mathrm{j}\omega)|\angle\varphi(\omega)\times F\angle\varphi_F=|H(\mathrm{j}\omega)|\times F\angle\varphi_F+\varphi(\omega)$$

响应相量的模值为
$$Y=|H(\mathrm{j}\omega)|\times F \tag{7-3}$$

响应相量的初相为
$$\varphi_Y=\varphi_F+\varphi(\omega) \tag{7-4}$$

模值变化关系式（7-3）告知：正弦波经过线性正弦稳态电路后，幅度（或有效值）变化 $|H(\mathrm{j}\omega)|$ 倍。若 $|H(\mathrm{j}\omega)|>1$，则输入信号被放大；若 $|H(\mathrm{j}\omega)|<1$，则输入信号被衰减。初相变化关系式（7-4）则说明：正弦波经线性正弦稳态电路后，初相改变 $\varphi(\omega)$ 角度。若 $\varphi(\omega)>0$，则输出信号超前输入信号；若 $\varphi(\omega)<0$，则输出信号滞后输入信号。由于 $|H(\mathrm{j}\omega)|$ 和 $\varphi(\omega)$ 都是频率的函数，所以电路对不同频率的输入正弦波放大倍数和相移通常不一样。

从时域上看，线性正弦稳态电路的输入正弦波、输出正弦波和网络函数之间存在以下关系：假设电路输入正弦信号 $f(t)=\sqrt{2}F\cos(\omega_0 t+\varphi_F)$，线性正弦稳态电路的网络函数在 ω_0 的数值为，$H(\mathrm{j}\omega)|_{\omega=\omega_0}=H(\mathrm{j}\omega_0)=|H(\mathrm{j}\omega_0)|\angle\varphi(\omega_0)$，则电路输出正弦信号 $y(t)$ 为

$$y(t)=\sqrt{2}F\times|H(\mathrm{j}\omega_0)|\cos[\omega_0 t+\varphi_F+\varphi(\omega_0)] \tag{7-5}$$

例 7-3　电路如图 7-4a 所示，已知 $u_s(t)=10\cos(10t)$ V，求电压 $u(t)$。

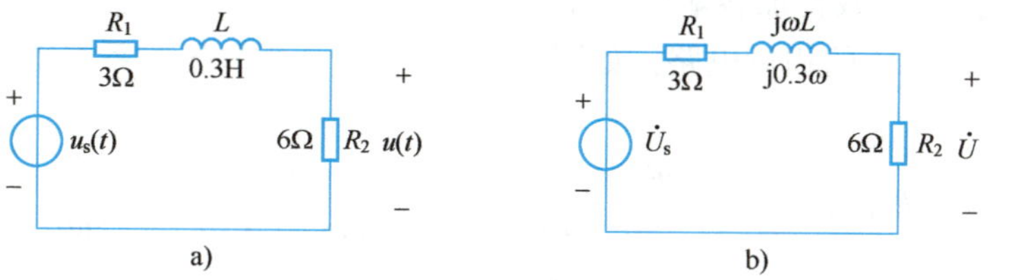

图 7-4　例 7-3 图

解：求在单一频率正弦信号作用下正弦稳态电路的响应，既能用第 6 章介绍的相量分析法，也能利用网络函数求解，这里选择后一种方法。

第一步，画图 7-4a 对应的相量电路，如图 7-4b 所示。在相量电路中，不代入已知激励角频率 10 rad/s，而是把感抗视为角频率 ω 的函数。

第二步，求电压传输函数 $\dot{U}/\dot{U}_s$。

利用分压关系知

$$\dot{U}=\frac{R_2}{R_1+\mathrm{j}\omega L+R_2}\dot{U}_s$$

整理上式，并代入元件参数，得

$$H(\mathrm{j}\omega)=\frac{\dot{U}}{\dot{U}_s}=\frac{R_2}{R_1+R_2+\mathrm{j}\omega L}=\frac{6}{9+\mathrm{j}0.3\omega}=\frac{6}{\sqrt{81+(0.3\omega)^2}}\angle-\arctan\frac{0.3\omega}{9}$$

其中，幅频函数 $|H(\mathrm{j}\omega)|=\dfrac{6}{\sqrt{81+(0.3\omega)^2}}$，相频函数 $\varphi(\omega)=-\arctan\dfrac{0.3\omega}{9}$。当 $\omega=10$ rad/s 时，$|H(\mathrm{j}10)|=\dfrac{6}{\sqrt{81+9}}=\dfrac{2}{\sqrt{10}}$，$\varphi(10)=-\arctan\dfrac{3}{9}=-18.43°$。根据式（7-5），输出电压为

$$u(t)=10|H(\mathrm{j}10)|\cos[10t+\varphi(10)]=2\sqrt{10}\cos(10t-18.43°)\ \mathrm{V}$$

例 7-4 电路如图 7-5a 所示，已知：$u_s(t)=(1+\cos t+\cos 10t)$ V，$R=100$ kΩ，$C=10$ μF，求电路稳态响应 $u(t)$。

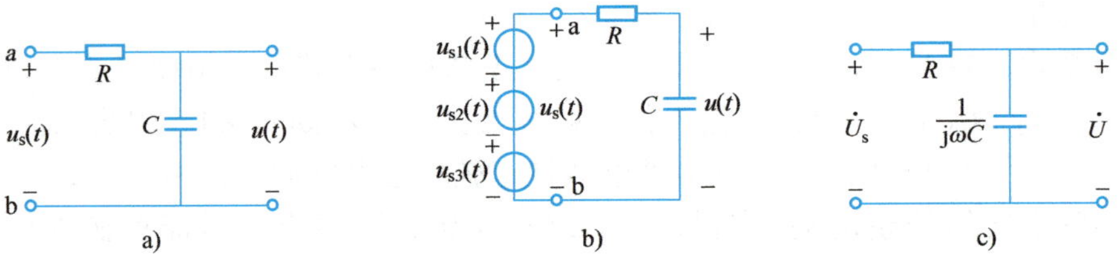

图 7-5 例 7-4 图

思路：这是元件参数为常数的线性电路，利用线性电路的叠加性，把电压源 $u_s(t)$ 中相加的 3 项视为 3 个不同频率的电压源，即直流电压源 $u_{s1}(t)=1$ V，正弦信号 $u_{s2}(t)=\cos t$ V 和 $u_{s3}(t)=\cos(10t)$ V。在电路中，3 个电源串联，等效电路如图 7-5b 所示。利用电路的线性性质，电路响应 $u(t)$ 等于 3 个不同频率电压源单独作用时产生的响应之和。首先，求网络的电压转移函数 $H(\mathrm{j}\omega)=\dot{U}/\dot{U}_s$。然后，根据式（7-5）求不同频率信号作用下的响应分量。最后，在时域叠加各响应分量。

解：画图 7-5a 对应的相量电路，如图 7-5c 所示。利用分压关系求得网络函数为

$$H(\mathrm{j}\omega)=\frac{\dot{U}}{\dot{U}_s}=\frac{\dfrac{1}{\mathrm{j}\omega C}}{R+\dfrac{1}{\mathrm{j}\omega C}}=\frac{1}{1+\mathrm{j}\omega RC}=\frac{1}{1+\mathrm{j}\omega\times10^5\times10^{-5}}=\frac{1}{1+\mathrm{j}\omega}$$

设 $u_{s1}(t)$、$u_{s2}(t)$ 和 $u_{s3}(t)$ 单独作用时产生的响应分量分别为 $u_1(t)$、$u_2(t)$ 和 $u_3(t)$，并且参考方向与 $u(t)$ 相同。

（1）$u_{s1}(t)=1$ V 的直流电源单独作用时，网络函数值为

$$H(\mathrm{j}0)=H(\mathrm{j}\omega)\big|_{\omega=0}=\left.\frac{1}{1+\mathrm{j}\omega}\right|_{\omega=0}=1$$

代入式（7-5），得

$$u_1(t)=1\times|H(\mathrm{j}0)|=1\times1\ \mathrm{V}=1\ \mathrm{V}$$

（2）$u_{s2}(t)=\cos t$ V 单独作用时，网络函数值为

$$H(\mathrm{j}1)=H(\mathrm{j}\omega)\big|_{\omega=1}=\left.\frac{1}{1+\mathrm{j}\omega}\right|_{\omega=1}=\frac{1}{1+\mathrm{j}}=\frac{1}{\sqrt{2}}\angle -45°$$

响应分量 $u_2(t)$ 为

$$u_2(t)=1\times|H(\mathrm{j}1)|\cos[t+\varphi(1)]=1\times\frac{1}{\sqrt{2}}\cos(t-45°)\ \mathrm{V}\approx0.707\cos(t-45°)\ \mathrm{V}$$

（3）$u_{s3}(t)=\cos(10t)$ V 单独作用时，网络函数值为

$$H(\mathrm{j}10)=H(\mathrm{j}\omega)\big|_{\omega=10}=\left.\frac{1}{1+\mathrm{j}\omega}\right|_{\omega=10}=\frac{1}{1+\mathrm{j}10}=\frac{1}{\sqrt{101}}\angle -84.3°$$

响应分量 $u_3(t)$ 为

$$u_3(t)=1\times|H(\mathrm{j}10)|\cos[10t+\varphi(10)]=\frac{1}{\sqrt{101}}\cos(10t-84.3°)\ \mathrm{V}\approx 0.1\cos(10t-84.3°)\ \mathrm{V}$$

（4）时域叠加。在 $u_s(t)$ 作用下，电路的稳态响应 $u(t)$ 为

$$u(t)=u_1(t)+u_2(t)+u_3(t)=[1+0.707\cos(t-45°)+0.1\cos(10t-84.3°)]\ \mathrm{V}$$

由本例可见，尽管分解的 3 个不同频率电压源的幅值和初相都一样，但因网络函数的模值和角度随频率变化，使得响应分量的幅度和相位不尽相同。网络函数体现电路对不同频率信号的作用，反映电路的频率特性。

思考题

7.1-1　甲说：网络函数是响应相量与激励相量之比，所以网络函数不仅与响应和激励在电路中的位置有关，而且与激励的函数形式有关，不同的激励会得到不同的网络函数。

乙说：对于线性电路而言，网络函数与送入的是什么信号无关，只与响应和激励在电路中的位置有关。

你同意谁的观点，或者都同意，或者都不同意，另有自己的见解。请给出理由。

7.2　简单 RC 电路的频率特性

由电阻和电容按不同方式组成的 RC 电路具有不同的频率特性，可用作滤波、选频和移相等，因此，RC 电路被广泛用于各类电子设备中。下面将分析一些常用 RC 电路的频率特性，以及介绍相关概念与参数。

7.2.1　一阶 RC 低通电路

例 7-4 分析的是一个简单的 RC 电路，重画如图 7-6a 所示。当 $\dot{U}_1$ 为电路激励，$\dot{U}_2$ 为电路响应时，网络函数为

$$H(\mathrm{j}\omega)=\frac{\dot{U}_2}{\dot{U}_1}=\frac{1}{1+\mathrm{j}\omega RC}$$

令 $\omega_c=\dfrac{1}{RC}$，上式又可写为

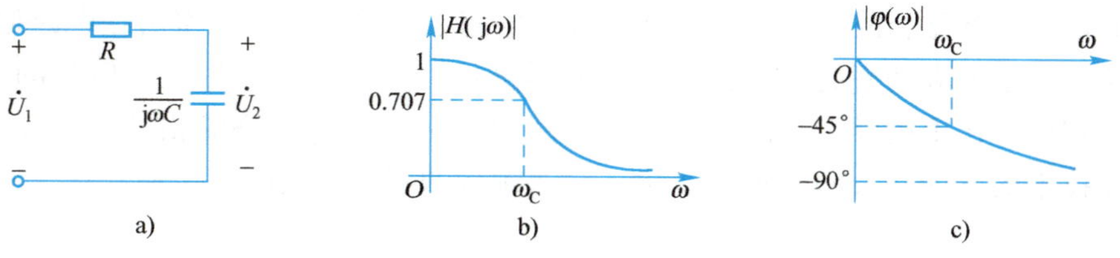

图 7-6　一阶 RC 低通电路及频率特性曲线

a）一阶 RC 低通电路　b）幅频特性曲线　c）相频特性曲线

$$H(\mathrm{j}\omega)=H(\mathrm{j}\omega)\underline{/\varphi(\omega)}=\frac{1}{1+\mathrm{j}\dfrac{\omega}{\omega_C}} \tag{7-6}$$

其幅频函数为

$$|H(\mathrm{j}\omega)|=\frac{1}{\sqrt{1+\left(\dfrac{\omega}{\omega_C}\right)^2}} \tag{7-7}$$

相频函数为

$$\varphi(\omega)=-\arctan\frac{\omega}{\omega_C} \tag{7-8}$$

由式（7-7）和式（7-8）可见，随着 ω 增大，$|H(\mathrm{j}\omega)|$ 和 $\varphi(\omega)$ 都呈现单调下降趋势。为了能一目了然地了解电路的频率特性，可根据电路的幅频函数和相频函数画出其幅频特性曲线和相频特性曲线。

当 $\omega=0$（直流激励）时，$|H(\mathrm{j}\omega)|_{\omega=0}=|H(\mathrm{j}0)|=1$，$\varphi(\omega)|_{\omega=0}=\varphi(0)=0$。

当 $\omega=\omega_C$时，$|H(\mathrm{j}\omega_C)|=\dfrac{1}{\sqrt{2}}=0.707$，$\varphi(\omega_C)=-45°$。

当 $\omega\to\infty$ 时，$|H(\mathrm{j}\omega)|_{\omega\to\infty}\to 0$，$\varphi(\omega)|_{\omega\to\infty}\to -90°$

根据以上特殊频率点和变化趋势，大致绘制出电路的幅频特性曲线和相频特性曲线如图 7-6b 和图 7-6c 所示。

幅频特性曲线显示：当 $\omega=0$ 时，$|H(\mathrm{j}0)|=1$，幅频函数值最大；且 $U_2=U_1$，输出直流电压等于输入直流电压，电路对直流信号无衰减，输出电压也最大。随着频率提高，$|H(\mathrm{j}\omega)|$ 单调下降，说明输出电压幅度逐渐减小，直至输出为零。可见，该电路对低频信号衰减小，高频信号衰减大，故认为低频信号容易通过该电路，高频信号不容易通过，电路具有低通滤波特性。那么人们会问：电路的幅频曲线是一个连续衰减的过程，“通过”与“截止”没有明显的界线，怎么判定哪些频率“通过”了，哪些频率“没通过”？在无线电技术的早期，传输的主要是语音信号，根据人耳的生理特性，人们这样规定：把$\dfrac{|H(\mathrm{j}\omega)|}{|H(\mathrm{j}\omega)|_{max}}\geqslant\dfrac{1}{\sqrt{2}}=0.707$ 的频率范围定义为电路的通频带，记作 B_ω，单位 rad/s；或者记作 B_f，单位 Hz；两者之间的关系为 $B_\omega=2\pi B_f$。其中，$|H(\mathrm{j}\omega)|_{max}$是幅频函数的最大值。所谓通频带就是电路允许通过的频率范围。通频带之外的频率范围则被称为阻带。显然，“通”与“截”分界点频率满足$\dfrac{|H(\mathrm{j}\omega_C)|}{|H(\mathrm{j}\omega)|_{max}}=\dfrac{1}{\sqrt{2}}$的等式关系，把这个频率称为截止频率。在截止频率点上，电路的输出功率正好下降为最大输出功率的一半，所以，截止频率又被称为半功率点频率，常记作 ω_C。当输入信号的频率落在电路的通频带范围以内时，输出功率不低于最大输出功率的一半，人耳通常不易察觉，故认为信号顺利通过了电路。当输入信号频率落在电路通频带之外时，输出功率低于最大功率的一半，能够被人耳察觉，则认为电路阻止了信号的正常传输。由于人耳对相位变化不敏感，所以，传统的电路通频带定义与电路的相频特性无关。但是，随着多媒体技术的发展和人们需求的变化，对通频带的要求也会随着传输和接受对象的不同而有所不同。

当 $|H(\mathrm{j}\omega)|_{max}=1$ 时，电路的通频带是 $|H(\mathrm{j}\omega)|\geqslant 0.707$ 的频率范围，计算截止频率用等式 $|H(\mathrm{j}\omega_C)|=0.707$。

图 7-6a 所示 RC 低通电路的截止频率可通过以下等式求出：

$$|H(j\omega_C)|=\frac{1}{\sqrt{1+(\omega_C CR)^2}}=\frac{1}{\sqrt{2}}$$

解得

$$\omega_C=\frac{1}{CR}\quad \text{rad/s}$$

图 7-6a 所示 RC 低通电路的通频带为：$B_\omega=\omega_C-0=\omega_C$ rad/s。

结合通频带的概念，再回头审视例 7-4 的计算结果：该 RC 低通电路的截止频率 $\omega_C=1/RC=1$ rad/s。在输入电压 $u_s(t)=1+\cos t+\cos 10t$ 中，三个电压分量分别落在电路的通频带内、截止频率上和带外，由输出电压 $u(t)=[1+0.707\cos(t-45°)+0.1\cos(10t-84.3°)]$ V 可见，带内直流电压无衰减，截止频率上的电压分量幅度衰减至 0.707 V，带外电压分量幅度只有 0.1 V。

一阶 RC 低通滤波电路被广泛用于电子设备的整流滤波电路中，通过滤除整流电压中的交流成分，得到输出纹波很小的直流电压。

7.2.2　一阶 RC 高通电路

图 7-7a 所示 RC 高通电路的结构与图 7-6a 相同，不同之处在于输出电压是电阻电压。利用分压公式，并令 $\omega_C=1/RC$，得网络函数

$$H(j\omega)=|H(j\omega)|\underline{/\varphi(\omega)}=\frac{\dot{U}_2}{\dot{U}_1}=\frac{R}{R+\dfrac{1}{j\omega C}}=\frac{1}{1-j\dfrac{\omega_C}{\omega}}$$

对应的幅频函数和相频函数分别为

$$|H(j\omega)|=\frac{1}{\sqrt{1+\left(\dfrac{\omega_C}{\omega}\right)^2}}$$

$$\varphi(\omega)=\arctan\frac{\omega_C}{\omega}$$

根据以上两函数画电路的幅频特性曲线和相频特性曲线分别如图 7-7b 和图 7-7c 所示。

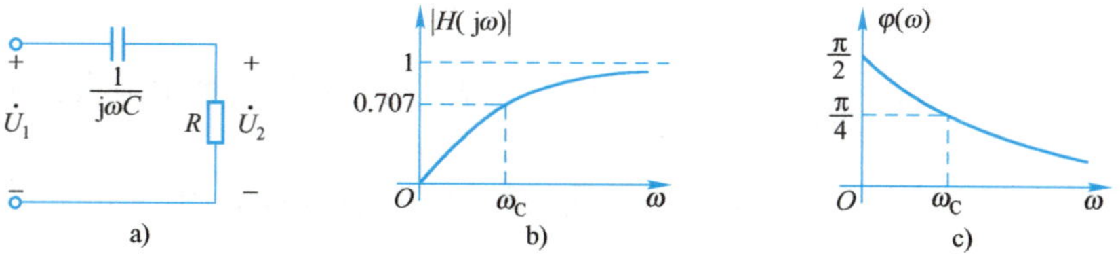

图 7-7　一阶 RC 高通电路及其频率特性曲线

a）一阶 RC 高通电路　b）幅频特性曲线　c）相频特性曲线

图 7-7b 所示幅频特性曲线随角频率 ω 增加而单调上升，这表明电路对高频率信号衰减小，使其容易通过；低频率信号衰减大，不易通过，直流信号则被电路全部阻断，没有输出；故该 RC 电路是一个高通滤波电路。在多级放大器中，简单 RC 高通电路常作为级间耦合电路，起隔直流通交流的作用，消除各级放大器直流工作点的相互影响。

图 7-7a 所示 RC 高通电路的截止角频率 $\omega_C = 1/RC$，电路通频带为 $\omega \geqslant \omega_C$。

为什么从简单 RC 电路不同位置输出，电路会呈现不同的滤波特性？这与电路中动态元件的频率特性有关。由于电容的阻抗值 $|Z_C| = 1/\omega C$ 与频率成反比，当不同频率的信号电压同时作用于 RC 串联电路时，电容对信号中 $\omega = 0$ 的直流成分的阻抗值无穷大，电容呈现开路状态，使输入直流电压全部加在电容两端；对低频成分而言，电容的阻抗值大于电阻值，根据分压定理，低频信号在电容上的分压大，在阻值小的电阻上分压小；而对于输入信号中的高频成分正好相反，因电容的阻抗值小，在电容上的分压小于电阻上的分压；当频率足够高时，电容阻抗值近似为零，相当于一根导线，使输入高频信号成分全部加在电阻两端。因此，当输出电压取自电容时，电路就呈现低通滤波特性。当输出电压取自电阻时，电路则具有高通滤波特性。

对网络函数做以下两点补充说明。

1）尽管网络函数 $H(j\omega)$ 用响应相量与激励相量之比定义，对于本课程讨论的线性时不变电路而言，$H(j\omega)$ 与激励和响应都无关，仅取决于电路的结构和元件参数，是电路自身特性的反映。

2）不同电路会有相同的网络函数与频率特性。

在“信号与系统”和“模拟电子技术”等后续课程的学习中，读者将会进一步看到网络函数在研究信号传输、滤波器设计和电路系统稳定性等一系列实际问题中的重要作用。

7.2.3 RC 带通电路

图 7-8a 所示 RC 电路的电压传输函数为

$$H(j\omega) = \frac{\dot{U}_2}{\dot{U}_1} = \frac{R//\dfrac{1}{j\omega C}}{R+\dfrac{1}{j\omega C}+R//\dfrac{1}{j\omega C}} = \frac{j\omega RC}{(j\omega RC)^2+3j\omega RC+1} = \frac{1}{3+j\left(\omega RC-\dfrac{1}{\omega RC}\right)}$$

幅频函数为

$$|H(j\omega)| = \frac{1}{\sqrt{9+\left(\omega RC-\dfrac{1}{\omega RC}\right)^2}} \tag{7-9}$$

相频函数为

$$\varphi(\omega) = -\arctan\frac{1}{3}\left(\omega RC-\frac{1}{\omega RC}\right)$$

由式（7-9）可知，当 $\omega RC-\dfrac{1}{\omega RC}=0$，即 $\omega=\omega_0=1/RC$ 时，幅频函数值最大，$|H(j\omega_0)|_{max} = \dfrac{1}{3}$。根据以上两个函数绘制的电路幅频特性曲线和相频特性曲线如图 7-8b 和图 7-8c 所示。

在 $|H(j\omega)|$ 值最大的 ω_0 处，输出电压也最大。由图 7-8b 所示幅频特性曲线可见，当频率偏离 ω_0 时，无论是高于还是低于 ω_0，$|H(j\omega)|$ 都减小，则输出电压减小；频率偏离 ω_0 越远，$|H(j\omega)|$ 值越小，输出电压也越小。这说明图 7-8a 所示电路让频率在 ω_0 附近的信号通过，阻止频率远离 ω_0 的信号通过，具有这样幅频曲线特点的电路是带通滤波器。在不知幅频函数的情况下，根据元件阻抗特点和电路结构也可以大致分析出该电路幅频曲线的走势。当 $\omega=0$ 时，图 7-8a 中电容开路，输入电压 $\dot{U}_1$ 都加在串联电容两端，输出电压 $\dot{U}_2 = 0$；

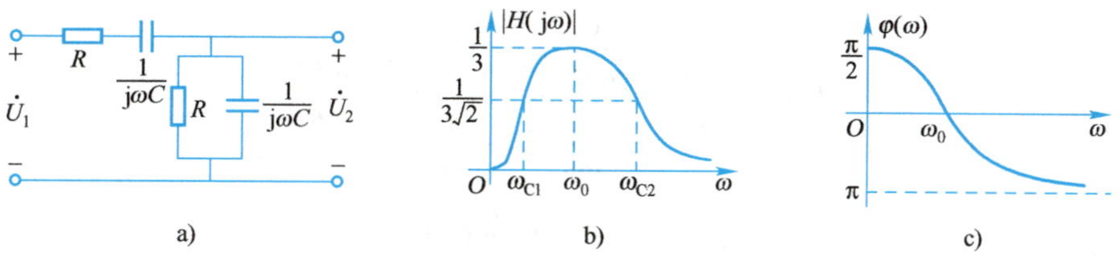

图 7-8　RC 带通电路及频率特性曲线

a）RC 带通电路　b）幅频特性曲线　c）相频特性曲线

当 $\omega=\infty$ 时，电容短路，输入电压全部加在串联电阻两端，输出电压也为零；因幅频函数值 $|H(j\omega)|$ 不会是负值，所以幅频曲线只能上凸，呈现图 7-8b 所示波形。

由式 $\frac{|H(j\omega_C)|}{|H(j\omega_0)|_{max}}=3|H(j\omega_C)|=\frac{1}{\sqrt{2}}$ 可求出带通滤波器的两个截止频率：下截止频率 $\omega_{C1}\approx 0.3\omega_0$，上截止频率 $\omega_{C2}\approx 3.3\omega_0$。该带通滤波电路的通频带为：$B_\omega=\omega_{C2}-\omega_{C1}=3\omega_0$。

在模拟电子技术中，图 7-8a 所示电路常与运算放大器构成如图 7-9a 所示的文氏电桥正弦波振荡器，虚线框内 RC 带通滤波器的作用是控制输出电压的频率。当满足 $R_2>2R_1$ 振幅起振条件时，电路通电后，在 RC 带通滤波器的中心频率 ω_0 处，运算放大器 OA 的输入电压 u_f 与输出电压 u_o 相位相同，产生输出频率为 ω_0 的正弦波，如图 7-9b 所示。

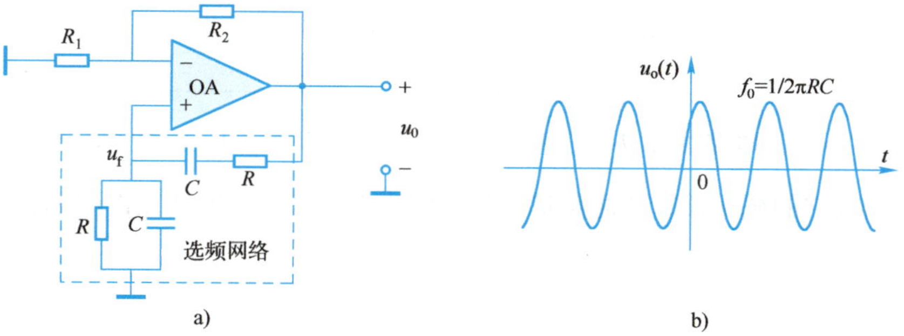

图 7-9　文氏电桥振荡器及其输出波形

a）文氏电桥振荡器　b）振荡器输出波形

观察图 7-8c 所示相频曲线可见：当 $\omega<\omega_0$ 时，$\varphi(\omega)>0$，输出电压超前输入电压；当 $\omega>\omega_0$ 时，$\varphi(\omega)<0$，输出电压滞后输入电压。利用这一相频特性，RC 带通电路可用作自动控制系统中相位校正电路。

7.2.4　RC 全通电路

“全通”电路指幅频特性为常数的电路。也就是说，电路对所有频率的输入信号衰减都一样，其通频带为无穷。RC 全通电路如图 7-10a 所示，输出电压与输入电压的关系为

$$\dot{U}_2=\frac{\frac{1}{j\omega C}}{R+\frac{1}{j\omega C}}\dot{U}_1-\frac{R}{R+\frac{1}{j\omega C}}\dot{U}_1$$

电路的电压传输函数为

$$H(\mathrm{j}\omega)=\frac{\dot{U}_2}{\dot{U}_1}=\frac{\dfrac{1}{\mathrm{j}\omega C}}{R+\dfrac{1}{\mathrm{j}\omega C}}-\frac{R}{R+\dfrac{1}{\mathrm{j}\omega C}}=\frac{1-\mathrm{j}\omega RC}{1+\mathrm{j}\omega RC}$$

幅频函数为
$$|H(\mathrm{j}\omega)|=\sqrt{\frac{(1+\omega RC)^2}{(1+\omega RC)^2}}=1$$

相频函数为
$$\varphi(\omega)=-2\arctan(\omega RC)$$

幅频曲线和相频特性曲线分别如图 7-10b 和图 7-10c 所示。常数为 1 的幅频曲线说明，任意频率的信号经过该电路后幅度不变。相频曲线始终是负值表示，所有频率输出电压$\dot{U}_2$都滞后输入电压$\dot{U}_1$。随着频率的提高，滞后相位从 0 增至 π。全通电路的这一频率特性可用来进行相位较正。例如作为相位均衡器或移相器。

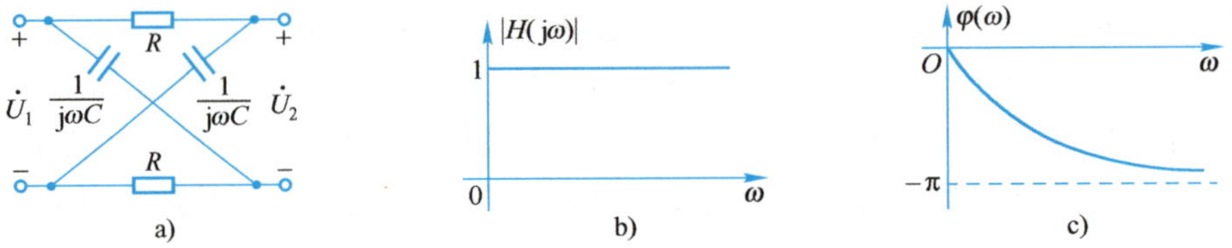

图 7-10　RC 全通电路及频率特性曲线
a) RC 全通电路　b) 幅频特性曲线　c) 相频特性曲线

思考题

7.2-1　一阶 RL 电路如图 7-11 所示，$\dot{U}_1$为激励，$\dot{U}_2$为响应，请分析该电路属于何种滤波电路，以及它的截止频率和通频带。如果输出电压$\dot{U}_2$取自电感元件两端，该电路是何种滤波器？

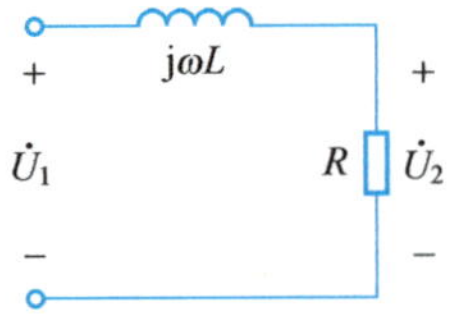

图 7-11　一阶 RL 电路

7.3　RLC 串联谐振电路

从应用的角度看，前述简单 RC 滤波电路的选频性能较差。选频性能好的电路通常幅频曲线的上升沿与下降沿斜率大，而简单 RC 滤波电路幅频特性曲线的上升沿和下降沿变化缓慢，电路“通”与“截”的界限不分明。其次，RC 带通滤波电路的带宽和中心频率在一个数量级上，难以满足那些要求带宽窄、中心频率高的实际需要。如果把电路中的耗能电阻换成储能电感线圈，用电感线圈和电容器组成的谐振电路是一种带宽窄、中心频率高，且选频性能比 RC 电路好的带通滤波电路。电感线圈与电容器组成的谐振电路有串联谐振电路和并联谐振电路之分，本节和下节将分别讨论两种谐振电路的谐振条件、谐振特点和频率响应特性。

7.3.1　RLC 串联谐振电路的谐振特征

1. RLC 串联谐振电路模型

由电感线圈、电容器和理想电压源串联组成的谐振电路模型如图 7-12a 所示。电感线圈的电路模型用电阻 R_L和电感 L 串联构成，图中 R_L表示线圈损耗。与线圈损耗相比，电容器损耗电阻 R_C要小得多，可忽略不计，通常可用一个理想电容作为其电路模型。因此，图 7-12a 电路可简化为图 7-12b 所示 RLC 串联谐振电路。其中，回路等效电阻 $R=R_L$，为电感线圈的损耗电阻。图 7-12c 是相量形式的 RLC 串联谐振电路模型。

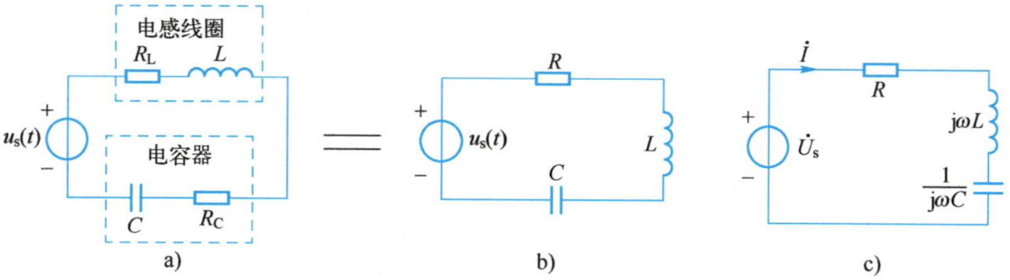

图 7-12　RLC 串联谐振电路模型

a) 线圈与电容器串联电路　b) 时域 RLC 串联谐振电路　c) 相量域 RLC 串联谐振电路

2. 串联谐振的条件

在图 7-12c 所示电压、电流参考方向下，电路输入端口的阻抗为

$$Z(\mathrm{j}\omega)=\frac{\dot{U}_s}{\dot{I}}=R+\mathrm{j}\omega L+\frac{1}{\mathrm{j}\omega C}=R+\mathrm{j}\left(\omega L-\frac{1}{\omega C}\right)=R+\mathrm{j}X$$

式中，$X=\omega L-\frac{1}{\omega C}$。从理论上讲，当电路输入阻抗的虚部为零时，电路达到了谐振状态，这时电路的固有频率与输入信号的频率达到一致。图 7-12c 所示电路的谐振条件为

$$X=\omega L-\frac{1}{\omega C}=0 \tag{7-10}$$

由式（7-10）可得 RLC 串联谐振电路的谐振频率为

$$\omega_0=\frac{1}{\sqrt{LC}}\ \mathrm{rad/s}\quad 或者\quad f_0=\frac{1}{2\pi\sqrt{LC}}\mathrm{Hz} \tag{7-11}$$

可见，电路的谐振频率由电路的元件参数决定。实现电路谐振有以下两种途径。

1）当电路的元件参数不能改变时，调整输入信号频率，使信号频率与电路的固有频率相同。

2）当输入信号频率固定不能变动时，则通过调节谐振电路的元件参数 L 或 C 使电路达到谐振。

通常，把改变参数 ω、L、C 中的任何一个，使电路达到谐振的过程称为调谐。在我们日

常生活中，收音机的输入电路就是谐振电路的一个应用实例。广播电台的发射频率是固定不变的，收音机接收天线的电感量也不易改变，收音机的调谐旋钮实则是一个可变电容，通过改变电容量使收音机输入串联谐振电路对某一广播电台的发射频率产生谐振，使该台信号在收音机输入电路中产生的响应比其他电台信号大得多，进而实现选台。

例 7-5 图 7-13 为收音机输入电路模型。图中 L 是磁棒天线线圈的电感量，C_0是微调电容，C 是可变电容器，电容量变动范围从 $C_{min}=10\text{ pF}$ 到 $C_{max}=270\text{ pF}$。要求：当可变电容从最大变到最小电容量时，接收信号的频率范围要能覆盖 530～1600 kHz。请确定电路参数 L 和 C_0。

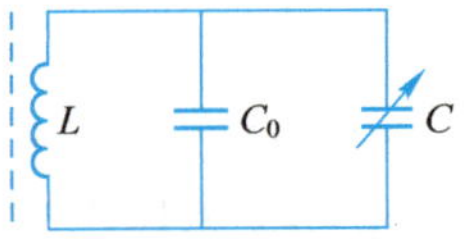

图 7-13 收音机输入电路模型

解：由题意知，$f_{0min}=530\text{ kHz}$，$f_{0max}=1600\text{ kHz}$，则

$$\omega_{0min}=2\pi f_{0min}=\frac{1}{\sqrt{L(C_0+C_{max})}} \tag{7-12}$$

$$\omega_{0max}=2\pi f_{0max}=\frac{1}{\sqrt{L(C_0+C_{min})}} \tag{7-13}$$

用式（7-13）除以式（7-12），得

$$\sqrt{\frac{C_0+C_{max}}{C_0+C_{min}}}=\frac{f_{0max}}{f_{0min}}=\frac{1600}{530}=3$$

解得

$$C_0=\frac{C_{max}-9C_{min}}{8}=\frac{270-9\times10}{8}\text{pF}\approx23\text{ pF}$$

把 C_0代入式（7-13），得

$$L=\frac{1}{(2\pi f_{0max})^2(C_0+C_{min})}=\frac{1}{(2\pi\times1600\times10^3)^2(23+10)\times10^{-12}}\text{H}\approx300\ \mu\text{H}$$

3. 串联谐振的特点

谐振是电路的一种特殊工作状态，熟悉谐振状态下电路的特点有益于我们设计和应用电路。电路的非谐振状态被称为“失谐”。在以下叙述中，电路谐振时的参数和电量都附加下标“0”，以区别失谐状态下的参数与电量。

（1）谐振阻抗

由谐振条件可知：谐振时，电路端口等效谐振阻抗为

$$Z_0=R \tag{7-14}$$

阻抗是纯电阻，并且阻抗值最小。

谐振时，电感的阻抗值与电容的阻抗值相等，被称为特性阻抗，单位为欧姆（Ω），记做ρ。有

$$\rho=\omega_0L=\frac{1}{\omega_0C}=\sqrt{\frac{L}{C}} \tag{7-15}$$

特性阻抗ρ 与回路损耗电阻 R 的比值是分析串联谐振电路性能的一个重要参数，叫作电路品质因数，用 Q 表示。即

$$Q=\frac{\rho}{R}=\frac{\omega_0L}{R}=\frac{1}{\omega_0CR}=\frac{1}{R}\sqrt{\frac{L}{C}} \tag{7-16}$$

品质因数无量纲，它反映电路的损耗大小。由式（7-16）可见，品质因数与回路损耗电阻成反比，若回路损耗小，则品质因数高。Q 值可以用仪表直接测出，无载串联谐振电路品质因数的大小主要取决于电感线圈，其值域范围通常从几十到几百。

谐振频率 ω_0、电路特性阻抗 ρ、电路品质因数 Q 是分析谐振电路常用的一组参数。

（2）谐振电流

在图 7-14 所示电压、电流参考方向下，回路谐振电流为

$$\dot{I}_0=\frac{\dot{U}_s}{R} \tag{7-17}$$

可见，谐振时回路电流最大，并且与电源电压 $\dot{U}_s$ 同相。

（3）谐振电压

谐振时，电源电压全部加在回路等效电阻 R 上，电阻电压为

$$\dot{U}_{R0}=\dot{U}_s=\dot{I}_0R \tag{7-18}$$

谐振时电感电压和电容电压分别为

$$\dot{U}_{L0}=j\omega_0L\dot{I}_0=j\frac{\omega_0L}{R}\dot{U}_s=jQ\dot{U}_s \tag{7-19}$$

$$\dot{U}_{C0}=\frac{1}{j\omega_0C}\dot{I}_0=-j\frac{1}{R\omega_0C}\dot{U}_s=-jQ\dot{U}_s \tag{7-20}$$

若设 $\dot{U}_s=U_s\angle 0°$ 为参考相量，各谐振电压和电流的相量关系如图 7-15 所示。

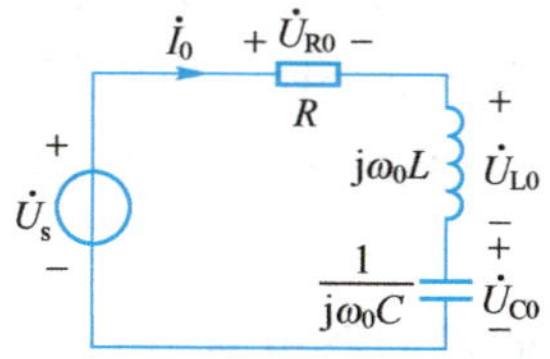

图 7-14　谐振时的串联谐振电路

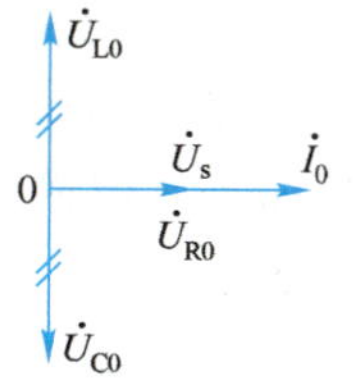

图 7-15　谐振时的相量图

谐振时，$\dot{U}_{L0}-\dot{U}_{C0}=0$，有 $U_{L0}=U_{C0}=QU_s$，电感电压和电容电压大小相等，相位相反，相互抵消，故回路电阻电压等于电源电压 $\dot{U}_s$。谐振时，电感的阻抗值 ω_0L 和电容的阻抗值 $1/\omega_0C$ 是电阻 R_0 的 Q 倍，电感电压 U_{L0} 和电容电压 U_{C0} 也是信源电压 U_s 的 Q 倍。不难想见，如果 RLC 串联谐振电路的输出取自电容电压，或者电感电压，输入电压经过串联谐振后，输出电压将被放大几十甚至几百倍。收音机接收电路正是利用了串联谐振电路的这一电压谐振特点，从天线接收到的不同频率微弱信号中，把所选频率的信号电压放大了 Q 倍，从而达到选台的目的（详细分析见本章 7.5 节中的应用实例）。

事物都存在利与弊，谐振现象也不例外，在某些应用领域需要避免串联谐振发生。比如，在高压大电流电力系统中，电力系统局部串联谐振会导致谐波污染问题，造成电容器等设备烧毁。

例 7-6　利用串联谐振电路计算线圈参数的电路模型如图 7-16 所示。已知限流电阻 $R=10\ \Omega$，电容 $C=0.1\ \mu F$，电源电压有效值 $U_s=1\ V$ 保持不变，仅改变其频率。当 $f=800\ Hz$

时，测得电阻电压最大 $U_R=0.8\ V$。请计算线圈参数：损耗电阻 R_L 和电感量 L。

解：由题意知，电路的谐振频率为

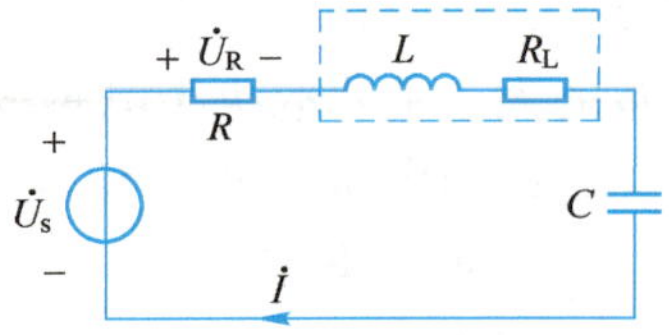

图 7-16　例 7-6 图

$$f_0=800\ \text{Hz}=\frac{1}{2\pi\sqrt{LC}}=\frac{1}{2\pi\sqrt{0.1\times10^{-6}L}}$$

线圈的电感量为

$$L=\frac{1}{(1600\pi)^2\times10^{-7}}\ \text{H}=0.396\ \text{H}$$

在图 7-16 所示参考方向下，回路谐振电流的有效值为

$$I_0=\frac{U_R}{R}=\frac{U_s-U_R}{R_L}$$

把已知参数代入上式，求得

$$R_L=\frac{U_s-U_R}{U_R}\times R=\frac{1-0.8}{0.8}\times10\ \Omega=2.5\ \Omega$$

（4）谐振功率

RLC 串联谐振电路的损耗功率等于电阻功率。谐振时，电路损耗功率为

$$P=I_0^2R=\frac{U_s^2}{R}$$

电路的无功功率为各动态元件的无功功率之和。谐振时电路的无功功率为

$$Q_{L0}+Q_{C0}=U_{L0}I_0-U_{C0}I_0=(U_{L0}-U_{C0})I_0=0$$

无功功率反映谐振电路中储能元件与电压源 $\dot{U}_s$ 进行能量交换的最大速率。无功功率为零说明：在谐振频率上，电路中储能元件与电源之间没有能量交换，电磁能量交换只在电感与电容之间进行。电源只需补充电路的能量损耗。电阻 R 值越小，电路损耗越小，维持振荡需要电源提供的能量就越小。

最后，从能量的角度再来认识理解品质因数。假设回路电流 $i(t)=\sqrt{2}I_0\cos(\omega_0 t)$，则电感的瞬时储能为 $w_L(t)=\frac{1}{2}Li^2(t)=LI_0^2\cos^2\omega_0 t$。电路品质因数计算式即式（7-16）又可表示为

$$Q=\frac{\omega_0 L}{R}=\frac{\omega_0 LI_0^2}{RI_0^2}=2\pi\frac{LI_0^2}{TRI_0^2}$$

式中，分子 LI_0^2 是电感元件的最大储能，也是电路的总储能；分母 TRI_0^2 是电路在一个周期里消耗的能量。从能量的角度看，电路品质因数 Q 可定义为电路的最大储能与电路在一个周期里耗能之比。有

$$Q=2\pi\frac{\text{电路的总储能}}{\text{电路一个周期消耗的能量}}=2\pi\frac{\text{电抗元件的最大储能}}{\text{电路一个周期消耗的能量}}\tag{7-21}$$

7.3.2　RLC 串联谐振电路的频率特性

有关 RLC 串联谐振电路特点的讨论都集中在一个谐振频率 ω_0 点上，本小节将把讨论扩展到全频域，也就是分析电路的失谐状态，以求全面了解 RLC 串联谐振电路的频率响应

特性。

1. 频率特性

图 7-12c 所示 RLC 串联谐振电路的回路电流 $\dot{I}$ 为

$$\dot{I}=\frac{\dot{U}_s}{Z}=\frac{\dot{U}_s}{R+j\left(\omega L-\dfrac{1}{\omega C}\right)}=\frac{\dot{U}_s}{R+j\dfrac{\omega_0}{\omega_0}\left(\omega L-\dfrac{1}{\omega C}\right)}=\frac{\dot{U}_s}{R+j\omega_0 L\left(\dfrac{\omega}{\omega_0}-\dfrac{\omega_0}{\omega}\right)}$$

式中引用了 $\omega_0 L=\dfrac{1}{\omega_0 C}$。把 $Q=\dfrac{\omega_0 L}{R}$，$\dot{I}_0=\dfrac{\dot{U}_s}{R}$代入上式，上式可改写为

$$\dot{I}=\frac{\dot{U}_s/R}{1+j\dfrac{\omega_0 L}{R}\left(\dfrac{\omega}{\omega_0}-\dfrac{\omega_0}{\omega}\right)}=\frac{\dot{I}_0}{1+jQ\left(\dfrac{\omega}{\omega_0}-\dfrac{\omega_0}{\omega}\right)}$$

电流的归一化（使最大值为 1）函数为

$$\frac{\dot{I}}{\dot{I}_0}=\frac{1}{1+jQ\left(\dfrac{\omega}{\omega_0}-\dfrac{\omega_0}{\omega}\right)}=\frac{\dot{I}/\dot{U}_s}{\dot{I}_0/\dot{U}_s}=\frac{Y}{Y_0} \tag{7-22}$$

电流的归一化函数与输入导纳的归一化函数相同。其幅频函数和相频函数分别为

$$\frac{I}{I_0}=\frac{|Y|}{|Y_0|}=\frac{1}{\sqrt{1+Q^2\left(\dfrac{\omega}{\omega_0}-\dfrac{\omega_0}{\omega}\right)^2}} \tag{7-23}$$

$$\varphi_Y(\omega)=-\arctan Q\left(\frac{\omega}{\omega_0}-\frac{\omega_0}{\omega}\right) \tag{7-24}$$

以 ω 为自变量，品质因数 Q 为参变量，画式（7-23）和式（7-24）的频率特性曲线，分别如图 7-17a 和图 7-17b 所示。由图 7-17a 幅频特性曲线可见，曲线峰值出现在 $\omega=\omega_0$，从而证明电路谐振时回路电流最大，以及谐振时导纳值 Y_0 最大。当输入信号频率偏离电路的谐振频率 ω_0 时，电路失谐，曲线下降，回路电流 I 减小；输入信号频率偏离 ω_0 越远，回路电流越小。这说明电路只让频率在 ω_0 附近的输入信号通过，远离 ω_0 的输入信号被电路阻止，由此可知，RLC 串联谐振电路具有带通滤波特性，是一个带通滤波器。

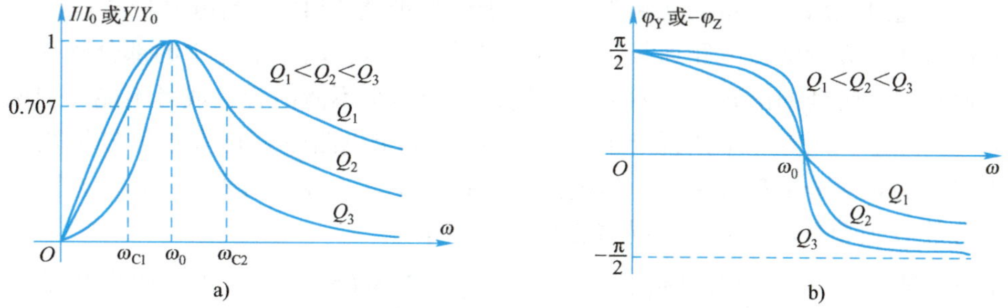

图 7-17　RLC 串联谐振电路的频率特性曲线
a）幅频特性曲线　b）相频特性曲线

相频特性曲线图 7-17b 揭示了谐振电路的导纳角随频率变化的规律。从 6.3.3 小节的学习中已知，同端口导纳角与阻抗角之间差一个负号，有 $\varphi_Y=-\varphi_Z$。以图 7-17b 中横轴为对称轴折叠曲线便是阻抗角的频率特性曲线。由图可见，谐振时导纳角 $\varphi_Y(\omega_0)=0$，说明这时输入导纳（阻抗）为纯电阻；当 $\omega>\omega_0$时，导纳角 $\varphi_Y(\omega)<0$（阻抗角 $\varphi_Z>0$），导纳（阻抗）呈感性；当 $\omega<\omega_0$时，导纳角 $\varphi_Y(\omega)>0$（阻抗角 $\varphi_Z<0$），导纳（阻抗）呈容性。

2. 选择性与通频带

所谓“选择性”指电路选取所需信号以及抑制干扰信号的能力，选择性的优劣反映滤波电路的质量。具体地讲，优质滤波电路要“通”与“截”的界限明显，也就是电路幅频特性曲线的上升沿和下降沿斜率大。同时要求在电路通频带内，信号衰减要小，并且均匀，阻带内信号衰减大而均匀。从图 7-17a 幅频特性曲线可见，若电路品质因数 Q 值大，曲线边沿陡峭，即斜率大，则电路选择性好。反之，若 Q 值小，曲线边沿变化平缓，斜率小，则电路选择性差。因此，从选择性看，希望电路的 Q 值大。

另一方面，图 7-17a 中 3 条不同 Q 值的幅频特性曲线显示，Q 值与电路通频带宽度成反比。根据截止频率的定义，由幅频函数式即式（7-23）可计算出：当$\dfrac{I}{I_0}=\dfrac{1}{\sqrt{2}}$时，RLC 串联谐振电路的两个截止频率分别为

上截止频率 ω_{C2}
$$\omega_{C2}=\left(\sqrt{1+\frac{1}{4Q^2}}+\frac{1}{2Q}\right)\omega_0$$

下截止频率 ω_{C1}
$$\omega_{C1}=\left(\sqrt{1+\frac{1}{4Q^2}}-\frac{1}{2Q}\right)\omega_0$$

RLC 串联谐振电路的通频带宽度为

$$B_\omega=\omega_{C2}-\omega_{C1}=\frac{\omega_0}{Q}=\frac{R}{L}\ \text{rad/s} \tag{7-25}$$

或者

$$B_f=\frac{B_\omega}{2\pi}=\frac{f_0}{Q}=\frac{R}{2\pi L}\ \text{Hz} \tag{7-26}$$

带宽计算式揭示了同样的结论：Q 值大，电路的通频带窄；Q 值小，电路的通频带宽。

选择性与通频带对 Q 值的要求截然相反，该如何选择参数 Q 值？以传输语音信号为例。语音信号的频率范围在 0.3 Hz~4 kHz，信号带宽约为 4 kHz，要让音频信号中包含的频率分量都能顺利地通过电路，电路的通频带不能小于信号带宽 4 kHz。当电路带宽比信号带宽窄时，部分信号频率分量就在电路通频带之外，被阻止通过，语音信号中的部分频率分量将丢失，这会使接收者听到的语音与原始语音不同，可能是听不清内容，或者不能识别说话者等令人不满意的效果，用专业术语说产生了“失真”。如果电路带宽远大于信号带宽，虽然发送信号中包含的频率分量都被传输，但电路的选择性变差，容易引入干扰信号。因此，选择谐振电路参数 Q 值要兼顾通频带与选择性的指标要求。

例 7-7　某 RLC 串联谐振电路的输入电压 $u_s=\sqrt{2}\cos(5\times10^4 t)$ mV，调节电容 C 使电路达到谐振状态。已知谐振时，$U_{C0}=0.15$ V，$I_0=0.1$ mA。求：L、C、Q 和 B_ω。

解：由题意知，电路的谐振频率为输入信号频率，$\omega_0=5\times10^4$ rad/s；输入电压的有效值

$U_s=1\text{ mV}$。根据计算式，$U_{C0}=QU_s=\frac{1}{\omega_0 C}I_0$，$U_{L0}=U_{C0}=\omega_0 LI_0$，可求得：

电路的品质因数
$$Q=\frac{U_{C0}}{U_s}=\frac{0.15}{10^{-3}}=150$$

电路的通频带
$$B_\omega=\frac{\omega_0}{Q}=\frac{5\times10^4}{150}\text{ rad/s}=\frac{1}{3}\times10^3\text{ rad/s}$$

电容量
$$C=\frac{I_0}{\omega_0 U_{C0}}=\frac{0.1\times10^{-3}}{5\times10^4\times0.15}\text{ F}=0.013\ \mu\text{F}$$

电感量
$$L=\frac{U_{C0}}{\omega_0 I_0}=\frac{0.15}{5\times10^4\times10^{-4}}\text{ H}=30\text{ mH}$$

用电压表测量谐振电压或电路频率特性，为了保证测量值的准确性，要求电压表的内阻高和一定的工作频率范围，日常电工用的工频万用表性能难以达到，实验室常用的是性价比高的交流毫伏表。

例 7-8　图 7-18 所示电路处于谐振状态，已知 $L=1\text{ mH}$，$R_1=12.5\ \Omega$，$C=160\text{ pF}$，电源电压有效值 $U_s=10\text{ mV}$，R_s 是电源内阻。求：

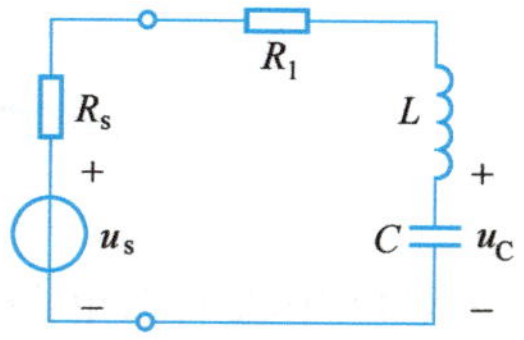

图 7-18　例 7-8 电路图

（1）$R_s=0$ 时，电路的谐振角频率、电路品质因素 Q、电容电压 U_{C0} 和电路带宽 B_ω。

（2）$R_s=10\ \Omega$ 时，再求（1）问的 4 个参数。

解：（1）电路的谐振角频率为
$$\omega_0=\frac{1}{\sqrt{LC}}=\frac{1}{\sqrt{10^{-3}\times160\times10^{-12}}}\text{ rad/s}=2.5\times10^6\text{ rad/s}$$

当电源理想时，回路电阻为 R_1，电路的品质因数为
$$Q=\frac{1}{R_1}\sqrt{\frac{L}{C}}=\frac{1}{12.5}\sqrt{\frac{10^{-3}}{160\times10^{-12}}}=200$$

谐振时，电容电压的有效值为
$$U_{C0}=QU_s=200\times10\times10^{-3}\text{ V}=2\text{ V}$$

电路的通频带为
$$B_\omega=\frac{\omega_0}{Q}=\frac{2.5\times10^6}{200}\text{ rad/s}=1.25\times10^4\text{ rad/s}$$

（2）当电源非理想，存在内阻时，回路的等效电阻为 $R=R_1+R_s=(12.5+10)\ \Omega=22.5\ \Omega$。电路的谐振频率与回路电阻的大小无关，电路谐振角频率不变，为 $\omega_0=2.5\times10^6\text{ rad/s}$。

电路的有载品质因数为
$$Q'=\frac{\omega_0 L}{R}=\frac{2.5\times10^6\times10^{-3}}{22.5}=111$$

电容电压有效值
$$U_{C0}=Q'U_s=111\times10\times10^{-3}\text{ V}=1.11\text{ V}$$

电路带宽
$$B_\omega=\frac{\omega_0}{Q'}=\frac{2.5\times10^6}{111}\text{ rad/s}=2.25\times10^4\text{ rad/s}$$

由本例可见，信源的损耗电阻对串联谐振电路的性能影响很大，一个仅 10 Ω 的信源内阻就使电路的品质因数和输出谐振电压下降近半，过大的信源内阻甚至会使电路失去选择性。RLC 串联谐振电路不适合大信源内阻的场合。

根据图 7-12 讨论串联谐振时，既没有考虑信源内阻，也没有考虑负载对谐振电路的影响，但在实际应用中，不能忽略电源内阻和负载对谐振电路的影响。当信源内阻和负载不是纯电阻而是阻抗时，不仅会影响电路的品质因数和通频带，而且会改变电路的谐振频率。我们把不考虑信源内阻和负载影响时的电路品质因数称为空载品质因数，否则称为有载品质因数，或者加载品质因数。

思考题

7.3-1 广播电台中频段的频率范围是 535～1605 kHz，假设每个电台的信号带宽是 9 kHz，在中频段内收音机输入回路保持 $Q=100$ 不变。请问：输入回路的通频带能否满足正常收听中频段广播的要求。

7.4 RLC 并联谐振电路

建立工程意识

RLC 并联谐振电路特别适合用在大信源内阻的场合，这与 RLC 串联谐振电路适合小信源内阻的特点正好相反。

7.4.1 典型 GCL 并联谐振电路

图 7-19 所示的典型 GCL 并联谐振电路与图 7-12c 所示的 RLC 串联谐振电路互为对偶电路，若把 7.3 节分析串联谐振电路得到的一系列关系式中的元件参数和电量做个对偶变换，即 R 换 G，L 换 C，C 换 L，$\dot{U}$ 换 $\dot{I}$，$\dot{I}$ 换 $\dot{U}$，电压源换电流源，便可得到典型 GCL 并联谐振电路的一系列关系式。

1. 谐振条件与谐振电路参数

图 7-19 所示电路的输入导纳为

$$Y(\mathrm{j}\omega)=G+\mathrm{j}\left(\omega C-\frac{1}{\omega L}\right)=G+\mathrm{j}B$$

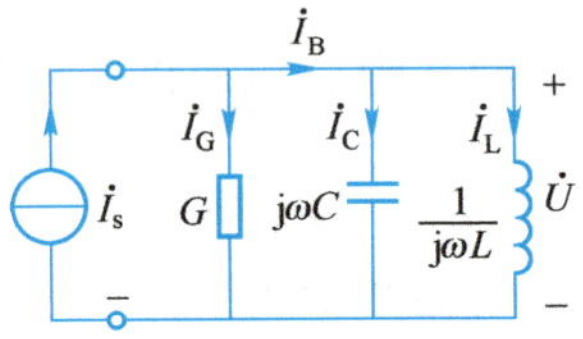

图 7-19 典型 GCL 并联谐振电路

式中，$B=\omega C-\frac{1}{\omega L}$。并联谐振电路的谐振条件是电路输入导纳的虚部为零，即 $B=0$ 时，电路达到谐振状态。根据 $B=0$ 可求出电路的谐振频率为

$$\omega_0=\frac{1}{\sqrt{LC}}\mathrm{rad/s} \quad 或者 \quad f_0=\frac{1}{2\pi\sqrt{LC}}\mathrm{Hz} \tag{7-27}$$

并联谐振电路的特性阻抗与串联谐振电路相同，为

$$\rho=\omega_0 L=\frac{1}{\omega_0 C}=\sqrt{\frac{L}{C}} \tag{7-28}$$

利用对偶关系，对串联谐振电路 Q 值的计算式即式（7-16）做对偶变换，得到并联谐振电路的品质因数 Q 计算式为

$$Q=\frac{\omega_0 C}{G}=\frac{1}{G\omega_0 L}=\frac{1}{G}\sqrt{\frac{C}{L}}=\frac{1}{G\rho} \tag{7-29}$$

可见，并谐电路的 Q 值与等效并联电导 G 成反比，若 G 小，则并谐电路的 Q 值大。不难理解，电路并联电导 G 小（并联电阻 $1/G$ 大），谐振电路在一个周期的能量损耗 TGU_0^2 小，故而电路品质因数 Q 大。反之，电路并联电导 G 大，电路在一个周期内的能量消耗大，电路 Q 值则小。

2. 谐振特征

在图 7-19 所示电压、电流参考方向下，当电路谐振状态时，有以下特征。

1）电路输入导纳是纯实数，有

$$Y_0=G \tag{7-30}$$

导纳值最小。也可以说，阻抗 $Z_0=1/G$ 为纯电阻，阻抗值最大。

2）端口电压 $\dot{U}_0=\dot{I}_s Z_0=\dot{I}_s/G$ 最大，且 $\dot{U}_0$ 与 $\dot{I}_s$ 同相。

3）各支路的电流分别为

电阻支路的谐振电流
$$\dot{I}_{G0}=\dot{I}_s \tag{7-31}$$

电感支路的谐振电流
$$\dot{I}_{L0}=\frac{\dot{U}_0}{j\omega_0 L}=-j\frac{1}{\omega_0 LG}\dot{I}_s=-jQ\dot{I}_s \tag{7-32}$$

电容支路的谐振电流
$$\dot{I}_{C0}=j\omega_0 C\dot{U}_0=j\frac{\omega_0 C}{G}\dot{I}_s=jQ\dot{I}_s \tag{7-33}$$

CL 并联端口的谐振电流 $\dot{I}_{B0}=\dot{I}_{C0}+\dot{I}_{L0}=jQ\dot{I}_s-jQ\dot{I}_s=0$

谐振时，电感电流 $\dot{I}_{L0}$ 和电容电流 $\dot{I}_{C0}$ 方向相反，大小相等，同为电流源电流 I_s 的 Q 倍，故称并联谐振为电流谐振。$\dot{I}_{B0}=0$ 说明，谐振时该支路等效为开路，电流源电流全部流入电阻支路，电流源只向电阻提供能量，不与电容与电感进行能量交换，电磁能量转换仅在电容与电感元件之间进行。若设 $\dot{I}_s=I_s\angle 0°$，各电量的相量关系如图 7-20 所示。

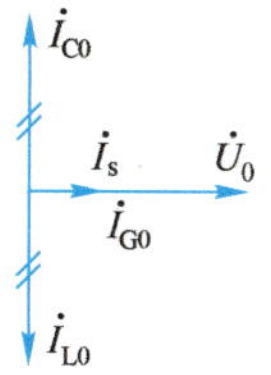

图 7-20　典型并谐电路的谐振相量

3. 频率特性

图 7-19 所示典型并联谐振电路的电压 $\dot{U}$ 为

$$\dot{U}=\frac{1}{G+j\left(\omega C-\frac{1}{\omega L}\right)}\dot{I}_s=\frac{\dot{I}_s/G}{1+j\frac{\omega_0}{\omega_0 G}\left(\omega C-\frac{1}{\omega L}\right)}$$

把 $\dot{U}_0=\dot{I}_s/G$，$Q=\frac{\omega_0 C}{G}=\frac{1}{G\omega_0 L}$ 代入上式，整理得归一化电压函数为

$$\frac{\dot{U}}{\dot{U}_0}=\frac{1}{1+\mathrm{j}Q\left(\frac{\omega}{\omega_0}-\frac{\omega_0}{\omega}\right)} \tag{7-34}$$

比较式（7-34）与式（7-22）推断，典型 GCL 并联谐振电路归一化电压频率特性与 RLC 串联谐振电路的归一化电流频率特性完全相同，并联谐振电路也是一个带通滤波电路。

对式（7-25）和式（7-26）进行对偶变换，便得到典型 GCL 并联谐振电路通频带的如下计算式：

$$B_{\omega}=\frac{\omega_0}{Q}=\frac{G}{C}=\frac{1}{RC}\ \mathrm{rad/s} \tag{7-35}$$

或者

$$B_{\mathrm{f}}=\frac{B_{\omega}}{2\pi}=\frac{f_0}{Q}=\frac{G}{2\pi C}\ \mathrm{Hz} \tag{7-36}$$

7.4.2 实际 RLC 并联谐振电路

晶体管收音机中频放大器的输出电路部分如图 7-21a 所示，输出电路是由线圈和电容器并联组成的谐振电路。图中，RL 串联支路是线圈的电路模型，理想电容是电容器的电路模型。把前端晶体管放大器在并联谐振电路的 11′输入端口等效为理想电流源，便有图 7-21b 所示实际并联谐振电路模型。以下不直接分析图 7-21b 电路，先根据实际并联谐振电路在正常工作状态下的参数特点，运用工程上允许的近似，把实际并联谐振电路等效为典型 GCL 并联谐振电路，再进行电路分析。

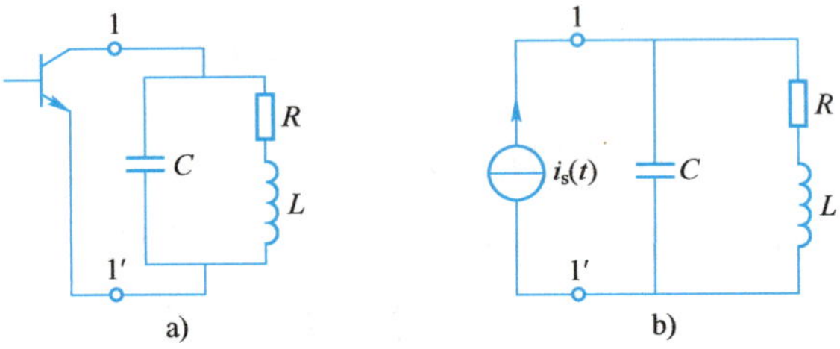

图 7-21 中频放大器原理电路与电路模型
a）中频放大器原理电路 b）实际并联谐振电路时域模型

实际并联谐振电路的相量电路模型如图 7-22a 所示。图中 RL 支路的等效导纳 Y_{L}为

$$Y_{\mathrm{L}}(\mathrm{j}\omega)=\frac{1}{R+\mathrm{j}\omega L}=\frac{R}{R^2+(\omega L)^2}-\mathrm{j}\frac{\omega L}{R^2+(\omega L)^2}=G'-\mathrm{j}\frac{1}{\omega L'} \tag{7-37}$$

式中，等效并联电导 $G'=\frac{R}{R^2+(\omega L)^2}$，其电阻 $r=\frac{1}{G'}=\frac{R^2+(\omega L)^2}{R}$；$\omega L'=\frac{R^2+(\omega L)^2}{\omega L}$。考虑到在实际应用中，谐振电路正常工作在谐振频率附近。在频率 ω_0附近，电感的阻抗值要远远大于损耗电阻值，即 $\omega L>>R$，等效并联元件参数 G'和 L'可近似为

$$G'\approx\frac{R}{(\omega L)^2} \quad 或 \quad r=\frac{1}{G'}\approx\frac{(\omega L)^2}{R} \tag{7-38}$$

$$L'\approx L \tag{7-39}$$

把以上两式代入式（7-37），则在谐振频率附近，Y_{L}可近似为

$$Y_L(j\omega)\approx\frac{R}{(\omega L)^2}-j\frac{1}{\omega L} \tag{7-40}$$

根据式（7-40），把图 7-22a 实际并联谐振电路等效为图 7-22b 所示参数的典型并联谐振电路。请注意，图 7-22b 所示电路与前述典型并联谐振电路有所不同，其中电导值 G'（电阻值 r）不是常数，而是随频率变化的函数。下面分析实际并联谐振电路可直接利用前述典型 GCL 并联谐振电路的一系列关系式。

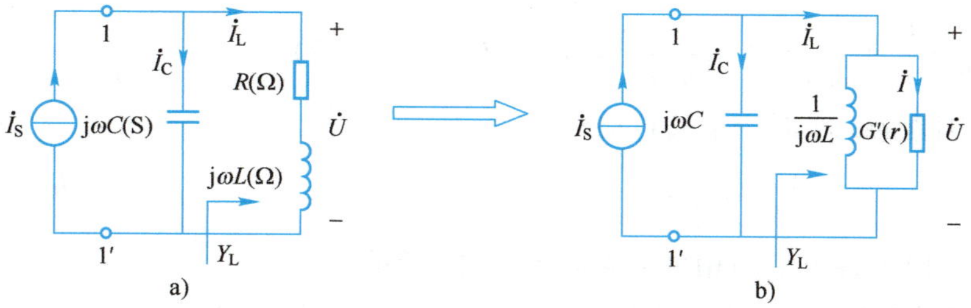

图 7-22　相量形式的实际并联谐振电路

a）实际并联谐振电路　b）实际并联谐振电路的等效电路

图 7-22b 电路 11′端口的输入导纳为

$$Y(j\omega)\approx G'+j\left(\omega C-\frac{1}{\omega L}\right)=\frac{R}{(\omega L)^2}+j\left(\omega C-\frac{1}{\omega L}\right)$$

当导纳虚部 $\omega C-\dfrac{1}{\omega L}=0$ 时，电路达到谐振。实际并联谐振电路的谐振角频率为

$$\omega_0=\frac{1}{\sqrt{LC}}\ \text{rad/s} \tag{7-41}$$

与前述相同，谐振与失谐两种状态下的电量和相关参数用下标“0”加以区别。比如，失谐状态下的并联电阻为 $r=\dfrac{1}{G'}\approx\dfrac{(\omega L)^2}{R}$，谐振时的并联电阻则记为

$$r_0=\frac{1}{G_0'}\approx\frac{(\omega_0 L)^2}{R} \tag{7-42}$$

把式（7-42）、式（7-41）和 $\omega_0 L=\dfrac{1}{\omega_0 C}$ 代入典型并联谐振电路 Q 值的计算式即式（7-29），得到实际并联谐振电路的品质因素计算式：

$$\begin{aligned}Q&=\frac{1}{G_0'\omega_0 L}=\frac{\omega_0 L}{R}=\frac{1}{R\omega_0 C}=\frac{1}{R}\sqrt{\frac{L}{C}}\\&=\frac{r_0}{\omega_0 L}=r_0\omega_0 C=r_0\sqrt{\frac{C}{L}}\end{aligned} \tag{7-43}$$

实际并联谐振电路的谐振阻抗为

$$Z_0=r_0=\frac{1}{G_0'}=\frac{(\omega_0 L)^2}{R}=Q^2 R \tag{7-44}$$

电路谐振时，等效阻抗为纯实数，阻值最大，是线圈损耗电阻值 R 的 Q^2 倍。

在图 7-22b 所示参考方向下，谐振时端口电压为

$$\dot U_0 = Z_0\dot I_s = r_0\dot I_s = Q^2R\dot I_s \tag{7-45}$$

端口电压 $\dot U_0$与电流源 $\dot I_s$同相，且电压值最大。

电容支路的谐振电流为

$$\dot I_{C0} = j\omega_0 C\dot U_0 = j\omega_0 C\times r_0\dot I_s = jQ\dot I_s \tag{7-46}$$

线圈支路的谐振电流为

$$\dot I_{L0} = \frac{\dot U_0}{r_0}+\frac{\dot U_0}{j\omega_0 L} = \dot I_s - j\frac{r_0}{\omega_0 L}\dot I_s = \dot I_s - jQ\dot I_s \tag{7-47}$$

当电路的品质因素 $Q>>1$ 时，上式近似为

$$\dot I_{L0}\approx -jQ\dot I_s \tag{7-48}$$

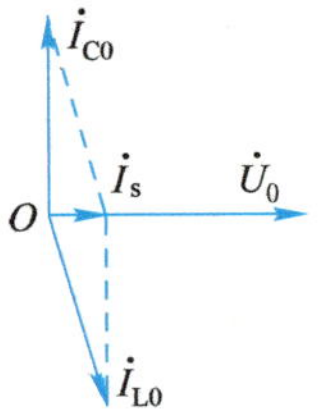

图 7-23　谐振时各电量的相量图

设 $\dot I_s = I_s\angle 0°$，以上各电量的相量关系如图 7-23 所示。

例 7-9　在图 7-24a 所示实际并联谐振电路中，已知：$L=100\ \mu H$，$C=100\ pF$，$R_s=100\ k\Omega$，$\dot U_s=2\ V$，电路的空载品质因数 $Q=100$，试求：（1）电路的谐振角频率 ω_0。（2）电路的有载品质因数 Q'。（3）谐振时电路端口电压 $\dot U_0$。（4）谐振时电容支路电流 $\dot I_{C0}$和电感支路电流 $\dot I_{L0}$。（5）谐振时并联谐振电路消耗的功率 P。（6）该实际并谐电路的通频带 B_ω。

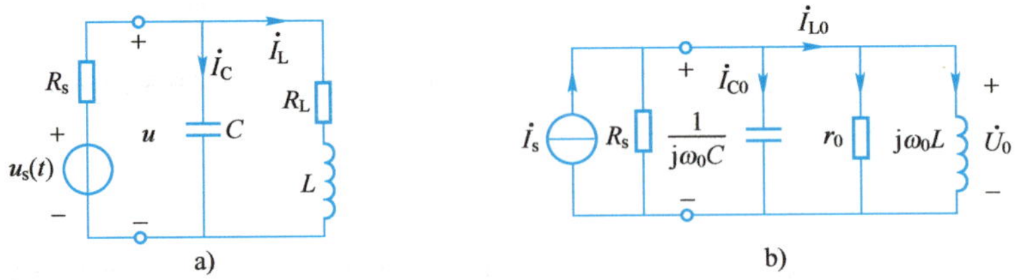

图 7-24　例 7-9 电路图

分析：从给出的电路空载品质因素 $Q=100=\frac{\omega_0 L}{R_L}$可知，$\omega_0 L>>R_L$，说明该电路在谐振频率 ω_0附近满足 $\omega L>>R_L$的条件，计算本题可使用式（7-38）~式（7-48）的一系列关系式。

解：把图 7-24a 所示实际并联谐振电路等效为典型并联谐振电路。谐振时的等效相量电路如图 7-24b 所示。其中，$\dot I_s=\dot U_s/R_s$，$r_0=Q^2R_L$。

（1）谐振角频率 ω_0为

$$\omega_0=\frac{1}{\sqrt{LC}}=\frac{1}{\sqrt{100\times10^{-6}\times100\times10^{-12}}}\ rad/s=10^7\ rad/s$$

（2）图 7-24a 中的线圈损耗电阻 R_L为

$$R_L=\frac{\omega_0 L}{Q}=\frac{10^7\times100\times10^{-6}}{100}\ \Omega=10\ \Omega$$

图 7-24b 中的并联等效电阻 r_0为

$$r_0=Q^2R_L=100^2\times10\ \Omega=100\ k\Omega$$

电路总的并联等效电阻为

$$R_0=r_0//R_s=100//100\ \text{k}\Omega=50\ \text{k}\Omega$$

电路的有载品质因数 Q' 为

$$Q'=R_0\times\omega_0 C=50\times10^3\times10^7\times100\times10^{-12}=50$$

（3）端口谐振电压为

$$\dot{U}_0=\dot{I}_s R_0=\frac{\dot{U}_s}{R_s}\times R_0=\frac{2\angle 0^\circ}{100}\times50\ \text{V}=1\angle 0^\circ\ \text{V}$$

（4）电容支路和电感线圈支路的谐振电流分别为

$$\dot{I}_{C0}=\text{j}Q'\dot{I}_s=\text{j}Q'\times\frac{\dot{U}_s}{R_s}=\text{j}50\times\frac{2\angle 0^\circ}{100\times10^3}\ \text{A}=\text{j}\ 10^{-3}\ \text{A}=\text{j}1\ \text{mA}$$

$$\dot{I}_{L0}=\frac{\dot{U}_0}{r_0}+\frac{\dot{U}_0}{\text{j}\omega_0 L}=\left(\frac{1\angle 0^\circ}{100\times10^3}-\text{j}\frac{1\angle 0^\circ}{10^7\times100\times10^{-6}}\right)\ \text{A}=(10^{-5}-\text{j}\ 10^{-3})\ \text{A}\approx-\text{j}1\ \text{mA}$$

（5）计算谐振时电路消耗的功率有两种方法。从原图 7-24a 看，并联谐振电路谐振时的损耗功率等于线圈损耗电阻 R_L 消耗的功率，有

$$P=I_{L0}^2 R_L=(10^{-3})^2\times10\ \text{W}=10^{-5}\ \text{W}$$

若根据等效电路图 7-24b 计算，谐振电路消耗的功率是等效并联电阻 r_0 消耗的功率，为

$$P=\frac{U_0^2}{r_0}=\frac{1^2}{100\times10^3}\ \text{W}=10^{-5}\ \text{W}$$

（6）该实际并联谐振电路的通频带为

$$B_\omega=\frac{\omega_0}{Q'}=\frac{10^7}{50}\ \text{rad/s}=2\times10^5\ \text{rad/s}$$

在通信和无线电技术中，实际并联谐振电路常用作高频、中频放大器的负载，这带来的好处是，既能使放大器呈现明显的选频特性，又能满足高负载阻抗的要求。

思考题

7.4-1 在图 7-25 所示的各谐振电路中，

（1）当电源角频率 $\omega_1=1/\sqrt{LC_1}$ 时，哪些电路产生串联谐振，哪些电路产生并联谐振？

（2）有人认为，图 7-25c 和图 7-25d 所示电路会在某个角频率 ω_2 产生并联谐振，你认同这个看法吗？若认同，ω_2 是大于还是小于 ω_1？你能求出 ω_2 的表达式吗？

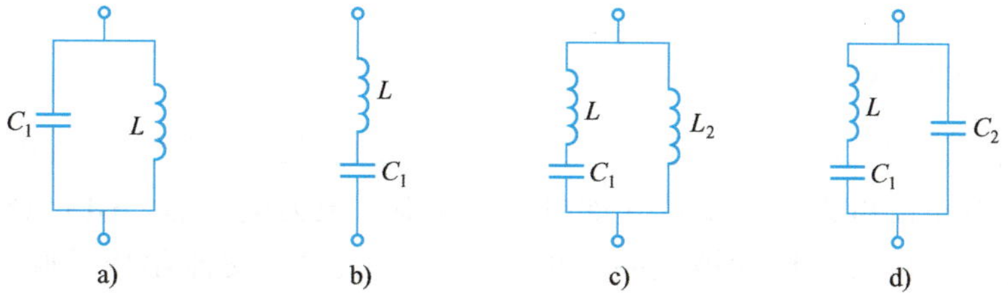

图 7-25 题 7.4-1 图

7.5 应用实例

7.5.1 收音机调谐接收原理

收音机的调谐接收电路如图7-26a所示，电路由接收天线L_1、调谐线圈L和可变电容C组成，其中，L与C构成一个串联谐振回路，接收电路利用串联谐振特性来选择广播电台信号，电路输出取自电容电压。各广播电台发射的信号都会在收音机的接收天线L_1上感应出微弱（一般只有几十微伏到几毫伏）的电信号。被天线接收到的信号通过耦合线圈L_1与L的磁耦合作用，在LC串联回路中感应出不同发射频率的电动势e_1、e_2、……e_n，即为谐振电路的输入信号，串联谐振电路模型如图7-26b所示，输入信号的频率分布如图7-26c虚线所示。尽管各电台发射的信号在时间和空间上都是重叠的，不易区分，但在频率上是相互分开的。人们旋转收音机的调谐旋钮是在改变谐振电路的电容量C，也就是在改变串联谐振电路的固有谐振频率，相当于在频率轴上移动谐振电路通频带的位置。当电路的固有谐振频率与某电台的发射频率一致时，该电台信号便落入电路通频带内而被选中，其他电台信号因发射频率远离电路的谐振频率，都落在电路的阻带里而被滤除。在图7-26c中，实曲线代表电路幅频特性曲线。该图示意，电台e_2落在电路通频带内而被选中。电容两端取出的输出电压中，信号e_2被谐振电路放大了Q倍，其他电台输入的微弱信号则被谐振电路进一步衰减，使输出电压几乎为零。因此，串联谐振电路只把信号e_2送入后续电路做进一步处理，而将其他电台信号都“拒之门外”。由图7-26c不难理解，谐振电路带宽宽，相邻电台信号会落入电路通频带内，成为干扰信号，使电路的选择性变差；谐振电路带宽窄，会丢失部分e_2信号。所以，选择谐振电路Q值要兼顾电路选择性和信号带宽两方面的要求。

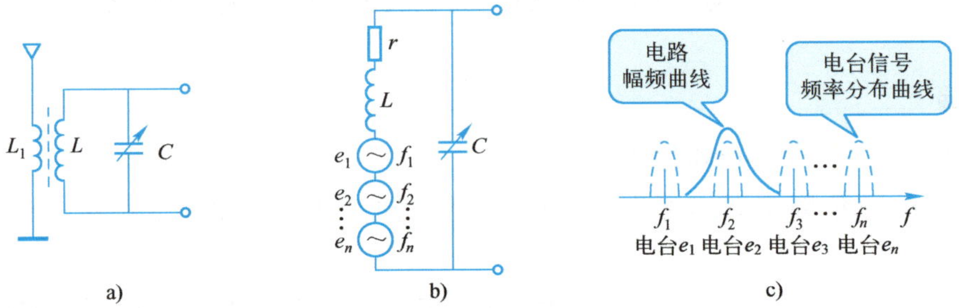

图7-26 收音机调谐接收原理

a）收音机调谐接收电路 b）等效电路 c）电台信号频率分布示意图

7.5.2 串联谐振耐压试验电源

串联谐振耐压试验电源广泛用于电力、冶金、石油、化工等行业，适用于3~500 kV等级的高电压、大容量的电力电气设备（如电力变压器、电力电容器、GIS气体绝缘整体开关设备、电力电缆等，以下统称为被试品）的交流耐压试验。交流耐压试验是鉴定电气设备绝缘强度最直接的方法，是判断电气设备能否投入运行，避免发生绝缘事故的重要手段。大多数的被试品都可以等效成一个电容器，被试品的电容与试验电源装置电抗器的电感构成串联谐振电路，利用电路谐振时在被试品上获得高电压大电流来进行交流耐压试验。目前，高压试验部门大多采用调频式（30~300 Hz）试验装置，典型的调频式串联谐振试验装置原理如图 7-27a 所示。试验电源主要由变频电源、励磁变压器 Tr、高压电抗器 L 和电容分压器组成，被试品等效为图中的电容 C。试验装置的输出回路可等效为图 7-27b 所示 RLC 串联谐振电路，励磁变压器的输出电压等效为电压源 u_s，回路损耗等效为电阻 R。

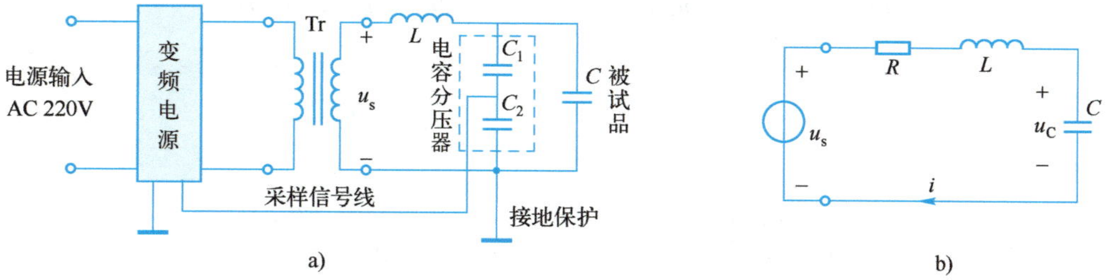

图 7-27　串联谐振耐压试验电源
a）耐压试验原理图　b）等效电路

试验电源中各主要构件的功能分别为：变频电源的作用是把频率 50 Hz、幅值 220 V 的工频正弦交流电转变为幅值和频率都可调的正弦交流电。励磁变压器 Tr 的功能是将变频电源输出的电压升高到合适的电压（最高可达几千伏）。电容分压器则用于测量及反馈。耐压试验的大致过程：变频电源经励磁变压器向串联谐振电路先输入一个较低的电压，用于调节变频电源的输出频率。当电源频率满足 $f=1/2\pi\sqrt{LC}$ 时，电路达到串联谐振状态，此时被试品电容 C 两端电压为励磁电压的 Q 倍，即 $U_{C0}=QU_s$。然后升高试验电压的幅值，达到被试品规定的耐压值，并维持规定的时间，以检测被试品的耐压性能。测试完毕后，把电压降回到零，这就完成了整个试验过程。

试验原理虽然简单，都是本课程学过的基础知识，实践意义却是革命性的，带来的好处是：①利用电压谐振的特点在被试品上产生高电压和大电流，被试品所需的无功功率全部由电抗器供给，电源只提供回路的消耗功率，因此，试验所需的电源功率只有试验容量的 $1/Q$，大大降低了对电源设备容量的要求。同时，设备的重量和体积都大大减少。②不同被试品具有不同的电容量，采用变频电源既解决了可调电感价格昂贵的问题，同时又能满足试验谐振的条件。③谐振电源本身是谐振式滤波电路，能改善输出电压的波形畸变，获得很好的正弦波形，并能有效地防止谐波峰值对被试品的误击穿。

7.6　习题

一、基本题

1. 时域电路如图 7-28 所示，求电压传输函数 $H(\mathrm{j}\omega)=\dot{U}_2/\dot{U}_1$。

2. 求图 7-29 所示电路的电压传输函数 $H(\mathrm{j}\omega)=\dot{U}_2/\dot{U}_1$。

3. 时域电路如图 7-30 所示，求该电路的电压传输函数 $H(\mathrm{j}\omega)=\dot{U}_2/\dot{U}_1$。

4. 简单 RC 并联电路如图 7-31 所示，电路激励为电流 $\dot{I}$，响应为电压 $\dot{U}$。

(1) 求网络函数 $H(\mathrm{j}\omega)$。

(2) 请粗略地画出电路幅频特性曲线，并判断是何种滤波电路。

(3) 求截止角频率 ω_C。

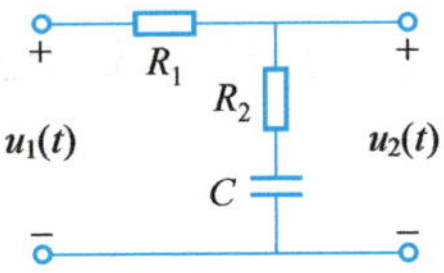

图 7-28 题 1 图

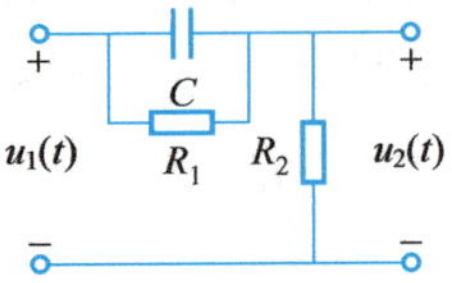

图 7-29 题 2 图

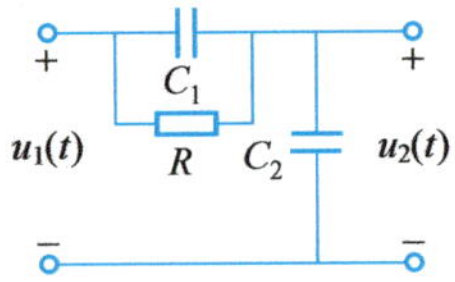

图 7-30 题 3 图

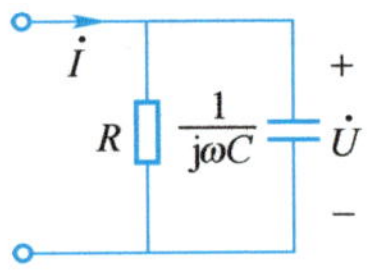

图 7-31 题 4 图

5. 时域电路模型如图 7-32 所示。

(1) 求电路的电流传输函数 $H(\mathrm{j}\omega)=\dot{I}_s/\dot{I}$。

(2) 请粗略地画出电路的频率特性曲线，并判断是何种滤波电路。

(3) 求电路的截止频率和通频带。

6. 用一个 25 mH 的电感设计一个 RL 低通滤波器如图 7-33 所示，该无源低通滤波器的截止频率为 2500 Hz。

(1) 求电阻值 R。

(2) 若在滤波器的输出端接一个 750 Ω 的负载电阻，求带负载时电路的截止频率。

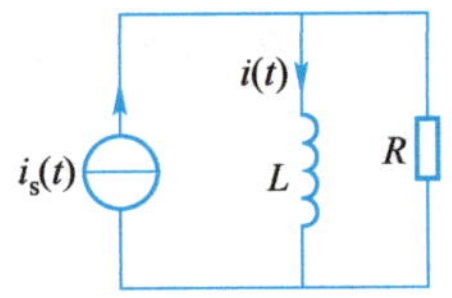

图 7-32 题 5 图

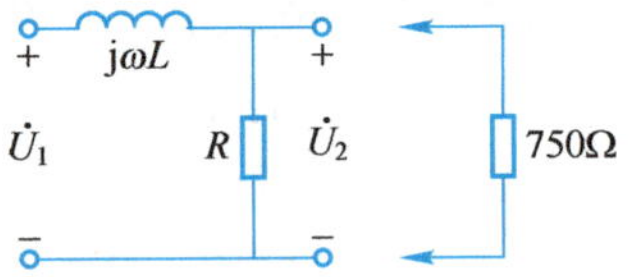

图 7-33 题 6 图

7. 在图 7-34 所示电路中，已知：$L=2$ H，$C=0.1$ F，$R=10$ Ω。

(1) 求电路的电压传输函数 $H(\mathrm{j}\omega)=\dot{U}_2/\dot{U}_1$。

(2) 若 $u_1(t)=1+10\cos t+10\cos 3t$ V，求稳态响应 $u_2(t)$。

8. 求图 7-35 所示电路的电压传输函数 $H(\mathrm{j}\omega)=\dot{U}_2/\dot{U}_1$。

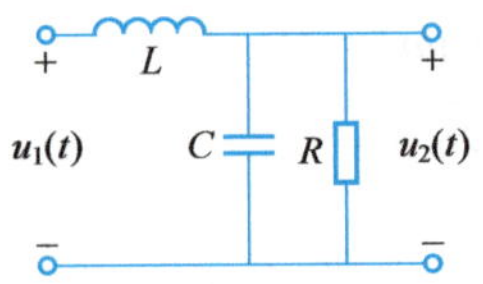

图 7-34 题 7 图

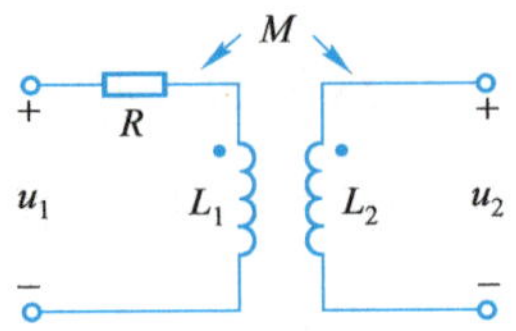

图 7-35 题 8 图

9. 在图 7-36 所示的 RLC 串联谐振电路中，已知：电源电压有效值 $U_s=1$ V，电源频率 $f=1$ MHz，调节电容 C 使电路达到谐振状态时，测得回路电流有效值 $I_0=100$ mA，电容电压有效值 $U_{C0}=100$ V。求：电路参数 R、L、C，回路的品质因数 Q 与通频带 B_ω。

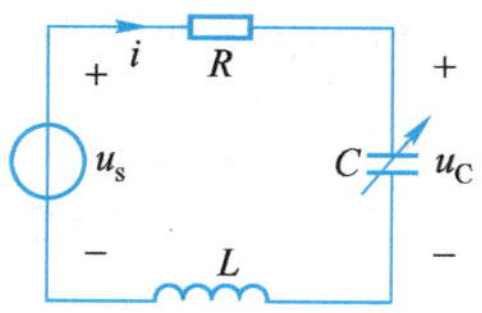

图 7-36　题 9 图

10. 已知某 RLC 串联谐振电路的如下参数：$L=50$ μH，$C=200$ pF，回路品质因数 $Q=50$，电源电压有效值 $U_s=1$ mV。求：电路的谐振频率 f_0，谐振时回路电流有效值 I_0，电容电压有效值 U_{C0}。

11. 某一 RLC 串联谐振电路中的电源内阻为零，电源电压 $u_s(t)=100\cos\omega_0 t$ mV，当电路达谐振状态时，$C=400$ pF，电阻 R 上消耗的功率为 5 mW，电路的通频带 $B_\omega=4\times10^4$ rad/s，试求：电感量 L、谐振角频率 ω_0、电容电压有效值 U_{C0}。

12. 调节电源频率使某 RLC 串联谐振电路达到谐振，电源电压有效值保持不变，为 $U_s=1$ V。电路谐振时，电源频率 $f_0=100$ kHz，回路电流 $I_0=100$ mA；当改变电源频率为 $f_1=99$ kHz 时，回路电流 $I=70.7$ mA。求：

（1）回路的品质因素。

（2）元件参数 R、L、C。

13. 电路如图 7-37 所示，已知 $R=15\ \Omega$，$L=100$ mH，$i_s(t)=(5+3\cos\omega_0 t+\cos2\omega_0 t)$ A，$\omega_0=100$ rad/s，输出电压 $u(t)$ 中只含直流分量和角频率为 $2\omega_0$ 的分量，求电容量 C。

14. 收音机接收电路如图 7-38 所示，已知可变电容 C 的电容量范围是 30~305 pF。

（1）欲使最低谐振频率为 530 kHz，问线圈的电感量应是多少？

（2）在以上选定的电感量情况下，收音机接收电路的频率接收范围是多少？

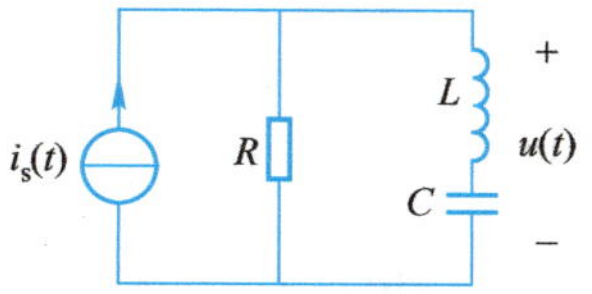

图 7-37　题 13 图

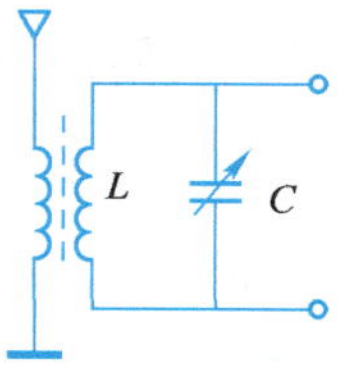

图 7-38　题 14 图

15. 典型并联谐振电路如图 7-39 所示，已知 $i_s(t)=20\sqrt{2}\cos 10^7 t$ mA，$R=40$ kΩ，$C=250$ pF，求：谐振时，电流 $i_{L0}(t)$、$i_{x0}(t)$ 及电阻 R 消耗的功率 P。

16. 在图 7-40 所示的实际并联谐振电路中，已知：$R=40\ \Omega$，$L=10$ mH，$C=400$ pF。

（1）求谐振频率 f_0、谐振阻抗 Z_0、特性阻抗 ρ 和电路品质因数 Q。

（2）若输入电流 i 的对应相量为 $\dot{I}=10$ μA，求：谐振时，端口电压 u 的有效值 U_0 和电容电流 i_c 的有效值 I_{C0}。

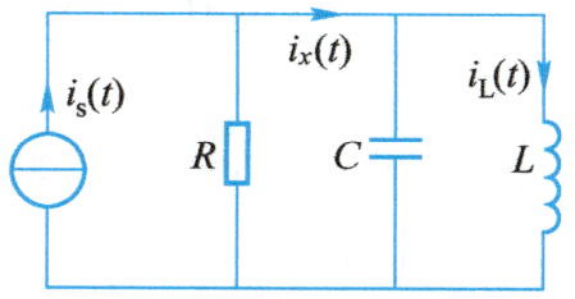

图 7-39　题 15 图

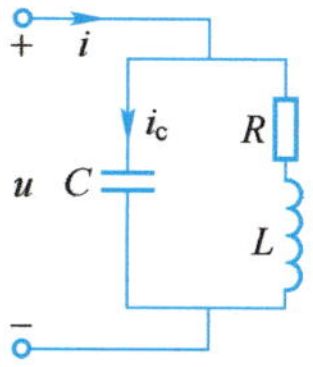

图 7-40　题 16 图

17. 电路如图 7-41 所示。

(1) 写出电压传输函数 $H(\mathrm{j}\omega)=\dot{U}_2/\dot{U}_1$。

(2) 若 $u_1(t)=2\cos3t$ V，欲使正弦稳态响应 $u_2(t)$ 为零，求 LC 的约束条件。

18. 已知图 7-42 所示并联谐振电路处于谐振状态，其空载品质因数 $Q=105$，$L=586\ \mu$H，$C=200$ pF，电流源 i_s 对应的相量 $\dot{I}_s=3$ mA，内阻 $R_s=180$ kΩ，负载电阻 $R_L=180$ kΩ。求：

(1) 谐振时电压的有效值 U_0。

(2) 电路的通频带 B_ω。

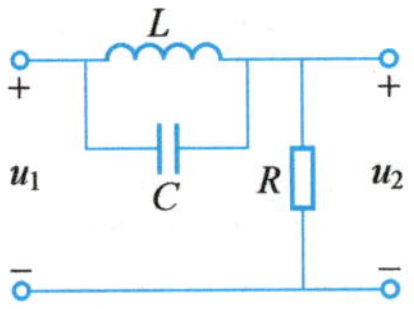

图 7-41 题 17 图

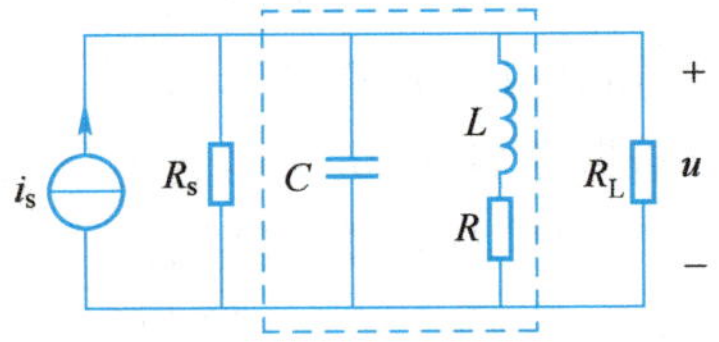

图 7-42 题 18 图

二、深入题

19. 在图 7-43 所示电路中，已知 $u_s(t)=3+2\cos10t+\cos30t$ V，求输出电压 $u(t)$。

20. 收音机中频放大器的等效电路如图 7-44 所示，已知：电流源 $i_s(t)$ 中含多个频率，其中最低频率为 455 kHz，最高频率为 475 kHz。电源内阻 $R_s=90$ kΩ，$L=293\ \mu$H，$C=400$ pF，电路空载品质因数 $Q=105$。问：

(1) 若电流源直接接入实际并联谐振电路，如图 7-44 所示，输出 $u(t)$ 是否会产生失真，为什么？

(2) 你认为采取什么简便措施可以减小输出 $u(t)$ 失真。

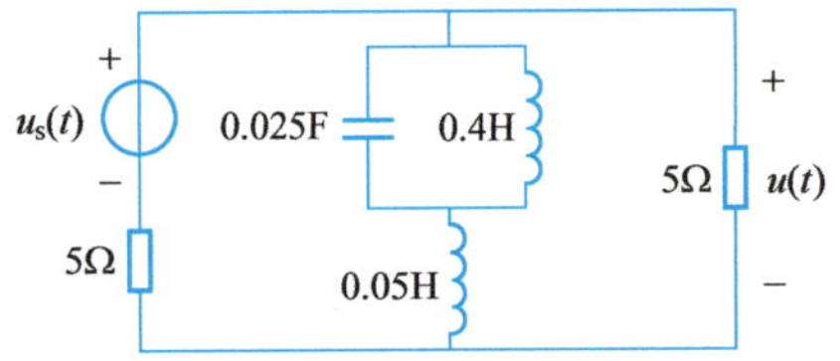

图 7-43 题 19 图

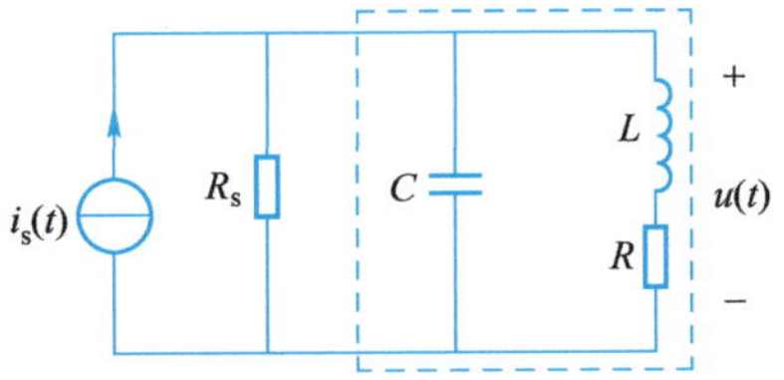

图 7-44 题 20 图

21. 电路如图 7-45 所示，已知线圈损耗电阻与电感量分别为：$R=10\ \Omega$，$L=10$ mH。在外加电压大小和频率不变的情况下，调节电容 C_1，使电路端口电流有效值 I_1 在角频率 $\omega_0=10^5$ rad/s 时最小，其值为 1 mA。试求：电容 C_1 以及 I_2 和 I_3。

22. 电路如图 7-46 所示，欲使电源频率在 100 kHz 时，流过负载电阻 R_L 的电流为零；当电源频率为 50 kHz 时，流过 R_L 的电流最大。问：电容 C_1 和 C_2 应该如何取值？

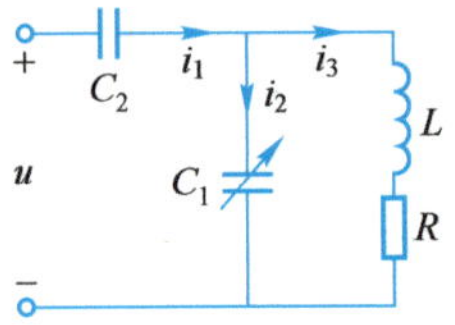

图 7-45 题 21 图

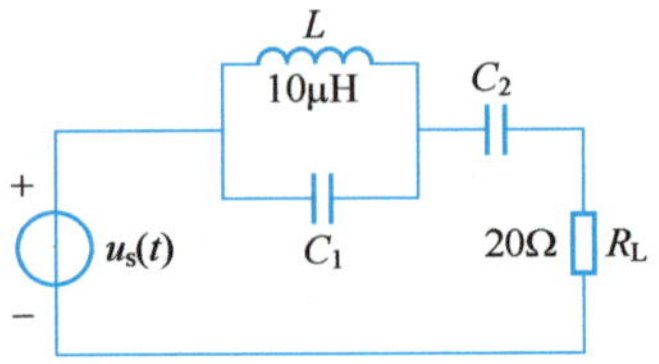

图 7-46 题 22 图

23. 图 7-47 所示电路有一个输入 $u_s(t)$，两个输出 $u_1(t)$ 和 $u_2(t)$。

（1）满足什么条件时，电路输入阻抗 $Z(j\omega)=\dot{U}_s/\dot{I}$ 是与频率 ω 无关的常数？请写出此时输入阻抗的表达式。

（2）在满足（1）问的情况下，求电压传输函数 $\dot{U}_1/\dot{U}_s$ 以及电路的截止频率。

（3）同样在满足（1）问的情况下，求电压传输函数 $\dot{U}_2/\dot{U}_s$ 以及电路的截止频率。

（4）当 $R_s=R=1\ \text{k}\Omega$，$L=0.1\ \text{H}$，$C=0.1\ \mu\text{F}$，$u_s(t)=(10\cos 2\times10^3t+10\cos 5\times10^4t)\ \text{V}$ 时，求输出电压 $u_1(t)$ 和 $u_2(t)$。

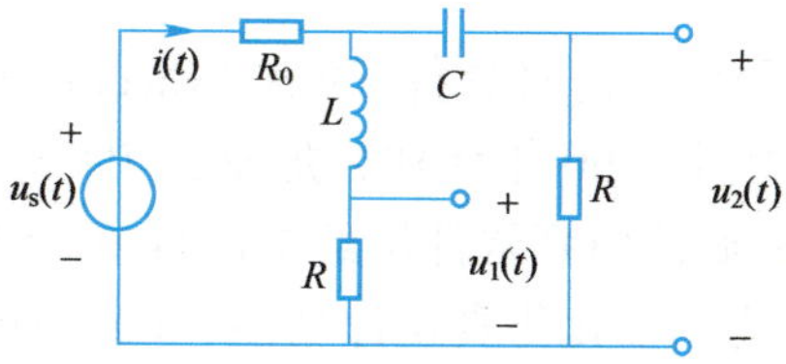

图 7-47　题 23 图

第 8 章　Multisim 14.0 电路仿真

8.1　Multisim 仿真软件概述

8.1.1　Multisim 仿真软件简介

仿真软件 Multisim 是在电子电路仿真软件 EWB（Electronics Workbench）不断改进的过程中产生的。在 20 世纪 80 年代末、90 年代初，加拿大 IIT（Interactive Image Technologies）公司推出了 EWB 仿真软件，随后该仿真软件历经 EWB4.0、EWB5.0、EWB6.0 一系列改进版本。从 EWB6.0 版本开始，为了强化仿真设计功能，IIT 公司把用于电路级仿真与设计的模块更名为 Multisim（万能仿真），增加了若干与实际元器件对应的仿真模型，使仿真电路的结果更逼近实际电路的运行结果。Multisim 仿真软件相继推出过 Multisim 2001、Multisim 7.0 与 Multisim 8.0 版本。2005 年，美国 NI（National Instrument）公司收购了加拿大 IIT 公司，次年推出了以 Windows 为基础的 Multisim 9.0 版本。该版本是一款电子电路仿真与设计的自动化软件（Electronic Design Automation，EDA），是完整的、集成化的系统设计工具，它可以让工程师和电子电路教学人员完成从理论到原理图捕获与仿真，再到原型设计和测试这样一个完整的综合设计流程。

本章将要介绍与使用的 Multisim 14.0 版本有如下主要特点：①含 MCU（Micro Control Unit）模块；②可以仿真单片机；③能加载 keil C 程序、十六进制文件以及在线仿真；④能够更便捷地搜索元器件；⑤用户选定的分析方法、设置的图形编辑器能够随文件一起保存；⑥重新设计的探针可直接显示、自动输出测量值的仿真结果，并绘制出测量值的变化过程，这有助于简化分析；⑦能够支持更多的图像格式；⑧Multisim 14.0 不仅能提供种类更多的元器件，而且能编辑修改元件参数；⑨用户可以通过模型生成器以及代码模式创建模型和自创元器件。

本章将通过用 Multisim 14.0 软件仿真与分析线性电路实例，介绍 Multisim 14.0 仿真软件的使用，使读者通过这个虚拟实验平台熟悉实验方法。Multisim 14.0 仿真软件也在电工、模拟、数字、电力电子等领域的教学和设计中广泛使用。

8.1.2　Multisim 14.0 的主窗口

安装 Multisim 14.0 汉化版后运行，出现 Multisim 14.0 的基本界面，如图 8-1 所示。界面由多个区域构成，有菜单栏、主工具栏、标准工具栏、视图工具栏、元件工具栏、仿真工具栏、探针工具栏、仪器工具栏、电路输入窗口、状态条、列表框等。利用界面上的这些工具栏提供的功能可以实现输入和编辑电路图、观测和分析电路，以及改变主窗口的视图内容。

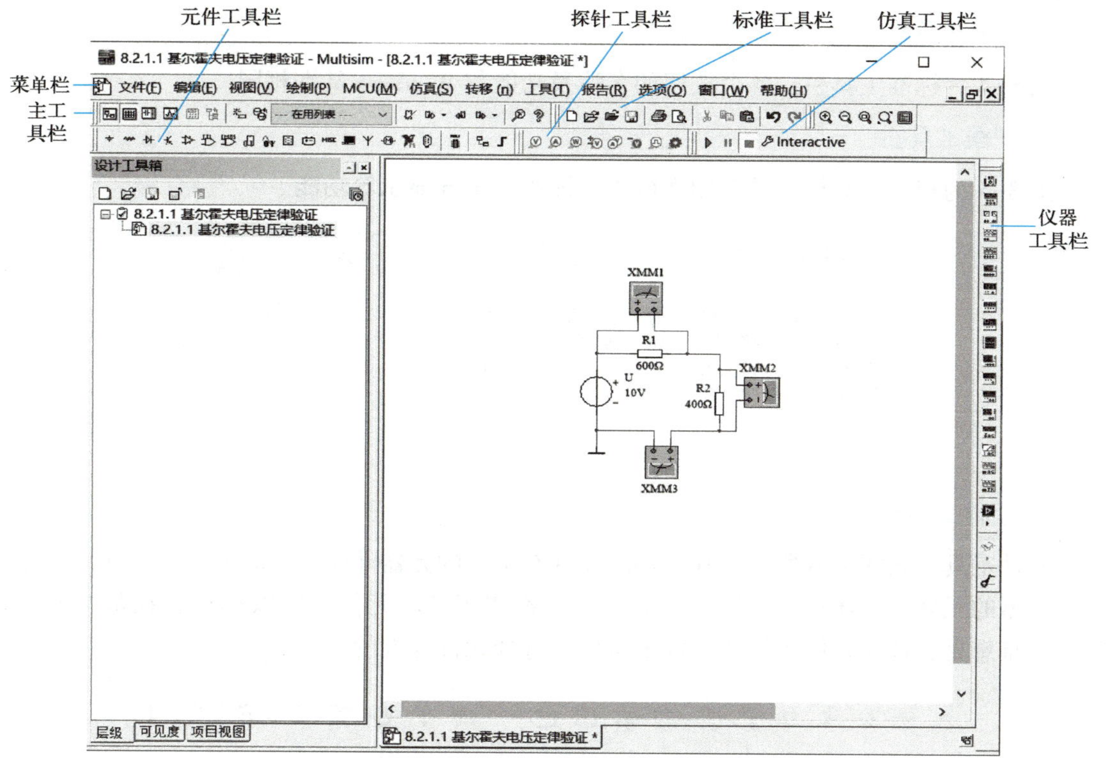

图 8-1　Multisim 14.0 的基本界面

1. 菜单栏

菜单栏位于界面上方，如图 8-2 所示。菜单栏中共有 12 个选项，各选项的主要功能已在图中标注，不再累述。

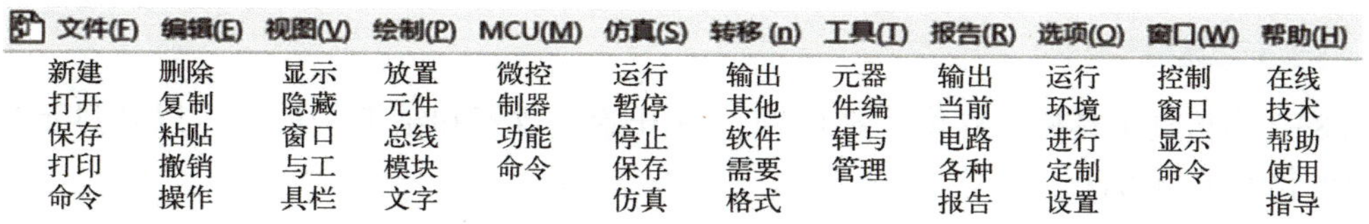

图 8-2　菜单栏

2. 主工具栏

主工具栏如图 8-3 所示，通过对主工具栏按钮的操作，可以完成对电路从设计到分析的全部工作。

图 8-3　主工具栏

3. 标准工具栏

图 8-4 为标准工具栏，各个按钮的名称及功能与 Windows 基本相同。

4. 视图工具栏

图 8-5 为视图工具栏，具有图面放大、缩小、全屏显示等功能。

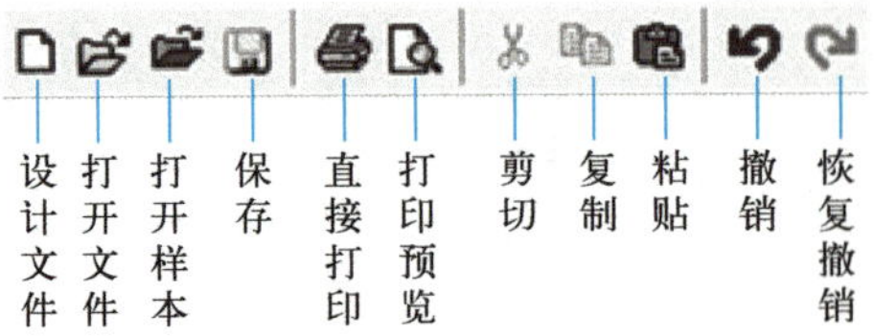

图 8-4 标准工具栏

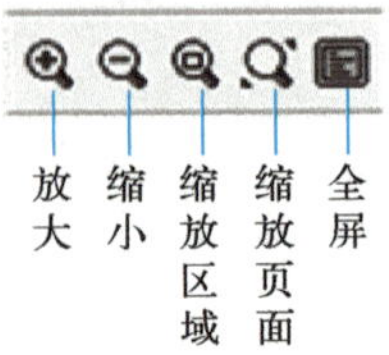

图 8-5 视图工具栏

5. 元件工具栏

元件工具栏如图 8-6 所示，Multisim 14.0 有丰富的元器件库，不同的元器件库用于存放不同类型的元器件。比如，电阻、电容、电感都属于基本元件，所以都存放在基本元件库中。不难想见，选择元件要先从元件工具栏中选择元件存放的库。

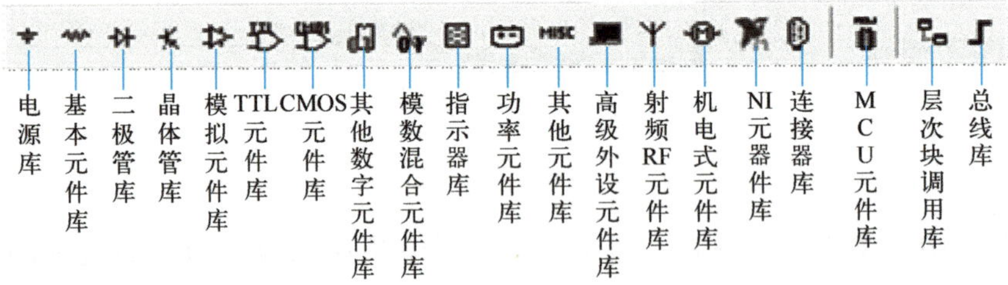

图 8-6 元件工具栏

6. 仿真工具栏

图 8-7 为仿真工具栏，提供选择电路仿真开始、暂停和结束的命令，以及显示当前用户选择的仿真分析方法。

7. 探针工具栏

图 8-8 为探针工具栏，放置各类探针。探针有两个主要功能：一是能够清晰、便捷地获取与查看测量值（如电压、支路电流和功率等）；二是在仿真电路运行后，将变化过程自动绘制在“图示仪视图”中。

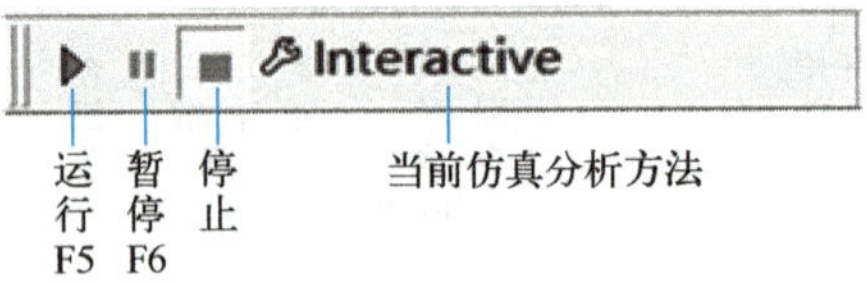

图 8-7 仿真工具栏

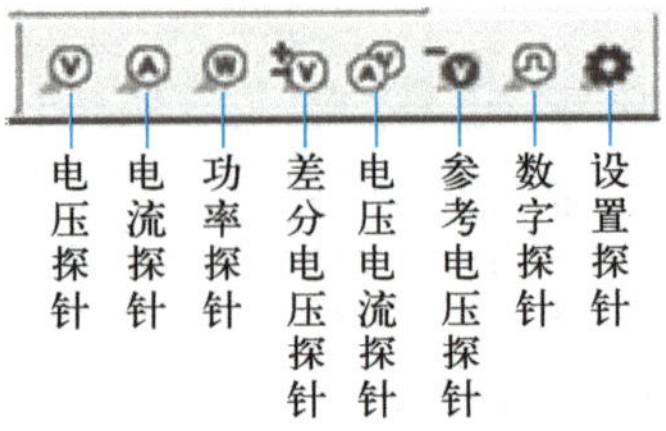

图 8-8 探针工具栏

8. 仪器工具栏

仪器工具栏位于电路窗口的右侧，也可拖至菜单下方，呈水平状显示，如图 8-9 所示。Multisim 14.0 的仪器工具栏提供了 20 种虚拟仪器仪表，用户通过图标选择观测电路的仪器仪表。

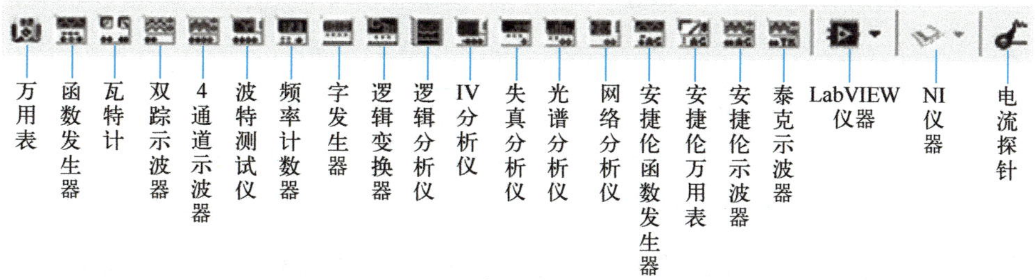

图 8-9　仪器工具栏

8.2　Multisim 14.0 基础电路仿真

本节将通过 7 个实例的电路仿真验证与分析，使读者在学会使用 Multisim 14.0 仿真软件的操作与方法的同时，加深对本课程所学线性电路基本理论和分析方法的认识。7 个实例的内容分别为：基尔霍夫定律、戴维南定理、线性电路定理、一阶 RC 动态电路、正弦稳态电路、RC 高通滤波器的频率特性以及 RLC 串联谐振电路频率特性。

8.2.1　基尔霍夫定律验证

用 Multisim 14.0 进行电路仿真验证，首先要搭建仿真电路图。一般步骤为：

1）建立电路文件。

2）设置电路工作窗口界面。

3）选择和设置元器件。

4）选择和设置仪器。

5）连接电路。

基尔霍夫定律包括基尔霍夫电压定律和基尔霍夫电流定律，由于两个定律验证过程基本相似。因此，下面仅验证基尔霍夫电压定律，而基尔霍夫电流定律的验证过程不再赘述。

验证基尔霍夫电压定律的电路如图 8-10 所示，这是一个单回路直流电阻电路。图 8-10b 是要搭建的仿真电路模型图，通过测试仿真电路运行时两个电阻电压 U_1 和 U_2，分析 U_1+U_2 是否等于电源电压 U_S，或者 $U_S-(U_1+U_2)$ 是否为 0 来验证基尔霍夫电压定律的正确性。

1. 建立电路文件

为叙述方便，以下用箭头“→”表示操作顺序。比如，单击“标准工具栏”中的“设计文件”命令，简述为，单击“标准工具栏”→“设计文件”。

启动 Multisim 14.0 软件后，在 Multisim 14.0 基本界面上会自动打开一个空白电路文件。如果 Multisim 14.0 已在运行中，那么单击“标准工具栏”→“设计文件”命令，也可建立一个空白电路文件，系统会自动命名该电路文件为“设计 1”。

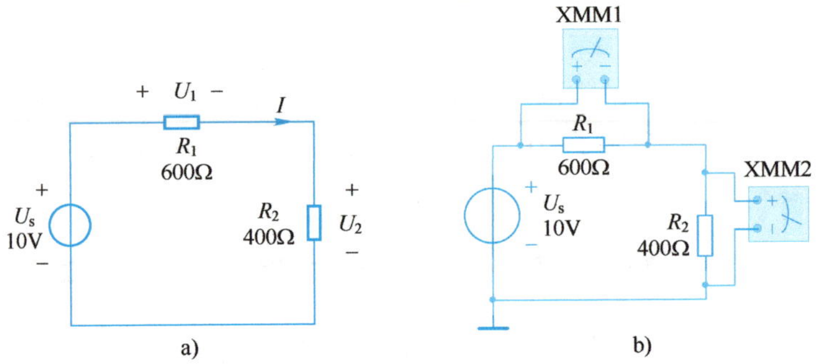

图 8-10 基尔霍夫电压定律验证的电路图与仿真电路图

a）基尔霍夫电压定律验证的电路图 b）基尔霍夫电压定律验证的仿真电路图

如果想重新命名电路文件，单击“标准工具栏”→“保存”命令，或是单击“菜单栏”→“文件”选项→“另存为”命令，均会弹出“另存为”窗口，先选择拟保存电路文件的位置，然后在“文件名”栏中输入拟命名的文件名，而“保存类型”默认为“Multisim 14 文件”（扩展名默认为“.ms14”）。当然，也可以先在“设计 1”的电路文件中搭建仿真电路，在保存电路文件时单击“菜单栏”→“文件”选项→“另存为”命令，再重新命名电路文件。此处将电路文件命名为“基尔霍夫电压定律验证”。

2. 设置电路工作窗口界面

“基尔霍夫电压定律验证”的电路工作窗口界面中，除了“元器件”的符号标准外，其余设置都是系统默认的。如果想设计有个性的文件电路界面，就单击菜单栏中的“选项”，打开“全局偏好”和“电路图属性”对话框，再进一步选择对话框中的选项。下面看一看在“全局偏好”和“电路图属性”对话框中的相关选项。

（1）单击菜单栏中的“选项”→“全局偏好”，打开图 8-11 所示对话框，有如下选项：

- 路径：设置电路文件存放的位置。
- 消息提示：检查电路文件时会提示以下 8 种选项，分别为“片段”“注解和导出”“连接与元器件”“导出模板”“NI 范例查找器”“项目打包”“SPICE 网表查看器”以及“分析与仿真”。
- 保存：有 5 个选项，分别为“创建一个‘安全副本’”“自动备份”“用仪器保存仿真数据”（当该选项被启用时，仪器上显示的数据将被保存在设计的文件中）“附上时间戳”和“保存为纯文本”。
- 元器件：含“元器件布局模式”“符号标准”与“视图”三个选项，如图 8-11a 所示。

需要说明，电气元件有 ANSI（美国标准）与 DIN（欧洲标准）两套符号标准，该仿真软件默认的是 ANSI 符号标准。由于 DIN 符号标准与我国现行标准非常相近，因此，本章的所有仿真电路图均采用 DIN 符号标准，如图 8-11a 所示选中“DIN(D)”即可。

- 常规：包括“矩形选择框”“鼠标滚轮行为”“布线”等一系列常规设置。
- 仿真：有三个选项卡，分别为“网表错误”“曲线图”和“正相移方向”，如图 8-11b 所示。
- 预览：可预览选项窗口的缩略图、设计工具箱内缩略图、总/多页、支电路/层次块。

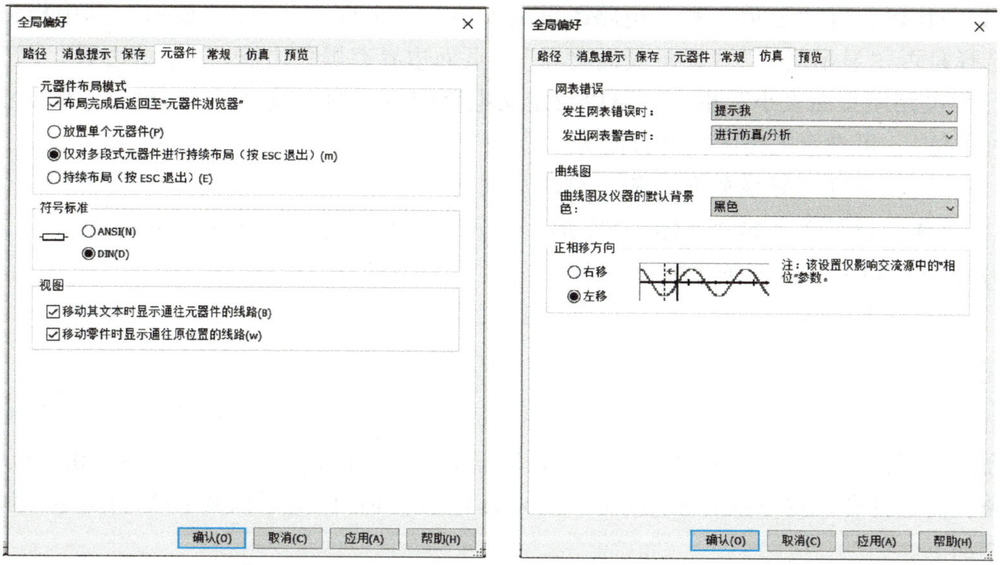

a)　　　　b)

图 8-11　全局偏好对话框

a）全局偏好—元器件对话框　b）全局偏好—仿真对话框

（2）单击菜单栏中的“选项”→“电路图属性”，打开对话框，有如下选项：

1）电路图可见性：设置电路窗口内的电路图形，包括“元器件”“网络名称”“连接器”与“总线入口”4 个选项，如图 8-12a 所示。

2）颜色：设置电路文件的背景颜色，“颜色方案”的下拉选项中有“自定义”“黑色背景”“白色背景”“白与黑”与“黑与白”5 个选项，系统默认为白色背景。

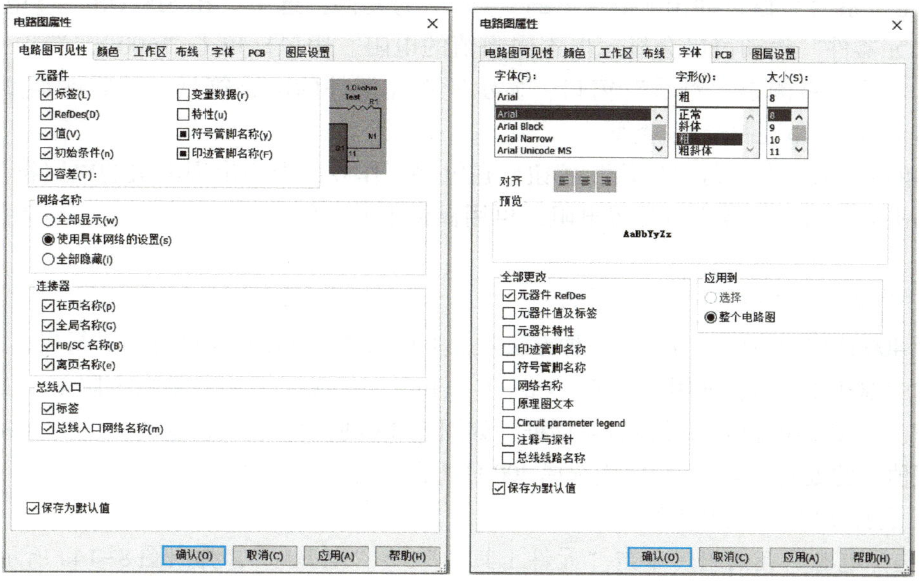

a)　　　　b)

图 8-12　电路图属性对话框

a）电路图属性—元器件对话框　b）电路图属性—字体对话框

3）工作区：有“显示”和“电路图页面大小”两个框。其中，“显示”框中根据需要可以选择是否“显示网格”“显示页面边界”（页面边界有黑色边框）“显示边界”（工作区边框）。“电路图页面大小”框中，可以自定义电路图页面的“宽度”“高度”（有英寸、厘米两种单位），可设置电路图页面方向为“横向”或“纵向”。

4）布线：设置“导线宽度”和“总线宽度”。

5）字体：设置文字的“字体”“字形”以及“大小”等，如图 8-12b 所示。

6）PCB：PCB 设计时的参数设置。

7）图层设置：包括“固定图层”和“自定义图层”。

3. 选择和设置元器件

选择仿真电路中的元器件要先从“元件工具栏”中选择元器件存放的库，再从库中选出所需的元器件。图 8-6 所示“元件工具栏”提供了 20 个元件库，搭建图 8-10b 所示的仿真电路，需选择和设置参数的元件分别为 600 Ω 电阻、400 Ω 电阻以及 10 V 直流电压源，具体操作如下。

（1）选择 600 Ω 电阻

选择 600 Ω 电阻的操作步骤如下：

1）单击“元件工具栏”→“基本元件库”，或者用快捷键〈Ctrl+W〉打开图 8-13a 所示对话框。以下对话框中的选择顺序是从左到右，先上后下。

2）在图 8-13a 左侧“数据库”的下拉菜单中，有“主数据库”“企业数据库”“用户数据库”三个元件库，这里选择系统默认的主数据库。

3）在图 8-13a 左侧“组”下拉列表中，选择“Basic”基本元件库，因为电阻元件属于基本元件。

4）在“系列”窗口列出了在“Basic”库中的元件，选中“RESISTOR”（电阻）。这时，在“元器件”滚动窗口会显示出不同阻值的电阻。用鼠标单击“600”，选中 600 Ω 电阻元件。对话框右侧是“符号”窗口，显示所选元器件的电路符号、元器件类型、容差、模型制造商/ID，印迹制造商/类型。

5）单击对话框右上角“确认”按钮，在电路工作界面中会出现电阻的电路符号。用快捷键〈Ctrl+R〉可水平或垂直放置电阻，再用鼠标把元器件拖至合适的位置，电阻标签默认为 R_1。

（2）选择 400 Ω 电阻

选择 400 Ω 电阻有两种方法，一种方法是按上述选择 600 Ω 电阻的方法进行操作；另一种方法是选中 600 Ω 电阻，利用快捷键〈Ctrl+C〉和〈Ctrl+V〉复制并粘贴电阻 R_2。放置电阻 R_2后，双击 R_2弹出电阻器参数设置对话框，如图 8-13b 所示。在对话框中“电阻（R）”栏可设置电阻值，此处输入 400，即完成选择 400 Ω 电阻的操作。

（3）选择 10 V 直流电压源

1）选择电源所在的组。单击“元件工具栏”→“电源库”，弹出图 8-14a 所示对话框；或者用快捷键〈Ctrl+W〉打开图 8-13a 所示对话框，并在对话框的“组”下拉列表中选择“Sources”电源库，也可弹出图 8-14a 所示对话框。

2）选择电源系列。在图 8-14a 左侧的“系列”窗口选项中，显示了“电源库”中的电

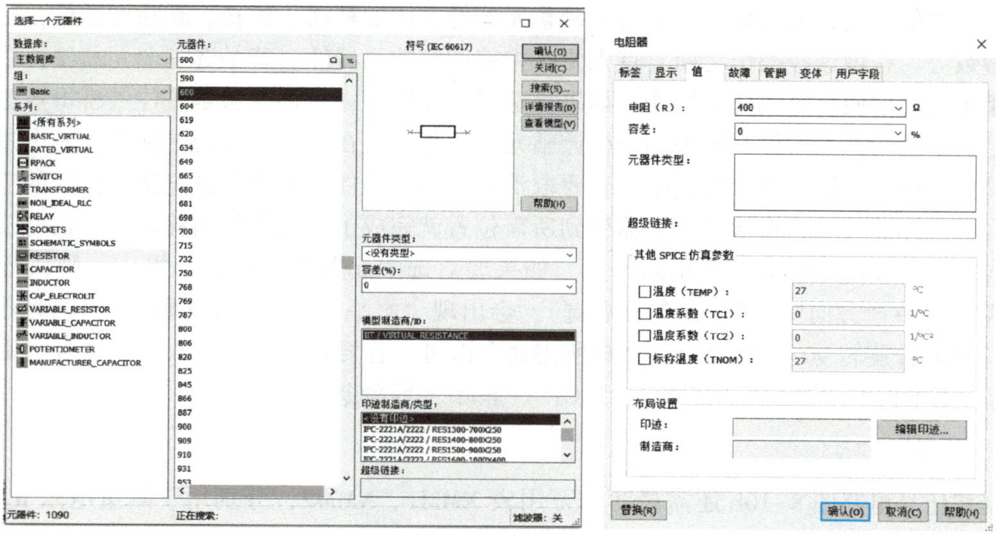

a)　　　　b)

图 8-13　选择一个元器件与电阻器参数设置对话框

a）选择一个元器件对话框　b）电阻器参数设置对话框

源系列，选中“POWER_SOURCES”。这时，在“元器件”滚动窗口会显示“AC_POWER”（交流电压源）、“DC_POWER”（直流电压源）、“DGND”（数字地）、“GROUND”（模拟地）、“三相电压源”等器件。选择“DC_POWER”并单击对话框右上角的“确认”按钮，再用鼠标把“DC_POWER”拖至合适的位置放置，电源标签默认为“V1”。

3）设置直流电压源参数。双击电路中“DC_POWER”，弹出“DC_POWER”参数设置对话框，如图 8-14b 所示。在“标签”中将直流电压源默认标签“V1”修改为“Us”；在“值”中修改直流电压源数值为“10”。

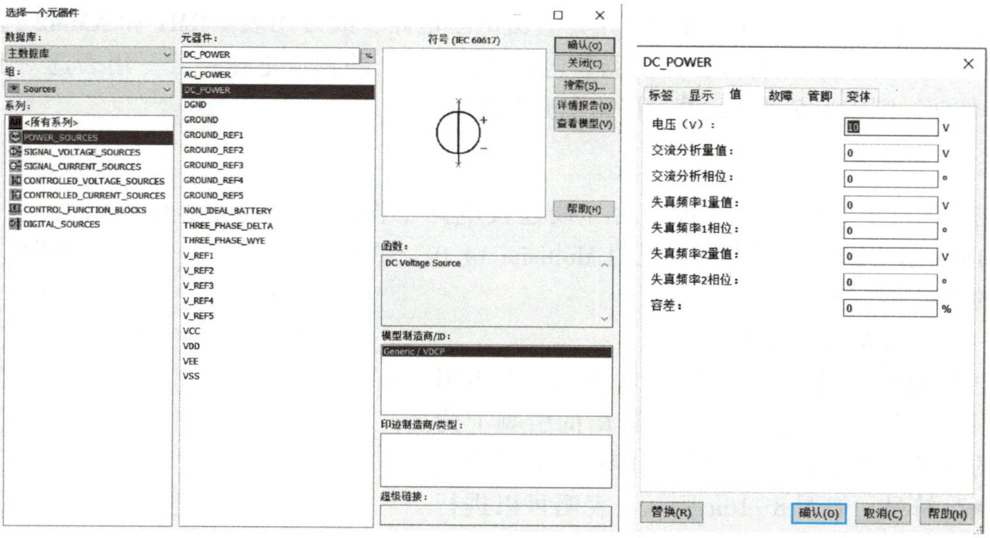

a)　　　　b)

图 8-14　选择一个电源库与电源参数设置对话框

a）选择一个电源库对话框　b）电源参数设置对话框

在搭建仿真电路的过程中，常需要调整元器件，比如移动、旋转、删除元器件，更改元器件参数等。在做这些操作之前，首先要选中待调整的元器件。若是选一个元器件，用鼠标左键单击该元件便可完成选中操作。如果是选多个元器件，一种方法是按住〈Shift〉键的同时，依次单击待选元器件；如果多个待调整元器件都集中在一起，可用鼠标拖拽一个矩形区域，该区域内的元器件就都被选中。若要取消选中的元器件，只要单击电路工作区的空白部分。在选中元器件后，拖拽选中元器件到所需位置就完成了该元器件的移动。元器件被移动后，与其相连接的导线会自动重新排列。如果要对选中元器件做旋转等操作，则执行“编辑”菜单栏→“方向”（或单击鼠标右键），会出现“水平翻转”“垂直翻转”“顺时针旋转90°”“逆时针旋转90°”等命令，选择所需命令即可。若要复制、删除选中元器件，则执行“编辑”菜单栏中“剪切”“复制”“粘贴”“删除”等命令。

4. 选择和设置仪器

搭建仿真电路图8-10b还需要两个万用表XMM1、XMM2，分别用于测量电阻R_1与R_2端电压。操作分两步，先选择万用表，再设置万用表的参数。

（1）选择万用表

选取万用表有以下两种方式：一是单击“仪器工具栏”中“万用表”图标，拖放到电路工作界面，界面出现一个万用表XMM1；二是执行菜单栏中的“仿真”→“仪器”，调取万用表XMM1。万用表XMM1放置在电路工作界面后，可通过选中万用表XMM1，利用快捷键〈Ctrl+C〉和〈Ctrl+V〉执行复制、粘贴操作建立万用表XMM2。

选择其他仪器只需用鼠标单击“仪器工具栏”中相应的仪器图标按钮，并拖放至电路工作界面即可，操作过程类似于选择万用表。

（2）设置万用表参数

双击电路工作界面的万用表，可打开万用表的操作面板，面板上有“A”“V”“Ω”“dB”“~”“—”按钮，分别表示电流档、电压档、电阻档、电平档、交流档（测量有效值）以及直流档；图8-10b所示电路是直流电阻电路，故万用表XMM1和XMM2选“V”与“—”按钮，用作伏特计，分别测量电阻R_1与R_2上的直流电压；若万用表选“A”与“—”按钮，则作为安培计，测量回路直流电流。

5. 连接电路

搭建仿真电路的最后一步是用导线连接电路工作窗口中的元器件和仪器。下面以图8-15所示仿真电路图为例，说明Multisim 14.0提供的常用导线处理功能。

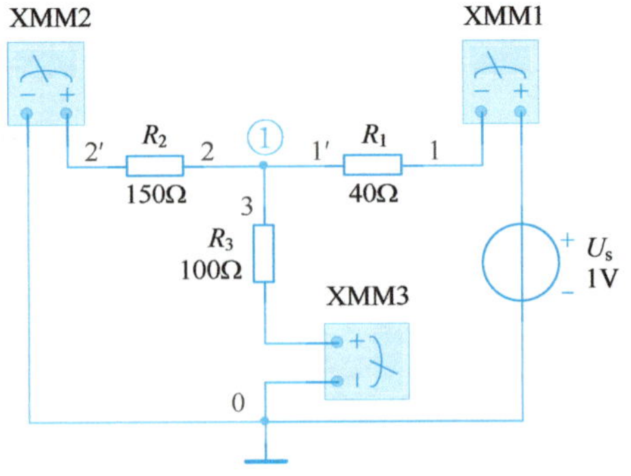

图8-15 连线的仿真电路图

（1）电阻R_2与电阻R_1

电阻元件的引脚标号如图8-15所示。若电阻R_2的引脚2为连线的起始端，电阻R_1的引脚1′为连线的终端，将鼠标指针放置于引脚2，光标会变成“✦”符号，如图8-16a所示，表明可以进行导线连接。单击鼠标并拖动鼠标指针，出现“连接线”，如图8-16b所示的黑色连接线。到达电阻R_1的引脚1′后单击鼠标，若光标变为“⇛✕”，如

图 8-16c 所示，表示已经完成连接。

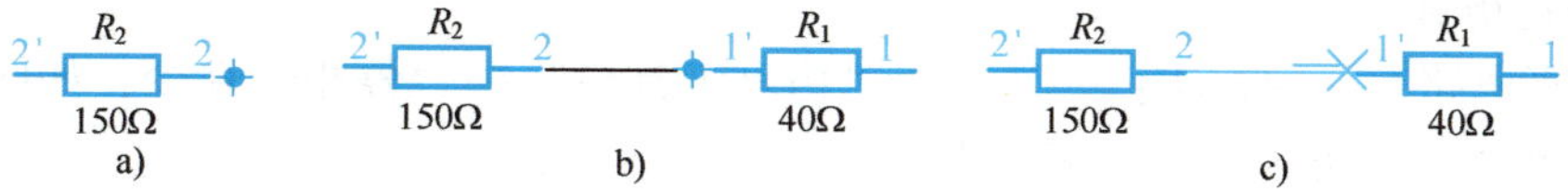

图 8-16　连线过程

a）开始连接导线　b）连接导线　c）完成导线连接

（2）放置结点

在电阻 R_2 与电阻 R_1 连接的基础上，将 R_3 的引脚 3 连接线引到 R_1 与 R_2 的连线上，会自动形成一个图 8-15 中的结点“①”。

结点也可以手动放置，当按快捷键〈Ctrl+J〉或是执行菜单命令“绘制”→“结”时，光标上都会出现一个结点，拖动结点到合适位置，再单击即可。

（3）调整导线位置

用鼠标单击需调整的导线，被选中导线的两端和中间拐弯处变成方形蓝点，此时放在导线上的鼠标变成一个双向箭头，如图 8-17a 所示，然后按住鼠标左键移动即改变导线的位置。

（4）改变导线颜色

用鼠标左键单击需改变颜色的导线，再单击鼠标右键，跳出快捷菜单，如图 8-17b 所示，选“网络颜色”或“区段颜色”命令，均会出现“颜色”对话框，然后选择导线的颜色。

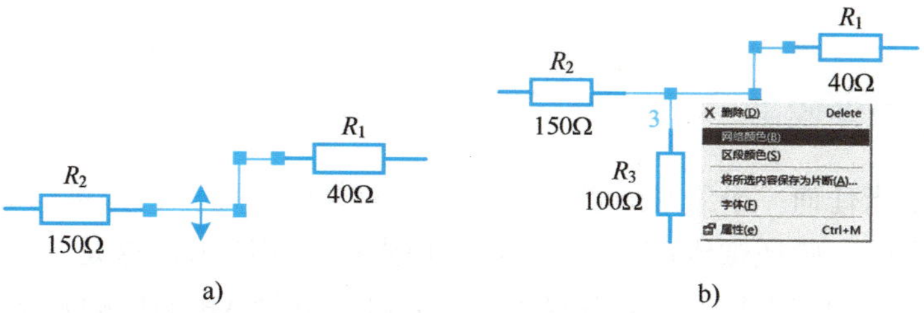

图 8-17　导线位置与颜色调整

a）调整导线位置　b）改变导线颜色

（5）删除导线

选中导线（单击导线）后只需单击〈Delete〉键即可删除导线。

按照上述方法可完成仿真电路图 8-10 的搭建。

6. 仿真电路运行

编辑好仿真电路图后，就可以对仿真电路进行仿真分析了。

（1）启动仿真

启动仿真电路有三种方法：一是用快捷键〈F5〉；二是单击“仿真工具栏”→“运行”命令，如图 8-7 所示；三是执行菜单命令“仿真”→“运行”。

（2）暂停仿真

暂停仿真电路有三种方法：一是快捷键〈F6〉；二是单击“仿真工具栏”→“暂停”

命令，如图8-7所示；三是执行菜单命令“仿真”→“暂停”。

(3) 停止仿真

停止仿真电路有两种方法：一是单击“仿真工具栏”→“停止”命令，如图8-7所示；二是执行菜单命令“仿真”→“停止”。

7. 仿真结果分析

双击万用表图标，打开“万用表参数设置”对话框，如图8-18a所示。当万用表作为伏特计（即电压表）使用时，默认的伏特计电阻为1 GΩ，也就是说，电压表内阻为1 GΩ。

在万用表XMM1、XMM2内阻是1 GΩ的条件下，测量电压U_1、U_2的数据如图8-18b与c所示，即$U_1=6$ V、$U_2=4$ V，得$U_1+U_2=10$ V，验证基尔霍夫电压定律成立。

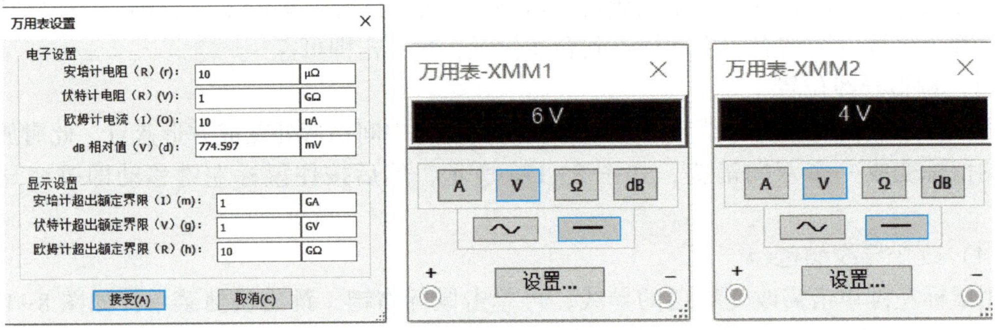

a)　　b)　　c)

图8-18　万用表参数设置对话框与相应仿真结果

a）万用表默认参数对话框　b）XMM1默认参数的仿真结果　c）XMM2默认参数的仿真结果

8.2.2　戴维南定理验证

戴维南定理是指任何一个线性有源二端网络，对外电路而言，都可以等效为一个理想电压源和一个电阻串联。验证戴维南定理的电路如图8-19a所示，这是一个线性有源二端网络。验证戴维南定理的基本思路是：先断开AB端口，测量AB端口的开路电压U_{oc}；再利用“直接测量法”或是“外接已知负载法”，测量AB端口的等效电阻R_0；然后根据U_{oc}与R_0画出戴维南等效电路，随后测量戴维南等效电路与原电路的外特性并进行比较，进而验证戴维南定理的正确性。

1. 测量开路电压U_{oc}

(1) 仿真电路图搭建

测量开路电压U_{oc}的仿真电路如图8-19b所示，按照以下步骤来搭建仿真电路图：

1）从“电源库”中调取直流电压源“DC_POWER”、接地端“GROUND”，直流电压源的数值取4 V。

2）从“基本元件库”中调取三个电阻RESISTOR，电阻标签分别为R_1、R_2、R_3，电阻值分别设置为100 Ω、300 Ω、300 Ω。

3）从“仪器工具栏”中调取万用表XMM1，选中“V”与“—”两个按钮，设置为测量直流电压的电压表即伏特计。

4）按照图 8-19b，连接上述调取的器件。注意，大内阻的电压表接在 AB 端口，端口可视作开路，故测得的电压为端口左侧的开路电压。

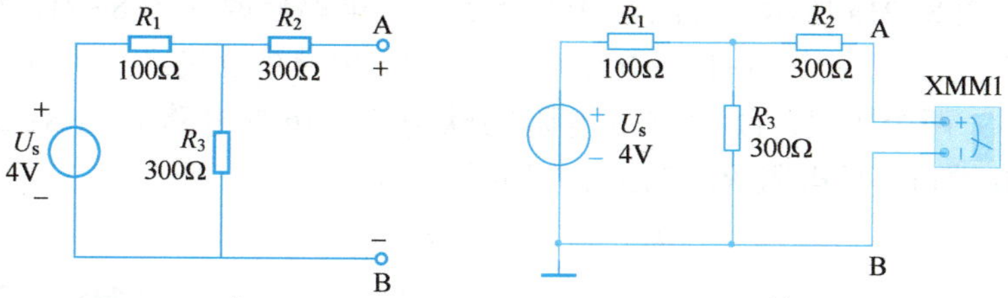

a)　　b)

图 8-19　戴维南定理验证的电路图与测量开路电压 U_{oc} 的仿真电路图

a）戴维南定理验证的电路图　b）测量开路电压 U_{oc} 仿真电路图

（2）仿真结果分析

仿真电路图搭建完毕后，这里分别用伏特计默认参数和 MF500 型万用表测量开路电压 U_{oc}，并进行比较。

1）伏特计默认参数

伏特计默认参数时的仿真结果如图 8-20a 所示，即 $U_{oc}=3$ V。

2）MF500 型万用表参数

实际万用表 MF500 型的直流电压档 10 V 内阻为 200 kΩ，我们来看一下电压表内阻减小时测试结果会产生什么影响。双击万用表 XMM1，将其伏特计内阻均设置为 200 kΩ，如图 8-20b 所示，再单击“接受”可将 XMM1 设置为实际 MF500 型万用表。用 MF500 型万用表再次测仿真电路电压，结果如图 8-20c 所示，即 $U_{oc}=2.994$ V，略小于该仿真软件伏特计默认参数时的开路电压 $U_{oc}=3$ V，由此可见万用表直流电压档的内阻对被测电压值有影响。因为，电压表内阻越小，实测电压值与实际电压值的误差越大。所以，大内阻电压表测量精度高。

在后面的电路仿真中，不做特殊说明，均采用该仿真软件中万用表的默认参数进行测量。

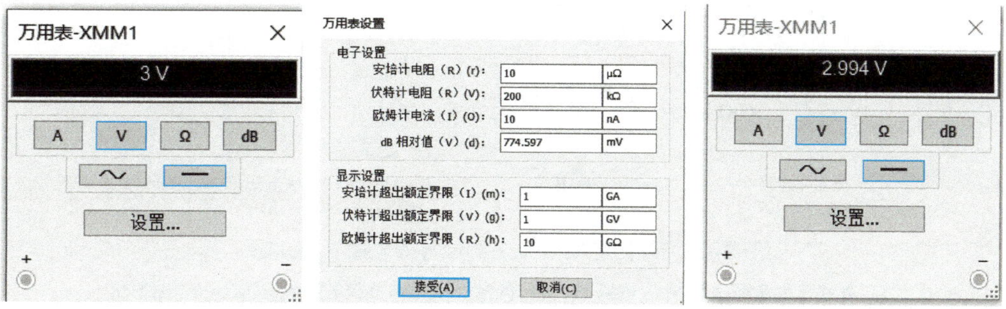

a)　　b)　　c)

图 8-20　测量开路电压 U_{oc} 仿真结果

a）伏特计默认参数时的仿真结果　b）MF500 型万用表参数设置对话框　c）MF500 型万用表参数的仿真结果

2. 测量等效电阻 R_0

以下用两种方法测量图 8-19a 所示电路的 AB 端口等效电阻 R_0。

(1) 直接测量法

思路： 把图 8-19a 所示电路中的独立电压源 U_s 置零，用欧姆表直接测 AB 端口的等效电阻 R_0，电路如图 8-21a 所示。把图 8-19b 所示仿真电路修改为图 8-21a 所示的戴维南等效电阻测量电路，做法是把图 8-19b 中直流电压源 U_s 用导线替代，选中万用表 XMM1 面板上“Ω”与“—”两个按钮，改为测量电阻的欧姆表，仿真电路如图 8-21b 所示。运行“仿真”得到 AB 端口等效电阻 $R_0=375\ \Omega$，如图 8-21c 所示。

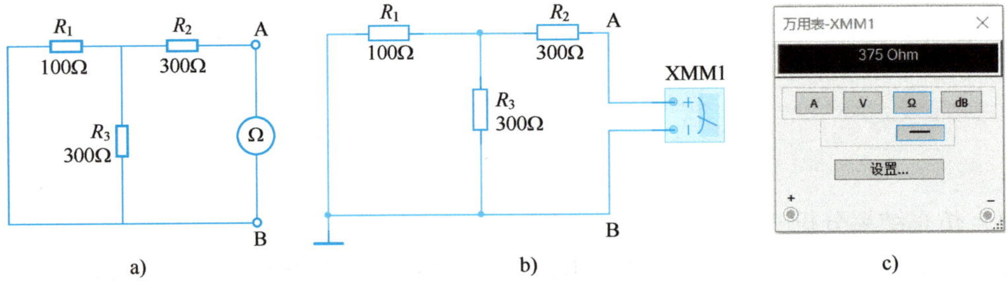

图 8-21 直接测量法测量等效电阻 R_0 电路图、仿真电路图以及仿真结果

a) 直接测量法测量 R_0 电路图 b) 直接测量法测量 R_0 仿真电路图 c) 电阻 R_0 仿真结果

(2) 外接已知负载法

思路： 在一端口电路的端口接一个已知阻值的负载电阻 R_L，如图 8-22 所示。测出 R_L 两端的电压 U_L，根据图 8-22b 戴维南等效电路知，流过 R_0 与 R_L 的电流相同，有

$$\frac{U_{oc}-U_L}{R_0}=\frac{U_L}{R_L} \tag{8-1}$$

其中，负载电压 U_L、端口开路电压 U_{oc} 可测出，负载电阻 R_L 已知，则戴维南等效电阻 R_0 为

$$R_0=\left(\frac{U_{oc}}{U_L}-1\right)R_L \tag{8-2}$$

特别地，当 $U_L=\frac{U_{oc}}{2}$ 时，式（8-2）为 $R_0=R_L$，负载电阻等于等效电阻值。

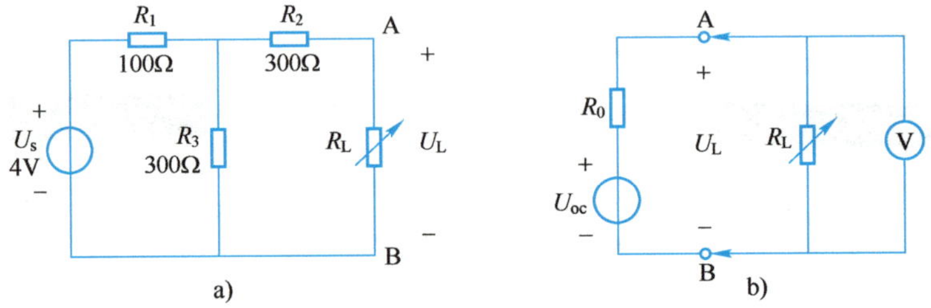

图 8-22 外接已知负载法测量等效电阻 R_0 电路图

a) 外接已知负载法测量 R_0 电路图 b) 测量外接已知负载电阻 R_L 端电压 U_L 电路图

根据图 8-22a，调取“基本元件库”中“电位器 POTENTIONMETER”，电位器最大电阻值为 1 kΩ，调节 R_L 为 500 Ω 时，测出负载电压 $U_L=1.714\ \text{V}$，如图 8-23b 所示。把 U_{oc}、R_L、U_L 代入式（8-2），算得等效电阻 R_0 为

$$R_0=(U_{oc}/U_L-1)R_L=(3/1.714-1)\times 500\ \Omega=375.14\ \Omega$$

可见，用两种方法测得的戴维南等效电阻 R_0 值近乎相同。

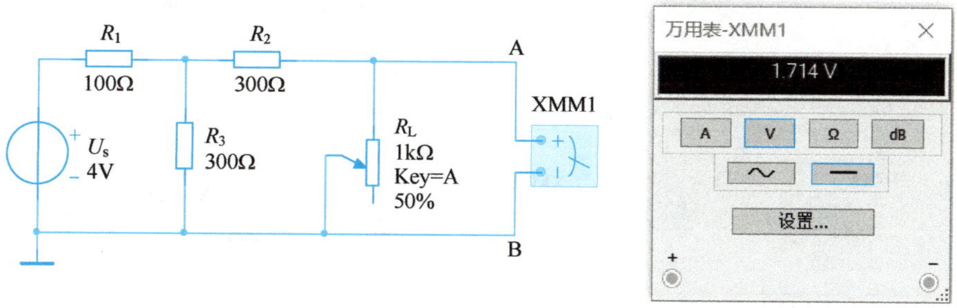

a) b)

图 8-23 外接已知负载法测量等效电阻 R_0 仿真电路图及仿真结果

a）外接已知负载法测量 R_0 端电压 U_L 的仿真电路图，$R_L=500\ \Omega$ b）U_L 仿真结果

3. 测量电路外特性

电路外特性也称为伏安特性，是描述电路输出端电压和电流之间的关系 $U=f(I)$。测量线性有源二端网络外特性的方法如下：逐渐增大图 8-22a 所示电路的 R_L 阻值，并依次测量出对应的电压 U_L，得到的一系列数据见表 8-1。负载电流 I_L 根据 U_L/R_L 算出；表中 U_L' 和 I_L' 是测量戴维南等效电路图 8-22b 中的负载电压和电流。

表 8-1 测量电路外特性的数据

	R_L/Ω	10	100	250	300	350	$R_0=375$	400	450	500	5 kΩ	10 kΩ
原电路	U_L/V	77. 92 mV	631. 59 mV	1. 2	1. 333	1. 448	1. 5	1. 548	1. 636	1. 714	2. 791	2. 892
	I_L/mA	7. 792	6. 3159	4. 8	4. 44	4. 137	4	3. 87	3. 635	3. 428	0. 558	0. 289
等效电路	U_L'/V	77. 92 mV	631. 59 mV	1. 2	1. 333	1. 448	1. 5	1. 548	1. 636	1. 714	2. 791	2. 892
	I_L'/mA	7. 792	6. 3159	4. 8	4. 44	4. 137	4	3. 87	3. 635	3. 428	0. 558	0. 289

比较表 8-1 中的数据可见，原电路与戴维南等效电路的外特性完全一致，若是绘制出 $U_L \sim I_L$ 曲线观察将更加直观。

8. 2. 3 线性电路定理验证

线性电路由线性元件组成，具有叠加性与齐次性两个重要特性，分别对应着叠加定理与齐次定理，这两个定理是推导其他电路定理的基础。下面将分别验证这两个线性电路定理。

1. 叠加定理验证

验证叠加定理的电路如图 8-24a 所示，这是一个具有唯一解的线性电路。图 8-24b 是要搭建的仿真电路模型图。验证叠加定理的思路是：先测量两个直流电压源共同作用下的电阻电压，再分别测量每个直流电压源单独作用产生的电阻电压，然后叠加每个直流电压源单独作用时测得的对应电阻电压，并与两个电压源共同作用时产生的对应电阻电压进行比较，以验证叠加定理的正确性。

运行图 8-24b 所示仿真电路，测得两个直流电压源共同作用下的电压 U_{R1}、U_{R2} 与 U_{R3}，仿真结果如图 8-25 所示。直流电压源 U_{S1}、U_{S2} 单独作用时的仿真电路图与仿真结果，分别如图 8-26 和图 8-27 所示。为便于分析比较，将三次仿真结果以及计算的电阻消耗功率列于表 8-2 中。

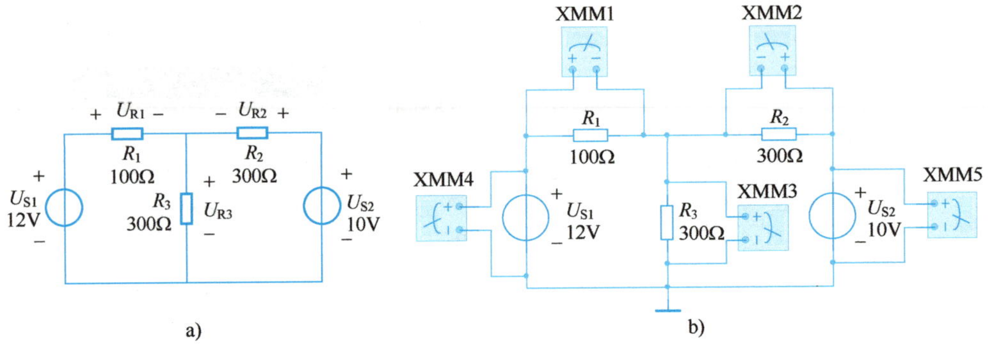

图 8-24 叠加定理验证的电路图与仿真电路图

a）叠加定理验证的电路图 b）叠加定理验证的仿真电路图

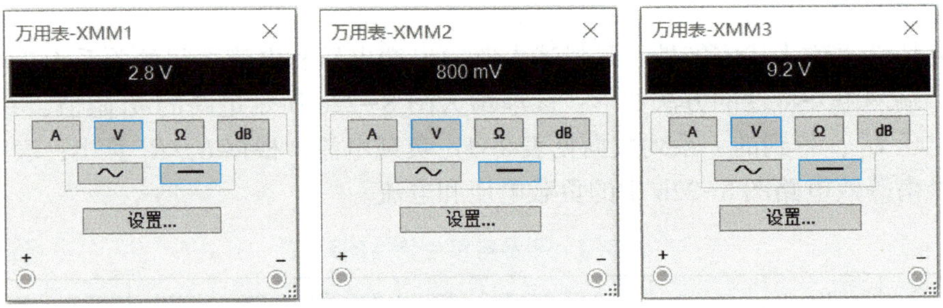

图 8-25 U_{S1}与U_{S2}共同作用的仿真结果

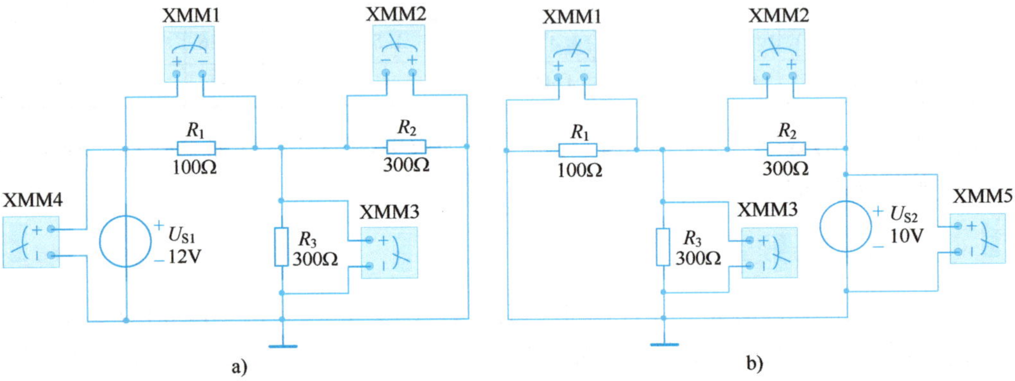

图 8-26 U_{S1}、U_{S2}单独作用的仿真电路图

a）U_{S1}单独作用仿真电路图 b）U_{S2}单独作用仿真电路图

表 8-2 叠加定理验证数据

	U_{S1}/V	U_{S2}/V	U_{R1}/V	U_{R2}/V	U_{R3}/V	P_{R1}/W	P_{R2}/W	P_{R3}/W
U_{S1}与U_{S2}共同作用	12	10	2.8	0.8	9.2	0.0784	0.0021	0.2821
U_{S1}单独作用	12	—	4.8	—7.2	7.2	0.2304	0.1728	0.1728
U_{S2}单独作用	—	10	-2	8	2	0.04	0.2133	0.0133
叠加结果	—	—	2.8	0.8	9.2	0.2704	0.3861	0.1861

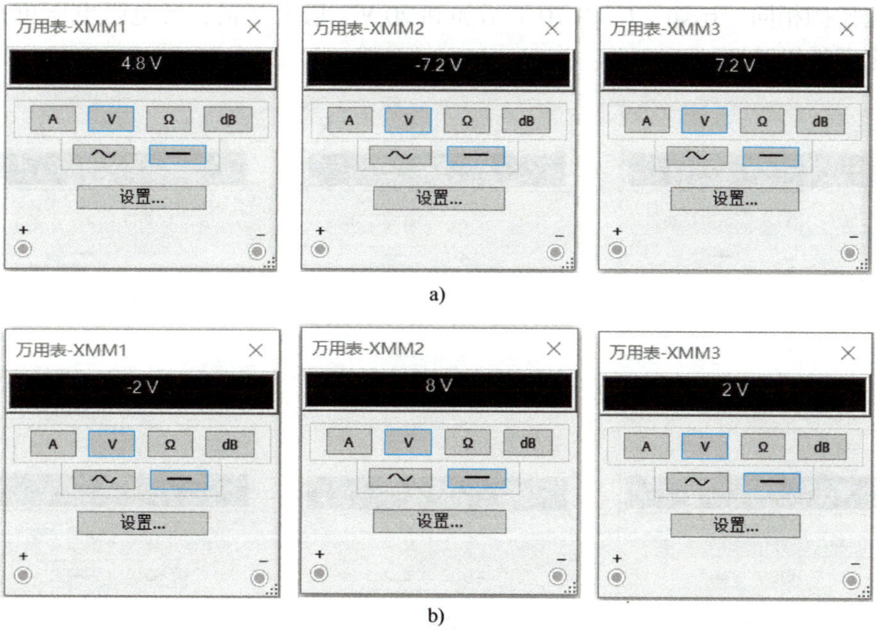

图 8-27　U_{S1}、U_{S2}单独作用仿真结果

a）U_{S1}单独作用仿真结果　b）U_{S2}单独作用仿真结果

比较表 8-2 中第二行与最后一行对应数值，可见：电阻电压均符合叠加定理，功率不满足叠加定理，直流电压源 U_{S1}、U_{S2}单独作用电阻元件消耗的功率之和，不等于 U_{S1}与 U_{S2}共同作用该电阻元件上消耗的功率。

2. 齐次定理验证

验证齐次定理的电路如图 8-28a 所示，这是一个线性直流电阻电路，图 8-28b 是要搭建的仿真电路图。验证齐次定理的思路是：分别测量直流电压源 $U_s=10$ V、20 V、30 V 时电阻电压 U_{R1}、U_{R2}与 U_{R3}，比较电阻电压与直流电压源之间是否成正比例关系，以验证齐次定理的正确性。

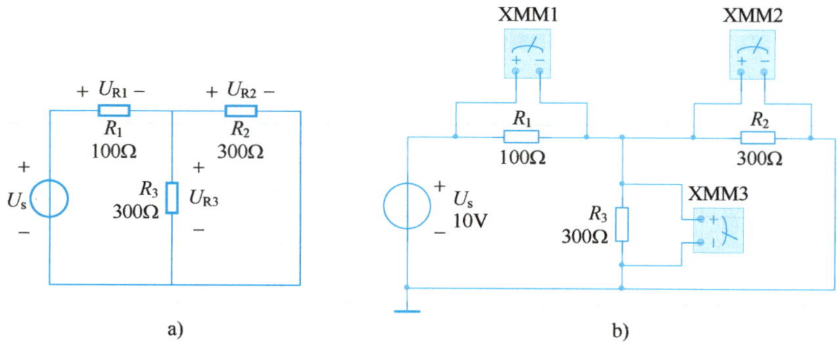

图 8-28　齐次定理验证的电路图与仿真电路图

a）齐次定理验证的电路图　b）齐次定理验证的仿真电路图（$U_s=10$ V）

运行图 8-28b 所示的仿真电路，当直流电压源 U_s 分别为 10 V、20 V、30 V 时，仿真结果如图 8-29 所示，一并列入表 8-3 中。由表 8-3 可见，直流电压源 U_s 的变化比例与电阻

电压的变化比例相同。比如，U_s 由 10 V 增加到 20 V，增大 2 倍，各电阻电压也相应增大 2 倍，齐次定理得以验证。

图 8-29 齐次定理验证仿真结果

a）$U_s=10$ V 仿真结果 b）$U_s=20$ V 仿真结果 c）$U_s=30$ V 仿真结果

表 8-3 齐次定理验证数据

	U_{R1}/V	U_{R2}/V	U_{R3}/V
$U_s=10$ V	4	6	6
$U_s=20$ V	8	12	12
$U_s=30$ V	12	18	18

8.2.4 一阶 *RC* 动态电路验证

验证的一阶 *RC* 动态电路如图 8-30 所示，这里信号源选择时钟电压源，采用示波器观测法和瞬态分析法分别观测电容的充电过程，电容电压随时间的变化规律，以及动态过程与电路时间常数的关系。

1. 用示波器观测一阶 RC 动态电路响应

（1）仿真电路搭建

搭建图 8-30b 所示仿真测试电路步骤如下：

1）从“电源库”中调取时钟电压源“CLOCK_VOLTAGE”，设置其输出幅度为 1 V，频率 0.5 kHz，其余参数采用默认值。

2）从“基本元件库”中调取电阻 $R=20\ \text{k}\Omega$、电容 $C=0.01\ \mu\text{F}$。

3）从“仪器工具栏”中调取双踪示波器“XSC1”，以下简称示波器。示波器有 A、B 两个通道，A 通道用于观测时钟源输出电压波形，B 通道用于观测电容电压波形。电路窗口默认导线颜色均为红色（为便于教材出版，示波器连接线的红色线段、示波器显示的红色波形均用黑色代替），为便于区分两个通道，设置通道 B 的输入导线为蓝色。导线颜色设置操作如下：鼠标左键单击需改变颜色的导线，此时单击鼠标右键出现快捷菜单，选择“区段颜色”命令，出现“颜色”对话框，选择蓝色即可。

4）把上述调取的器件按照图 8-30b 连接，完成仿真电路搭建。

5）设置示波器扫描标度为 200 μs/Div，通道 A 与通道 B 的电压刻度均为 500 mV/Div。

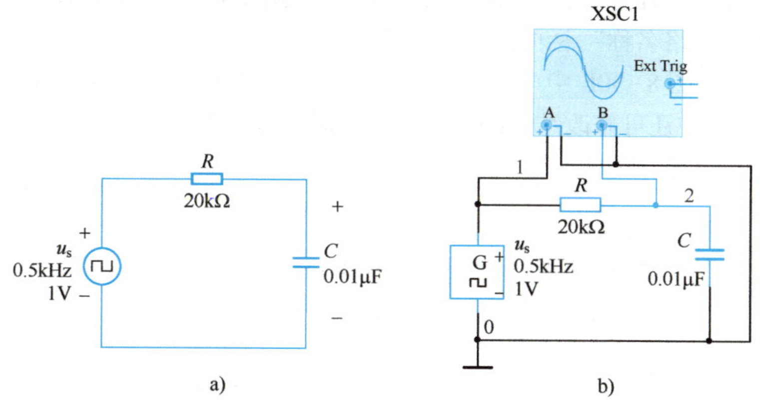

图 8-30　一阶 RC 动态电路图与仿真电路图
a）一阶 RC 动态电路图　b）一阶 RC 动态电路仿真电路图

（2）仿真结果分析

电路运行后的仿真波形如图 8-31 所示。图中，黑色波形是时钟电压源的输出电压，蓝色波形是电容电压，电容充电电压波形呈指数规律上升，直至 1 V。

图中，起始时刻 T1=0，电容电压 $u_C(0_+)=0$ V；将游标 2 拖至电容电压上升至 0.632 V 处，即 $u_C(\text{T2})=0.632$ V，见图 8-31a，该时刻 T2 就是这个一阶 RC 电路的时间常数 τ。T2 从测试中直接得到，有 $\tau=\text{T2}=207\ \mu\text{s}$，测试值 τ 与理论计算值 $\tau'=RC=200\ \mu\text{s}$ 仅有 3.5%的误差。

将游标 2 拖至 $\text{T2}=3\tau=600\ \mu\text{s}$ 位置，如图 8-31b 所示，测试得到 $u_C(3\tau)=952.82$ mV，3τ 时刻电容电压接近 1 V 电源输出电压，或说趋近电容电压的稳态值 $u_C(\infty)=1$ V。所以在工程上一般认为，动态电路换路后，经过 $3\tau\sim5\tau$ 的时间就基本结束。电路时间常数 τ 越小，瞬态过程越短，反之则长。

2. 用瞬态分析法观测一阶 RC 动态电路响应

瞬态分析法观测一阶 RC 动态电路响应的仿真电路如图 8-30b 所示，需要先将待观测电

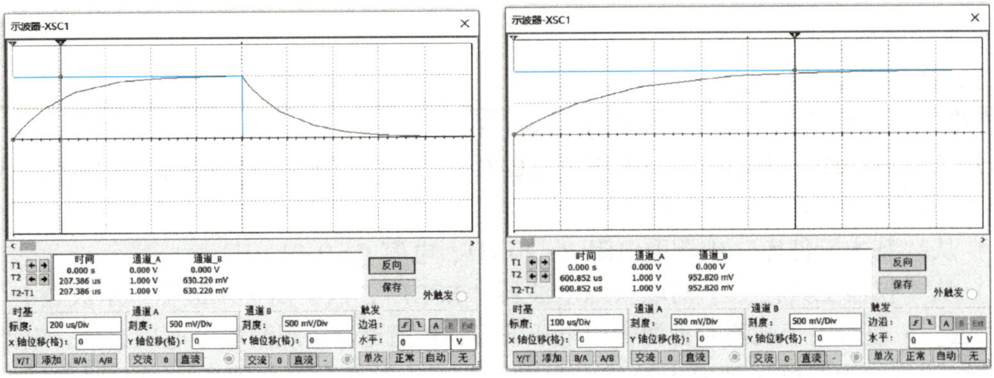

a) b)

图 8-31 一阶 *RC* 动态电路仿真波形图

a）时间 τ 时电容电压 b）时间 3τ 时电容电压

量的结点编号设置为“显示状态”，如图 8-30b 中电容电压的结点编号为“2”、地的结点编号为“0”。下面介绍如何把电路中的结点编号设置为“显示状态”的操作：执行菜单“选项”→“电路图属性”命令，出现图 8-32 所示“电路图属性”对话框。在“电路图可见性”选项卡下的“网络名称”栏中，选“全部显示”单选按钮。然后，双击连接该结点的导线，例如鼠标双击图 8-30b 中电阻 R 与电容 C 之间的导线可显示电容电压的结点编号“2”，在弹出对话框中还可修改结点编号。注意，同一电路上的结点编号不允许重复，地线结点编号系统自动设置为 0。

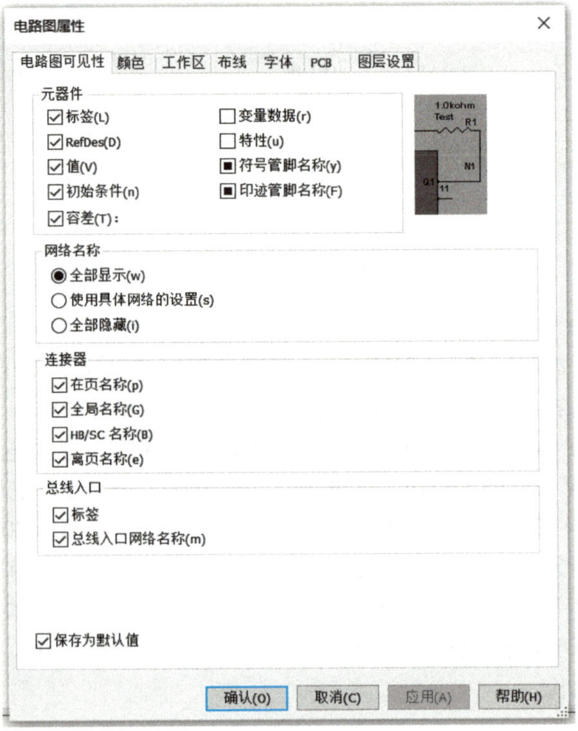

图 8-32 电路结点编号显示状态设置

执行菜单栏“仿真”→“Analyses and Simulation”命令，打开“瞬态分析”对话框，如图 8-33a 所示，设置“起始时间”为 0 s，“结束时间”为 0.001 s。在“输出”选项卡中，按照图 8-33b 选择“V(2)”作为输出的分析变量，V(2)表示结点 2 的电压，即电容电压。

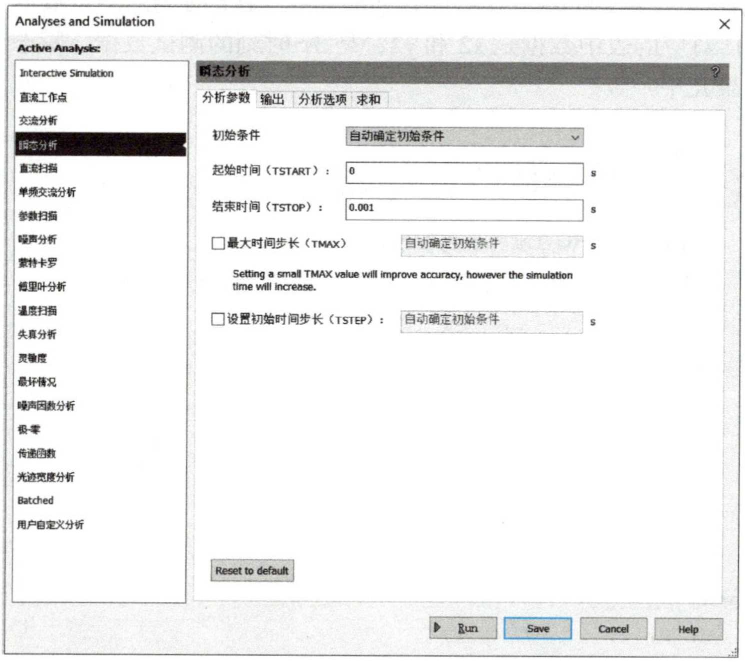

a)

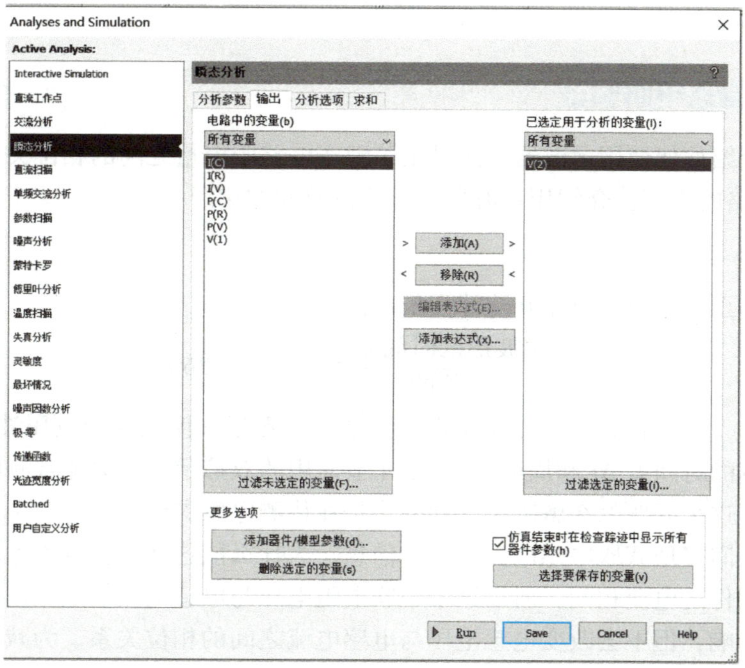

b)

图 8-33　瞬态分析法观测一阶 *RC* 动态电路响应的参数设置

a）仿真时间参数设置　b）选择结点 2 电压变量

运行图8-30b所示仿真电路，出现“图示仪视图”。单击“图示仪视图”工具栏中的“黑色背景”按钮，瞬态分析仿真曲线的背景变为白色，如图8-34a所示。图8-34b为仿真数据列表，其中横轴x表示时间t，纵轴y表示观测电压V(2)。图8-34a中游标1（左侧游标）对应表中数据是x1= 200 μs，y1= 631.9983 mV，是τ时刻的测试数据。图8-34a中游标2（右侧游标）对应的表中数据是x2和y2，是3τ时刻的测试数据。瞬态分析法观测结果与示波器观测结果几乎一致。

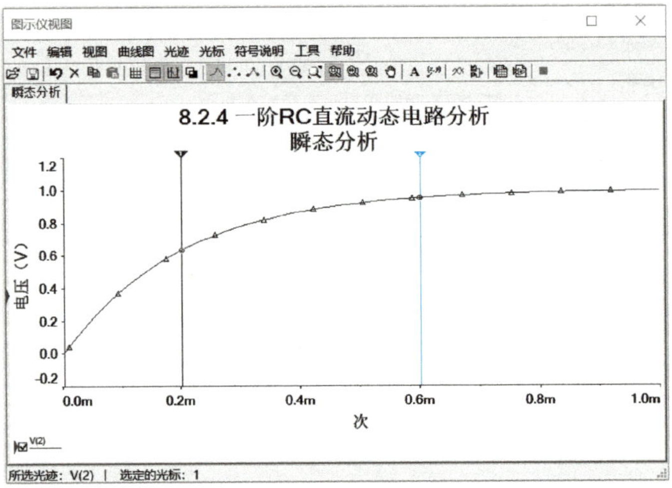

a)

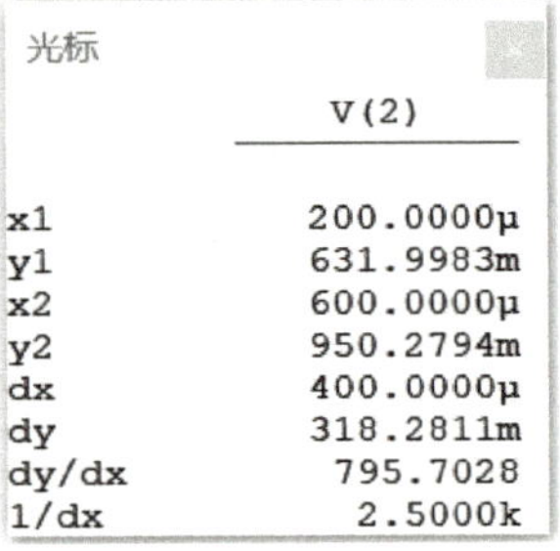

光标

	V(2)
x1	200.0000μ
y1	631.9983m
x2	600.0000μ
y2	950.2794m
dx	400.0000μ
dy	318.2811m
dy/dx	795.7028
1/dx	2.5000k

b)

图8-34　一阶RC动态电路响应的瞬态分析仿真图
a）电容电压仿真曲线　b）仿真分析数据

8.2.5　正弦稳态电路验证

本小节将介绍如何使用示波器来测量正弦稳态电路中电量之间的相位关系，通过电感元件、RL串联电路的举例，介绍用示波器测量相位差的方法。

1. 电感电压与电流的相位关系

两个同频率正弦函数相位差θ的计算公式：

$$\theta=\frac{\text{两波形的时间差}}{\text{正弦函数的周期}}\times 360°=\frac{\Delta t}{T}\times 360° \tag{8-3}$$

用式（8-3）计算电感电压与电流的相位差，需要测试仪能观测电压波形和电流波形，测出电压与电流的时间差Δt和周期T。8.2.4节使用的双踪示波器只能观测电压波形，不能观测电流波形，这个问题怎么解决？一种办法是在待测电感支路上串联一个电阻，通过观测这个电阻电压，间接地获取电感电流的相位信息。为什么能这么做？因为电阻电压与电流同相，并且串联元件的电流相同，所以这个串联电阻电压与电感电流相位相同。串联电阻会对电感电压产生影响，但不会改变电感电压与电感电流之间的相位关系。为减小对待测电压的影响，通常选小阻值取样电阻。

分析电感电压与电流相位关系的电路与仿真电路如图8-35所示，R_1是取样电阻。搭建图8-35b所示仿真电路步骤如下：

（1）从“电源库”中调取交流电压源 AC_POWER、接地端 GROUND，设置交流电压源输出电压有效值（RMS）为 1 V，频率为 4 kHz。

（2）从“基本元件库”中调取电阻 $R_1=10\ \Omega$、电感 $L=15\ \mathrm{mH}$。

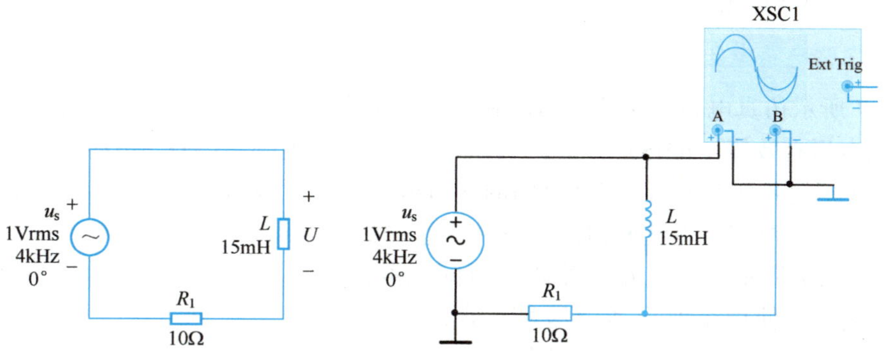

a)　　b)

图 8-35　L 元件电压与电流的相位关系电路图与仿真电路图

a）L 元件电压与电流的相位关系电路图　b）L 元件电压与电流的相位关系仿真电路图

（3）从“仪器工具栏”中调取双踪示波器 XSC1，其中 A 通道并接在电感两端，用以观测电感 L 电压波形；B 通道并接在取样电阻 R_1 两端，用作间接观测回路电流相位，即电感电流相位。

（4）按照图 8-35b，连接调取的器件，搭建仿真电路。

先单击“仿真”按钮，再单击“暂停”按钮冻结仿真波形。调整时间标度，通道 A 与 B 的刻度，使两个波形在示波器上显示适中，见图 8-36。图中，A 通道输出黑色波形，为电感电压；B 通道输出蓝色波形，反映电流的相位情况。可见，电感电压超前其电流。

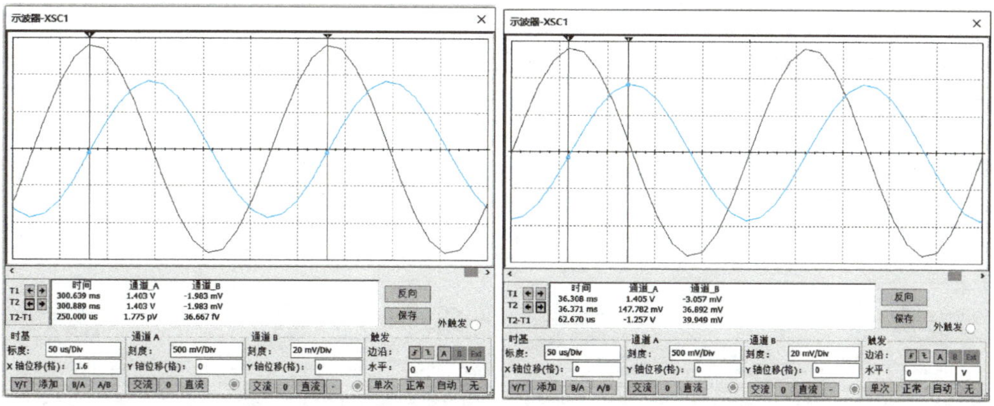

a)　　b)

图 8-36　L 元件电压与电流的相位关系仿真结果

a）一个周期的时间长度　b）两波形相隔的时间长度

通过调整示波器的游标位置，可测量获取时间差 Δt 和周期 T 的数据。在图 8-36a 中，将游标 1 和游标 2 放在电感电压波形的相邻正波峰位置，两个游标间的时间差 T2−T1 = 250 μs = T，是正弦电压的周期。在图 8-36b 中，将游标 1 与游标 2 放在电压波形与电流波形的相邻正波峰处，则 T2−T1 = 62.67 μs = Δt，为电感电压超前电感电流的时间差。

把 $\Delta t=62.67\ \mu s$、$T=250\ \mu s$ 代入式（8-3），得电感电压与电感电流之间的相位差 θ：

$$\theta=\frac{62.67}{250}\times 360°=90.24°$$

角度非 90°由测试误差所致。

2. RL 串联电路电压与电流的相位关系

图 8-37 所示仿真电路用于测试 RL 串联电路的端口电压与电流的相位差。设置交流电压源的输出电压有效值（RMS）为 1 V，频率为 4 kHz，电阻 $R=1\ k\Omega$，电感 $L=15\ mH$；示波器 XSC1 的 A 通道用于观测 RL 串联电路的端口电压波形，输出黑色波形；B 通道接在电阻两端，用以间接观测回路电流的相位，输出蓝色波形。

运行图 8-37 所示仿真电路，并调整时间标度，通道 A、B 刻度，使两个波形适中地显示在示波器上。由图 8-38 可见，端口电压（黑色）超前电流（蓝色），与阻抗呈感性一致。

图 8-38a 用于观测周期，测得游标 1 与游标 2 之间的时差 T2-T1 = 250 μs = T；图 8-38b 用于观测 RL 串联电路端口电压与电流的时间差，测得游标 1 与游标 2 间的时间差 T2-T1 = 14.305 μs = Δt。把 Δt 和 T 值代入式（8-3），得 RL 串联电路端口电压与电流的相位差为

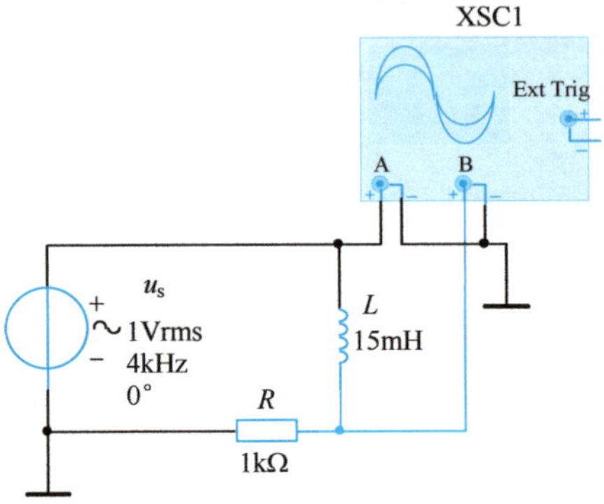

图 8-37 RL 串联电路仿真电路图

$$\theta=\frac{14.305}{250}\times 360°=20.599°$$

说明 RL 串联电路的电压超前电流 20.599°，端口等效阻抗呈电感性。

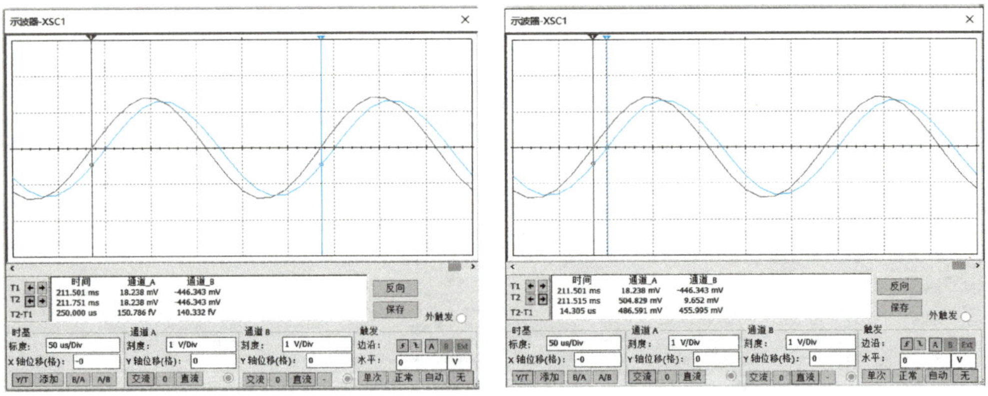

a) b)

图 8-38 RL 串联电路电压与电流的相位关系仿真结果

a）一个周期的时间长度 b）两波形相隔的时间长度

8.2.6 简单 RC 高通滤波器的频率特性验证

正弦稳态电路中，容抗 $1/j\omega C$ 与感抗 $j\omega L$ 都是频率的函数，当不同频率的正弦信号作用于电路时，响应的振幅和相位随频率变化的特性称为频率特性（频率响应），电路的频率特

性用系统函数 $H(\mathrm{j}\omega)$ 来描述。根据系统响应与激励相量的不同（电压或电流），共有 6 种系统函数。图 8-39a 是一个简单的 RC 高通滤波器电路，待测系统函数为

$$H(\mathrm{j}\omega)=|H(\mathrm{j}\omega)|\underline{/\varphi(\omega)}=\frac{\dot{U}_0}{\dot{U}_S} \tag{8-4}$$

系统函数的模 $|H(\mathrm{j}\omega)|$ 与辐角 $\varphi(\omega)$ 随频率的变化关系分别为系统的幅频特性和相频特性。以下分别用逐点测试法、波特仪测试法和交流分析法验证图 8-39 电路的频率特性。

1. 逐点测试法测试频率特性

在用逐点法测试电路频率特性时，电源输出频率可变，输出电压幅度与初相通常恒定，本例测试选择 $\dot{U}_S=1\angle 0°\mathrm{V}$，即输出电压有效值为 1 V，初相为 0。把 $\dot{U}_S$ 值代入式（8-4），得

$$H(\mathrm{j}\omega)=|H(\mathrm{j}\omega)|\underline{/\varphi(\omega)}=\frac{\dot{U}_0}{\dot{U}_S}=\dot{U}_0=U_0(\omega)\underline{/\arccos U_0(\omega)} \tag{8-5}$$

其中，幅频特性函数 $|H(\mathrm{j}\omega)|=U_0(\omega)$，相频特性函数 $\varphi(\omega)=\arccos U_0(\omega)$（提示：该相位计算式可根据该电路电压与电流的相量关系推出）。可见，只要测出不同频率下的电阻电压有效值 $U_0(\omega)$，既获取了幅频函数值，还能算出相频函数值。

（1）仿真电路图搭建

从“仪器工具栏”中调用函数发生器 XFG1、万用表 XMM1、双踪示波器 XSC1；万用表 XMM1 设置为“V”与“~”，用作交流伏特计。从“基本元件库”中调取电阻 R、电容 C，参数分别设置为 200 Ω、0.47 μF，将仪器与元件进行连接，建立图 8-39b、c 所示的仿真电路图。

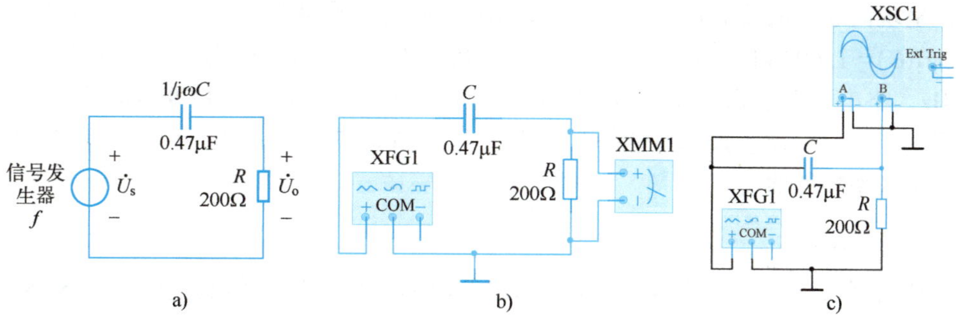

图 8-39　逐点测试法测试 RC 高通滤波器频率特性的电路图与仿真电路图
a）相量电路图　b）仿真电路图（万用表测相频特性）　c）仿真电路图（示波器测相频特性）

（2）幅频特性测试

根据已知元件参数，算出该 RC 电路的截止频率为 $f_c=1/(2\pi RC)=1.69\ 4\mathrm{kHz}$，故选择频率测试范围在 0.5~12 kHz，测试频率见表 8-4 第 1 行。交流伏特计依次测出不同信号频率下电阻电压有效值 $U_0(\omega)$，测试值见表 8-4 第 2 行。

（3）相频特性测试

用交流伏特计和示波器均可测试相频特性，下面分别介绍。

1）交流伏特计测试相频特性

用交流伏特计测试相频特性仿真电路如图 8-39b 所示，用交流伏特计测出 $U_0(\omega)$，然

后根据式 $\varphi(\omega)=\arccos U_0(\omega)$ 算出不同频率的相位 $\varphi(\omega)$，见表 8-4 第 3 行。注意，该相位计算式只适合本例，没有普遍性。

2）示波器测试相频特性

借助示波器 XSC1 可获取 $\varphi(\omega)$ 值，测试方法与计算公式已在 8.2.5 节介绍，用示波器测试相频特性仿真电路如图 8-39c 所示。A 与 B 两个通道分别接信源两端和电阻两端，读出不同频率下 $u_s(t)$ 与 $u_0(t)$ 之间的时间差 Δt 以及 $u_s(t)$ 的周期 T，见表第 4、5 行数据。再根据式（8-3）计算出相位差 φ_R，计算数据见表 8-4 最后 1 行。注意：读取 Δt、T 数值时存在误差，故该方法获取的相位也有误差。

相对而言，利用交流伏特计测试相位数据既简单又准确，利用示波器间接计算的相位数据存在误差。

表 8-4 RC 高通滤波器的频率特性验证数据

数据 \ f/kHz	0.5	1.0	1.2	1.4	1.5	$f'_c=1.669$	3	5	7	9	10	12
$\lvert\dot{U}_0\rvert$/V	0.287	0.514	0.584	0.642	0.668	0.707	0.874	0.949	0.973	0.984	0.986	0.99
$\varphi(\omega)$(°)	73.32	59.07	54.27	50	48.09	45	29.07	18.38	13.34	10.26	9.60	8.11
Δt/ms	−0.412	−0.165	−0.126	−0.1	−0.0895	−0.0753	0.0277	0.01	0.0054	0.0034	0.0026	0.002
T/ms	2	1	0.834	0.714	0.666	0.599	0.333	0.2	0.143	0.111	0.1	0.083
φ_R（°）	74.16	59.4	54.39	50.42	48.38	45.26	29.95	18	13.59	11	9.36	8.67

从表 8-4 第 2 行数据可见，低频输出小、高频输出大；随着频率增加，电压 $U_0(\omega)$ 单调增大，呈现高通滤波器的幅频特性，故该 *RC* 电路为高通滤波器，其截止频率的理论值为 $f_c=1/(2\pi RC)=1.694\ \text{kHz}$，$U_0(f_c)=0.707U_S=0.707$，电路运行仿真后实际截止频率为 $f'_c=1.669\ \text{kHz}$，略小于理论截止频率的原因可能是仿真软件本身的仿真精度造成的。

说明：工程上，描述频率特性的常见形式是绘制频率特性曲线，可根据表 8-4 中数据逐点描绘出频率特性曲线。

2. 波特仪测试法

用波特测试仪（以下简称波特仪）测试 *RC* 电路频率特性的仿真电路如图 8-40a 所示。波特仪有“IN”和“OUT”两个端口，两个端口的“+”端子分别接 RC 滤波器的输入端与输出端，“-”端子都接地“⊥”。

（1）幅频特性测试

仿真电路图搭建完毕后，双击波特仪 XBP1，测幅频特性按照图 8-40b 设置参数。“模式”选“幅值”；“水平”轴选“对数”，频率范围定在 200 Hz~12 kHz；“垂直”轴选“线性”，幅度范围定在 0~1 V；双击“控件”区中的“设置”，将扫描分辨率从默认的 100 提高到 1000，如图 8-40c 所示。

单击“仿真”开关后，双击“控件”区“反向”按钮，幅频特性曲线如图 8-40b 所示，呈现高通滤波器的幅频曲线。将屏幕左侧的游标拖至幅度接近 0.707 V 处（因精度限制，游标实际拖至幅度 0.70733 V 处），电压 0.70733 V 对应频率 1.694 kHz 为 *RC* 高通滤波器的截止频率。

（2）相频特性测试

双击波特测试仪 XBP1，测相频特性按照图 8-40d 设置参数，扫描分辨率设为 1000。

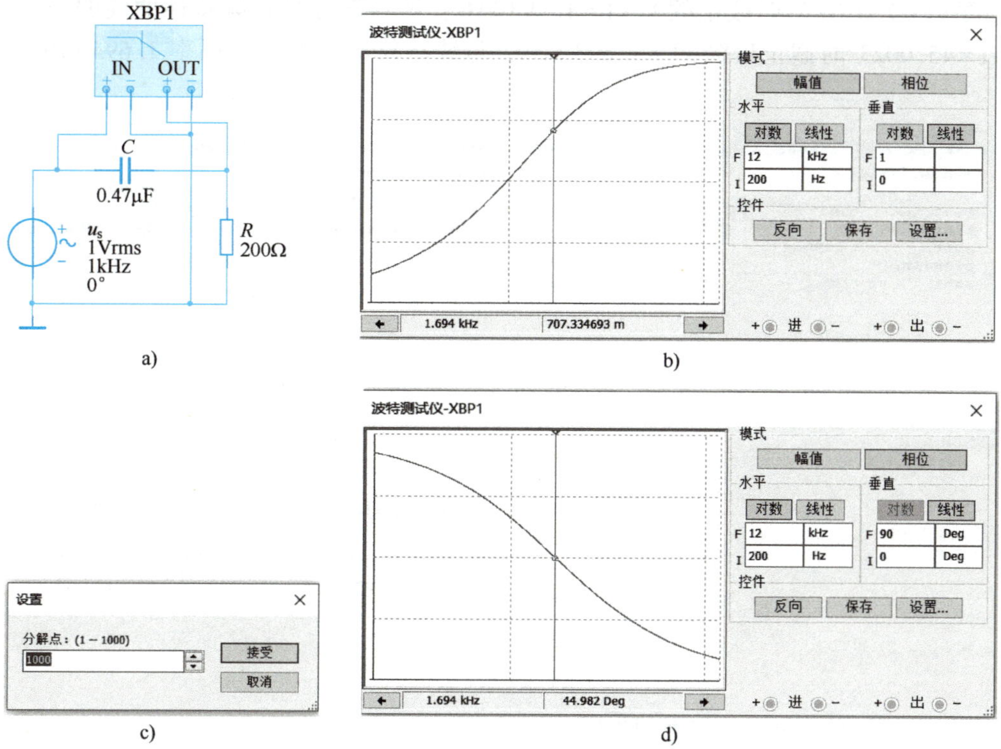

图 8-40　波特测试仪测试 RC 高通滤波器频率特性的仿真电路图与仿真结果

a）波特测试仪测试 *RC* 高通滤波器频率特性仿真电路图　b）波特测试仪显示幅频特性测试曲线

c）设置扫描分辨率　d）波特测试仪显示相频特性测试曲线

单击“仿真”开关后，双击“控件”区“反向”按钮，*RC* 高通滤波器的相频特性曲线如图 8-40d 所示。可测得，截止频率 1.694 kHz 对应的角度为 44.982°。

3. 交流分析测试法

这是利用仿真软件提供的“交流分析”功能测试电路频率特性的一种方法，仿真电路如图 8-41 所示，按图搭建仿真电路并设置元件参数。

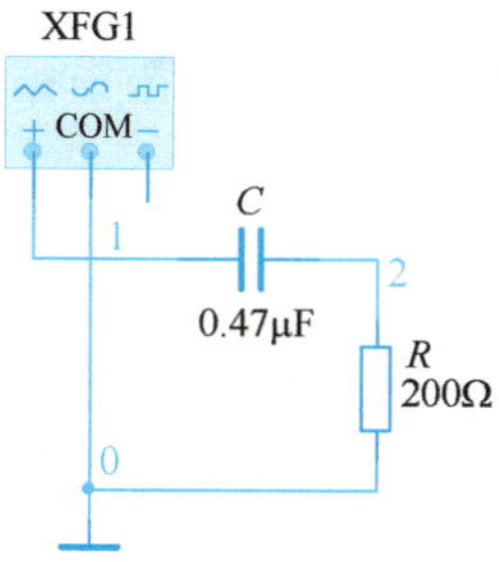

图 8-41　交流分析法的仿真电路图

（1）参数设置

执行菜单栏中的“仿真”→“Analyses and Simulation”命令，打开“交流分析”对话框。按图 8-42a 设置“频率参数”选项。扫描“起始频率”和“停止频率”分别设为 100 Hz 与 20 kHz；“扫描类型”选择“十倍频程”；“每十倍频程点数”设置为“100”；“垂直刻度”选择“线性”。图 8-41 中电阻 R 结点编号为“2”，电阻电压则记为“V(2)”，将其添加到“已选定用于分析的变量”框中，如图 8-42b 所示。

（2）仿真结果与分析

运行图 8-41 仿真电路，弹出“图示仪视图”，单击工具栏中的“黑色背景”按钮，频率特性曲线如图 8-42c 所示，图中上半部分是幅频特性曲线，下半部分是相频特性曲线；单击“ ”，将显示数据，如图 8-42d 所示。图 8-42d 上半部分是幅频特性曲线的仿真数据，幅度 y1 = 7.0707 V 时截止频率 x1 = 1.693 kHz；下半部分是相频特性曲线的仿真数据，相位 y1 = 45.0023°时截止频率 x1 = 1.693 kHz，与波特仪测试的截止频率 1.694 kHz 仅相差 1 Hz。

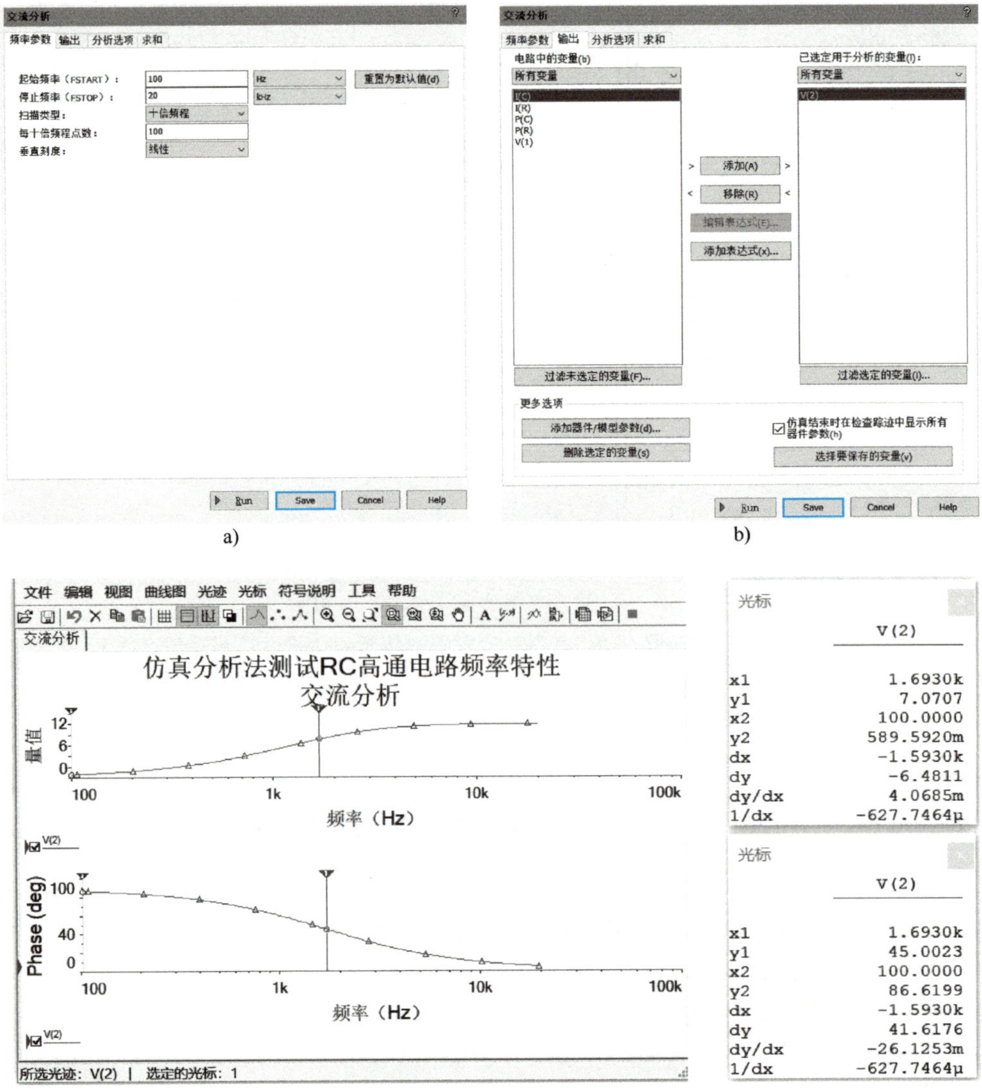

a) b) c) d)

图 8-42 交流分析法测试 RC 高通滤波器的仿真参数与仿真结果

a）频率参数设置 b）选择结点 2 输出电压变量

c）幅频与相频特性测试仿真曲线 d）幅频与相频特性测试仿真数据

注意： Multisim 14.0 当前的分析方法、图形编辑器的各种设置（图形标题、图形背景颜色、网格线、轴标题、痕迹颜色、跟踪启用/禁用状态、跟踪视觉风格、缩放级别、光标状态/位置、添加到图形中的顶轴和右轴）都会与文件一起自动保存。

以上介绍的逐点测试法、波特仪测试法与交流分析测试法，都可测试电路的频率特性。其中，逐点测试法由于测试频率点多、时间长、容易产生误差等原因，通常情况下不推荐使用；波特仪测试法和交流分析测试法测试的频率特性几乎一样，实验中使用波特测试仪可以方便地测试出幅频特性与相频特性；交流分析测试法更适合于电路设计中，无须其他仪器仪表，仅通过软件的交流分析功能仿真设计的电路，在“图示仪视图”中观察到电路的幅频特性和相频特性，不断调整电路参数直至最终符合设计要求，体现出 Muiltisim 仿真软件的优越性。

8.2.7　RLC 串联谐振电路频率特性验证

本小节介绍用交流分析法测试 *RLC* 串联谐振电路频率特性的方法，了解回路电阻对谐振电路品质因素和通频带的影响。*RLC* 串联谐振电路如图 8-43a 所示，该电路的固有谐振频率为 10.7 MHz，系统函数为 $H(\mathrm{j}\omega)=\dot{U}_0/\dot{U}_S$，当 $\dot{U}_S=1\angle 0°$ V 时，$H(\mathrm{j}\omega)=\dot{U}_0/\dot{U}_S=\dot{U}_0(\mathrm{j}\omega)=\dot{I}_0(\mathrm{j}\omega)$。可见，测试系统函数的频率特性就是测电阻电压的幅频特性和相频特性；电阻电压的频率特性也是回路电流的频率特性。

1. 仿真电路图搭建

仿真电路图按图 8-43b 搭建：从“电源库”中调取交流电压源“AC_POWER”和接地端“GROUND”；从“基本元件库”中调取电阻、电感与电容各一个，参数分别设置为 1 Ω、2.21 μH 与 100 pF；交流电压源输出电压有效值（RMS）设置为 1 V，频率为 10.7 MHz。

2. 交流分析测试法

设置交流分析法参数操作如下：执行菜单命令“仿真”→“Analyses and Simulation”，打开“交流分析”对话框。“频率参数”选项卡按图 8-44a 设置：扫描“起始频率”和“停止频率”分别为 1 Hz、1 MHz；“扫描类型”选择“十倍频程”；“每十倍频程点数”设置为“100”；“垂直刻度”选择“线性”。图 8-43b 中电阻 *R* 结点编号是“1”，因此在图 8-44b 所示“输出”选项卡的“已选定用于分析的变量”栏中添加“V(1)”，即电阻电压为测试电量。

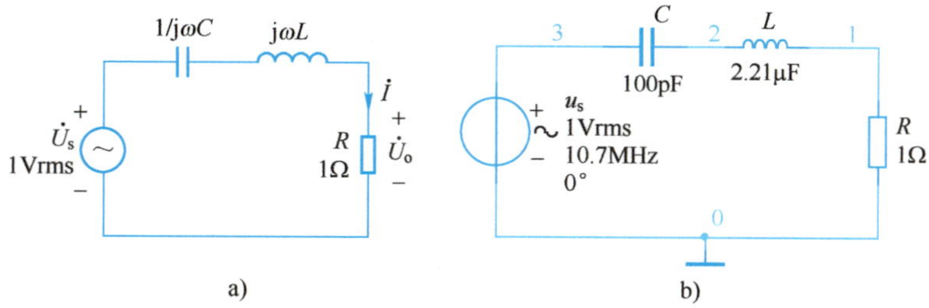

图 8-43　RLC 串联谐振电路图与仿真电路图
a）相量电路图　b）仿真电路图

交流分析法参数设置完毕，确认无误后，单击“Run”按钮，运行仿真电路。在“图示仪视图”中，单击工具栏中的“黑色背景”按钮，电路的频率特性曲线如图 8-44c 所示，上半部分是幅频特性曲线与数据，下半部分是相频特性曲线与数据，从图中可见，上限频率、下限频率分别为 10.7424 MHz、10.6697 MHz。

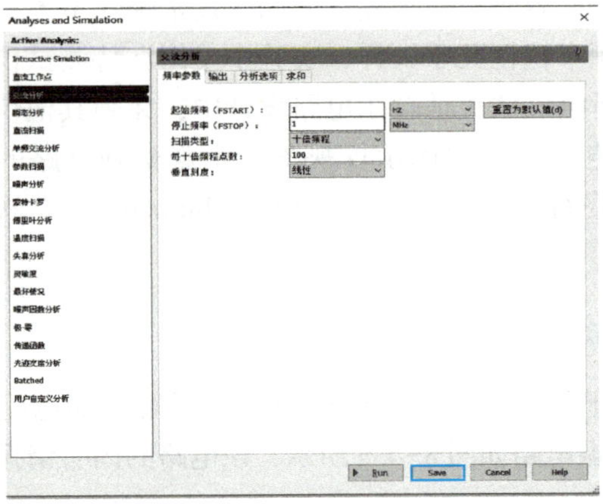

a)

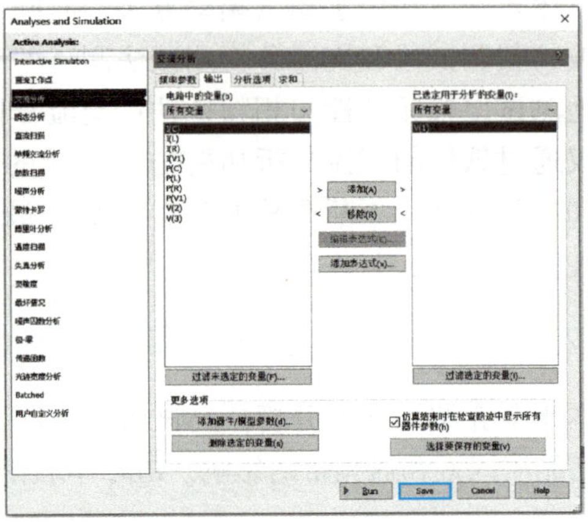

b)

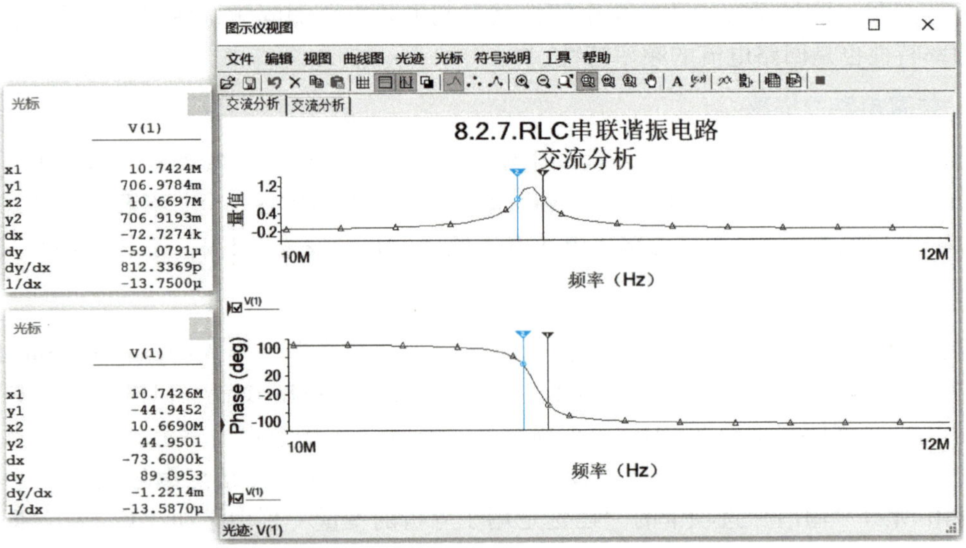

c)

图 8-44　RLC 串联谐振电路的交流分析法测试参数设置与仿真结果

a）频率参数设置　b）输出参数设置　c）仿真结果

附　　录

附录 A　推导△形联结电阻与Y形联结电阻的转换公式

Y形联结电阻电路与△形联结电阻电路都是三端电路，设三个端子的电流如图 A-1 所示。根据 KCL 和广义 KCL，有 $I_1+I_2-I_3=0$，若已知其中任意两个电流，可确定第三个电流。同样，根据 KVL，有 $U_{13}-U_{12}-U_{23}=0$，给定其中任意两个电压，第三个电压也能确定。因此，当两个电路中有 4 个电量的关系完全相同时，比如 U_{13}、U_{23}、I_1、I_2，图 A-1 所示的两个三端电阻电路就互为等效电路。

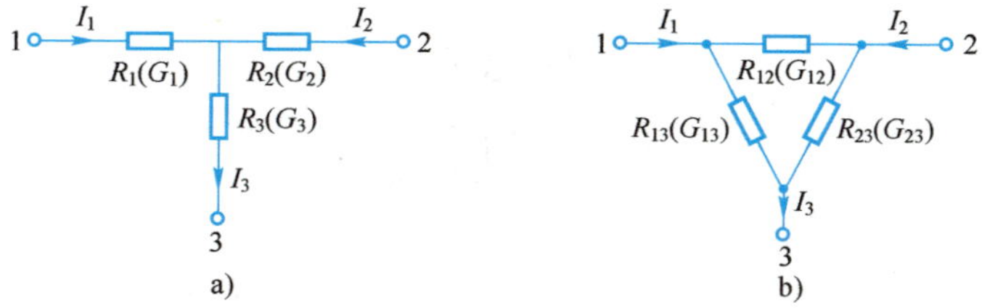

图 A-1　△与Y电阻电路

a）△电阻电路　b）Y电阻电路

1. △形电阻电路等效变换为Y形电阻电路

问题归结为：已知电阻 R_{13}、R_{12}、R_{23}，求电阻 R_1、R_2、R_3。

列写图 A-1a 的 KVL 方程，有

$$U_{13}=R_1I_1+R_3(I_1+I_2)=(R_1+R_3)I_1+R_3I_2$$
$$U_{23}=R_2I_2+R_3(I_1+I_2)=R_3I_1+(R_2+R_3)I_2$$

用矩阵表示为

$$\begin{bmatrix}U_{13}\\U_{23}\end{bmatrix}=\begin{bmatrix}R_1+R_3 & R_3\\R_3 & R_2+R_3\end{bmatrix}\begin{bmatrix}I_1\\I_2\end{bmatrix}\tag{A-1}$$

根据 KCL，列写图 A-1b 所示电路的结点电流方程，有

$$I_1=\frac{U_{13}}{R_{13}}+\frac{U_{13}-U_{23}}{R_{12}}=\left(\frac{1}{R_{13}}+\frac{1}{R_{12}}\right)U_{13}-\frac{1}{R_{12}}U_{23}$$
$$I_2=\frac{U_{23}}{R_{23}}+\frac{U_{23}-U_{13}}{R_{12}}=-\frac{1}{R_{12}}U_{13}+\left(\frac{1}{R_{23}}+\frac{1}{R_{12}}\right)U_{23}$$

矩阵形式为

$$\begin{bmatrix}I_1\\I_2\end{bmatrix}=\begin{bmatrix}\dfrac{1}{R_{13}}+\dfrac{1}{R_{12}} & -\dfrac{1}{R_{12}}\\-\dfrac{1}{R_{12}} & \dfrac{1}{R_{23}}+\dfrac{1}{R_{12}}\end{bmatrix}\begin{bmatrix}U_{13}\\U_{23}\end{bmatrix}\tag{A-2}$$

把以上矩阵转换为

$$\begin{bmatrix} U_{13} \\ U_{23} \end{bmatrix} = \begin{bmatrix} \dfrac{1}{R_{13}}+\dfrac{1}{R_{12}} & -\dfrac{1}{R_{12}} \\ -\dfrac{1}{R_{12}} & \dfrac{1}{R_{23}}+\dfrac{1}{R_{12}} \end{bmatrix}^{-1} \begin{bmatrix} I_1 \\ I_2 \end{bmatrix} = \frac{1}{\Delta} \begin{bmatrix} \dfrac{1}{R_{23}}+\dfrac{1}{R_{12}} & \dfrac{1}{R_{12}} \\ \dfrac{1}{R_{12}} & \dfrac{1}{R_{13}}+\dfrac{1}{R_{12}} \end{bmatrix} \begin{bmatrix} I_1 \\ I_2 \end{bmatrix} \tag{A-3}$$

式中，$\Delta=\dfrac{1}{R_{13}R_{23}}+\dfrac{1}{R_{12}R_{13}}+\dfrac{1}{R_{12}R_{23}}$。要使Y形电阻电路与△形电阻电路互为等效电路，式（A-1）与式（A-3）中电阻矩阵必须相同，即

$$\begin{bmatrix} R_1+R_3 & R_3 \\ R_3 & R_2+R_3 \end{bmatrix} = \frac{1}{\Delta} \begin{bmatrix} \dfrac{1}{R_{23}}+\dfrac{1}{R_{12}} & \dfrac{1}{R_{12}} \\ \dfrac{1}{R_{12}} & \dfrac{1}{R_{13}}+\dfrac{1}{R_{12}} \end{bmatrix}$$

比较等号两边矩阵中的对应元素，得以下三个关系式

$$R_1+R_3=\frac{1}{\Delta}\left(\frac{1}{R_{23}}+\frac{1}{R_{12}}\right) \tag{A-4}$$

$$R_3=\frac{1}{\Delta}\frac{1}{R_{12}} \tag{A-5}$$

$$R_2+R_3=\frac{1}{\Delta}\left(\frac{1}{R_{13}}+\frac{1}{R_{12}}\right) \tag{A-6}$$

把Δ代入式（A-5），整理得计算R_3的公式

$$R_3=\frac{1}{\Delta R_{12}}=\frac{1}{\left(\dfrac{1}{R_{13}R_{23}}+\dfrac{1}{R_{12}R_{13}}+\dfrac{1}{R_{12}R_{23}}\right)R_{12}}=\frac{R_{13}R_{23}}{R_{12}+R_{13}+R_{23}} \tag{A-7}$$

把式（A-5）代入式（A-4）和式（A-6），整理得计算R_1和R_2的公式为

$$R_1=\frac{1}{\Delta R_{23}}=\frac{1}{\left(\dfrac{1}{R_{13}R_{23}}+\dfrac{1}{R_{12}R_{13}}+\dfrac{1}{R_{12}R_{23}}\right)R_{23}}=\frac{R_{12}R_{13}}{R_{12}+R_{13}+R_{23}} \tag{A-8}$$

$$R_2=\frac{1}{\Delta R_{13}}=\frac{1}{\left(\dfrac{1}{R_{13}R_{23}}+\dfrac{1}{R_{12}R_{13}}+\dfrac{1}{R_{12}R_{23}}\right)R_{13}}=\frac{R_{12}R_{23}}{R_{12}+R_{13}+R_{23}} \tag{A-9}$$

2. Y形电阻电路等效变换为△形电阻电路

即已知电导G_1、G_2、G_3，求电导G_{13}、G_{12}、G_{23}。

用电导重新表示式（A-2）和式（A-1），有

$$\begin{bmatrix} I_1 \\ I_2 \end{bmatrix} = \begin{bmatrix} G_{13}+G_{12} & -G_{12} \\ -G_{12} & G_{23}+G_{12} \end{bmatrix} \begin{bmatrix} U_{13} \\ U_{23} \end{bmatrix} \tag{A-10}$$

$$\begin{bmatrix} U_{13} \\ U_{23} \end{bmatrix} = \begin{bmatrix} \dfrac{1}{G_1}+\dfrac{1}{G_3} & \dfrac{1}{G_3} \\ \dfrac{1}{G_3} & \dfrac{1}{G_2}+\dfrac{1}{G_3} \end{bmatrix} \begin{bmatrix} I_1 \\ I_2 \end{bmatrix}$$

把上式转换为式（A-10）的格式，有

$$\begin{bmatrix} I_1 \\ I_2 \end{bmatrix} = \begin{bmatrix} \dfrac{1}{G_1}+\dfrac{1}{G_3} & \dfrac{1}{G_3} \\ \dfrac{1}{G_3} & \dfrac{1}{G_2}+\dfrac{1}{G_3} \end{bmatrix}^{-1} \begin{bmatrix} U_{13} \\ U_{23} \end{bmatrix} = \frac{1}{\Delta} \begin{bmatrix} \dfrac{1}{G_2}+\dfrac{1}{G_3} & -\dfrac{1}{G_3} \\ -\dfrac{1}{G_3} & \dfrac{1}{G_1}+\dfrac{1}{G_3} \end{bmatrix} \begin{bmatrix} U_{13} \\ U_{23} \end{bmatrix} \tag{A-11}$$

式中，$\Delta=\frac{1}{G_1G_2}+\frac{1}{G_2G_3}+\frac{1}{G_1G_3}$。根据式（A-10）和式（A-11）推导 R_{12}、R_{13}、R_{23} 计算公式的过程与前述相同，不再重复推导，这里利用对偶关系获取。比较式（A-1）与式（A-10）、式（A-2）与式（A-11）可见，它们具有对偶性。把式（A-7）、式（A-8）、式（A-9）中的 R_1 换成 G_{13}，R_3 换成 G_{12}，R_2 换成 G_{23}，R_{12} 换成 G_3，R_{23} 换成 G_2，R_{13} 换成 G_1，可得用已知 G_1、G_2、G_3 计算 G_{12}、G_{13}、G_{23} 的公式，有

$$G_{12}=\frac{G_1G_2}{G_3+G_1+G_2}$$

$$G_{13}=\frac{G_1G_3}{G_3+G_1+G_2}$$

$$G_{23}=\frac{G_3G_2}{G_3+G_1+G_2}$$

附录 B　复数取实运算的 4 个定理

设 a 为实数；$A(t)$、$B(t)$ 为复变函数，A、B 为复常数。

定理 1　乘运算

$$\mathrm{Re}[aA(t)]=a\mathrm{Re}[A(t)] \tag{B-1}$$

含义：乘实数的运算与取实部的运算次序可以互换。复变函数先乘实数再取实部的运算等于先取实部再做乘实数的运算。

定理 2　加运算

$$\mathrm{Re}[A(t)+B(t)]=\mathrm{Re}[A(t)]+\mathrm{Re}[B(t)] \tag{B-2}$$

含义：加运算与取实部的运算次序可以互换。两个复变函数先相加再取实部的运算等于对两个复变函数先取实部后再做加法运算。

定理 3　微分运算

$$\frac{\mathrm{d}}{\mathrm{d}t}\mathrm{Re}[A\mathrm{e}^{\mathrm{j}\omega t}]=\mathrm{Re}[\mathrm{j}\omega A\mathrm{e}^{\mathrm{j}\omega t}] \tag{B-3}$$

含义：对 $A\mathrm{e}^{\mathrm{j}\omega t}$ 先取实部再求导等于对 $\mathrm{j}\omega A\mathrm{e}^{\mathrm{j}\omega t}$ 的取实部运算。

证明：因 $A\mathrm{e}^{\mathrm{j}\omega t}=A\cos(\omega t)+\mathrm{j}A\sin(\omega t)$，$\mathrm{Re}[A\mathrm{e}^{\mathrm{j}\omega t}]=A\cos(\omega t)$，所以有

$$\frac{\mathrm{d}}{\mathrm{d}t}\mathrm{Re}[A\mathrm{e}^{\mathrm{j}\omega t}]=\frac{\mathrm{d}}{\mathrm{d}t}A\cos(\omega t)=-A\omega\sin(\omega t)=\mathrm{Re}[\mathrm{j}\omega A\mathrm{e}^{\mathrm{j}\omega t}]=\mathrm{Re}\left[\frac{\mathrm{d}}{\mathrm{d}t}A\mathrm{e}^{\mathrm{j}\omega t}\right]$$

证毕。

定理 4　相等

若有

$$\mathrm{Re}[A\mathrm{e}^{\mathrm{j}\omega t}]=\mathrm{Re}[B\mathrm{e}^{\mathrm{j}\omega t}] \tag{B-4}$$

则有

$$A=B$$

反之也成立。

附录 C　推导相量形式的基尔霍夫定律

1. 推导相量形式的基尔霍夫电流定律（KCL）

若电路中某结点与 N 条支路相连，则 KCL 的一般形式为

$$\sum_{k=1}^{N} i_k(t)=0 \tag{C-1}$$

当电路处于正弦稳态时，各支路电流是同频率的正弦函数。设第 k 条支路电流为

$$i_k(t)=\sqrt{2}I_k\cos(\omega t+\varphi_{ik})=\mathrm{Re}[\sqrt{2}I_k\mathrm{e}^{\mathrm{j}(\omega t+\varphi_{ik})}]=\mathrm{Re}[\sqrt{2}\dot{I}_k\mathrm{e}^{\mathrm{j}\omega t}] \qquad k=1,2,\cdots N$$

式中，$\dot{I}_k=I_k\mathrm{e}^{\mathrm{j}\varphi_{ik}}$是复常数。把上式代入式（C-1），有

$$\sum_{k=1}^{N}\sqrt{2}I_k\cos(\omega t+\varphi_{ik})=\sum_{k=1}^{N}\mathrm{Re}[\sqrt{2}\dot{I}_k\times\mathrm{e}^{\mathrm{j}\omega t}]=0$$

根据附录B的定理2，对调上式求实部与求和的次序，有

$$\mathrm{Re}\sum_{k=1}^{N}[\sqrt{2}\dot{I}_k\times\mathrm{e}^{\mathrm{j}\omega t}]=0$$

根据附录B的定理1，对调等式右边乘实数与求实部的次序，有

$$\sqrt{2}\mathrm{Re}\sum_{k=1}^{N}[\dot{I}_k\times\mathrm{e}^{\mathrm{j}\omega t}]=0$$

等式两边除以$\sqrt{2}$，得

$$\mathrm{Re}\sum_{k=1}^{N}[\dot{I}_k\times\mathrm{e}^{\mathrm{j}\omega t}]=0 \tag{C-2}$$

式（C-2）又可表示为

$$\mathrm{Re}\sum_{k=1}^{N}[\dot{I}_k\times\mathrm{e}^{\mathrm{j}\omega t}]=\mathrm{Re}\sum_{k=1}^{N}[0\times\mathrm{e}^{\mathrm{j}\omega t}]$$

根据附录B的定理4，可得

$$\sum_{k=1}^{N}\dot{I}_k=0 \tag{C-3}$$

证毕。

2. 推导相量形式的基尔霍夫电压定律（KVL）

若电路中某回路由N条支路构成，则KVL的一般形式为

$$\sum_{k=1}^{N}u_k(t)=0 \tag{C-4}$$

当电路处于正弦稳态时，各支路电压是同频率的正弦函数。设第k条支路电压为

$$u_k(t)=\sqrt{2}U_k\cos(\omega t+\varphi_{uk})=\mathrm{Re}[\sqrt{2}\dot{U}_k\mathrm{e}^{\mathrm{j}\omega t}] \qquad k=1,2,\cdots N$$

式中，$\dot{U}_k=U_k\mathrm{e}^{\mathrm{j}\varphi_{uk}}$是复常数。把上式代入式（C-4），有

$$\sum_{k=1}^{N}\sqrt{2}U_k\cos(\omega t+\varphi_{uk})=\sum_{k=1}^{N}\mathrm{Re}[\sqrt{2}\dot{U}_k\times\mathrm{e}^{\mathrm{j}\omega t}]=0$$

根据附录B的定理2和定理1，同时等式两边除以$\sqrt{2}$，上式又表示为

$$\mathrm{Re}\sum_{k=1}^{N}[\dot{U}_k\times\mathrm{e}^{\mathrm{j}\omega t}]=0$$

或者写为

$$\mathrm{Re}\sum_{k=1}^{N}[\dot{U}_k\times\mathrm{e}^{\mathrm{j}\omega t}]=\mathrm{Re}\sum_{k=1}^{N}[0\times\mathrm{e}^{\mathrm{j}\omega t}]$$

根据附录B的定理4，可得

$$\sum_{k=1}^{N}\dot{U}_k=0$$

证毕。

附录D 推导相量形式的元件电压电流关系

设在正弦稳态电路中，元件端口电压与电流关联，且端口电压、电流分别为

$$u(t)=\sqrt{2}U\cos(\omega t+\varphi_u)=\mathrm{Re}[\sqrt{2}U\mathrm{e}^{\mathrm{j}(\omega t+\varphi_u)}]=\mathrm{Re}[\sqrt{2}\dot{U}\mathrm{e}^{\mathrm{j}\omega t}] \tag{D-1}$$

$$i(t)=\sqrt{2}I\cos(\omega t+\varphi_i)=\mathrm{Re}[\sqrt{2}Ie^{j(\omega t+\varphi_i)}]=\mathrm{Re}[\sqrt{2}\dot{I}e^{j\omega t}] \quad (D-2)$$

式中，$Ue^{j\varphi_u}=\dot{U}$，$Ie^{j\varphi_i}=\dot{I}$。

1. 推导电阻相量形式的电压电流关系

在电压、电流参考方向关联的条件下，电阻时域电压电流关系为

$$u(t)=Ri(t) \quad (D-3)$$

把式（D-1）和式（D-2）代入式（D-3），有

$$\sqrt{2}U\cos(\omega t+\varphi_u)=R\sqrt{2}I\cos(\omega t+\varphi_i)$$

或者

$$\mathrm{Re}[\sqrt{2}\dot{U}e^{j\omega t}]=\mathrm{Re}[\sqrt{2}R\dot{I}e^{j\omega t}] \quad (D-4)$$

根据附录 B 的定理 4，有

$$\sqrt{2}\dot{U}=\sqrt{2}R\dot{I}$$

等式两边除以$\sqrt{2}$，得电阻相量形式的电压电流关系为

$$\dot{U}=R\dot{I} \quad (D-5)$$

或者

$$Ue^{j\varphi_u}=RIe^{j\varphi_i}$$

根据复数相等原则，即模相等与角度相等，可得到如下关系：

有效值满足　$U=RI$

初相满足　$\varphi_u=\varphi_i$

2. 推导电感相量形式的电压电流关系

在元件端口电压与电流参考方向关联的情况下，电感时域电压电流的关系为

$$u(t)=L\frac{\mathrm{d}i(t)}{\mathrm{d}t} \quad (D-6)$$

把式（D-1）和式（D-2）代入式（D-6），有

$$\sqrt{2}U\cos(\omega t+\varphi_u)=L\frac{\mathrm{d}}{\mathrm{d}t}\sqrt{2}I\cos(\omega t+\varphi_i)$$

或者

$$\mathrm{Re}[\sqrt{2}\dot{U}e^{j\omega t}]=\mathrm{Re}\left[\sqrt{2}L\frac{\mathrm{d}}{\mathrm{d}t}\dot{I}e^{j\omega t}\right]=\mathrm{Re}[\sqrt{2}j\omega L\dot{I}e^{j\omega t}] \quad (D-7)$$

根据附录 B 的定理 4，有

$$\sqrt{2}\dot{U}=\sqrt{2}j\omega L\dot{I}$$

等式两边除以$\sqrt{2}$，得电感相量形式的电压电流关系为

$$\dot{U}=j\omega L\dot{I} \quad (D-8)$$

或者

$$Ue^{j\varphi_u}=\omega Le^{j90^\circ}\times Ie^{j\varphi_i}$$

根据复数相等原则，可得到如下关系：

有效值关系为　$U=\omega LI$　(D-9)

初相关系为　$\varphi_u=90^\circ+\varphi_i$　或　$\varphi_u-\varphi_i=90^\circ$　(D-10)

初相关系说明，电感电压超前电流 90°。

3. 推导电容相量形式的电压电流关系

利用电容与电感是对偶元件，把式（D-8）~式（D-10）中的电量做对偶变换，即把$\dot{U}\to\dot{I}$，$\dot{I}\to\dot{U}$，$L\to C$，$u\to i$，$i\to u$，可得到电容相量形式的电压电流关系式

$$\dot{I}=j\omega C\dot{U} \text{或} \dot{U}=\frac{1}{j\omega C}\dot{I} \quad (D-11)$$

有效值关系为 $$I=\omega CU \text{ 或 } U=\frac{1}{\omega C}I \tag{D-12}$$

初相关系为 $$\varphi_i=90°+\varphi_u \text{ 或 } \varphi_i-\varphi_u=90° \tag{D-13}$$

初相关系说明，电容电流超前电压 90°。

附录 E　T 形结构耦合电感的去耦等效电路

T 形结构耦合电感是把耦合电感的两个对外输出端子连接在一起形成的，图 E-1a 是1′2′ 两个端子连在一起构成的 T 形结构，另外两种常见画法如图 E-1b 和图 E-1c 所示。根据连接端子的不同，有同名端连接和异名端连接两种 T 形连接。下面分别推导这两类 T 形连接的去耦等效电路。

1. 同名端连接的去耦等效电路

图 E-2a 和图 E-2b 所示电路都是耦合电感同名端连接的 T 形结构，它们的去耦等效电路相同，现以图 E-2a 为例推导去耦等效电路。

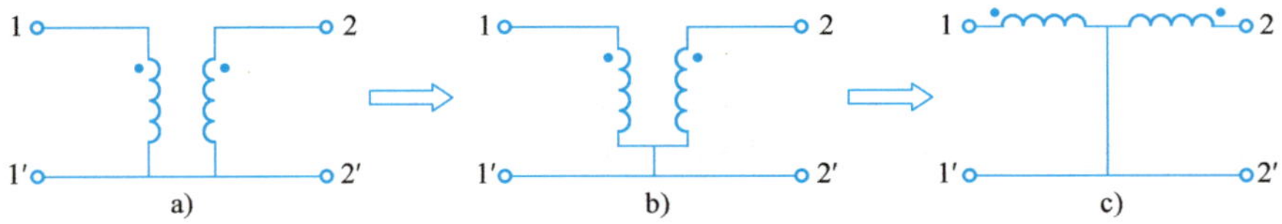

图 E-1　耦合电感的 T 形连接

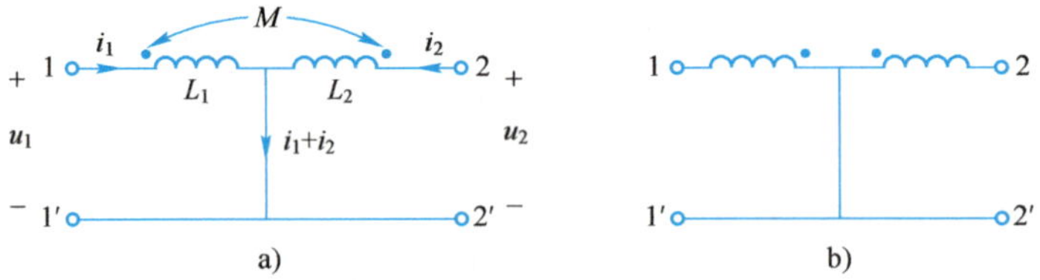

图 E-2　同名端相连的 T 形结构

在图 E-2a 所设电压、电流参考方向下，耦合电感的电压电流关系为

$$u_1=L_1\frac{\mathrm{d}i_1}{\mathrm{d}t}+M\frac{\mathrm{d}i_2}{\mathrm{d}t} \tag{E-1}$$

$$u_2=L_2\frac{\mathrm{d}i_2}{\mathrm{d}t}+M\frac{\mathrm{d}i_1}{\mathrm{d}t} \tag{E-2}$$

在式（E-1）等式右边增加两项，$+M\frac{\mathrm{d}i_1}{\mathrm{d}t}-M\frac{\mathrm{d}i_1}{\mathrm{d}t}$，没有改变原等式。同样，在式（E-2）等式右边也增加两项，$+M\frac{\mathrm{d}i_2}{\mathrm{d}t}-M\frac{\mathrm{d}i_2}{\mathrm{d}t}$。图 E-2a 所示耦合电感的电压电流关系又可写为

$$\begin{aligned}u_1&=L_1\frac{\mathrm{d}i_1}{\mathrm{d}t}+M\frac{\mathrm{d}i_2}{\mathrm{d}t}+M\frac{\mathrm{d}i_1}{\mathrm{d}t}-M\frac{\mathrm{d}i_1}{\mathrm{d}t}=(L_1-M)\frac{\mathrm{d}i_1}{\mathrm{d}t}+M\frac{\mathrm{d}(i_2+i_1)}{\mathrm{d}t}\\u_2&=L_2\frac{\mathrm{d}i_2}{\mathrm{d}t}+M\frac{\mathrm{d}i_1}{\mathrm{d}t}+M\frac{\mathrm{d}i_2}{\mathrm{d}t}-M\frac{\mathrm{d}i_2}{\mathrm{d}t}=(L_2-M)\frac{\mathrm{d}i_2}{\mathrm{d}t}+M\frac{\mathrm{d}(i_2+i_1)}{\mathrm{d}t}\end{aligned} \tag{E-3}$$

根据端口电压电流关系式（E-3），可画出图 E-3 所示等效电路。该电路由 3 个连接成 T 形结构的独立电感组成，故称其为 T 形去耦等效电路。

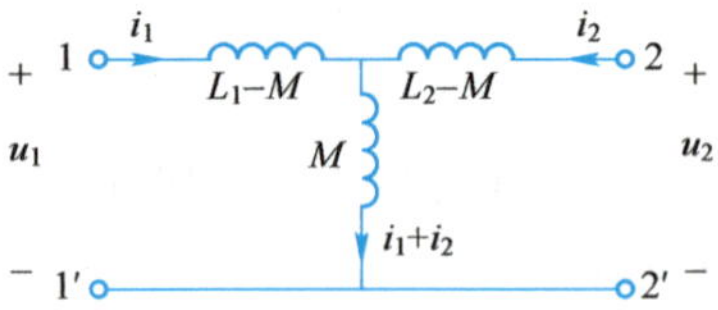

图 E-3　图 E-2 的去耦等效电路

2. 异名端连接的去耦等效电路

图 E-4 所示电路为耦合电感两种异名端相连的 T 形结构，它们有相同的去耦等效电路。

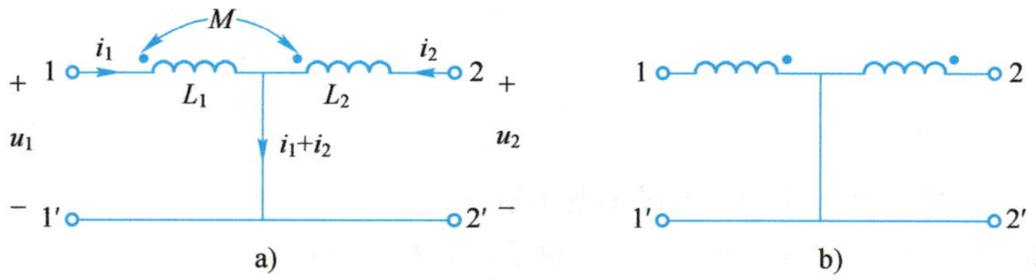

图 E-4　异名端相连的 T 形结构

设电压、电流参考方向如图 E-4a 所示，则耦合电感的电压电流关系为

$$u_1 = L_1\frac{\mathrm{d}i_1}{\mathrm{d}t} - M\frac{\mathrm{d}i_2}{\mathrm{d}t}$$

$$u_2 = L_2\frac{\mathrm{d}i_2}{\mathrm{d}t} - M\frac{\mathrm{d}i_1}{\mathrm{d}t}$$

以上端口电压电流关系式又可写为

$$\begin{aligned} u_1 &= L_1\frac{\mathrm{d}i_1}{\mathrm{d}t} - M\frac{\mathrm{d}i_2}{\mathrm{d}t} + M\frac{\mathrm{d}i_1}{\mathrm{d}t} - M\frac{\mathrm{d}i_1}{\mathrm{d}t} = (L_1+M)\frac{\mathrm{d}i_1}{\mathrm{d}t} - M\frac{\mathrm{d}(i_2+i_1)}{\mathrm{d}t} \\ u_2 &= L_2\frac{\mathrm{d}i_2}{\mathrm{d}t} - M\frac{\mathrm{d}i_1}{\mathrm{d}t} + M\frac{\mathrm{d}i_2}{\mathrm{d}t} - M\frac{\mathrm{d}i_2}{\mathrm{d}t} = (L_2+M)\frac{\mathrm{d}i_2}{\mathrm{d}t} - M\frac{\mathrm{d}(i_2+i_1)}{\mathrm{d}t} \end{aligned} \tag{E-4}$$

根据式（E-4），可得图 E-5 所示结构和参数的 T 形去耦等效电路。

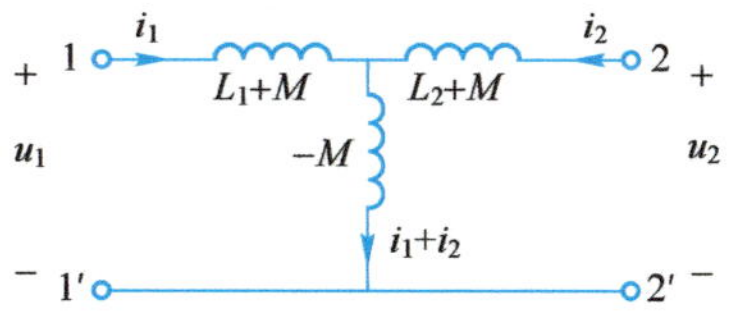

图 E-5　图 E-4 的去耦等效电路

参考文献

[1] 刘元干．电路理论基础 [M]．北京：人民邮电出版社，1982.
[2] 张永瑞，王松林．电路基础教程 [M]．北京：科学出版社，2005.
[3] 沈元隆，刘陈，吴新余．电路分析基础 [M]．南京：东南大学出版社，1996.
[4] 吴大正．电路基础 [M]．3 版．西安：西安电子科技大学出版社，2002.
[5] 李瀚荪．电路分析基础 [M]．4 版．北京：高等教育出版社，2006.
[6] 文跃，高岩，杜普选．基础电路分析 [M]．北京：清华大学出版社，北京交通大学出版社，2003.
[7] J W NILSSON，S A RIEDEL. 电路 [M]．冼立勤，等译．6 版．北京：电子工业出版社，2002.
[8] C K ALEXANDER，M N O SADIKU. 电路基础 [M]．北京：清华大学出版社，2000.
[9] 斐留庆．电路理论基础 [M]．北京：北京师范大学出版社，1982.
[10] 邱关源．电路 [M]．3 版．北京：高等教育出版社，1989.
[11] 张永瑞，杨林耀，张雅兰．电路分析基础 [M]．3 版．西安：西安电子科技大学出版社，2006.
[12] 吴锡龙．电路分析导论 [M]．北京：高等教育出版社，1987.
[13] 王松林，吴大正，李小平，等．电路基础 [M]．3 版．西安：西安电子科技大学出版社，2008.
[14] 周润景，郝晓霞．Multisim & LabVIEW 虚拟仪器设计技术 [M]．北京：北京航空航天大学出版社，2008.